KB090495

아름다운 미생물 이야기

아름다운 미생물 이야기

美生物 ——————— 微生物

작아서
더 아름다운
미생물학
강좌

이야기

김완기·최원자

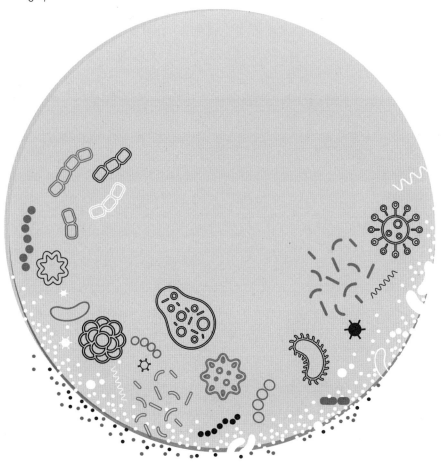

사이언스
SCIENCE
BOOKS
북스

해하나와 하누리에게

머리말

물체가 있는데 맨눈에 안 보이는 것은 작거나 멀기 때문이다. 이 책은 작아서 안 보이는 생명체, 즉 미생물(微生物, microorganism)에 관해 이야기한다. 지구에서 생명이 시작된 이래 지금까지 지구 역사의 6분의 5 기간 동안 지구에 있어 왔고 지구 역사의 4분의 3 기간 동안 지구에는 미생물만 존재했다. 미생물은 생태계의 다른 모든 구성 요소와도 마찬가지지만 자연의 한 구성원인 인간과 뗄 수 없는 관계이다. 미생물이 없는 세계는 육지, 바다 가릴 것 없이 지구 상의 모든 생명체가 죽어 썩지 않은 상태로 딱 멈춘 모습으로 그 어떤 공포 영화보다도 공포스러울 것이다. 미생물들은 식물과 경쟁적으로 이산화탄소를 고정해 유기 물질을 만들면서 대기 속으로 산소를 방출한다. 지구의 산소 4분의 3이 미생물에 의해 만들어진다. 현재 미생물은 지구에 존재하는 생물학적 탄소와 질소의 각각 50퍼센트와 90퍼센트를 소유하고 있으며, 개체수도 지구에 존재하는 다른 모든 생물 집단보다 더 많다. 미생물(微生物)은 자체가 생명체이지만 지구 상의 다른 수많은 생명체가 살아갈 수 있는 기본을 제공하고 지구를 아름답게 만드는 미생물(美生物)이다.

　　미생물 한 종(種), 한 종, 그리고 생물학적 의미의 사람까지 모두는 자연이라는 커다란 생명 나무를 이루는 하나의 나뭇잎이다. 겉으로는 무관해 보이지만 다른 거의 모든 생물과의 관계와 마찬가지로 미생물과 사람은 서로 필수불가결한 관계다. 때로는 서로 불편한 관계를 맺지만 대부분은 아름다운 관계다. 그런 관계를 이해함으로써 자연 속에서 인간을 이해하고 왜 자연을 자연답게 보존해야 하는지에 대한 답도 구할 수 있을 것이다.

　　우리가 미생물을 이해하고 알아야 하는 또 다른 이유는 단순히 미생물이 자연계에서 차지하는 중요성 때문만은 아니다. 사실 몰라도 불편한 것은 없다. 그 이유는 미생물이 생명의 시작이기 때문이다. 미생물들 대부분이 단 하나의 세포로 존재하면서도 그 속에는 생명의 오묘하고 경이로운 현상들을 고스란히 담고 있다. 우리를 귀찮게 하는 파리나 모기를 죽이면서 미안한 마음이 든다면 그것이 생명에 대한 경외심이다. 더 나아가 도저히 하루아침에 생길 것 같지 않은 그 생명 현상들이 인간에게 주는 의미는 무엇인가? 인간에게 생명이란 무엇인가? 이런 문제들에 대해 잠깐만이라도 고민할 필요성을 느낀다면 이 책의 목적은 더 바랄 것 없이 달성된 것이다. 각자가 내린 결론이 파괴적이지만 않다면 그것이 어떠하든 인간의 미래는 아름다울 것이다.

이 책은 네 부로 이루어져 있다. 1부 「미생물의 행진」, 2부 「미생물학의 역사」, 3부 「생활 속의 미생물」, 4부 「미생물과 진화」. 각각은 서로 연관되어 있으면서도 독립적이다. 관심 있는 부분만 따로 읽어도 무방하다. 1부와 4부는 각각 생명 탄생과 진화를 다루고 있어 내용상 서로 연결되어 미생물뿐 아니라 생명체 전체로 그 의미를 넓힐 수 있는 반면, 2부와 3부는 미생물에 국한된 이야기이다. 일반적으로 미생물은 진균 혹은 곰팡이(fungi), 원생동물(protozoa), 세균(bacteria), 바이러스(virus), 조류(藻類, algae) 등을 포함하지만, 원생동물, 바이러스, 조류는 거의 취급하지 않았고 일부분에서만 필요에 따라 기술했다.

이 책을 지루하지 않게 읽으려면 약간의 생물학적 지식이 필요하다. 예를 들면, A, G, C, T 네 가지 염기로 이뤄진 유전 물질인 DNA, DNA와 똑같은 서열로 합성되어 단백질을 만드는 데 쓰이는 RNA, 단백질의 아미노산 순서가 암호화되어 있는 유전자 등등, 고등학교 교과서에 나오는 지식 정도면 충분하고도 남을 것이다. 이 책을 쓸 때, 원래의 의도는 현대 생물학에서 중요한 실험 재료 두 가지, 즉 대장균과 효모에 대한 연구를 생물학을 전공으로 하는 사람들을 대상으로 조그만 책자를 만드는 것이었다. 그러다가 교양 수준에서 생물학을 전공으로 하지 않는 사람들도 읽을 수 있는 책을 만드는 것이 좋겠다 싶어 그 내용을 확장하게 되었다. 쉽게 쓴다고 노력은 했지만 쉽지 않아 보이는 내용도 들어 있어 조금은 염려스럽다. 이해하기 어려운 부분이 있으면 건너뛰어도 무방하리라 생각한다. 다만, 개인적인 생각이지만 지구에서 아름다운 생명의 탄생에 이르는 4대 사건, 즉 RNA 세계, 세포막 형성, 광합성, 마이토콘드리아에 관해서는 주의를 조금 더 기울여 주기 바란다.

이 책의 제목이 『아름다운 미생물 이야기』이지만 모든 이야기가 아름답지는 않다. 정말로 아름답지는 않은 이야기가 두 마당 들어 있다. 전염병과 세균전이 그것이다. 하지만 미생물 자체는 아닐지라도 그 속에서도 찾으려고 한다면 찾을 수 있는 아름다움이 있기를 바란다. 개인적인 명예욕과 섞여서 전염병으로부터 인류를 구하려는 과학자들의 사명감을 살펴봄으로써 그리고 그와는 정반대로 '인간이 미치면 한계가 어디까지인가?'를 겉으로나마 살펴봄으로써 인간의 존엄성에 대해 다시 한번 되돌아볼 아름다운 기회가 된다면 말이다. 끝으로, 강의 노트로 시작한 어수선한 글들을 책으로 만들어 준 ㈜사이언스북스 편집부 여러분의 노고에 감사드린다.

2019년 여름을 앞두고
김완기, 최원자

용어에 대하여

우리가 쓰는 말은 역사성과 사회성이 있고 세대에서 세대로 유전된다. 수많은 다른 사람들과 공유하기 때문에, 올바르지 않다거나 원래 말뜻과 다르다거나 등의 이유로 하루아침에 바꿀 수 없다. 그러므로 새 말을 만들어 쓸 경우 시의성 있게 잘 만들어야 한다.

다른 분야도 비슷한 상황일 것이라고 짐작하지만 유감스럽게도 우리가 쓰는 생물학 용어는 일본 사람들이 주로 독일어 용어를 한자로 의역한 것이거나 영어를 그대로 한글로 옮겨 적은 것이 대부분이다. 한자를 모르는 세대에게 한자 의역어는 아무런 뜻도 전달하지 못하며 한글을 거의 무작위로 늘어놓은 것에 불과하다. 더 심각한 문제는 영어를 그대로 한글로 옮겨 적은 용어의 사용이다. 영어가 일본식 영어이기 때문이다. 일본식 영어는 따지고 보면 독일식 영어이다.

예를 들면 과산화수소 분해 효소인 '카탈라제'는 'catalase'의 독일식 영어다. 문제는 일본식 영어라서가 아니라 '카탈라제'라고 말하면 외국 과학자들이 못 알아듣는다는 데에 있다. 현재 과학 용어의 주류는 미국식 영어다. 사실 억양이 없는 우리말로 가깝게 발음한 '카탈레이즈'도 잘 알아듣지 못할 것이다. 하나 더 예를 들어보자. 미국 사람들에게 'cobalt'를 '코발트'라고 발음하면 아무도 못 알아듣는다. 비슷하게 발음하면 '코볼'이다. 그렇다면 언젠가 과학계의 주류 용어가 미국식 영어에서 예를 들면 아랍 어로 바뀔 경우 다시 아랍 어 발음으로 바꾸어야 하냐고 반문할 사람들이 있을지 모르겠다. 이에 대한 답은 '그렇다.'이다. 이처럼 시류에 따라 교과서를 비롯한 한국 서적에서 용어가 바뀌는 것은 분명 바람직하지 않다. 그러므로 중국처럼 과학 용어의 우리말 옮김은 빠르면 빠를수록 좋다.

영어를 쓸 경우 이왕이면 소통 가능한 번역어가 더 나을 것이라고 판단해 이 책에서 영어로 된 과학 용어는 미국식 영어에 기초해서 옮겼다. 그렇지만 음의 장단, 고저, 강세 등 우리말과 영어의 음운 체계가 달라서 우리말로 옮긴들 똑같을 수는 없고 그저 될 수 있으면 비슷하게 들리게 했다. 몇몇 용어는 분명히 어색할 것이다. 예를 들어, '인슐린'을 '인썰린'으로 '메탄' 혹은 '메테인'을 '메쎄인'으로 옮겼는데, '인슐린'과 '메탄' 같은 용어들이 우리에게 너무 익숙해서 새로운 옮김말을 사용하기 주저했으나, 혹시 있을 비난을 무릅쓰고 강행했다. 애초 용어를 우리말로 옮길 때 전문가 상담 없이 그러려니 하고 아무 고민 없이 선택했기 때문이다. 할 수 없이 남의 나라 말을 이

용하면서 굳이 우리만의 암호를 만들 이유는 하나도 없다. 이 점 양해
바란다.

차례

1부

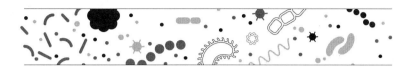

미생물의 행진

생명이란 무엇인가? 생물학적으로 볼 때 살아 있는 생명체는 엄밀하지는 않지만 일반적으로 다음과 같은 특성을 지닌다. 자라고, 물질 대사를 하고, 외부적으로나 내부적으로 움직이고, 자신과 닮은 개체를 생산하고, 외부 자극에 반응한다. 이를 위해서 탄수화물, 지질, 핵산, 단백질과 같은 성분을 지니고, 살아가기 위해 에너지와 물질을 필요로 하며, 하나 혹은 그 이상의 세포로 이루어져 있다. 또한 살아 있는 생명체는 항상성을 유지하며 진화한다. 사람을 비롯한 지구 상의 모든 생명체는 탄소로 이뤄진 유기체로 이루어져 있지만, 유기체의 반응이 사람의 정신 세계까지 영향을 미칠까 하는 주제에 들어가면 상당히 혼란스러운 것이 사실이다. 이 책에서는 미생물에 국한하기로 한다.

1장

생명 물질

이 장은 오직 인간의 지식으로만 알 수 있는, 거의 40억 년 동안의 자연의 역사를 특정한 관점에서 바라본 기록이다. 역사를 좋아하는 사람도 자연사(自然史, Natural History)는 왠지 거리감을 느낄지 모르겠다. 그렇지만 우리 주변의 세상만물은 물론이고, 우리 자신의 몸과 마음에 이르기까지 이 자연사의 산물이다. 먼저 우주 탄생부터 이야기해 보자.

138억 년 전, 초고온, 초고밀도 공간의 대폭발(Big Bang) — 실제로는 대팽창(Big Expansion) — 으로부터 우주는 시작되었다고 한다.[1] 우주가 팽창하면서 식어 가는 과정에서 스스로 빛을 내는 별이 수없이 만들어지고 그 별들이 모여 은하가 만들어졌다. 현재 우주에는 적어도 1000억(1×10^{11}) 개의 은하가 있고 각각의 은하는 적어도 1000억 개의 별들로 구성되어 있다고 추정한다. 우주에 있는 별들의 수를 다 합치면 아보가드로 수(Avogadro constant)에 육박한다.* 그중 '우리 은하(Milky Way Galaxy)'라 이름 붙여진 한 은하의 구석에서 약 50억 년 전 원시 태양이 빛나고, 그것을 둘러싸고 있던 기체와 먼지로부터 무수한 소행성들이 태어났다. 소행성들의 끊임없이 반복되는 충돌과 합체를 통해 약 45억 년 전 지구가 탄생했다. 화성만 한 행성과 지구가 충돌해 달이 생기고, 지구에 바다가 생기고, 약 40억 년 전 최초의 생명이 탄생한 것으로 추정되고 있다. 최소한 1×10^{22}개의 별 중 하나인 태양의 두 번째도 아니고 네 번째도 아닌 세 번째 아주 작은 행성에서 생명이 탄생한 것이다.

45억 년 지구 역사를 24시간으로 환산하면 약 5만 년이 1초에 해당한다. 이 시계를 기준으로, 새벽 4시에 지구 최초의 생명체가 탄생하고, 밤 9시까지는 미생물만의 세계이었다. 삼엽충, 어류, 양서류, 파충류, 조류, 포유류로 이어지는 동물 진화의 역사는 밤 9시 이후에 일어났으며, 밤 10시 30분쯤에야 육지에 식물이 생겼다. 특히, 비교적 오랫동안 똑바로 걸을 수 있는 원시 인류의 출현을 500만 년 전으로 봤을 때 그 시점은 자정까지 2분도 채 안 남은 시간이며, 20만 년이라고 추정되는 현생 인류는 불과 수 초 전에 출현했다. 그러나 최초의 생명이 어떤 것이며, 어떻게 해서 탄생한 것인가에 대해서는 전혀 알

* 아보가드로 수는 원자, 분자, 이온 등 1몰(mole)의 질량 속에 들어 있는 입자의 수로서 6×10^{23}개이다. 예를 들어, 탄소 분자 6×10^{23}개를 1몰이라 하며 그 무게는 12그램이다.

아름다운 미생물 이야기

려져 있지 않다.

지구에서 맨 처음의 생명은 어떻게 발생했을까? 여기에 대해서 다음 세 가지 가설을 생각할 수 있다. 첫째, 지구에서 자연적으로 발생했다는 가설과, 둘째, 다른 천체에서 왔다는 가설과, 셋째, 초자연적으로 생성되었다는 가설이다. 과학의 입장에서 보면 둘째와 셋째 가설은 오늘날 연구 수행에 별로 기여할 것이 없다. 다른 천체에서 왔다면 또다시 그 기원이 자연적이냐 초자연적이냐 하는 문제로 되돌아가게 될 것이다. 초자연적이라 함은 현재 우리가 아는 자연의 범위 안에서 일어날 수 없는 현상이 일어남을 말한다. 르네상스 이후 자연 과학의 발전은 우리가 아는 자연의 범위를 엄청나게 넓혀 주었지만 현재 우리가 아는 자연이 자연의 전부인가? 그것이 아니라면 "현재로선 모른다."라고 말해야 맞을 것이다. 따라서 여기에서는 현재 우리가 아는 범위 안에서 첫째 설만 고려한다.

우주에서는 무슨 일이?

이 절의 목적은 '지구에 있는 원소는 어디에서 만들어졌을까?'를 다루는 것이다. 답부터 말하자면 당연하게 생각할지 모르지만 우주다. 조금 더 자세히 말하면 죽은 별의 찌꺼기다.[2] 한자어 우주(宇宙)의 대표적인 출처는 「천자문(千字文)」이다. 두 글자 모두 '집'을 뜻한다. 보통 집이 아니라 상상할 수 없을 정도로 큰 집이다. 우주를 '질서' 또는 '정렬(整列)'을 뜻하는 '코스모스(cosmos)'로 처음 지칭한 사람은 고대 그리스 철학자인 동시에 과학자인 피타고라스다. 라틴 어 universum은 영어 universe를 포함한 유럽의 여러 언어에서 우주를 가리키는 낱말의 어원이 되었다.

우주의 구성 요소에 관한 최근 이론에 따르면 우주 전체의 물질과 에너지 중 오직 5퍼센트만이 우리가 알고 있는 일반 원자로 이루어져 있으며, 25퍼센트는 아직 그 정체가 파악되지 않은 암흑 물질, 나머지 70퍼센트는 그 정체가 더욱 불분명한 암흑 에너지 형태로 존재하고 있다.[3] 우주 구성 요소의 5퍼센트인 보통 물질은 75퍼센트가 수소, 25퍼센트는 헬륨이다. 산소나 탄소를 비롯한 우리에게 익숙한 원소는 흔적조차 없다고 할 정도로 적게 존재한다.

우리가 우주에서 볼 수 있는 것은 밤하늘에 빛나는 별들이다. 별이 스스로 빛을 내는 이유는 별 내부에서 일어나고 있는 핵융합 반응 때문이다. 별이 형성되는 과정에서 수소가 핵융합 반응을 일으켜 헬륨이 되고, 헬륨이 세 번의 핵융합 반응을 일으키면 탄소도 된다. 이 융합 반응으로 인해 엄청난 에너지가 만들어지고 빛을 낸다. 그러니까 모든 원소는 수소로부터 출발한다.[1]

탄생 초기 질량이 태양 질량의 7퍼센트보다 작은 경우에는 중심부의 온도가 수소 핵융합 반응을 일으킬 만한 온도에 도달하지 못한다. 결국 어떠한 핵융합 반응도 없이 그냥 수축하면서 매우 어두운 빛을 방출하는 갈색 왜성으로 수명을 다한다.

모든 별에서 똑같은 핵융합 반응이 일어나는 것은 아니다. 별마다 초기 질량뿐 아니라 형성 당시 원소의 비율도 다르기 때문이다.

아름다운 미생물 이야기

일반적으로 태양과 같이 질량이 작은 별은 헬륨 핵융합 반응 정도까지만 진행되지만, 태양의 8배 이상의 질량을 가진 별은 중심부에 철을 형성할 때까지 핵반응이 진행된다. 이 과정에서 별은 팽창하기도 하고, 팽창하면서 가장자리에 있던 물질들을 우주로 날려 버려 다시 수축하기도 한다.

탄생 초기 질량이 태양 질량의 8배 이하인 별은 내부 온도가 헬륨 핵융합 반응을 유발할 수 있는 온도까지만 상승한다. 헬륨 핵융합 반응이 진행되는 동안 별 중심부의 헬륨을 원료로 해서 주로 탄소와 산소를 생성하게 된다. 이런 별들이 죽으면서 백색 왜성이 되는데 어느 정도 크기 이상의 백색 왜성은 수축하면서 별의 중심부 온도가 상승해 탄소 핵융합 반응이 시작된다. 일단 중심부에서 탄소 핵융합 반응으로 에너지가 발생하면 이 에너지가 백색 왜성 전체의 온도를 높여서 연쇄적인 탄소 핵융합 반응을 일으키면서 폭발하게 된다. 전에는 보지 못하던 별이 보인다. 이른바 초신성(超新星, supernova)이다. 말은 신성이지만 실제로는 죽어 가는 별이다.

초기 질량이 태양 질량의 8배 이상이고 20배 이하인 별은 진화 도중에 별 중심부의 온도가 탄소 연소 반응을 일으킬 수 있을 정도로 높이 올라간다. 결과적으로 탄소 융합 반응부터, 네온 융합 반응 및 실리콘 융합 반응을 거쳐 철이 생성되기까지 순차적인 핵융합 반응이 진행된다. 일단 철이 중심부에 형성되면 더 이상의 핵융합 반응은 진행되지 않는다. 철이 우주에서 가장 안정된 원소이기 때문이다. 이후 철 원자 붕괴에 이어서 또 다른 형태의 초신성 폭발을 일으키는 과정은 생략한다.

백색 왜성에 의한 초신성 폭발은 백색 왜성 전체가 폭발해 폭발 후 중심부에 아무것도 남기지 않는 반면, 핵붕괴 반응에 의한 초신성 폭발은 폭발 후 중심부에 중성자별을 남긴다. 이 중성자별은 궁극적으로 블랙홀을 형성하면서 소멸한다. 한편, 초기 질량이 태양 질량의 20배 이상인 별은 죽어서 중성자별이나 블랙홀을 남길 수 있다.

다소 지루하게 별 이야기를 했지만 이야기하고 싶은 요점은 지구에 존재하는 헬륨보다 분자량이 큰 원소는 태양 이외의 별이 죽어 가면서 초신성 폭발로 남긴 찌꺼기가 우주를 흩어졌다가 모이면서 지구 또는 행성의 구성 원소가 되었다는 점이다.

생명의 원소[1, 4]

생명(生命)이란 추상적인 말로서 생명이 있는 물체, 즉 생물이 생물로서 존재할 수 있게 감각, 운동, 성장, 번식을 가능하게 하는 특성이다. 생물(生物)은 생명이 있는 모든 것을 말하며, 세균부터 사람에 이르기까지 다양한 생물이 존재한다. 지구 생명체는 모두 탄소로 이뤄진 유기체로 이루어져 있으며 유기체를 구성하는 대표적인 생화학적 분자들은 단백질, 지방(지질, 지방산), 탄수화물, 핵산(DNA, RNA)이 있다. 감각, 운동, 성장, 번식 등의 생명 현상은 대부분 단백질로 만들어진 생체 촉매인 효소 반응을 통해 이뤄진다.

생명체를 구성하는 모든 유기 물질, 즉 생명 물질은 화합물이므로 생명 물질의 성질, 조성, 구조, 변화 및 그에 수반하는 에너지의 변화에 있어서 반드시 화학의 법칙을 따르며 유기 화합물의 운동과 에너지, 열적·전기적·광학적·기계적 속성은 물리학의 법칙에서 벗어나지 않는다. 물리학을 뜻하는 영어 'physics'는 '자연'을 뜻하는 고대 그리스 어 '피시스(fúsις)'에서 유래했다. 현재 우리의 지식으로 생명 물질을 물리적, 화학적 수준에서 이해한다고 해서 생명을 이해할 수는 없다. 그러나 분명한 점은 예를 들어, 유기 화합물의 뼈대를 구성하는 탄소를 탄소와 화학적 성질이 비슷한 탄소족 원소인 규소로 대체할 수 없고 마찬가지로 유기 화합물을 구성하는 모든 원소는 대체 원소가 없다. 그렇다면 탄소는 왜 꼭 탄소여야만 하는가?

알 수 있는 것만이라도 알아보자. 생명을 이해하는 데 턱없이 부족할지 모르지만 어쩌면 생명에 대한 경외심이라도 들지 모를 일이다. 우선 원소 주기율표 들여다보자. 다 알다시피 주기율표는 물질의 화학적 최소 단위인 원소를 구분하기 쉽게 성질에 따라 배열한 표로, 러시아의 드미트리 멘델레예프가 1869년에 처음 제시한 이래, 현재 118개의 원소가 들어 있다. 논란의 여지가 약간 있지만 이중 자연적으로 존재하는 마지막 원소는 92번 원소인 우라늄이고 나머지는 인공적으로 만든 원소들이다.

주기율표의 원소들 중 우리 몸속에 들어 있는 원소는 20가지 미만이다. 이 원소들 가운데 상당수는 이온 형태로 그리고 그 대부분은 극미량으로 존재한다. 한편, 다른 원자와 전자를 공유함으로써 생기는 공유 결합을 하는 원자는 탄소(carbon, 원소 기호 C, 원자 번호 6), 수소

(hydrogen, 원소 기호 H, 원자 번호 1), 산소(oxygen, 원소 기호 O, 원자 번호 8), 질소(nitrogen, 원소 기호 N, 원자 번호 7), 인(phosphorus, 원소 기호 P, 원자 번호 15), 황(sulfur, 원소 기호 S, 원자 번호 16) 단 6개 원소다.

흔히 C, H, O, N의 네 원소들을(혹은 조금 넓혀서 C, H, O, N, P, S의 여섯 원소들을) '생명 원소'라 한다. 미생물(대장균), 식물, 동물(사람)의 원자 구성비를 보면, 산소의 경우, 미생물에 비해서 식물과 동물에서 2배가 된다. 탄소의 경우, 동물이 식물과 미생물보다 현저히 낮다. 이는 세포벽이 없기 때문인 것으로 보인다. 수소는 동물에서 월등히 높다. 이는 활동적인 동물이 더 많은 에너지를 필요로 하고, 따라서 에너지를 많이 만들기 위해 환원 상태가 높은 물질, 즉 수소 화합물을 많이 보유하기 때문인 것으로 보인다. 질소는 미생물에서 월등히 높은데 핵산의 비가 높음을 의미할 수도 있다. 이는 주로 핵산에 존재하는 인의 비율이 미생물에서 높은 것과 연관이 있어 보인다. 또한 미생물에서 황, 소듐(나트륨), 마그네슘, 염소의 비율이 높은데, 진화와 관계가 있는지도 모른다.

생명체의 원소 구성은 질량 비율로 산소 65퍼센트, 탄소 18퍼센트, 수소 10퍼센트, 질소 3퍼센트, 칼슘 1.5퍼센트, 인 1퍼센트, 기타 1.5퍼센트로 되어 있다. 원소 비율로는 산소 37퍼센트, 탄소 14퍼센트, 수소 46퍼센트, 질소 2퍼센트, 칼슘 0.4퍼센트, 인 0.3퍼센트, 기타 0.3퍼센트다. 산소와 수소의 원소 비율이 높은 이유는 생명체의 3분의 2가 물이기 때문이다. 물을 빼면 원소 비율은 산소 27퍼센트, 탄소 32퍼센트, 수소 34퍼센트, 질소 4.6퍼센트, 칼슘 0.9퍼센트, 인 0.7

아름다운 미생물 이야기

퍼센트, 기타 0.8퍼센트가 된다.

원소 구성 비율을 보면 왜 C, H, O, N을 생명 원소라 하는지 분명하다. 하지만 '왜 C, H, O, N은 같은 족 원소로 대체 불가한가?' 라는 의문은 여전히 남는다. C, H, O, N의 공통점은 수소나 헬륨을 제외한 주기율표 맨 윗줄에 존재하는 원소로서 원자량이 작다. 원자량이 큰 원소는 만들어지기도 어렵거니와 부피가 커서 반응성이 떨어진다. 그 예가 탄소족 원소인 규소(silicon, 원소 기호 Si, 원자 번호 14)이다. 규소는 지구 상에 두 번째로 많지만, 식물의 줄기 조직에 약간 들어 있고 미생물이나 동물에는 없다.

C, O, N은 주기율표 오른쪽에 몰려 있다. 이들은 전자를 잃어 이온으로 존재하기 쉬운 1족 원소인 원자 번호 3의 리튬(lithium)이나 2족 원소인 원자 번호 4의 베릴륨(berilium)과는 달리 전자를 쉽게 받는, 즉 '공유 결합'을 잘하는 원소들이다. 수소는 현재 주기율표에서 가장 바깥쪽 껍질에 전자를 하나 가진 리튬 위에 위치한다. 하지만 수소는 금속 원소가 아니고 할로젠(halogen) 원소와 성질이 비슷하기 때문에 국제 순수·응용 화학 연합(Internation Union of Pure and Applied Chemistry, IUPAC)에서는 수소를 7족으로 옮겨야 한다고 주장하고 있다. 이에 따르면 C, O, N과 H는 주기율표 오른쪽에 몰려 있게 된다.

또한 C, H, O, N은 비금속 원소다. 비금속은 전기 음성도가 높아 결합 시 다른 원자로부터 전자를 받아들이는 성질이 있다. 비금속 원소는 대부분 주기율표의 오른쪽에 차지하며, 위로 갈수록 비금속성이 커진다. 수소는 예외적으로 알칼리가 있는 왼쪽 위에 자리하고 있으나 비금속의 성질을 띤다. 비금속은 전도체인 금속과는 달리 부도체거나 반도체이다. 비금속은 금속으로부터 전자를 받아 이온 결합을 하거나 다른 비금속과 공유 결합을 한다. 비금속의 산화물은 산성이다.

생명의 틀, 탄소

생명이 있는 모든 물체를 생명체라 하고 영어로 organism, 한자어로 '유기체(有機體)'라 한다. 원래 organ은 도구(tool)를 뜻하는 말로서 어원적으로 organism과 연결하기는 쉽지 않으나, 1834년부터 영국에서 생명체를 뜻하는 공식적인 말로 쓰였다. '유기(有機)'란 말이 들어간 말로서 우리가 일상 생활에서 가장 흔히 접하는 말은 '유기 농법(有機農法)'이란 말일 것이다. 유기 농법은 합성 화학 물질을 일체 사용하지 않고 미생물 등의 유기물을 사용해 작물을 재배하는 농법이다. '유기(有機)'란 말 그대로 해석하면 '기(機)가 있는'이다. '기'는 우리말로 '틀'을, 영어로 frame(틀) 혹은 structure(구조)를 뜻한다. 말하자면 '유기체'는 '틀'이 있는 물체다. '틀'은 무엇인가? 여기서 '틀'을 탄소로 해석하면 큰 무리가 없다. 그렇다고 탄소가 포함되어 있다 해서 무조건 유기물이 될 수 있는 것은 아니다. 흑연이나 다이아몬드 같은 홑원소 탄소 물질, 산화탄소(CO, CO_2), 탄산염(CO_3^{-2}), 사이안화탄소($CN-$) 화합물 등을 제외한 탄소 화합물을 총칭한 분자를 유기물로 본다. 보통 탄소 2개 이상 화합물은 유기물이며 탄소 1개 화합물 중에서 메쎄인(CH_4)은 유기물이다.

탄소는 자연에 네 번째로 많이 존재하는 원소로서 산소와 함

아름다운 미생물 이야기

께 생명에 없어서는 안 되는 가장 기본적인 원소 중 하나다. 탄소는 유사 이전부터 목탄의 형태로 사용되어 왔으며, carbon이라는 이름은 '숯'을 뜻하는 라틴 어 carbo에서 왔다. 이 이름은 근대 화학의 아버지라 불리는 프랑스 과학자 앙투안로랑 드 라부아지에가 명명했다. 한자어 '탄소(炭素)'는 독일어 Kohlenstoff에서 유래했다. Kohlen은 '숯'을 뜻한다.

탄소의 화학적 특징은 최대 8개 들어가는 가장 바깥쪽 원자 껍질에 4개의 홑전자를 가진다. 전자는 쌍으로 존재해야 안정되므로 전자 4개를 받을 수, 즉 4개의 공유 결합을 할 수 있다. 이 특성이 같은 탄소는 물론 수소나 산소 등 많은 종류의 원소와 결합할 수 있게 해 여러 가지 성질의 분자가 만들어지는 것이다. 또한 탄소의 배열 순서에 따라 다양한 모양과 물리적인 특성이 다른 홑원소 물질인 동소체(同素體, allotropy)가 여러 가지 가능하다. 이론적으로는 무한하나 현재 생명체에 존재하는 가장 복잡한 탄소 화합물을 기준으로 약 2000만 종류의 화합물을 생성할 수 있다. 같은 탄소족 원소이면서 지구에서 두 번째로 많은 규소가 탄소와 같이 다양한 결합을 생성하지 못하는 이유는 원자의 크기가 탄소보다 크기 때문이다.

물의 재료, 수소

수소(水素)라는 이름을 풀면 '물의 재료'로, 독일어 Wasserstoff에서 유래했다. 영어 hydrogen은 hydro(물)를 만든다는 뜻을 가지고 있다. 2개의 수소 원자가 산소 원자와 결합해 물을 구성한다. 16세기 독일계 스위스 연금술사 파라켈수스(Paracelsus. 약칭이다. 본명은 지금까지 들어본 이름 중 가장 긴 이름이다.)는 금속이 산에 녹을 때 어떤 기체가 발생한다는 사실을 발견했다. 당시에는 수소가 일산화탄소와 같은 다른 가연성 기체와 혼동되었으나, 1766년 영국 과학자 헨리 캐번디시는 수소가 다른 가연성 기체와 다르다는 것을 증명한다. 몇 년 후 라부아지에는 이 기체를 수소라고 명명했다.

수소는 질량 기준으로 우주에 존재하는 물질과 태양의 75퍼센트를 구성한다. 태양은 수소 핵융합 반응으로 에너지를 방출하고, 태양에서 나오는 빛으로 식물이 광합성(光合成, photosynthesis)을 하고, 식물은 먹이 사슬을 통해 사람과 동물의 먹을거리가 되기 때문에 수소는 모든 생물의 에너지원이라 볼 수도 있다. 지구에서는 주로 순수한 수소 기체 상태가 아닌 화합물 상태로 존재하는데, 산소와 결합하면 물로, 탄소와 결합하면 메쎄인, 알코올, 당, 지방산과 같은 유기 화합물로 발견된다. 황과는 황화수소, 질소와는 암모니아, 염소와는 염화수소를 생성한다. 또한 많은 금속과도 직접 반응해 수화물을 만든다. 수용액에서는 양이온의 형태로 존재하면 금속을 부식시키는 등 산성 용액의 특징을 나타내는 주요한 원인이 된다.

수소 원자 2개로 수소 기체를 이루게 되면, 스스로 타는 성질이 있고 폭발하는 성질이 있다. 이 때문에 연료로 쓴다. 수소 자동차를 만드는 어느 자동차 회사의 광고 문구인 "수소, 우주의 75퍼센트, 그 무한한 수소로 자동차를 달리게 하다."는 틀렸다. 보통 물질은 우주의 5퍼센트뿐이므로 그것의 75퍼센트, 그러니까 3.75퍼센트가 수소다. 그것도 대부분이 현재 별의 성분으로 갇혀 있다. 별과 행성 이외의 공간에는 수소가 없는 것과 마찬가지다. 우주의 75퍼센트가 수소로 이루어졌다면 우주에다 성냥불을 붙이면 온 우주가 불바다가 될까? 우리는 이미 성냥불이 아니라 우주선 꽁무니의 거대한 화염으로 불을 붙여 봤다. 우주에서는 아무 일도 일어나지 않았다.

산화 반응의 주인공, 산소

산소(酸素)에 얽힌 이야기는 뒤에서 다룰 것이므로 여기서는 생명 구성 원소로서의 화학적 성질만 다룬다. 산(oxy)을 만든다(generate)고 해서 산소(oxy + gen)였는데, 우리가 흔히 알고 있는 질산, 염산 등의 산에 들어가 있는 것들은 실제로 수소다. 원래 화학에서 '산화(酸化)'라고 하는 것은 '산(酸)이 된다.'라는 뜻이었다. 포도주(에탄올)가 산화되면 시큼한 초산이 되는 것처럼 물질이 산소와 결합하는 것을 산화된다고 한다.

물질이 산소와 결합하는 화학 작용을 산화 작용이라고 한다. 이런 개념을 잘 정리한 설이 미국의 물리 화학자 길버트 루이스의 산·염기 정의다. 루이스는 공유 결합을 형성할 수 있도록 비공유 전자쌍을 주는 물질은 염기, 공유 결합을 형성할 수 있도록 비공유 전자쌍을 받는 물질을 산이라고 정의했다. 1916년 루이스에 의해 확립된 전자쌍 이론은 공유 결합의 이해와 산과 염기에 대한 정의의 확장에 큰 영향을 끼쳤다.

산소는 화학적으로 매우 활성이 높은 원소다. 금, 백금, 은 등의 분자량이 큰 금속이나 비활성 기체, 할로젠(플루오린 제외) 등과는 직접 반응하지는 않지만, 그 밖의 원소와는 직접 반응해 산화물을 만든다. 생체 내에서도 주위에 있는 거의 모든 물질을 산화시켜 그 물질들의 마땅한 기능을 방해하기 때문에 생명체 입장에서는 반갑지 않은 원소일 수 있다. 이와 같은 산소의 전자를 잘 받아들이는 화학적 특징이 어떤 생명 현상에 분명히 필수적이다.

또한 사람을 비롯한 많은 생명체들이 에너지(ATP)를 만들 때 부작용이 있음에도 불구하고 '산소를 최종 전자 수용체로 이용해 최소의 투자로 최대의 효과를 낸다.' 호흡을 조금 어렵게 한 말이다. 하지만 산소 없이도 호흡하는, 즉 에너지를 만드는 생명체는 수두룩하다.

산소가 생명 원소인 이유는 수소와 반응해 물을 만들기 때문일 것이다. 생명체 질량의 4분의 3이 물이다. 잘 알다시피 물은 수소 두 분자와 산소 한 분자로 이루어져 있다. 물은 양전하와 음전하를 동시에 띠고 있어 친수성 물질을 잘 포용하기도 하지만 소수성 물질을 잘 분리하는 성질이 있어 용매로서 역할을 한다. 이러한 물의 성질은 물이 포함하고 있는 산소의 특징 때문이다. 물이 가지고 있는 수소 원자는 수소 결합을 할 수 있는데, 전자를 끌어당기는 힘(전기 음성도)이 상대적으로 약해 약한 양이온의 성질을 띠고 전자를 끌어당기는 힘이 강한 산소 원자가 강한 음이온의 성질을 띰으로써 가능한 일이다. 또한 이온성 화합물이 물에 녹을 경우 물 분자로 인해서 수화되는데, 이것 역시 산소 원자의 존재로 인해 물 분자가 부분적으로 전하를 띠기 때문에 가능하다. 외계 생명체를 찾기 위해 물부터 찾을 만큼 적어도 우리의 상식으로 물은 생명체에게 필수적이다.

C, H, O, N을 생명 원소라 함은 좁은 의미에서 생체 내 유기 화합물이 이 네 가지 원소로 구성되어 있기 때문이다. 생체 내 유기 화합물의 기본 골격은 탄화수소로 탄소-탄소와 탄소-수소의 공유 결합이지만 산소나 질소가 들어 있지 않은 생체 유기 화합물은 없다. 이 기본 골격에 산소와 질소 등의 이성(異性) 원자를 포함한다. 이성 원자들의 기능은 다른 화합물과 반응을 잘하는 작용기(作用基, functional group)로서 유기 화합물을 특정 짓는 원자단이다. 유기 화합물들은 탄소수가 다르지만 공통의 원자단을 갖는 일군의 화합물이다. 예를 들면 지방산 같은 카복실산(carboxylic acid)은 공통의 원자단으로서 카복시기(-COOH)를 가진다. 카복실산에는 다수의 화합물이 알려져 있는데, 그들은 전부 공통의 화학적 성질을 가지며, 이 특성들은 카복시기에 기초하는 것이다. 알코올, 페놀의 수산기(-OH), 알데하이드의 포밀기(-CHO), 케톤의 카보닐기(>CO), 아민의 아미노기(-NH$_2$), 에틸렌계(系) 이중 결합 등이 있다. 질소가 들어 있는 작용기로는 아조기(-N=N-), 나이트로기(-NO$_2$), 나이트로조기(-NO), 아자이드기(-N$_3$)도 동족 계열을 특정 짓는 작용기다. 이 작용기들은 반응성의 원자단으로 일반적으로 치환할 수 있고 에틸렌계 이중 결합과 아조기와 같이 불포화 결합이 있어서 첨가 반응이 행해진다. 작용기들이 전부 다른 성질을 나타내기 때문에 작용기의 반응을 통해 성질이 다른 많은 유도체를 만들 수 있다.

또한 많은 작용기는 친수성을 띠므로 유기 화합물이 물에 용해되기 쉽게 한다. 생체 내 모든 화학 반응은 용액 상태에서 이루어지므로 유기 화합물의 용해는 필수적이다. 예를 들어, 에너지의 원천인 포도당(glucose, $C_6H_{12}O_6$)은 육각 고리에 1개의 산소와 5개의 수산기 가지를 가진다. 수산기를 수소로 치환한다면 산소의 개수가 줄어든 만큼 용해도는 떨어질 것이고 반응성은 줄어들 것이다. 반응성이 줄면 그렇지 않은 경우보다 훨씬 적은 에너지를 얻을 수밖에 없다.

한 가지 더, 질소 역시 핵산 염기와 단백질의 아미노산의 필수 성분이다. 앞에서 언급한 바와 같이 질소는 산소와 마찬가지로 작용기로 기능한다. 질소에 얽힌 이야기는 9장에서 다룰 예정이다.

원시 지구에서는 무슨 일이[1,5,6,7]

생명체가 살기 위한 궁극적인 조건 중 하나는 바다(물)의 생성이다. 물론 현재와 같은 육상 생물이 살려면 대기 또한 중요하다. 지금부터 SF 영화 한 편을 본다고 생각하자. 약 50억 년 전, 별의 재료가 풍부한 기체 성운에서 중력에 의해 먼지와 기체가 뭉치면서 초기 별의 씨앗이 형성된다. 이 기체 덩어리의 중심부 압력과 온도는 자체 중력에 의해서 점점 높아지는데, 어느 순간에 이르면 안정적인 수소 핵융합 반응을 유지할 수 있을 만한 상태에 도달한다. 그러면 갑자기 빛이 나면서 별이 탄생하는 것이다. 태양이다.

지구는 약 45억 년 전에 형성되었으며, 태양계가 형성되던 시점과 때를 같이한다. 태양계 형성의 표준 모형은 성운설이라고 하는

아름다운 미생물 이야기

이론에 기초한다. 이 이론에 따르면, 태양계는 우주 먼지와 기체가 모여 회전하는 거대한 구름인 태양 성운으로부터 형성되었다. 구성 성분은 대폭발 직후 만들어진 수소와 헬륨, 그리고 초신성에서 방출된 무거운 원소들이었다. 45억 년 전, 근처 초신성의 충격파의 영향으로 성운은 수축하기 시작했으며, 회전 속도도 빨라지기 시작했다. 이로 인해 각운동량, 중력, 관성이 증가하면서 성운은 회전축에 수직으로 납작해져 원시 행성계 원반을 이루었다. 내부의 큰 물질들의 충돌로 인한 섭동(攝動, perturbation)*으로 원시 행성이 만들어졌다.

주위의 우주 먼지 등 상당한 질량을 가진 물질들이 뭉치는 과정을 통해 원시 지구는 점차 크기를 키워 갔으며, 지각 압력으로 인해 내부는 뜨거워져 철을 비롯한 중금속 원소들이 액화되기 시작했다. 금속들은 토양을 이루는 규소보다 더 무거웠기 때문에 가라앉는데, 지구 형성 1000만 년 후 원시 맨틀과 내핵이 분리되고 지구 자기장이 생긴다. 이 과정을 '철의 대변혁(Iron Catastrophe)'이라 한다.

지구 최초의 대기는 태양 성운에서 비롯한 수소와 헬륨 같은 가벼운 원소로 이루어졌다. 이 원소들은 이후 태양풍과 지구 자체의 열로 인해 우주로 날아가면서 규소를 주성분으로 하는 암석 종류와 철, 니켈 등의 금속 성분이 남게 된다. 이들은 원시 태양 주위를 공전하면서 합쳐서 그 크기를 불리게 되는데, 어느 정도 몸집과 중력을 가

---

* 천문학에서 여러 개의 다른 물체로부터 명확한 중력 효과를 겪은 하나의 큰 물체가 보이는 복잡한 움직임을 설명할 때 쓰는 용어다.[8]

진 것들을 미행성(微行星)이라고 부른다. 원시 지구도 물론 미행성에서 출발했고 이때 생긴 미행성들 중에서 몸집을 키워 현재까지 남아 있는 것은 수성, 금성, 지구, 화성 등 4개이다. 현재 과학자들은 원시 지구가 현재 크기의 행성으로 성장하는 데 1억 년도 채 걸리지 않았을 것으로 추정한다. 그러나 이 1억 년 이내의 시간에 일어난 사건들은 원시 지구에 대기와 바다를 만드는 데 매우 중요한 역할을 하게 된다.

원시 지구는 그 반지름이 현재의 2분의 1 정도에 달했다. 이런 원시 지구에 1년에 평균 약 1,000개 이상의 미행성들이 충돌했으리라 과학자들은 추정하고 있다. 미행성의 충돌은 지구의 부피를 증가시켰으며 부피의 증가에 따라 지구의 중력도 점점 더 강해져 미행성을 잡아당기는 힘도 증가했을 것이다. 그 결과 더 많은 미행성들의 충돌이 일어났을 것이다.

충돌하는 미행성의 속도는 초속 수 킬로미터에서 수십 킬로미터라는 상당히 빠른 속도였으며(현재 지구의 공전 속도가 초속 약 300킬로미터임을 고려하면 그리 빠르지도 않다.) 이 때문에 원시 지구는 화산 활동이 멈추지 않았다. 미행성 충돌과 원시 지구의 화산 활동으로 미행성과 원시 지구의 지표에 포함되어 있던 엄청난 양의 수증기, 질소, 암모니아, 메쎄인, 이산화탄소 등이 분출돼 원시 지구 대기를 구성했다. (원시 지구 대기에서 수소와 헬륨 등의 가벼운 기체는 이미 증발했다.) 이러한 일이 반복되면서, 증발한 기체는 끊임없이 지표 위를 떠다니며 그 농도는 점차 증가했을 것이다. 결국 원시 지구는 현재의 금성과 같이 대기층이 두껍고 농도가 진한 기체로 덮이게 된다. 이중에서도 특히 많은 양을 차지하는 것은 물과 이산화탄소다. 그중 물이 80퍼센트 이상이기 때문에 원시 지구의 대기는 거의 수증기로 되어 있었다고 추측할 수 있다. 격렬한 미행성의 충돌은 원시 대기를 형성하는 것뿐만 아니라 다량의 충돌 에너지를 지표에 발산시켰다. 종국에 이 에너지는 열에너지로 전환되어 수증기와 이산화탄소로 가득한 원시 대기에 갇혀 '온실 효과'의 작용으로 지표면의 온도를 상승시켰다.

일단 데워진 지표면의 열은 두꺼운 대기층 때문에 우주 공간으로 급격히 방출되지 않는다. 이러한 지속적인 온실 효과로 인해 휘발성 기체의 양은 급격히 증가하기 시작하고 이에 대기의 양도 증가하게 된다. 더 두꺼워진 대기층은 온실 효과를 부채질하고 지표면의 온도는 더욱 상승해 결국에는 암석이 녹을 정도의 고온에 도달하게 되는데, 이윽고 지표에 마그마의 바다가 형성되기 시작한다. 마그마의 바다가 형성되면 수증기가 마그마에 흡수된다. 결국 대기 중의 수증기의 양은 일정 수준 이상 증가하지 않는다. 대기량이 일정하게 되면 지표면의 온도도 일정하게 되어 더 이상 상승하지 않게 된다. 결국 지표면의 온도가 하강함에 따라 마그마의 바다 역시 점차 굳어지기 시작한다.

생명체가 존재하기 위해서는 지표면에 물이 존재해야 한다. 그러자면 비가 내려야 하는데 대기와 지표면이 냉각되고 있긴 했지만 아직 지구는 뜨거웠다. 그것은 원시 지구를 덮고 있던 두꺼운 대기층과 수증기로 이뤄진 구름 때문이었다. 두꺼운 수증기의 구름은 지상으로부터 수백 킬로미터 상공에 위치해 있었으며, 지표면의 높은 온도 때문에 쉽게 지표면 가까이 내려올 수 없었다. 게다가 원시 대기의 구름으로부터 지표에 이르는 내부의 대기층은 뜨겁고 건조했다. 대기의 최상층에서 비가 내렸을지도 모르나 도중의 건조한 대기로 인해 지표면까지 도달할 수는 없었을 것이다. 여기에 두꺼운 구름의 표면은 태양으로부터의 강한 자외선에 노출되고 수증기는 점차 수소와 산소로 분해되어 가벼운 수소는 우주 공간으로 날아가고 비를 만들 수 있는 조건을 상실하고 만다. 만일 이러한 상태가 오랜 기간 계속되었다면, 수증기는 언젠가는 완전히 분해되어 버리고 지구에 비가 내리는 일은 영원히 없었을 것이다.

그러나 다행하게도 광분해에 의한 수증기의 분해 현상이 벌어지기 이전에 지구가 냉각되기 시작했다. 마그마의 바다가 거의 굳어갈 무렵, 격렬했던 미행성의 충돌도 서서히 줄어들기 시작했고 이에 따라 지표면에서의 충돌 에너지 방출도 줄어듦과 동시에 열에너지도 감소하기 시작했다. 결국 원시 대기와 지표면은 서서히 냉각되기 시작한 것이다. 지표면이 식어 감에 따라 수증기의 구름도 점차 식어서 무거워지기 시작했다. 그리고 구름은 하강했다. 그렇게 하강하던 구름이 어느 시점에서 극적인 변화가 일어나는데 돌연 대기의 아래쪽에 비구름이 생기고 소나기가 내린다. 바로 최초의 비가 내리기 시작한 것이다.

원시 지구의 지표면에 내렸던 비는 섭씨 300도에 가까운 고온의 비였다. 비가 폭포처럼 쏟아지면서 지표면의 온도는 급속히 낮아지고 다시 대기의 온도 또한 더욱 낮아지면서 더 많은 새로운 비가 계

아름다운 미생물 이야기

속해서 내리기 시작했다. 끊임없는 호우의 연속이었다. 지상에서는 대홍수가 일어났다. 엄청난 양의 빗물이 고인 곳에서 원시 바다가 생성됐다. 이런 과정을 통해 탄생한 지구의 원시 바다는 섭씨 150도 정도의 고온이었다. 게다가 최초에 내린 비는 대기 중의 염소 기체를 포함하고 있었기 때문에 강한 산성이었다. 이 산성비는 지표면의 암석을 녹이면서 바로 중화되었고, 지표면을 구성하던 규산염의 암석으로부터 칼슘(Ca), 마그네슘(Mg), 소듐(Na) 등의 양이온이 녹아 나오기 시작했다.

한편, 대기는 수증기의 양이 감소함에 따라 이산화탄소만 남게 되었다. 그러나 이산화탄소가 바다에 녹아 들어가면서 대기를 가득 채우던 이산화탄소도 감소하기 시작했다. 바다에 녹아 들어간 이산화탄소는 석회암이라 부르는 탄산염 암석의 형태로 대륙에 고정되고, 결국 원시 지구의 대기는 질소만이 남게 되었다.

이후 지구의 하늘은 점차 맑아지기 시작했다. 바다는 안정을 찾아갔다. 이쯤 되어 지구의 원시 바다에는 복잡한 화학 물질들로 들끓기 시작했다. 이 화학 물질들 가운데 가장 주목할 만한 것은 메쎄인이었다. 이 메쎄인은 이전 미행성이 충돌하던 때부터 지구에 존재하던 물질이었다. 메쎄인은 지구 최초의 생명체를 구성하는 요소로서 작용했다.

지구의 생명 물질은 어디서 왔나?

앞에서 언급한 생명의 일반적인 특징을 구현하기 위해서는 두 가지 필수적인 물질이 있는데 핵산(核酸, nucleic acid)*과 단백질(蛋白質, protein)**이다. 핵산과 단백질은 탄소, 질소, 수소, 산소의 상호 결합으로 이뤄진 유기물이다. 공기 중의 질소(N_2)는 대단히 안정적인 물질로서 물에 녹지 않고 효소의 매개 없이는 특수한 조건(고온, 고압)에서만 다른 원소와 결합한다. 지구가 형성되었을 때 무기물만 있었으므로 지

---

* 스위스 생물학자 프리드리히 미셔가 1869년에 환자의 고름으로부터 처음으로 발견했다. 뉴클레오타이드(nucleotide)로 구성된 생명체의 유전 물질이다. 가장 잘 알려진 것으로 DNA(deoxyribonucleic acid)와 RNA(ribonucleic acid)가 있다. DNA를 구성하는 5탄당은 디옥시라이보즈(deoxyribose)며, RNA를 구성하는 5탄당은 라이보즈(ribose)다. DNA를 구성하는 염기에는 아데닌(adenine, A), 싸이민(thymine, T), 구아닌(guanine, G), 싸이토신(cytosine, C)이 있으며, RNA는 싸이민 대신에 유라실(uracil, u)을 가지고 있다. 세포 내 DNA의 경우 N-H와 O-C 사이의 수소 결합을 통해 안정된 이중 나선 구조를 하고 있다.

** 단백질(蛋白質)은 생물의 몸을 구성하는 네 가지 거대 분자 혹은 고분자 유기 물질(핵산, 단백질, 탄수화물, 지질)의 하나다. 단백질의 영어명 protein은 그리스 어의 proteios(중요한 것)에서 유래된 것이다. 단백질의 한자 표기에서 단(蛋)이 새알을 뜻하는 것에서 알 수 있듯이, 단백질은 달걀을 비롯한 새알의 흰자위를 이루는 주요 성분이다. 스무 가지의 서로 다른 아미노산들이 펩타이드 결합이라고 하는 화학 결합으로 길게 연결된 것을 폴리펩타이드라고 한다. 1차원적인, 따라서 기능이 없는 폴리펩타이드가 아미노산끼리의 상호 작용을 통해 제대로 접혀 3차 구조를 이루면서 기능성을 가질 때 단백질이라 하지만 경우에 따라 구분 없이 쓰이기도 한다. 일반적으로 50개 미만의 아미노산으로 이루어지면 폴리펩타이드, 50개 이상의 아미노산으로 이루어지면 단백질이라고 한다.

구에서 생명 탄생은 질소와 탄소, 수소, 산소의 결합 유무에 달려 있다고 할 수 있다.

지구에서 생명이 나타난 과정에 관한 논쟁은 무기물만 있던 지구에 핵산과 아미노산 등 생명을 구성하는 유기물의 기원에 관한 논쟁이다. 여기에는 크게 두 가지 가설이 있다. 하나는 지구에서 자체적으로 탄생했다는 가설(화학 진화 가설)과 다른 하나는 지구 밖으로부터 유래되었다는 가설(외부 유래설)이다.

화학 진화 가설

러시아의 생화학자 알렉산드르 오파린은 1936년 『생명의 기원(*Proiskhozhdenie zhizni*)』이라는 책에서, 지구에서는 긴 세월이 걸쳐서 무기물로부터 유기물로 진화(화학 진화)가 일어났고, 이 유기물로부터 최초의 생물(원시 생물)이 탄생했다고 주장했다.[4, 9]

그는 원시 지구를 덮고 있던 대기는 오늘날의 대기와는 달리 산소가 없고 메쎄인(CH_4), 수소(H_2) 수증기(H_2O), 암모니아 (NH_3), 네온 (Ne) 헬륨(He), 알곤(Ar) 등으로 되어 있었을 것이라고 가정했다. 이를 원시 대기라 한다. 이 기체들이 반응하기 위해서는 에너지가 필요한데, 오파린은 태양으로부터 자외선이나 번개와 같은 공중 방전된 에너지가 이 반응에 쓰일 것이라고 봤다. 이 기체들이 서로 반응해서 메쎄인을 기본 골격으로 아미노산을 비롯한 여러 가지 간단한 유기물로 되고 이것이 비에 용해되어 바다(바다인 이유는 다음에 나온다.)로 흘러 들어가 교질(膠質, colloid) 상태가 되었다가 다른 종류의 교질이 반응해 반

액체 상태의 코아세르베이트(coacervate)라는 작은 알맹이 형태로 만들어졌을 것이라고 가정했다. 이 코아세르베이트는 내부에서 여러 효소계가 형성되어 다른 유기물을 분해해 그 에너지에 의해 자신을 합성해 성장하고 이와 같이 코아세르베이트가 성장한 것이 바로 최초의 생명체로 발전되었다고 가정했다. (구)소련 정부가 오파린의 생명 유물론을 크게 환영했음은 물론이다.

원시 대기에서 아미노산이 생겼다는 오파린의 가설은 시카고 대학교 화학자인 해럴드 유리와 스탠리 밀러에 의해 증명되었다. 지금은 아주 고전적인 실험이 되었지만, 1953년 밀러는 몇 주 동안 오직 한 가지 일만 했다. 물, 메쎄인, 암모니아, 수소가 있는 혼합 기체가 들어 있는 유리 기구 장치에 고압 전기 불꽃을 일으키는 것이었다. 장치도 간단해서 비전문가라도 마음만 먹으면 누구나 만들 수 있을 정도였다. 전기를 띤 수증기는 냉각기로 보내져서 물방울이 되는데 그것을 다시 끓여 수증기를 장치 속으로 이끌어 방전을 일으킨다. 이런 순환을 몇 번이고 되풀이한다. 밀러는 메쎄인, 수소, 암모니아, 수증기로 된 원시 대기를 가정하고 거기에, 이를테면 번갯불 같은 방전이 일어났을 때 생명의 기원과 관계가 있는 유기 화합물이 생성되는 것이 아닌가 하는 생각을 한 것이다. 그들은 생성물 중에 아미노산 중 두 종류가 상당량 들어 있는 것을 발견한다. 조건만 맞으면 무기물에서 유기물이 만들어질 수 있음을 보여 주었다.

그 후 많은 과학자들은 갖가지 원시 지구 상황을 설정하고 같은 실험을 시도했지만 유리-밀러의 실험 범위를 넘어서지 못했다. 유

아름다운 미생물 이야기

리-밀러의 실험이 과연 진실로 생명의 기원에 관해서 중요한 의미를 갖는지에 대해서 회의적이기도 했다. 아마도 원시 지구 상태에 대해서 명확한 모형을 제시하지 못했기 때문에 그럴 수밖에 없었는지도 모른다.

하지만 생명 물질이 지구에서 자체적으로 만들어졌다는 몇 가지 중요한 증거들이 근래에 발표되었다. 1990년대 말, 일본의 화성 생명 연구소의 한 팀이 원시 지구가 아직 마그마의 바다로 싸여 있을 때와 바다가 생긴 직후에 해당하는 원시 대기 모형을 제시하고—과정이 복잡하지만 중요한 점 중 하나는 유리-밀러의 실험 조건보다 훨씬 덜 환원적이다.—원시 대기에 양성자를 내리쬐면 거기서 무엇이 생기는가를 조사했다. 그 결과 놀랍게도 유리-밀러가 얻어 낸 것과 같은 효율로 모든 유형의 아미노산이 만들어진다는 것을 발견했다.[10] 이와 같은 조사에서 얻은 원시 지구의 상태는 실로 생명의 발생을 위해서 준비돼야 할 모든 조건을 만족시키고 있다고 할 수 있다. 이것으로 보아 현재 유기 화합물을 화학적 반응으로 합성하는 작업은 그리 어려운 일이 아니라고 할 수 있다.

2015년, 체코 화학자인 스바토플루크 치비스가 이끄는 연구진은, 초기 지구에서 발생한 운석 충돌을 대신해 고출력 레이저를 쏘아 원시 대기 구성 물질이라 추정되는 이온화된 폼아마이드와 물에 고온·고압·방사선 환경을 만들었더니 RNA의 다섯 가지 핵염기, 즉 아데닌, 구아닌, 싸이토신, 싸이민, 유라실이 모두 만들어졌음을 확인했다.[11] DNA와 RNA의 구성 물질이 모두 만들어졌다는 것은 이 물질들이 상호 반응하면서 원시 세포가 탄생할 수 있는 가능성이 열리게 된다는 것을 의미한다. 이 실험은 생명의 기원이 '후기 운석 대충돌기(Late Heavy Bombardment)'로 알려진 40억 년 전~38억 5000만 년 전 발생한 사건 때문이란 가설을 강화한다. 당시 다량의 운석들이 지구를 비롯한 태양계 내부 행성에 쏟아져 충돌을 일으켰고, 이 충격으로 발생한 에너지가 지구에 존재하던 물질의 화학 반응을 촉발해 생명의 기원 물질이 탄생했다는 것이다.

이와 유사한 실험이 2015년 일본 연구팀에 의해 수행되었다. 연구팀은 바닷물에 '중탄산(bicarbonate)'을 넣어 바다에 운석이 충돌했던 조건과 유사하게 구성했다. 여기에 철과 물, 암모니아 등 무기물을 섞어 캡슐에 넣은 후 초속 1킬로미터로 비행하는 금속을 부딪치게 했다. 그 결과 핵산 염기인 싸이토신, 유라실과 단백질의 구성 성분인 아미노산도 아홉 종류가 생성됐다.[12] 이상의 결과들은 지구의 생명 물질이 운석의 충돌로부터 유래되었을 가능성을 시사한다.

외부 유래설

1969년 9월 28일 오전, 그러니까 아폴로 11호가 달에 착륙한 지 얼마 후다. 수만 명의 오스트레일리아 사람들이 엄청난 폭음과 함께 동쪽에서 서쪽으로 가로지르는 불덩이를 봤다. 그 불덩이는 멜버른 북쪽 머치슨이란 조그만 마을에 떨어졌다. 운석이었다. '머치슨 운석(Murchison Meteorite)'[1]이라고 하는 우주의 돌들이 100킬로그램 정도 수집되었다.

운석의 분류상, 가장 시원적으로 생각되는 탄소질 콘드라이트로서 지구 상의 암석에서는 발견된 적이 없는 콘드룰(chondrule, 우주 먼지 덩어리)을 가지고 있었다. 운석의 나이는 지구의 나이와 동일한 45억 년으로 판명되었다. 이 운석들의 자갈 같은 모양도 예사롭지 않았지만, 다량의 휘발 성분과 태양계 탄생 당시 우주가 가지고 있던 물(20퍼센트)뿐만 아니라 유기물도 발견되었다. 이 운석을 분석한 미국 애리조나 주립 대학교의 존 크로닌 박사 등은 90개 이상의 아미노산, 염기, 카복실산 등의 유기물을 검출했다.[13] 90개 이상의 아미노산 중 오직 19개만이 지구에서 발견된다. 아미노산은 지구가 형성될 때부터 존재했을 수도 있다.

충돌 후 30년이 지난 2001년 말에 캘리포니아 에임스 연구소의 연구진은 머치슨 운석에서 지금까지 지구에서는 발견된 적이 없는 폴리올(polyol, 알코올 계통의 화합물)이라는 복잡한 당(糖)이 발견되었다고 발표했다. 한편, 2010년 독일 노이어베르크 소재 생태 화학 연구소의 과학자들은 특정 물질을 겨냥하지 않은 최초의 분석 작업으로 머치슨 운석에서 70종의 아미노산과 1만 4000종의 탄소 화합물을 발견했다.[14] 이는 원시 태양계의 분자 다양성이 지구보다 더 풍부했음을 보여 주는 것이다.

머치슨 운석 이외에 우주의 유기 화합물이 포함된 운석으로는 2000년 1월에 캐나다 유콘의 태기시 호수에 떨어진 운석이 유명하다. 2006년 분석 결과, 이 운석에서 발견된 유기물은 지구에 존재하는 유기물과는 조성이 크게 다른 것으로 보아, 태양계 내에서 태양이나 행

성 등이 생기기 시작한 원시 태양계의 가장 외곽 지역에서 형성되었
으며, 또한 유기물이 당시 그대로의 형태로 보존되어 있었을 가능성
이 제기되었다.[15]

아름다운 미생물 이야기

2장

생명으로 가는 길

생명 물질이 어디에서 유래되었든 생명 물질로부터 생명의 탄생을 위해 넘어야 할 그다음 세 가지 고비가 있다. 그것은 자신과 유사한 자손을 낳는 능력(자가 증식), 스스로 에너지를 생산하는 능력(물질 대사), 할 수 있는 한 최소의 에너지를 사용해 이 능력들을 최대한으로 발휘할 수 있는 좁은 공간을 만드는 능력(세포막 형성)이다.

문제는 단백질

생명 탄생의 한 가설은 첫 생명체가 단백질 분자로 이루어졌다는 것이다. 단백질을 구성하는 스무 가지 기본 벽돌인 아미노산들은 원시 대기와 유사한 실험실 환경에서 쉽게 만들 수 있으며, 아미노산이 여러 개 붙은 폴리펩타이드도 마찬가지다. 1997년 이래로 시도된 여러 번의 실험에서 아미노산과 펩타이드는 일산화탄소와 황화수소가 있는 환경에서 황화철과 황화니켈을 촉매로 사용해 형성됨을 밝혀냈다. 이러한 실험은 모두 섭씨 100도 이상의 환경과 어느 정도의 압력을 필요로 했으므로 열수공에서 생명이 탄생했을 것이라는 설을 지지한다.

물질 대사가 생명 탄생보다 먼저 나타났다는 가설은 진화를 설명하기 힘들다. 문제는 바로 단백질 합성 그 자체에 있다. 세균에는 없지만 가장 적은 아미노산으로 기능성이 있는 (다소 길어서 이름이 좀 어색한) 갑상선 자극 호르몬 방출 호르몬(thyroid stimulating hormone releasing hormone)을 예로 들어보자. 이 호르몬은 놀랍게도 단 3개의 아미노산(글루타민-히스티딘-프롤린)으로 이뤄진다. 20개의 아미노산들을 섞어서 3개의 아미노산이 연결된 폴리펩타이드를 무작위로 합성할 경우, 글루타민-히스티딘-프롤린 순서를 가진 펩타이드가 생길 확률은 $1/20 \times 20 \times 20 = 1/8,000$이다. 이 정도 확률은 자연에서 상당히 높은 편이다.

그러면 다음으로 가장 적은 아미노산으로 기능성이 있는 폴리펩타이드로 가 보자. 호르몬인 베이소프레신(vasopressin)과 옥시토신(oxytocin)으로서 모두 9개의 아미노산들로 이뤄진다. 이들이 무작위로 합성될 확률은 $1/20^9 \approx 1/5 \times 10^{12}$으로, 은하계에서 태양을 찾을 확률과 비슷하지만 지구 상 70억 인구 모두가 로또를 700번 구입해야 그 중 한 사람이 당첨될 확률이다. 아미노산 9개로 이뤄진 폴리펩타이드

아름다운 미생물 이야기

조차 자연적 합성이 부자연스러운데, 하물며 아미노산 50개로 이뤄진 폴리펩타이드는 어떠하겠으며 아미노산 200~300개의 단백질은 어떠하겠는가? 어떤 설계도가 있지 않고서는 단백질이 자연적으로 합성되는 것은 도저히 불가능하다.

두 가지 기능을 가진 RNA

염색체는 DNA와 단백질이 엉켜 있는 구조다. 1900년대 초 유전과 관련한 물질이 염색체에 있음을 발견한 후에도 과학자들은 정확히 염색체의 어떤 성분이 유전에 관여하는지 밝혀내지 못하고 있었다. 과학자들은 유전 물질이 핵산이나 단백질 중 하나일 것이라는 점은 동의했다. 여기서부터 과학자들은 두 파로 나뉘어 어느 가설이 맞는지 달리기 시합을 시작한다. 단백질파가 숫자상 훨씬 더 많았다. 단백질파의 선두 주자는 미국의 라이너스 폴링*이었다. DNA는 네 가지 색깔의 벽돌로만 구성되어 있는 건물이라면 단백질은 스무 가지 색깔의 벽돌로 구성되어 있는 건물로서 복잡한 생명 현상을 계획하고 수행하는 데 더 적합하다고 생각했다. 드디어 1952년 앨프리드 허시와 마사 체이스가 세균 바이러스인 박테리오페이지(baceriophag)를 이용해

---

* 미국의 화학자. 1954년 화학적 결합의 특성 연구로 노벨 화학상과 1962년 지표 핵실험을 반대한 공로로 노벨 평화상을 수상한다. 그는 지금까지 혼자서 노벨상을 두 번 받은 유일한 사람이다.

'유전자는 DNA로 구성되어 있다.'는 것을 보여 주는 결정적 실험 증거가 제시하면서 두 파의 달리기 시합은 끝이 났다.

여기서 잠깐 분자 생물학의 중심 원리(Central Dogma of Molecular Biology, 간단히 센트럴 도그마(Central Dogma)라고 한다.)를 알아두고 넘어갈 필요가 있다. 생명 현상은 수많은 분자들이 참여하는 수많은 화학 반응들의 결과물이다. 그 대부분의 화학 반응은 단백질의 촉매 작용을 통해 일어난다. 단백질을 이루는 아미노산의 순서는 유전 물질인 DNA ─ 드물지만 간혹 RNA인 경우도 있다. ─ 에 암호화되어 있다. 분자 생물학의 중심 원리는 '단백질로 만들어진 정보는 다른 단백질이나 핵산으로 전달될 수 없다.'라고 요약할 수 있다. 1958년에 프랜시스 크릭*이 "3개의 핵산 염기가 하나의 아미노산을 암호화한다."는 가설에 기초해 제안한 개념으로서 생명체의 유전 정보가 어떻게 전달되는지를 나타낸다.

지금이야 "유전 정보는 DNA에서 mRNA(messenger RNA)로, mRNA에서 단백질로 일방 통행으로 흐른다."라고 표현하는 내용이지만 당시에는 mRNA에 대한 개념도 없었다. mRNA는 1961년에 프랑수아 자코브와 자크 모노에 의해 제안되고 1962년에 프랑수아 자코브, 시드니 브레너, 매슈 메셀슨에 의해 확인되었다. mRNA에서 단

---

* 영국의 과학자. 1953년 미국의 제임스 왓슨과 함께 그 유명한 DNA의 이중 나선 구조를 밝혔다. 두 사람은 이 공로로 1962년 모리스 윌킨스와 공동으로 노벨 생리·의학상을 수상한다. 지구 생명의 외계 기원설(우주 기원설)을 주장하기도 했다.[1]

아름다운 미생물 이야기

백질에 이르는 경로는 1965년에 마셜 니런버그 등에 의해 확립되었다. 1958년 당시 DNA와 단백질에 대한 개념은 잘 정립되어 있었으나, 그 중간 단계 RNA에 대해서는 상상에 의존했다. 크릭이 상상한 RNA는 지금의 라이보좀 RNA(ribosimal RNA, rRNA)였다. 또한 크릭의 중심 원리는 유전 물질이 RNA인 바이러스의 복제를 설명할 수 없었다. 1970년 미국의 데이비드 볼티모어와, 그와는 독립적으로 하워드 테민이 역전사 효소(逆轉寫酵素, reverse transcriptase)*를 발견함으로써 RNA 분자가 유전 정보를 기록하고 스스로 증식할 수 있는 유전체임이 밝혀진다.[2, 3]

이렇게 확실하게 정립된 크릭의 중심 원리도 원시 생명의 기원에 대해서는 아무런 도움이 되지 못했다. 여전히 DNA가 먼저일 수 있고 단백질이 먼저일 수 있다. 왜냐하면 DNA가 없으면 단백질이 안 만들어지고 단백질이 없으면 DNA를 만들 수 없다. 닭과 달걀의 경우와 같다. 참고로, 분자 생물학 중심 원리는 스스로 복제하는 단백질인 프라이온(prion)과 여전히 상충한다.

---

* 역전사 효소는 RNA를 주형으로 해서 DNA를 합성할 수 있는 효소로, 레트로바이러스가 특이적으로 가지고 있는 효소다. 일반적인 DNA 복제 효소와는 달리 합성 과정 중의 오류를 정정할 수 있는 능력이 없으므로 역전사 과정 중에서 많은 오류가 발생하게 된다. 이러한 오류가 AIDS 바이러스 같은 레트로바이러스에서 많은 돌연변이를 일으키고 진화를 촉진하는 원인이 된다. 이렇게 촉진된 진화는 약품에 대해 내성을 갖거나 백신이 무효한 바이러스를 생성시키기도 한다.

    1982년 놀라운 발견이 과학계를 뒤흔들었다. 라이보좀*의 구성 성분인 RNA 그 자체가 화학 반응을 촉매할 수 있다는 사실이 미국 콜로라도 대학교의 토머스 첵에 의해 밝혀졌다.[4] 효소 기능을 가진 RNA를 라이보자임(ribozyme, ribonucleic acid와 enzyme의 합성어다.)이라 불렀다. 단백질 없이 생체 화학 반응이 일어날 수 있다니! 외계 생명을 찾아 우주선을 보내는 것과 반대 방향으로 이제 우리는 지구 생명의 기원을 찾을 수 있는 실체 없는 탐사선을 갖게 되었다.

    RNA가 효소라는 발견은 RNA가 단백질에 앞서 세계에 존재했을 수도 있음을 의미하며, 생명체 출현에 앞서 수많은 RNA의 자가 증식과 돌연변이, 유전자 이동이 이뤄졌던 RNA 세계가 만들어지고 초기 생명체는 바로 RNA로부터 유래되었다는 가설이 제시되었다.[5, 6] 이 가설에 따르면 자기 복제가 가능한 RNA는 더 안정하고 더 큰 분자를 만들 수 있어 유전 정보의 저장 능력은 보다 안정되고 생명체의 다양성을 확보할 수 있는 DNA로 대체되었고 효소 기능은 성능이 훨씬 좋은 단백질로 대체된다. 라이보자임은 현재 세포 내의 단백질 생산 공장인 라이보좀의 주요 구성 성분 등 여러 형태로 화석같이 아직 남아 있다.

---

* 지름이 약 20나노미터인 소기관. 65퍼센트의 RNA와 35퍼센트의 서로 다른 다양한 단백질로 구성되어 있다. 라이보좀은 전령 RNA(messenger RNA, mRNA)의 코돈을 번역해 운반 RNA(transfer RNA, tRNA)에 연결된 아미노산을 배열해 단백질을 형성한다. 라이보좀은 현재 상태에서 그럴 필요는 없지만 효소로서도 기능할 수 있기 때문에 라이보자임이라 불리기도 한다.

아름다운 미생물 이야기

2000년대 들어서 인공적으로 만든 RNA 분자들이 자가 증식을 할 수 있다고 보고되었으며 RNA 분자는 고온, 고압의 환경에서 다공성 금속 촉매에 의해 쉽게 합성될 수 있음을 보여 주었다.[7] 과학자들은 원시 지구에서 RNA 세계의 기원을 열수공*에서 찾으려 했다. 이 가설은 지질 세포막이 출현하기 전 금속 내의 구멍이 세포막의 역할을 했을 것이라는 내용도 담고 있다.

생명은 RNA에서? RNA 세계 가설[5, 6]

생명의 유래를 연구하는 데 있어서 해결되어야 할 것 중 하나가 현존하는 모든 생명에서 사용되는 번식과 대사 체계에 세 가지 형태의 독립적인 거대 분자들(DNA, RNA, 그리고 단백질)이 관여한다는 점이다. 이런 분자들의 복잡성은 초기 생명이 현재의 형태로 생기지 않을 수도 있음을 의미하고 현 체계보다 간단한 전구(前驅) 체계로부터 유래되었을지도 모른다는 것을 의미한다.

* 열수 분출공(hydrothermal vent)이라고도 한다. 깊은 바다 밑바닥에서 솟아오른 굴뚝 주위로 검은 연기 혹은 하얀 연기와 뜨거운 물이 솟아오르는 높이가 수십 미터에 이르는 이 거대한 굴뚝을 심해 열수 분출공이라고 한다. 검은 연기가 나오는 굴뚝을 블랙 스모커(black smoker), 하얀 연기가 나오는 굴뚝을 화이트 스모커(white smoker)라 한다. 그렇다면 열수 분출공은 어떻게 만들어졌을까? 해저 지각의 틈새로 바닷물이 스며들면 마그마와 닿으면서 데워지고 구리, 철, 아연, 금, 은 같은 금속 성분이 녹아든다. 뜨거워진 바닷물은 다시 솟아오르는데, 이때 수온이 섭씨 350도나 된다. 뜨거운 물이 주변의 찬물과 만나면서 물속에 녹아 있던 물질이 침전되며 열수 분출공이 만들어진다.[8]

1962년 MIT의 분자 생물학자 알렉산더 리치는 노벨 생리·의학상 수상자 얼베르트 센트죄르지*를 기념해 출간된 서적에 기고한 논문에서 지금의 RNA 세계 개념과 상당히 비슷한 개념을 언급했다.[9] 원초적 분자로서의 RNA 개념은 칼 워스의 1967년 책 『유전자 코드(*The Genetic Code*)』[10]뿐만 아니라 프랜시스 크릭[11]과 레슬리 오겔[12]의 논문에서 발견할 수 있다. 1976년 해럴드 화이트는 효소 반응에 필수적인 보조 인자들의 상당수(ATP, Acetyl-CoA, NADH 등)가 뉴클레오타이드이거나 뉴클레오타이드로부터 유래된 물질이라는 것에 의거해 현재 단백질 효소 기능에 있어서 핵산의 중요성을 시사했다.[13]

1986년 DNA 염기 서열 분석 방법을 개발한 공로로(지금은 아무도 사용하지 않지만) 노벨 화학상을 수상한 월터 길버트가 여러 형태의 RNA의 촉매적 특징에 관한 당시의 관찰들에 기초해 초기 지구에 스스로 복제하는 RNA 분자들이 화학 반응에 의해 생성되고 이 RNA 분자들이 현재 모든 지구 생명의 선구(先驅) 물질이라고 추정하는 가설을 세웠다.[14] 이 가설이 이른바 'RNA 세계' 가설이고 생명은 RNA로부터 출발했다는 'RNA-먼저(RNA-first)'라는 개념으로 이어진다.

'RNA 세계' 가설은 어떻게 불안정한 RNA가 초기 지구에서 살아남았는지를 포함하는 여러 증거들에 의해 널리 받아들여지고 있다. RNA 세계는 아마도 라이보좀과 라이보자임 같은 라이보 단백질

---

* 1937년 생물학적 연소 과정에 대한 연구로 노벨 생리·의학상을 받았다. 바이타민 C인 아스코빅산(ascorbic acid)도 발견했다.

아름다운 미생물 이야기

효소의 중간 단계를 거쳐 궁극적으로 오늘날의 DNA, RNA, 단백질 세계로 교체되었을 것이다. 다시 말하면 RNA가 아미노산 중합을 촉매해 펩타이드를 만드는 기능이 나타난 후 스스로 접혀 유용한 활성을 가질 정도의 크기를 가진 단백질들이 출현했다고 추정된다. 나중에 DNA가 정보를 저장하는 역할을 떠맡고 한편으로 다양한 단량체, 즉 아미노산으로 이뤄진 단백질들이 RNA의 특수한 생촉매 역할을 대체했을 것으로 생각된다.

　　RNA가 번역 과정에서 사용되는 중추적이고, 크기가 작은 RNA들이 생명에 필요한 화학 작용과 정보 전달을 촉매한다는 사실들을 포함해 많은 증거들이 'RNA 세계' 가설을 강화했지만 무엇보다도 라이보좀의 구조가 스모킹건(결정적 증거)이다. 라이보좀의 중심부에 RNA가 있고 펩타이드 결합을 촉매하는 활성 부위의 18옹스트롬(Å) 안에 아미노산의 곁가지가 없다. 즉 아미노산 없이도 효소 기능을 수행할 수 있는 라이보자임임이 증명되었기 때문이다.[4]

　　RNA의 특징들
　　RNA가 생명의 근원이라는 가설이 일반적으로 받아들여지려면 더 많은 증거가 필요하지만 현재 우리가 알고 있는 RNA의 특징들은 'RNA 세계'란 가정을 개념상 그럴듯하게 만든다. 그중에서도 현재 단백질을 대신하는 효소 기능, 즉 복제와 촉매 기능과 DNA를 대신하는 유전 정보 저장 능력이다.

효소로서의 RNA[4, 6]

RNA 효소 또는 라이보자임은 오늘날 DNA에 기초한 생명에서 발견되고 살아 있는 화석의 예다. 라이보자임은 라이보좀에서와 같이 단백질 합성에서 아주 중요한 역할을 한다. 라이보자임은 많은 다른 기능도 수행한다. 예를 들어, 망치머리 라이보자임은 스스로 끊어지기도 하고 RNA 중합 효소 라이보자임은 선구체가 붙은 RNA 주형으로부터 짧은 RNA 가닥을 합성할 수 있다. 생명이 시작할 때 중요한 효소학적 특징은 다음과 같다.

자기 복제 자기를 복제할 수 있는, 혹은 다른 RNA 분자들을 합성할 수 있는 능력. 다른 RNA를 합성할 수 있는 상대적으로 짧은 RNA 분자들은 실험실에서 인공적으로 합성될 수 있다. 가장 짧은 것은 165개 염기의 RNA다. 물론 합성능에 전체가 다 필요한 것은 아닌 것으로 추정되지만 말이다. 또 다른 것은 189개 염기의 RNA다. 선구체(precursor)가 붙어 있는 RNA 주형으로부터 11개 뉴클레오타이드를 합성할 때 클레오타이드 1개당 단지 1.1퍼센트의 실수를 한다.[15] 이 189염기 라이보자임은 최대 14개 염기의 짧은 RNA를 합성할 수 있다. 이 길이는 자기 복제하기에는 너무 짧지만, 장래 연구에 있어서 잠재력이 크다. 라이보자임 중합 효소가 늘릴 수 있는 길이는 최대 20염기다. 2016년, 미국 캘리포니아 스크립스 연구소의 제럴드 조이스 연구팀은 RNA 주형으로부터 기능적인 RNA 분자들을 합성할 수 있는 변이종 RNA들을 선택함으로써 RNA 중합 효소 라이보자임의 활성과 일반성을 극적으로 증진됨을 순전히 시험관 내에서 보여 주었다.[16] 소위 '시험관 내 진화'다. 각각의 RNA 중합 효소 라이보자임은 새로이 합성되는 RNA 가닥에 연결된 채로 있게 조작되어 중합 효소를 성공적으로 분리할 수 있게 했다. 분리한 RNA 중합 효소를 이용해 시험관 내에서 복제 사이클을 한 바퀴 더 돌리고 또 분리하고 다시 돌리고 해서 여러 바퀴를 돌린 후 과학자들은 24-3이라 불리는 1개의 RNA 중합 효소를 얻었는데 이 효소는 작은 촉매 물질에서 긴 RNA 효소까지 거의 모든 다른 RNA 분자들을 복사할 수 있었다. 1만 번의 진화 바퀴를 돌리면 특수한 RNA들이 증폭되었다. '10,000'이란 숫자는 엄청나지만 이것은 최초의 RNA판(版) 중합 효소 연쇄 반응이다. 이 RNA 중합 효소는 자신을 복사할 능력이 아직 없다.

촉매 간단한 화학적 반응들을 촉매하는 능력은 RNA 분자의 빌딩 블록 분자들을 만들 수 있을 것이다. (즉 한 가닥 RNA가 더 많은 RNA 가닥을 쉽게 만든다.) 그러한 능력을 가진 상대적으로 짧은 RNA 분자들은 실험실에서 인공적으로 만들어져 왔다. 최근 연구에 따르면 거의 모든 핵산은 조건만 맞으면 촉매제로 진화할 수 있다. 예를 들어, 소의 알부민을 지령하는 mRNA 서열에서 임의로 선택한 50개 염기 DNA 조각을 대상으로 RNA 절단 기능을 가진 촉매성 DNA자임(DNAzyme, 디옥시라이보자임)로 유도하기 위해 시험관에서 진화를 시키면 불과 수 주 후에 상당한 촉매 기능을 가진 DNA자임으로 진화했다.[17] 일반적으로 DNA는 RNA보다 화학적으로 훨씬 비활성적이고 따라서 촉매 기능을 획득하는 데 훨씬 오래 걸린다. 만약 시험관 진화가 DNA에도 작동한다면 RNA의 진화는 일도 아닐 정도로 쉬울 것이다.

실제로 RNA는 아미노산-RNA 이음을 촉매하거나 펩타이드 결합 형성을 촉매하는 능력을 가지고 있다.[18, 19] 아미노산-RNA 이음 작용은 화학 작용기를 사용하기 위해 혹은 길게 가지 친 지방족 곁 사슬을 제공하기 위해 아미노산을 RNA의 3' 끝에 결합시키는 능력 이다. 펩타이드 결합 형성은 짧은 펩타이드나 좀 긴 단백질을 만들기 위해 아미노산 사이에서 펩타이드 결합을 촉매하는 능력이다. 이 결합은 현재의 세포에서는 라이보좀 RNA(rRNA)라 알려진 여러 가지 RNA 분자들과 단백질들의 복합체인 라이보좀에 의해 이뤄진다. 아미노산들은 효소 활성 부위의 18옹스트롬 안에 없는 것을 보아, 그리고 라이보좀의 대부분의 아미노산을 제거한 라이보좀도 여전히 완전한 펩타이드 결합능을 지녀 아미노산 사이의 펩타이드 결합을 촉매하는 것으로 보아, rRNA 분자들이 효소능이 있는 것으로 생각된다. 펩타이드 결합능을 가진 훨씬 짧은 RNA 분자들이 실험실에서 합성되어 왔으며, rRNA는 유사한 분자로부터 진화한다고 제안되었다. 또한, 아미노산들은 보다 복잡한 펩타이드로 진화하기 전에 RNA 분자들의 효소능을 증진시키고 다양화하는 데 보조 인자로 작용했을 것이라고 제안되었다. 마찬가지로, tRNA(transfer RNA)는 펩타이드 결합을 촉매하기 시작한 RNA 분자들로부터 진화했다고 제안되었다.[20]

정보 저장소로서의 RNA

RNA는 DNA와 매우 유사하고, 단지 두 가지 화학적 차이만 보인다. RNA와 DNA의 전체적인 구조는 한 가닥의 DNA가 한 가닥의 RNA와 묶여 이중 나선 구조를 형성할 정도로 엄청나게 유사하다. 이 구조적 화학적 유사성이 DNA에 정보를 저장하는 것과 비슷한 방법으로 RNA에도 정보를 저장하는 것이 가능하게 한다. 그러나 RNA는 DNA보다 불안정하다. RNA와 DNA의 주된 차이점은 RNA의 경우 5탄당 라이보즈-2' 위치에 수산기가 존재한다는 것이다. 이 수산기는 분자를 불안정하게 만든다. 왜냐하면 이중 나선 구조로 있지 않으면 2'-수산기가 근처의 인산다이에스터(phosphodiester) 결합을 화학적으로 공격해서 인산다이에스터 기둥을 끊는다.

RNA는 또한 DNA 염기들(아데닌(A), 구아닌(G), 싸이토신(C), 그리고 싸이민(T))과는 다른 무리의 염기들(A, G, C, 그리고 U)을 사용한다. 화학적으로 유라실은 싸이민과 유사하지만 메틸기(-CH₃)가 없고 생성될 때 에너지가 적게 소모된다. 염기 짝짓기에서는 메틸기는 아무 영향도 없다. 아데닌은 유라실이나 싸이민과 쉽게 결합한다. 그러나 유라실은 싸이토신이 손상될 때 만들어지는 산물 중 하나이므로 RNA는 GC 염기쌍을 GU 염기쌍이나 AU 염기쌍으로 바꾸는 돌연변이에 특히 취약하다. RNA는 생합성 경로에서 순서를 보면 DNA의 선구 물질로 생각된다. DNA를 만드는 디옥시리보뉴클레오타이드는 RNA를 만드는 뉴클레오타이드로부터 2'-수산기가 제거되면서 만들어진다. 따라서 세포는 DNA를 만들기 전에 RNA부터 만든다.

RNA의 화학적 특징으로 인해 분자량이 큰 RNA 분자들은 작은 RNA로 쉽게 가수 분해된다. 불안정한 RNA는 안정성이 요구되는 정보 저장 물질로 적합하지 않다. 또한 손상된 RNA 분자들을 고치거나 교체하는 데 에너지가 많이 소모되고 돌연변이에 약하다. 이러한 약점이 현재 'DNA에 최적화된' 생명에는 알맞지 않으나 보다 원시적인 생명에는 오히려 알맞을 수도 있다.

RNA 세계 가설을 둘러싼 논란

RNA 세계 가설은 RNA가 DNA처럼 유전 정보를 저장, 전달, 복제하는 능력이 있다는 사실에 의해 지지를 받는다. 특수한 형태의 효소인 라이보자임으로서 기능한다. 효소도 되고 DNA 역할도 하기 때문에 RNA는 한때 독립적인 생명 형태를 유지할 수 있었다고 믿어진다. 지금도 어떤 바이러스들은 그들의 유전 물질로서 DNA보다는 RNA를 사용한다. 더군다나 비록 유리-밀러 실험에 기초한 실험들에서 뉴클레오타이드는 발견되지 않았지만 앞에서 언급한 바와 같이 선생물학적으로 그럴듯한 조건에서는 만들어진다. 즉 퓨린 염기의 아데닌은 단순히 사이안화수소 5개가 모인 것이다. 박테리오페이지 Qß RNA* 같은 기본적인 라이보자임으로 실험한 결과에 따르면 자기 복제하는 간단한 RNA 구조는 반대 방향의 분자 비(非)카이랄성(achirality) 뉴클레오타이드를 구별한다.[22] 이 뉴클레오타이드가 복제 시 끼어 들어가면 사슬 종결자로 작용해 복제가 멈춘다.

---

* 염기 4,215개로 이뤄진 외가닥 RNA 바이러스로서 대장균을 숙주로 번식 속도가 엄청나게 빠르다. 생물학적 중요성은 218개 염기의 일부분 RNA가 자체 복제한다는 점이다.[21]

아름다운 미생물 이야기

선생물 조건에서 피리미딘 핵산 염기인 싸이토신과 유라실로부터 뉴클레오타이드의 비(非)생물 기원(abiogenic) 합성에 대한 알려진 화학 경로는 없기 때문에, 몇몇 과학자들은 핵산이 현 생명체의 핵산에서 보이는 핵산 염기들을 지니지 않았다고 생각한다. 싸이토신의 뉴클레오사이드(nucleoside)인 싸이티딘(cytidine)의 반감기는 섭씨 100도에서 19일이고 0도에서는 1만 7000년이다. 이 반감기는 지질학적 시간상 누적되기에는 너무 짧다고 주장하는 사람들도 있다. 또 어떤 사람들은 라이보즈와 다른 기둥 당이 최초의 유전 물질에서 발견될 정도로 충분히 안정한지에 대해 의문을 가지며, 잘못된 분자 비대칭성을 가진 모든 뉴클레오타이드는 사슬 종결자로 기능하는 것으로 보아 모든 라이보즈 분자들은 동일한 거울상 이성질체여야만 했을 것이라는 문제를 제기해 왔다.

2009년 맨체스터 대학교 존 서덜랜드와 그의 연구진이 발표한 일련의 논문에서 질소와 산소 화학을 이용해 당을 사용하지 않으면서 한 단계씩 차근차근하게 조립하는 일련의 반응을 통해 피리미딘 뉴클레오사이드와 뉴클레오타이드를 선생물학적(prebiotic)*으로 합성했다.[23] 그 논문들은 글라이코알데하이드, 글리세르알데하이드, 혹은 글리세르알데하이드-3-인산, 사이안아마이드, 사이아노아세틸렌 같

---

* 현재 생명체에서는 없는 조건. 예로, 초기 지구 대기를 가정해 무기물로부터 유기물을 합성한 유리-밀러 실험을 들 수 있다. 이런 이유로 밀러는 선생물학적 화학의 아버지라 불린다.

은 작은 2탄소 물질과 3탄소 물질로부터 만들어진 싸이티딘과 유리딘 뉴클레오타이드를 고농도로 얻는 방법을 보여 주었다. 유기 화학자 도나 블랙몬드는 이 방법을 RNA 세계에 호의적인 "강력한 증거"라고 평했다. 그러나 서덜랜드는 말하기를 그의 논문들이 핵산이 생명의 원천에서 일찍이 중추적인 역할을 했음을 시사하지만, 그렇다고 엄밀한 의미에서 RNA 세계 가설을 반드시 지지하지는 않는다고 하면서 그의 일을 "제한적이고 가설적인 정리정돈"이라 스스로 평했다.

지구에 떨어진 운석에 대한 NASA의 연구에 기초해 발표한 2011년 8월의 한 보고서에 따르면 RNA 빌딩 블록(아데닌, 구아닌, 그리고 파생된 유기 분자들)은 지구 밖 우주에서 만들어졌다.[24] 2012년 8월 코펜하겐 대학교 천문학자들은 칠레 아타카마 사막에 설치한 우주 방사성 물질 탐지 장치의 파장 간섭 계측기를 통해 지구에서 400광년 떨어진 별에서 특수한 당 분자(글라이코알데하이드)를 찾았다고 보고했다.[25] 글라이코알데하이드는 RNA를 만드는 데 필요하므로 이 발견은 복잡한 유기 분자들이 지구에서 만들어지기 전에 일찍이 우주에서 먼저 만들어진 후 궁극적으로 어린 행성 지구에 도달했다는 것을 시사한다. 다만, 이 보고서는 공인된 과학 학술지에 공식적으로 게재되지 않아 어디까지 믿어야 할지 모르지만 사실이라면 400광년 떨어진 별의 특수한 한 가지 물질을 탐지할 수 있는 인간의 능력에 혀를 내두를 지경이다.

RNA는 효과적인 촉매이기도 하고 DNA와의 유사성에 비추어 분명히 정보를 저장할 수 있다. 그러나 RNA가 과연 최초의 자기 복제 체계를 갖추었는지 혹은 그보다 먼저 존재한 어떤 것으로부터 유래했는지에 대해서는 의견이 갈린다. 최근 선생물학적 조건에서 활성화된 피리미딘 라이보뉴클레오타이드가 합성될 수 있다 해도 'RNA 세계'의 또 다른 가정은 pre-RNA라 하는 다른 형태의 핵산이 자기 복제하는 최초의 분자로 출현한 후 나중에 RNA로 대체되지 않았나 하는 설이다. '간단한' pre-RNA 핵산에 관한 제안들은 펩타이드 핵산(peptide nucleic acid, PNA), 쓰리오스* 핵산(threose nucleic acid, TNA) 혹은 글라이콜 핵산(glycol nucleic acid, GNA)에 기초한다. 그것들은 구조적으로 간단하고 RNA에 비견할 만한 성질을 지닌다. 선생물학적 조건에서 화학적으로 그럴듯한 '더 간단한' 핵산의 합성은 아직 보고된 바 없다.

분자 생물학자의 꿈

　　"분자 생물학자의 꿈"은 제럴드 조이스와 레슬리 오겔이 자기 복제하는 RNA의 출현 문제를 언급하면서 지어낸 말이다.[26] 알맞게 설계된 선생물학적 초기 지구에서 RNA 세계를 향한 어떤 활동도 파괴 작용에 의해 끊임없이 억제되었을 것이다. 뉴클레오타이드 형성에 필요한 단계들 중 많은 것이 선생물학적 조건에서 효과적으로 진행되지 않는다는 점을 강조했다. 조이스와 오겔은 분자 생물학자의 꿈을 활성화된 뉴클레오타이드를 복제능을 가진 한 무리의 다중 뉴클레오

---

* 분자식이 $C_4H_8O_4$인 4탄당. 끝에 알데하이드기가 있고 선형(線型)이다. 알도즈(aldose)족 단당류의 일원이다.

타이드 서열로 무작위 전환할 수 있는 "마술의 촉매"라고 특별히 칭했다.

조이스와 오겔은 계속해서 주장하기를 인산기 활성화가 없다면 뉴클레오타이드는 연결될 수 없는 반면, 유일하게 효과적인 인산 활성화, 특히 ATP(adenosine triphosphate)는 "선생물학적 각본에서는 전혀 그럴듯하지 않다."라고 했다. 조이스와 오겔에 따르면, 인산기 활성의 경우, 기본적인 다중체 산물은 5', 5'-파이로포스페이트(5', 5'-pyrophosphate) 결합을 하는 반면 알려진 모든 RNA에 존재하는 3', 5'-인산다이에스터(3', 5'-phosphodiester) 결합은 훨씬 드물다. 이와 관련된 뉴클레오타이드 분자들은 또한 잘못된 자리에 쉽게 더해지거나 있음직한 수많은 다른 물질과 반응하기도 쉬웠을 것이다. 또한 RNA 분자들은 초기 지구에서 일어나기 쉬운 자연 가수 분해 같은 파괴적인 과정에 의해 끊임없이 분해되었을 것이다.

조이스와 오겔은 "무작위 다중 뉴클레오타이드 수프로부터 스스로 생기고 자기 복제하는 RNA 분자에 관한 신화"를 거부했고 선생물학적 과정들에 의해 순수 이성질체 베타-D-라이보뉴클레오사이드(beta-D-ribonucleoside) 공급원(pool)을 만들었을 것이라는 각본을 제안했다. 참고로 베타-D-라이보뉴클레오사이드는 현재 생명체에서 쓰인다. 나중에 발표된 논문에서 조이스는 "그럴듯한 선생물학적 조건에서 스스로 생기고 효과적으로 그리고 고도로 충실하게 복제할 수 있는 작은 RNA 분자에 관한 신화"를 허수아비라고 표현했다. 조이스가 말을 길게 했지만 요약하면, '분자 생물학자의 꿈'이란 당과 당을 연

아름다운 미생물 이야기

결하는 인산 결합, 즉 RNA 중합 반응을 시험관에서 증명하는 것이며 그는 이 반응은 실현 불가능이라고 생각했다.

선생물학적 RNA 합성

뉴클레오타이드는 여러 개가 연속적으로 합쳐져 RNA를 만드는 기본적인 분자들이다. 그것들은 당-인산 기둥에 붙어 있는 질소성 염기로 구성되어 있다. RNA는 그들의 염기 서열이 유전 정보를 지니도록 배열된 길게 뻗은 특수한 뉴클레오타이드로 만들어진다. RNA 세계 가설에서는 뉴클레오타이드들은 최초의 수프에서 둥둥 떠다녔다. 이 뉴클레오타이드들은 다른 뉴클레오타이드들과 서로 일정하게 결합했는데 이 결합력은 매우 약해서 가끔 깨졌다. 그러나 어떤 염기 서열은 사슬을 만드는 에너지를 낮추어서 오랜 시간 동안 결합한 채로 머물게 하는 효소의 성질을 가졌다. 각 사슬의 길이가 늘어남에 따라 보다 많은 뉴클레오타이드를 보다 빠르게 붙여 부서지는 속도보다 빠르게 사슬을 만들었다.

몇몇 과학자들은 이런 사슬들이 생명의 원시적인 형태라고 주장했다.[27] RNA 세계 가설에서는 RNA 가닥들은 무리마다 복제능이 달랐고 숫자에 있어서 늘어나거나 줄어들었을 것이다. 즉 자연 선택을 받았을 것이다. 가장 알맞은 RNA 분자들의 숫자가 늘어났고 돌연변이에 인해 더해진 새로운 효소 특성을 지니고 이것은 생존하고 번창하는 데 있어서 유리했을 것이다. 매시간마다 복제하는 자기 촉매 라이보자임 무리가 나타났고 그것들은 후보 효소 혼합물의 분자 경쟁

(시험관 진화)을 통해 만들어졌다.

RNA 사이의 경쟁은 다른 RNA 사슬들 사이에서 협력 관계가 출현하는 계기가 되었을지도 모른다. 그리고 그럼으로써 최초의 원형 세포(原形細胞, protocell)의 형성에 이르는 길을 열었을지도 모른다. 결국, RNA 사슬들은 아미노산들을 서로 결합(펩타이드 결합)하는 것을 도와주는 효소적 특성을 가지도록 진화했다. 이 아미노산들은 그 후 RNA 합성을 돕고 그 RNA 사슬들은 라이보자임으로서 기능해 다른 RNA보다 선택적으로 우월하게 되었을 것이다. 단백질 합성에 있어서 RNA에 아미노산이 붙는 단계(aminoacylation)를 촉매하는 능력은 5개 뉴클레오타이드 정도의 짧은 RNA 조각에서도 보인다.

RNA 세계 가설의 문제 중 하나는 RNA가 DNA로 변하는 과정을 발견하는 것이다. 오레곤 포틀랜드 주립 대학교의 조프리 디머와 켄 스테드먼 박사가 해결책을 찾았을지도 모른다.[28] 캘리포니아 라센 화산 국립 공원에 있는 매우 산성인 호수에서 바이러스를 조사하던 중 그들은 간단한 DNA 바이러스가 완전히 무관한 RNA 바이러스로부터 1개의 유전자를 획득한 것을 알아냈다. 캘리포니아 대학교 어바인 분교의 바이러스 학자 루이스 빌라릴 박사 역시 RNA 유래 유전자가 DNA 유전자로 전환할 수 있는, 그래서 보다 복잡한 DNA 유래 유전체로 통합할 수 있는 바이러스는 약 40억 년 전 RNA에서 DNA로 전환하는 동안의 바이러스 세계에서는 흔했을지도 모른다고 시사했다. 이 발견은 모든 생물의 마지막 공통 조상(Last Universal Common Ancestor, LUCA)의 출현 전에 RNA 세계로부터 DNA 세계로 정보가 이

아름다운 미생물 이야기

동한 것에 대한 논쟁을 부추겼다. 연구에 따르면 이 바이러스 세계의 다양성은 아직도 우리와 함께 있다.

2015년 3월, NASA 과학자들은 외계에서만 있을 수 있는 특수한 조건을 갖춘 실험실에서 피리미딘 같은 운석에서 발견되는 화학 물질을 사용해 유라실, 싸이토신, 싸이민 등 DNA와 RNA 유기 복합물들을 만들 수 있다고 처음으로 보고했다.[29] 이들에 따르면, 우주에서 발견되는 것 중 가장 탄소가 많은 화학품인 다고리 방향족 탄화수소물(polycyclic aromatic hydrocarbon)처럼 피리미딘은 거대 적색 왜성 혹은 성간 먼지와 기체 구름에서 형성되었을지도 모른다. 이 보고서는 공인 학술지에 공식 게재되지 않은 상태다.

바이로이드

RNA 세계의 개념을 지지하는 또 다른 증거는 '바이러스 아류 병원체'란 새로운 역(域, domain)의 첫 번째 대표인 바이로이드(viroid)에 대한 연구에서 왔다. 바이로이드는 대부분 식물 병원체로서 짧은 길이(수백 개의 염기)의 고도로 상보적, 원형, 외가닥 단백질 외피가 없는 무지령(無指令, non-coding) RNA로 이뤄진다. 다른 감염성 식물 병원체와 비교해 바이로이드는 246개에서 467개 염기의 엄청 작은 크기다. 굳이 비교하면 감염을 유발하는 바이러스 가운데 가장 작은 것으로 알려진 바이러스보다 적은 약 2,000개 염기로 이루어져 있다. 바이로이드는 바이러스라 할 수 없을 정도로 작은 바이러스다.

1989년 미국 과학자 시어도어 디너는 특성 연구에 기초해 바이로이드는 당시 존재를 알았던 인트론(intron)*이거나 다른 RNA라기보다는 RNA 세계의 "살아 있는 유물"이 더 그럴듯하다고 제안했다.[30] 그렇다면 바이로이드는 무생물에서 생명로의 진화에서 결정적인 중간 단계를 설명할 수 있는 것으로 알려진 가장 그럴듯한 거대 분자들을 대표함으로써 식물 병리학뿐만 아니라 진화 생물학에서도 잠재적 중요성을 얻게 된다. 디너의 가설은 2014년에서야 대중에게 알려졌다.

디너는 바이로이드의 고유한 특성으로 (1) 복제 실수를 거의 필연적으로 야기하는 작은 크기, (2) 안정성과 복제 충실도를 증가시키는 높은 비율의 구아닌과 싸이토신, (3) 유전자 꼬리표가 없이 완전한 복제가 가능한 원형 구조, (4) 모듈성 조립으로 유전체를 확대할 수 있는 구조적 주기성, (5) 라이보좀이 없는 곳에 서식하는 것과 일맥상통하는 단백질 지령 능력 결손, 그리고 (6) RNA 세계의 지문임을 보여 주는 라이보자임을 매개로 한 복제 등이다.

바이로이드와는 별도로 RNA 바이러스의 중요성을 강조하는 학자도 있다. 파트리크 포테르는 "3개의 바이러스, 3개의 역"이라는 새로운 가설을 제안한 바,[31] 이 가설에 따르면 RNA에서 DNA에로의

---

* 단백질을 만드는 데 관여하지 않는 DNA 부분으로 유전자의 일부분으로 전사는 되지만 mRNA 성숙 과정에서 잘려 나간다. 따라서, 아미노산을 지령하지 않는다. 인트론은 진핵생물에서 흔하게 볼 수 있지만 원핵생물에서는 그렇지 않다. 성숙한 mRNA에 남아 있는 부분을 엑손(exon)이라 한다. DNA 상에서 유전자는 보통 엑손과 인트론이 번갈아 존재한다. 전사된 mRNA의 처음과 마지막은 항상 엑손이므로 한 유전자의 인트론의 개수는 엑손의 그것보다 1개 적다.

아름다운 미생물 이야기

전이와 세균, 고세균(古細菌, archaebacteria)*, 그리고 진핵생물의 진화에서 바이러스가 결정적이다. 그는 마지막 공통 조상(특히 "모든 생물의 마지막 세포 조상")은 RNA에 기초하고 RNA 바이러스로 진화했다고 믿는다. 몇몇 바이러스는 유전자가 공격당하는 것으로부터 보호하기 위해 DNA 바이러스로 진화했다. 바이러스에 의한 숙주 감염 과정을 통해 생명의 세 가지 역(세균, 고세균, 그리고 진핵생물)이 진화했다. 또 다른 흥미 있는 제안은 RNA 합성은 열합성 과정에서 온도 경사에 의해 유도되었을지도 모른다는 생각이다. 단일 뉴클레오타이드는 유기 반응을 촉매한다.

다른 가설들

RNA 세계가 존재한다는 가설은 '선(先)RNA(Pre-RNA) 세계'를 제외하지 않는다. 선RNA 세계에서는 다른 핵산에 기초한 대사 체계가 RNA를 앞선다고 제안한다. 후보 핵산은 펩타이드 핵산(PNA)으로서 핵산 염기에 연결되는 간단한 펩타이드 결합을 사용한다.[32] PNA는 RNA보다 더 안정하지만, 선생물학적 조건에서 만들어지는지는 실험적으로 증명되어야 한다. 쓰리오스 핵산(TNA)과 글라이콜 핵산(GNA)이 시작점이라는 주장도 있으나 PNA처럼 선생물학적 조건에서 만들어지는지에 대해서는 실험적 증거가 없다.

---

* 세균과 같은 원핵생물의 한 부류였으나 어떤 점은 세균과 닮아 있고, 어떤 점은 진핵생물과 닮아서 미국의 분자 진화학자 칼 워스는 세균과 다른 계로 분류했다.

RNA 기원에 관한 또 다른 가설은 PAH 세계 가설인데 다고리 방향족 탄화수소(PAH)가 RNA 분자들의 합성을 매개했다는 것이다. PAH는 알려진 다원자 분자들 중 눈에 보이는 우주에서 가장 흔하고 풍부하며 최초의 해양의 구성 성분일 것이다. PAH는 풀러린(fullerene, 탄소 원자 60개로 구성된 공 모양의 분자. 생명의 기원에도 연루된다.)과 함께 최근 성운에서 검출되었다.[33]

철-황 세계 가설은 유전 물질이 생기기 전에 간단한 대사 과정들이 진화했고, 이러한 에너지 생산 순환이 유전자의 제조를 촉진했다는 가설도 있다.[34] 독일 과학자 귄터 배흐트샤우저가 1990년대에 제안했는데 무슨 이유인지 철학자 칼 포퍼가 죽기 2년 전에 지지했다.

또한 범종설을 들 수 있다. 범종설은 우리 행성에서 태어난 최초의 생명이 지구 밖에서 왔을 가능성을 언급한다. 아마도 머치슨 운석과 유사한 운석을 통해 왔을 것이다. 범종설은 RNA 세계 개념을 무효로 하지는 않지만, 이 세계와 선구 물질이 지구가 아닌 아마도 더 오래된 다른 행성에서 유래했을지도 모른다고 가정한다.

RNA 세계 가설과 직접적으로 상충하는 가설들이 있다. 뉴클레오타이드의 상대적인 화학적 복잡성과 그것이 자연적으로 일어나기 어렵다는 점이, 어느 정도 긴 RNA 중합체만이 효소능을 보인다는 점이, 4개의 염기가 아무렇게 배열되지 않고 순서가 정해진 RNA만 효소능을 보인다는 점이 RNA 세계 가설을 부정한다. 따라서 세포 기능의 기저를 이루는 화학이 생긴 후 대사능이 복제능에 앞서, 아니면 적어도 복제능과 함께 생겨났다는 대사 제일주의(metabolism-first) 가설

아름다운 미생물 이야기

이다.[35] 결정적인 실험적 증거는 없다.

　또 다른 반대 가설은 생명의 최초 형태를 오늘날 우리가 보는 2분자 체계다. 이 가설에서는 뉴클레오타이드에 기초한 분자는 단백질을 합성하는 데 필요하고 단백질에 기초한 분자는 핵산 다중체를 만드는 데 필요하다. 그러니까 둘 다 동시에 있어야 한다는 것이다.[36] 이것은 'RNA-펩타이드 공진화(共進化, coevolution)', 혹은 '펩타이드-RNA 세계'라 불리며, 고품질 RNA 복제(단백질은 촉매제이기 때문에)의 신속한 진화에 대한 가능한 설명을 제공한다. 한편으로는 2개의 복잡한 분자들, 즉 펩타이드로부터의 효소와 뉴클레오타이드로부터의 RNA의 형성을 전제해야 하는 불리함도 있다. 이 펩타이드-RNA 세계 각본에서 RNA는 생명의 지시 사항만 지닌 반면 펩타이드 혹은 단순한 단백질 효소가 그런 지시 사항을 수행하기 위한 주요 화학 반응들을 가속했을지도 모른다. RNA-펩타이드 공진화 가설에서 그런 원시적인 체계가 어떻게 스스로 복제하는지에 대한 의문이 남는다. RNA 분자를 빠르게 조립하는 중합 효소가 역할을 하지 않는다면 RNA 세계 가설도 펩타이드-RNA 세계 가설도 설명되지 않는다. 이에 대한 초보적인 실험적 증거는 2015년 서덜랜드 그룹이 제시한 바, 흐르는 사이안화수소와 황화수소 용액에 자외선을 쪼이면 RNA 화학 성분 이외에 단백질과 지질의 화학 성분을 만들 수 있음을 알아냈다.

RNA 세계 가설이 사실이라면

RNA 세계 가설이 사실이라면, 생명의 정의와 관련해 중요한
의미를 갖는다. 1953년 왓슨과 크릭이 DNA 구조를 밝힌 후 대부분
의 시간 동안 생명은 주로 DNA와 단백질로만 정의되었다. DNA와
단백질은 살아 있는 세포에서 우점종 거대 분자들인 반면 RNA는 단
지 DNA 청사진으로부터 단백질을 만드는 데 도움이나 주는 것으로
보였다. RNA 세계 가설은 생명이 시작될 때 RNA를 중앙 무대에 놓
았다. 이것은 전에는 알려지지 않았던 RNA 기능의 중요한 특징들을
증명하고 생명 기작에서 RNA의 결정적 역할에 대한 생각을 지지하
는 지난 10년간의 많은 연구들 덕분이었다. RNA 세계 가설은 라이보
좀이 라이보자임이라는 관찰에 의해 지지받는다. 라이보좀의 촉매 부
위는 RNA로 이루어지고, 단백질은 중요한 구조적 역할을 하지 않으
며 단지 별로 중요하지 않은 기능만 수행한다. 이것은 2001년 라이보
좀의 3차원 구조를 풀어냄으로써 확인되었다. 특히, 아미노산끼리 결
합해 단백질을 만드는 펩타이드 결합 형성은 rRNA의 아데닌 잔기에
의해 촉매된다고 알려져 두 물질 출현의 선후를 시사한다.

다른 발견들은 간단한 메시지 혹은 전달 분자의 기능을 넘어
서는 RNA의 역할을 증명했다. 여기에는 pre-mRNA 가공 과정에서
작은 핵 라이보 단백질(small nuclear ribonucleoproteins, snRNPs)의 중요성,
RNA 편집, RNA 간섭(RNA interference, RNAi), 그리고 진핵생물의 텔로
미어(telomere, 말단 소립)를 유지하기 위한 텔로머레이즈(telomerase, 말단

아름다운 미생물 이야기

소립 복제 효소) 반응에서 RNA로부터 역전사가 포함된다.

조이스 박사는 2009년 무한히 자기 복제를 할 수 있는 'RNA 효소'를 실제 구현해 이른바 'RNA 세계' 가설에 힘을 실어 주었다. 그는 한 쌍의 RNA 효소를 만들어 적당한 조건을 주었을 때 RNA가 자신의 분자 정보를 무한히 복제할 수 있음을 보여 주었다. 또한 그는 복제 과정에서 돌연변이들이 출현하고 상황에 따라 변화하는 효소가 살아남는 식으로 분자 정보가 유전됨을 보여 줌으로써, 자기 복제와 돌연변이, 유전이 RNA 효소에서 모두 구현될 수 있음을 제시했다. 그러나 조이스는 "지상 생명체가 모두 이런 식으로 진화했음을 입증하는 것은 아니다."라고 덧붙였다. 그는 "생명이란 다윈식 진화를 하는 화학이다."라고 결론지었다. "다윈식 진화"란 돌연변이를 통한 자연 선택을 받는다는 뜻이다. 무정하게 들릴지 모르지만, 조이스의 결론에서 "다윈식 진화"란 말을 지워 보자. 그럼 다음 결론이 나온다.

"생명은 화학이다."

3장

최초의 생명체

지구가 형성된 후 오랜 시간이 흐르고 지구가 식어 가면서 여러 가지 기체와 수증기는 응축해 지표면의 낮은 곳에 고이기 시작했다. 이것이 바다의 기원이며 지금으로부터 약 40억 년 전의 일이라고 추정한다. 40억 년 전과 37억 년 전 사이가 광합성을 할 수 있는 세균이 출현해 번성한 시기다.

사실 생명이 먼저인지 물질 대사가 먼저인지는 애매하다. 물질 대사를 다루자면 광합성이나 마이토콘드리아(mitochondria)에서의 호흡을 다루어야 하는데 초기 생명체에서 그 작동 수준이 어떠했는지는 몰라도 현재 우리가 알고 있는 수준보다는 원시적일 것이라는 가정하에 생명체 출현을 앞세우고 물질 대사를 뒤에 놓았다.

세포막 형성: 고립된 그러나 효과적인 공간

지질로 이뤄진 '이중 비눗방울'이 세포막을 형성한 것은 생명 탄생에 있어서 RNA의 합성만큼 중요하다. 원시 지구를 흉내 냈던 실험 결과 중 일부는 지질이 합성되었으며 이것들이 저절로 라이포좀(liposome)*을 형성했다. 라이포좀이 형성된 다음, 그 내부에서는 RNA 합성이 더 쉽게 이뤄졌을 것이다.

'이중 비눗방울'이란 단어는 두 가지 중요한 의미를 내포하고 있다. 우습게 들릴지 모르지만 하나는 '이중'이고 다른 하나는 '비눗방울'이다. 먼저, '비눗방울'부터 살펴보자. 비누는 지방(脂肪, fat)과 가성소다(NaOH, 수산화소듐)를 섞어 만든다. 지방은 지방산(脂肪酸, fatty acid)**과 글리세롤이 결합한 유기 화합물로서 상온에서 일반적으로 동물성은 고체, 식물성은 액체다. 지방은 물을 싫어한다. 이를 소수성(疏水性, hydrophobic)이라 한다. 적당한 물과 지방과 가성소다를 섞으면 지

---

* 내부에 친수성의 공간을 가지는 이중의 지질막으로 이뤄진 공 모양의 구조체. 인지질을 수용액에 넣었을 때 생성되는 인지질 이중층이 속이 빈 방울 같은 구조를 이룬 것을 말한다. 라이포좀 내부에 약을 넣어 운반할 수 있다. 라이포좀의 막을 형성하는 인지질이 세포막의 주요 성분인 점에서 라이포좀을 세포막의 기원이라 여기며, 초기의 라이포좀이 유전 물질을 포획해 생명체로 진화한 것으로 추측된다.

** 화학 또는 생화학적으로 카복실산을 말한다. 8개 이상의 탄소와 수소가 연결된 사슬 모양의 포화 혹은 불포화 모노카르복시산을 말하며, 지방을 가수 분해하면 글리세롤과 산이 분리되어 생기기 때문에 이러한 이름이 붙었다.

아름다운 미생물 이야기

방이 가수 분해되면서 지방산이 글리세롤로부터 떨어져 나오고 음이온화 되며, 이온화된 지방산은 친수성(親水性, hydrophilic)을 띠며 물에 녹는다. 이 과정을 비누화(saponification)라고 한다. 하지만 탄소와 수소가 연결된 긴 사슬 부분은 여전히 소수성이다. 따라서 이온화된 지방산은 친수성이면서 소수성이다. 이온화된 부분은 물과 접촉하고 소수성의 긴 사슬 부분은 자기네끼리 안쪽으로 뭉치는 경향이 있어 마치 무화과 열매 안쪽 모습처럼 되는데 이 구조를 교질 입자(膠質粒子, micelle)*라 부른다. 안쪽이 소수성이므로 식물성 기름 때 같은 소수성 물질을 가둘 수 있다. 이것이 세제의 원리다.

어렸을 때 비눗물로 비눗방울을 만들어 날려 보내던 추억을 잠시 더듬어 보아야겠다. 빨대에 비눗물을 묻혀 불면 다양한 크기의 탱글탱글한 호두 모양 비눗방울이 만들어진다. 자기네끼리 합쳐지지도 않고 나뉘지도 않고 땅에 닿자마자 흔적도 없이 사라진다. 이것을 좀 다르게 표현하면 '비눗방울 안에 공기가 최대한으로 차 있다.'가 된다. 만약 공기가 조금 더 들어간다면 바로 터져 버릴 것이다. 그렇게 되면, 좀 흐느적거리면서 잘 날아가지 않고 장구처럼 생긴 비눗

---

* 교질 입자는 계면 활성제가 일정 농도 이상에서 모인 집합체를 말한다. 대표적인 경우로 계면 활성제가 물에 녹는 경우 일정 농도 이상이 되면 소수성 부분이 핵을 형성하고 친수성 부분은 물과 닿는 표면을 형성한다. 교질 입자가 물에서 형성될 때, 식물성 기름과 같이 소수성 물질은 교질 입자의 안쪽 부분에 위치하게 되어 안정화되고 결과적으로 물에 녹은 것처럼 되는데 이를 용해화(solubilization)라 하며 이는 세제 작용의 기본 원리이다.

방울을 본 적이 있는가? 이런 비눗방울은 빨대에 비눗물을 많이 묻혔을 경우 만들어진다. 땅에 닿아도 조금 더 찌그러졌다가 잠시 후에 터진다. 할 수만 있다면 실로 가운데를 나누어 2개로 만들 수 있어 보이고 공기를 더 불어 넣을 수 있을 것 같아 보인다. 호두 모양 비눗방울과 장구 모양 비눗방울의 특성을 좀 더 과학적으로 기술한다면 '표면적 대비 부피가 호두 모양 비눗방울의 경우 최대치에 가깝고 장구 모양 비눗방울의 경우 그렇지 않다.'라고 할 수 있다.

다음으로, '이중'에 대해 살펴보자. '이중 비눗방울'보다는 '이중막 비눗방울'이 더 정확한 표현이다. 이온화된 지방산같이 소수성과 친수성을 동시에 가진 물질의 소수성을 사람 몸의 등이라고 하고, 친수성을 배라고 하자. 소수성은 소수성끼리 어울리고 친수성은 친수성끼리 어울리는 것이 자연스럽다. 주위에 물이 있을 때 이온화된 지방산 분자들의 편안한 구조는 앞에서 소개한 단일막 교질 입자 구조이외에도 등끼리 맞대고 있는 이중막 구조가 있을 수 있다. 이중막 양쪽은 물과 접촉한다. 끊어 놓은 실처럼 선형 이중막 구조의 끝에서 서로 이어진다면 원형의 이중막 라이포좀이 만들어지는 것이다. 라이포좀의 안에는 물이 들어 있게 된다. 바로 이 점이 막의 안쪽이 공기로 차 있는 비눗방울과 다르다. 라이포좀의 이중 지질막은 소수성이므로 물도 마음대로 통과하지 못한다. 라이포좀 안에 자기 복제할 수 있고 효소 기능을 가진 RNA가 우연히 갇힌다면 그래서 확산이 제대로 안되어 복제된 RNA와 효소 작용으로 인한 생성물들의 농도가 증가한다면 물이라는 동일한 매질에서 안과 밖의 환경이 다른 구조물이 생기게 된다. 이것이 원시 생명체의 최초 형태가 아닐까 한다.

그런데 심각한 근본적인 문제가 생겼다. 전에는 효소 작용의 원료인 기질(substrate)이 비효율적이지만 자연적 확산으로 인해 끊임없이 공급되었는데 이중막 때문에 막히고 만 것이다. 이중막 외부에 떠다니는 기질이 공급되어야 하는데 막 때문에 내부로 들어오지 못하는 상황이 되었다. 원시 생명체는 이 문제를 해결하기 위해 무언가 새로운 장치를 고안해야 했다. 어떻게 했는지는 모르지만 이중막에 외부와 연결하는 문을 만들었다. 이 문은 필요에 따라 여닫을 수 있다. 어떤 문은 사람만 드나들게, 또 어떤 문은 마차만 드나들게 하는 것처럼 드나드는 물질을 선택하게 하는 기능도 갖추게 했다. 이렇게 해서 생물학적 막 혹은 세포막(細胞膜, cell membrane)이 만들어진 것이다.

원시 생명체가 이 장치를 고안하는 데 억 단위의 시간을 보냈을지도 모른다. 왜냐하면, 자라고, 물질 대사를 하고, 자신과 닮은 개체를 생산하고, 외부 자극에 반응하는 생명체의 특징이 세포막이 있어야 비로소 부여되기 때문이다. 이제 세포가 탄생한 것이다. 비록 원시적일지라도 이 세포를 지금부터 세균이라 부르자.

세포막이 만들어진 후 영양분만 제대로 공급된다면 생명체다운 활동은 전과 비교할 수 없을 만큼 효율적인 것이 된다. 당시로서는 최소한의 공간에서 최소의 먹이를 사용해 최대한으로 생명을 복제할 수 있게 되었다. 그 후 세포막에 추가적인 기능을 장착하고 변형시킴으로써 효율성을 더 높여 간다. 물질 대사가 훨씬 효과적으로 이루어져 자손을 많이 만들었다. 한편, 개체수가 늘어남으로써 원하지 않는 상황을 맞이하는데 바로 먹이에 대한 스트레스이다. 경쟁이 시작된 것이다. 먹이가 올 때까지 가만히 있지 않고 먹이를 찾아 움직일 수 있는 장치도 고안했다. 때로는 먹이 경쟁자를 죽여야 한다. 먹이에 대한 스트레스는 예나 지금이나, 세균이나 사람이나 똑같다.

LUCA, 모든 생물의 마지막 공통 조상

과학자들은 현재 지구 상 모든 생명체의 조상이 되는 '가장 최근'의 생명체가 있다고 믿는다. '가장 최근'은 이상하게 들릴지 모르지만 38억 년 이상 전이다. 일단, RNA가 자기 복제 기능과 원시 효소 기능을 갖고 있다가 어찌어찌해서 단백질까지 만들어 본격적인 물질 대사가 이루어졌다고 가정하자. 이 '조상 세포'들은 대략 38억 년 이상 전에 살았으며, 세포막과 라이보좀을 갖췄으나 세포핵이나 막성 세포 기관이 없는 단일 세포 원핵생물이었을 것이다. 몇몇 과학자들은 조상 세포는 한 종류가 아니었으며, 서로 유전자 전달을 통해 유전자 교환을 했을 것으로 보고 있다. 학계는 처음 만들어진 원시 세포는 여러 종류가 있었으나, 이중 단 한 종류만이 살아남아 모든 생물의 마지막 공통 조상(LUCA)이 되었을 것으로 본다.

LUCA의 탄생에 관해서 두 가지 가설이 있다. 하나는 심해 열수 분출공 근처에서 시작되었다는 가설이고 다른 하나는 따뜻하고 작은 연못에서 시작되었다는 가설이다. 둘 다 물은 필요하다.

심해 열수 분출공 가설은 1997년 영국 지질 화학자 마이클 러

아름다운 미생물 이야기

셀이 주창한 이래 심해 열수 분출공의 환경이 초기 지구 환경과 비슷하다고 해서 많은 사람들의 관심을 끌었다.[1] 작은 연못 가설은 다윈도 지지하는 것이었지만, 과학적으로는 영국의 진화 화학자 존 서덜랜드가 대표적인 주창자이다. 그의 주장에 따르면 RNA 전구 물질 등 유기물 합성에 자외선이 절대적인 역할을 하며(2장 참조), 따라서 자외선이 닿지 않는 심해에서는 일어날 수 없고, 설사 일어난다 해도 바닷물로 다 희석되기 때문에 생명 탄생은 불가능하다. 이런 이유로 그는 농축된 원시 수프가 만들어지기 쉬운 육지의 작은 연못에서 생명 탄생이 일어났다고 주장한다.[2] 하지만 육지의 작은 연못에서 생명이 탄생하기도 전에 비로 다 씻겨 나갔을 것이라는 반대 주장도 있다. 또 다른 문제는 약 41억 년 전부터 38억 년 전까지 일어난 후기 운석 대충돌기를 과연 견딜 수 있었느냐이다. 대충돌기가 끝나자마자 기다렸단 듯이 바로 생명이 탄생하기는 불가능하지 않은가?

LUCA는 화석으로 남아 있지 않기 때문에 어떻게 구성되었는지 알 길이 없으나 현재의 원핵생물들처럼 RNA보다 안정적인 DNA로 대체되어 유전적 정보를 기록하고, RNA가 정보 전달과 단백질 합성을 맡았으며, 반응을 촉매하기 위한 수많은 효소들이 있었을 것으로 짐작된다. 현재 일반적으로 받아들여지는 생물의 분류학적 개념은 3역 체계로서 LUCA가 세균과 고세균으로 나뉘고 고세균 영역에서 진핵생물로 진화했다고 본다.[3] 하지만 LUCA의 특성은 여전히 논란거리다. 왜냐하면 세 가지 역, 특히 세균과 고세균의 분류학적 공통분모가 보이지 않기 때문이다. 고세균은 세균과 형태학적으로 유사해 보이지만 대사 작용은 아주 다르다.

2016년 독일 뒤셀도르프 대학교의 진화 생물학자 윌리엄 마틴은 현재 살아 있는 미생물 수천 개, 그러니까 LUCA의 후손들의 유전자 600만 개를 비교함으로써 LUCA의 유전체는 서로 기능이 다른 유전자 355개만으로 구성되었다고 추정했다.[4] 마틴이 그린 LUCA의 초상화에 따르면 LUCA는 혐기성이고, 수소를 에너지원(原)으로 사용하며, 극한 고온 환경에서 자라고, 니켈 같은 전이 금속이 필요하고, 대사 작용에 황화철을 이용하며, 탄소 동화와 질소 동화를 한다.

더 자세히 기술하지는 않겠지만 현재의 미생물들에서 보이는 복잡한 물질의 대사에 관계되는 유전자도 상당수 있다. 오히려 간단한 물질을 합성하는 유전자들은 확인 안 되었다. 현존하는 미생물 중 가장 유사한 것은 클로스트리디움(Clostridium)과 메싸노젠(Methanogen)이다. 한마디로 마틴의 LUCA는 심해 열수 분출공 가설에 알맞다.

마틴은 그의 가상적인 결과를 보고 믿을 수 없을 정도로 놀랐다고 했는데 유전자 구성으로 보건대 그의 LUCA는 상당한 필수 대사 물질을 세포 밖으로부터 흡수해야 했다. 이런 이유로 그는 자신의 LUCA를 "반만 살아 있다."라고 했고, 따라서 그의 LUCA가 무생명과 생명의 중간에 놓여 있다고 했다. 이 말은 논란을 일으켰다.[5] 서덜랜드는 "사람도 식품을 슈퍼마켓에 의존하므로 반만 살아 있다고 해야 할 것"이라고 비유했다. 원시 생명의 세포막 유래를 연구하는 잭 쇼스택(텔로미어 연구로 2009년 노벨 생리·의학상을 받았다.)은 마틴의 LUCA는 이미 충분히 복잡하므로 원시 생명의 진화적 혁신과는 거리가 멀다고 했다. 또한 분자 진화학자 스티븐 브레너는 복잡한 물질을 만드는 유전자는 있는데 간단한 물질을 만드는 유전자가 없는 것을 두고 "747 비행기는 만드는 데 철을 제련하는 기술은 없는 격"이라고 평했다. 서덜랜드는 마틴의 LUCA에 대해 "매우 흥미로우나 생명의 기원과는 아무 상관이 없다."라고 단언했다.

마틴의 예상이 어떠했는지는 몰라도 그의 LUCA에 대해 놀란 것 중 하나는 유전자 수가 생각보다 적은 것도 포함되었을 것이다. 하지만 20장에서 언급할 현존하는 미생물 가운데 제일 적은 유전자 수를 가진 미생물의 경우 유전자의 수가 480개이고 인공적으로 합성한 미생물의 유전자 수가 473개인 것을 고려하면 원시 생명체의 그리고 그가 주장하는 대로 "반만 살아 있는" 생명체의 유전자 수 355개는 결코 적어 보이지 않는다.

지구에서 가장 오래된 생명체

지구에서 생명이 언제 최초로 탄생했을까? 이에 대한 답은 영원히 없을 것이다. 그렇다면 우리의 다음 질문은 "지구에 존재했던 생명체 중 우리가 알 수 있는 한 가장 오래된 생명체는 무엇인가?"가 될 것이다. 어떤 생명체가 있다면 지구에 생명이 그전부터 존재했음을 의미하기 때문이다. 이 질문에 우리는 답을 할 수 있다. 그 최고(最古) 생명체의 화석(化石)만 있으면 된다. 화석은 지질 시대에 살았던 생물의 뼈 혹은 껍질이나 발자국 같은 흔적이 남아 있는 것이다. 화석은 일반적으로 퇴적암 지대에서 발견되며 생명체의 구조나 생활 환경을 보여 준다.

물에 사는 생명체의 화석은 퇴적암뿐이다. 현재 지표에서 가장 오래된 퇴적암은 그린란드 이수아 지대에서 채취한 것으로서 약 38억 5000만 년 전에 형성되었으며 퇴적 저코늄 결정*이 발견되었다. 이 사실은 이미 당시 물이 바다나 대양의 형태로 존재했다는 증거다. 그런데 여기서 세균의 생체 활동 결과로 해석될 수 있는 흔적을 발견했다. 이 흔적이란 우리가 알고 있는 생물학적 화석이 아니다. 이수아 퇴적암에서 관찰한 것은 생명체에서만 있을 수 있는 탄소 동위 원소 함량비**였다. 이것을 '화학 화석'이라 하는데 이수아 지층이 형성될

* 화성암, 변성암, 퇴적암에서 발견되는 보석 저콘(zircon)에서 유래한 화학 원소. 기호는 Zr, 원자 번호는 40이다. 저콘은 한 번 만들어지면 그 광물을 가졌던 암석이 다시 마그마 속에서 녹아 없어지거나, 정말 오랜 시간 풍화되어서 저콘이 마모되어 사라져 버리지 않는 이상, 처음 만들어진 지질학적 시계를 고장 한 번 내지 않고 유지시켜 준다. 특히, 변성암의 경우에는 큰 변성 과정을 거치면 저콘이 녹거나 동화되는 것이 아니라 원래 결정은 대체로 그대로 있고 그 위에 덧붙어 자란다. 즉 저콘의 원래 생성 연대와 변성 연대 두 가지를 가지게 되는 것이다. 지질학적 시계로서 저콘의 유용성은 결정 안에 연대 측정에 유용한 원소들인 우라늄과 토륨, 하프늄 모두의 농도가 높다는 점이다. 저콘 안의 우라늄과 납의 원소 농도 비율을 재면 곧바로 저콘 생성 연대가 도출된다. 1956년 클레어 패터슨이 운석의 우라늄 동위 원소 비율을 측정해 최초로 지구 나이를 45.5억 년으로 발표했을 때 사용한 연대 측정 광물이 바로 저콘이다.

** 동위 원소(同位元素, isotope)는 원자 번호는 같지만 원자량이 다른 원소를 말한다. 어떤 원소의 동위 원소는 그 원소와 같은 수의 양성자와 전자를 가지지만, 다른 수의 중성자를 가진다. 양성자 수가 같으면 화학적 성질이 같다. 중성자 수가 다르면 물리적 성질

아름다운 미생물 이야기

무렵에 생명 활동이 있었음을 말해 주는 간접 증거다.

　　탄소 동위 원소의 반감기가 비교적 짧기 때문에 화학 화석을 이용한 지구 최초 생명체의 나이의 측정값은 논란의 여지가 많다. 그 보다 더 직접적인 생물학적 화석은 없을까? 뼈가 있는 수상 생물도 화석으로 될 확률이 엄청나게 적은데 하물며 세균의 화석화가 가능 한 일인가? 지금으로부터 10여 년 전 그러니까 2006년 6월,《네이처》 는 오스트레일리아 맥커리 대학교 애비게일 올우드 박사 연구팀의 논 문 자료 중 하나를 표지 사진으로 올렸다.[6] 이 사진에 대한 해설을 요 약하면, "25억 년 된 스트로마톨라이트(stromatolite)가 남세균(藍細菌, cyanobacteria)에 의해 형성된 것인지 아니면 자연적으로 형성된 것인지 불분명했지만, 새로 발견된 것은 35억 년 전의 것으로서 분명히 당시 에 번성한 남세균에 의해 형성된 것이다."였다.* 이전까지는 25억 년

이 다르다. 즉 동위 원소란 화학적으로는 같은 원소이지만 물리적인 성질은 다른 원소 를 말한다. 탄소를 예로 들면, ^{12}C는 양성자 6개와 중성자 6개지만 ^{13}C은 양성자 6개와 중 성자 7개가 있다. ^{13}C가 ^{12}C보다 중성자 하나만큼 더 무겁다. 공기 중 ^{12}C의 농도는 ^{13}C의 농도보다 100배쯤 많다. 그러나 생명체는 가벼운 ^{12}C를 더 잘 흡수하기 때문에 생체 내 $^{12}C/^{13}C$ 비율은 100보다 크다.

* 25억 년 전에 해당하는 시생 누대(Archaean eon)에 생명체가 지구에 존재했는가 하는 문제는 아직까지 많은 논란의 대상이 되고 있다. 이러한 논란의 핵심은 퇴적 구조물인 스트로마톨라이트가 현재 상황에서와 같이 집락을 형성한 미생물의 활동을 반영하고 있 는지, 또는 비생물학적인 과정에 의해서 생성된 것인지에 놓여 있다. 이러한 스트로마톨 라이트가 생명 현상에 의한 것으로 볼 수 있는 결과가 오스트레일리아 서부 지역의 10킬 로미터 길이의 암석 노두(rocky outcrop)에 대한 새로운 분석을 통해 얻어졌다. 이곳에서

전 암석이 최고령이었으며 생명체의 존재가 논란거리였다. 하지만 오스트레일리아 필바라에서 발견된 스트로마톨라이트가 35억 년으로 최고령 기록을 갱신했을 뿐 아니라 그때 지구는 이미 남세균이 번성하고 있었음을 보여 주었다.*

발견된 스트로마톨라이트는 약 34억 3000만 년 전에 형성되었으며, 좀 더 최근에 형성된 미생물 암초(microbial reef)와 유사했으며, 고립된 상태의 화석이라기보다는 화석 내에 전체 생태계의 정보가 모두 포함되어 있는 것으로 여겨진다. 이 기간에 생명체가 존재했을 뿐만 아니라, 번성하고 있었을 것이다. 스트로마톨라이트는 매트리스, 층, 침대를 뜻하는 그리스 어 stroma와 암석을 뜻하는 lithos의 합성어로, 얕은 물에서 미생물, 특히 남세균 등으로 이뤄진 미생물 막에 의해 퇴적물 알갱이들이 붙잡혀 고정된 퇴적암이다. 형태는 다양하다. 원뿔 모양, 층층이 쌓인 모양, 가지 모양, 돔 모양, 그리고 기둥 모양 등이 있다. 센티미터 내지 미터 크기로 보통 1년에 1밀리미터 정도 자란다. 선캄브리아기의 화석 기록에 널리 나타나지만 오늘날에는 드물다. 화석 스트로마톨라이트 중에서 화석화된 미생물을 포함하고 있는 것은 매우 드물다. 몇몇 스트로마톨라이트의 특징은 생물학적 활동을 시사하며 다른 스트로마톨라이트의 특징들은 무생물 기원의 침전으로 더 잘 설명된다. 대리석의 아름다운 층층의 물결 문양이 그것이다. 다양한 시기에 형성되어 1950년대부터 세계 곳곳에서 발견된다. 우리나라에서는 옹진군 소청도에 10억 년 된 것이 있으며 경산, 영월 등 여러 곳에서 발견되었다. 남세균 또는 남조세균(藍藻細菌) 또는 시아노박테리아는 광합성을 통해 산소를 만드는 세균이다. 이전에는 남조류(藍藻類, blue-green algae)라고 부르고 진핵생물로 분류했으나 현재는 원핵생물로 분류하고 있다. 현재 알려져 있는 남조식물은 약 150속 2,000종이다. 이들은 바닷물이나 민물에 살며, 또 토양 속이나 나무줄기 위에서도 산다. 일반적으로 물이 있는 곳이면 어디에서든지 살 수 있어서, 눈 속에서 사는 것도 있고, 또 섭씨 80도 이상의 뜨거운 온천 속에서 사는 것도 있다. 또한 같은 종류가 한대나 온대, 그리고 열대에 모두 분포되어 있는 경우도 있다.

* 건조한 필바라 지역은 붉은색의 땅이 널려 있다. 화성 표면과 유사하다 해 미국 NASA가 화성 탐사선을 보내기 전에 이곳에서 탐사선 운행을 시험하기도 했다. 붉은색

아름다운 미생물 이야기

2016년 8월, 앨런 너트먼 교수가 이끄는 오스트레일리아 월롱 대학교 연구팀은 그린란드의 만년설 가장자리에 위치한 세계에서 가장 오래된 퇴적암 지대(이수아 그린스톤 지대)에서 37억 년 된 스트로마톨라이트 화석을 발견했다고 학술지 《네이처》에 보고했다.[7] 이수아 스트로마톨라이트 화석은 이전까지 알려졌던 세계에서 가장 오래된 필바라 스트로마톨라이트 화석보다 2억 2000만 년이나 더 오래된 것이다. 이 발견은 화석 기록을 지구 지질학적 기록의 시작점에 좀 더 근접하게 했으며, 지구 생명에 대한 증거가 지구의 역사 초기에 있었음을 보여 준다. 더구나 남세균은 광합성 같은 복잡한 일을 할 수 있을 정도로 기능이 상당히 발달한 세균이므로, 원시 생명체는 당연히 37억 년 훨씬 이전에 출현했어야만 한다. 이수아 스트로마톨라이트는 이 지역을 덮고 있던 만년설이 최근에 녹으면서 드러났는데, 얕은 바다에서 쌓였으며, 최초의 생명이 번성했던 환경에 대한 최초의 증거를 제공해 주고 있다. 이것을 보면 세계의 모든 일이 나쁜 쪽으로만 가지는 않는 모양이다. 지구 온난화 때문에 2억 2000만 년 더 오랜 생명의 시간 속으로 들어가게 되었으니 말이다.

　　오스트레일리아 서부 샤크 만(灣) 해멀린 풀에 가면, 놀랍게도 지금도 똑같은 일을 하고 있는 그 생명체의 후예들을 볼 수 있다. 다른 곳보다 높은 염도의 해멀린 풀 환경이 상위 포식자의 접근을 막아

의 땅은 노천 철광이다. 이곳에서 채광한 철광석을 제일 많이 수입하는 나라가 대한민국이다.

고대 남세균을 현재까지 살아남게 한 것이다. 남세균은 지구 역사 가운데 5분의 4 이상에 해당하는 기간에 산 생물로서 진화의 속도가 가장 느린 생물일 것이다. 초자연적 생명 기원론을 주장하는 사람들에게 진화는 너무 빨라도 너무 느려도 문제지만 해멀린 풀의 경우에서와 같이 다 그럴 만한 이유가 있는 법이다.

오스트레일리아 사람들은 수십억 년 전의 암석을 다루는 데 특별한 재능이 있는 듯싶다. 필바라가 있는 서부 지역이 30억 년 이상 되는 퇴적암이 있는 지구 상의 몇 안 되는 장소 가운데 하나라는 자연 조건이 모든 것을 말해 주지는 않는다. 고암석(古岩石)에 관심 있는 사람들에게는 오스트레일리아 캔버라에 있는 오스트레일리아 국립 대학교가 최고다. 암석의 나이를 알기 위해서 SHRIMP(Sensitive High Resolution Ion Micro Probe)라는 특별한 기계를 사용하는데 저콘에 포함되어 있는 우라늄의 붕괴 속도를 측정해 암석의 절대 나이를 알 수 있다. 1세대 SHRIMP는 1979년 오스트레일리아 국립 대학교 지구 과학과 빌 콤스턴 교수에 의해 제작되었다.

캐나다 퀘벡 주 허드슨 만에 위치한 누부아깃툭의 그린스톤 지역(Nuvvuagittuq Greenstone Belt, 약칭 NGB)은 지구에서 가장 오래된 암석이 분포한 곳으로서 화산 활동으로 바다 밑에서 솟아오른 지역이다. 이 지역은 1990년대에도 40억 년쯤 되었다고 했으나 2008년 저콘 결정 연대 측정으로 약 43억 년 전에 형성되었음을 알게 되었다. 따라서 이 지역은 오래된 생물 화석을 찾는 사냥꾼들이 제일 많이 모여드는 장소이다. 2015년 생명체 유기물(화학 화석)이 발견되어 43억 년 전에 생명체가 존재했다고 추정되었으나, 당시 지구 환경이 오늘날과 많이 다르다는, 즉 생명체 유기물이 43억 년 전 것이라고 단정할 수 없다는 이유로 학계에서 받아들이지 않았다.

NGB를 드나들며 지구에서 가장 오래된 생물 화석을 찾는 사냥꾼들의 노력은 2017년 마침내 결실을 맺었다. 영국의 도미닉 파피노 교수가 이끄는 다국적 연구팀은 NGB의 철분이 많이 함유된 열수 분출공 침전물에서 균사(菌絲) 형태의 마이크로미터급 미생물 화석을 발견하고 이를 2017년 3월 《네이처》에 발표했다.[8] NGB는 화산암과 퇴적암이 섞여 있는 곳으로 이곳에 태곳적 심해 열수 분출공 침전물이 포함된 것은 참으로 행운이었다. 그들은 이 생물 화석의 나이를 적어도 38억 년, 많으면 43억 년으로 추정했다. 이 생물은 현재의 균사형 열수 분출공 생물과 형태학적으로 유사하며 함유된 광물질도 유사하다. 현존하는 미생물 중 형태학적으로 가장 유사한 미생물은 혐기성 광철(光鐵) 세균*인 하이포마이크로비움(Hyphomicrobium), 혹은 화학 무기 영양 생물** 렙토트릭스(Leptothrix) 형 세균, 혹은 제타프로테오박테리아(Zetaproteobacteria)***인 마리프로펀더스(Mariprofundus)다. 이 세 가지

---

* 빛에너지를 이용해 환원된 철의 산화를 통해 에너지와 전자를 얻는다. 따라서 산소가 필요 없다.

** 환원된 무기물을 산화시켜 에너지와 전자를 얻는 미생물. 역시 산소가 필요 없다.

*** 프로테오박테리아는 세균의 주요 문의 하나다. 대장균, 살모넬라, 비브리오, 헬리코박터 등 다양한 병원균 및 숙주가 필요하지 않은 많은 질소 고정 세균을 포함한다. 매우 다양한 형태 때문에 많은 다른 모양을 취할 수 있는 그리스 신화 바다의 신 프로테우스

미생물들은 공통적으로 대사에 철의 산화와 환원 작용을 이용한다. 파피노 교수팀이 균사형 미생물 화석을 열수 분출공 침전물에서 발견했다는 사실은, 그것이 최초의 지구 생명체라면(크기로 보아서 의심스럽지만), 생명체 탄생에 있어서 열수 분출공이 일정한 역할을 했음을 다시 한번 보여 준다.

　파피노 교수팀이 발견한 생명체는 광합성을 하지 않는다. 이 생명체와 남세균의 출현 순서는 적게는 1억 년, 많게는 6억 년 차이가 난다. 이런 차이가 난다고 해서 두 생명체의 연관성을 논하는 것은 아직 이르다. LUCA에서 갈라져 나와 다른 길을 걸었을 수도 있다. 남세균의 경우 광합성 기능을 장착하는 데 남세균 조상 세포의 출현 후 상당한 시간이 흘렀을 것이라 추정되지만, 남세균이 직접적으로 혹은 그 조상 세포가 파피노 교수팀의 생명체로부터 유래되었을 가능성을 알기 위해서는 많은 연구가 필요하다.

　한편, 파피노 교수팀이 발견한 생명체와 이수아 스트로마톨라이트의 남세균은, 그것이 자연적으로 발생했든, 지적 설계자가 고안했든, 우주에서 날아왔든, 광합성을 할 수 있는 정도의 세균이 45억 년 전과 37억 년 전 사이에 만들어졌음을 뜻한다. 45억 년 전과 37억 년 전 사이의 지구에서 무슨 일이 벌어졌을까? 지구의 지질학적 역사에서 첫 누대(累代, Eon)*는 명왕 누대로 지구 형성부터 38억 년 전까지

에서 이름이 지어졌다. 알파, 베타, 감마, 델타, 입실론, 제타로 분류된다.

* 누대는 지구의 가장 큰 지질학적 시대 구분 단위다. 명왕 누대-시생 누대-원생 누대-

　　　　　　　　　　　　　　　아름다운 미생물 이야기

다. 44억 년 전 원시 행성 중 하나가 지구에 부딪혀 지각과 맨틀을 방출시키면서 달이 형성되었다. (거대 충돌 가설*이라고 한다.) 달에 남은 크레이터 수로 추측할 때 약 41억 년 전부터 38억 년 전까지는 후기 운석 대충돌기라 불리는, 수많은 운석이 지구에 쏟아진 시기가 있었던 것으로 추측된다. 또 거대한 열의 흐름으로 인해 화산 활동이 매우 심했다.

　　45억 년 전과 37억 년 전 사이, 그러니까 명왕 누대 당시 지구의 모습을 그려 보자. 원시 지구는 소행성의 충돌로 생긴 열, 그 열로 인해 섞여 있던 철과 규소가 중력에 의해서 서로 분리되면서 무거운 철이 중력 에너지가 낮은 지구 중심으로 쏠려 내려가면서 방출한 열, 그리고 원시 태양계에 충만하던 방사성 동위 원소의 붕괴열로 바깥

현생 누대로 구분한다. 명왕 누대(冥王累代, Hadean)는 약 45억 년 전부터 약 38억 년 전이다. 그리스 신화의 명계(저승)의 신 하데스에서 유래한다. 시생 누대(始生累代, Archean)는 약 38억 년 전부터 약 25억 년 전까지, 원생 누대(原生累代, Proterozoic Eon)는 약 25억 년 전부터 5억 4200만 년 전까지, 현생 누대(顯生累代, Phanerozoic Eon)는 공룡과 포유류가 번성한 시기로 약 5억 4200만 년 전부터 현재까지에 해당한다. 현생 누대는 생물의 화석이 많이 나타나는 고생대, 중생대, 신생대로 나뉜다. 명왕 누대, 시생 누대, 원생 누대를 선캄브리아기라고도 한다.

* 1975년 윌리엄 하트먼과 도널드 데이비스가 제안한 거대 충돌 가설 또는 빅 스플랫(Big Splat) 가설을 말한다. 달의 생성을 설명해 주는 과학적 가설들 중 현재 가장 널리 받아들여지고 있는 것으로, 젊은 지구와 화성 정도 질량의 '테이아' 또는 '오르페우스', '헤파이스토스'라고 불리는 물체가 충돌해 달이 생겨났다는 것이다. 테이아는 그리스 신화에 등장하는, 달의 여신 셀레네를 낳은 거신족의 이름이다.

부분이 거의 완전히 녹은 상태에서 성장한다. 지구의 바깥 부분이 완전히 녹은 상태를 '마그마 바다'라고 한다. 소행성과 혜성 따위에 포함되어 있던 휘발성 물질, 암석과 마그마로부터 방출된 기체, 이산화탄소, 수증기가 지구 주위에 중력으로 묶이면서 원시 대기가 형성된다. 중력 분화가 끝나고, 낙하할 소행성들도 거의 정리가 되자 원시 대기와 지표면은 서서히 식기 시작한다. 마그마 바다가 식으면서 최초의 지각이 형성된다. 대기의 뜨거운 수증기가 식어 비가 내리기 시작한다. 이 비는 원시 바다를 형성했다. 비는 대기 중의 염소 기체를 포함하기 때문에 강한 산성이었다. 이 산성비는 지표면의 암석과 반응하면서 칼슘, 마그네슘, 소듐 같은 양이온이 녹아 나오게 했다. 바다에는 메쎄인 같은 화학 물질도 녹아 들어간다. 대기의 이산화탄소가 바닷물에 녹기도 하고 그중 일부는 석회암이 되면서 대기 중의 이산화탄소 농도도 감소하기 시작하고, 결국 원시 지구의 대기는 질소가 대부분을 차지하게 되었다. 시생 누대 초기, 지구는 이전에 비해 매우 식은 편이었다. 이 시기, 대기는 산소와 따라서 오존층이 거의 없었으므로 지구 표면에 생명체가 있다 하더라도 대부분은 방사선이나 자외선으로 인해 살아남기 힘들었을 것이다. 38억 년 전의 지구라면 이미 바다는 형성되어서 대기에 많은 양의 이산화탄소가 흡수되었지만 대기 중에 남아 있는 이산화탄소의 온실 효과 때문에 바닷물은 섭씨 100도를 넘는 고온이었을 것이다. 그러한 환경 속에서 남세균 같은 세균이 생존 번식할 수 있었을까?

1979년 미국의 잠수 조사선 알빈 호가 멕시코에서 200킬로미

아름다운 미생물 이야기

터 거리에 있는 동태평양 심해를 조사할 때 해저 2,100미터 해령 부근에서 마그마가 분출되는 신기한 현상을 목격했다. 열수 분출공이었다. 주위 물의 온도는 섭씨 350도나 되었다. 더욱 신기한 것은 그 주위에 새우 등 여러 가지 생물이 살고 있었다는 점이다. 물론 태양 광선이 여기까지는 미치지 못한다. 바다 속으로 10미터 내려가면 1기압씩 증가하므로 수심 2,100미터이면 210기압이다. 그야말로 간이 콩알만 해지는 압력이다. 이러한 환경에서 생물이 살다니. 조사대는 분출하는 열수 주위에 세균도 있는 것을 발견했다. 이 세균은 분출 열수에 녹아 있는 이산화탄소와 유황을 영양분으로 섭취하는 화학 합성 생물인데, 이런 화학 반응을 촉진하려면 고온 고압이 필요하다. 만약 원시 생명체가 이런 세균과 비슷한 존재였다면, 고온 고압은 결코 불편한 환경이 아니라 오히려 생존에 필요한 조건일 수 있었을 것이다. 우리가 보기에는 아주 열악한 조건에서도 다양한 생물들은 세균을 시작으로 하는 먹이 사슬을 형성하면서 나름의 생태계를 이룬다.

37억 년간 지구에서 살아온 남세균이 주목받는 것은 가장 오래된 생물 화석의 주인공이기 때문이기도 하지만 이 원시 미생물이 태양 광선을 이용해서 물과 이산화탄소를 분해하는 광합성 반응을 알고 있기 때문이다. 당시에는 어떠했는지 모르지만 현재 엽록소를 이용하는 이 반응은 화학 합성보다 훨씬 복잡하다. 이수아 스트로마톨라이트의 남세균은 가시광선이 닿을 만큼 얕은 바다에서 살았을 것이다. 광합성 반응의 부산물은 산소다. 남세균에 의해 만들어지는 산소는 대부분 물에 녹아 있던 철을 비롯한 금속을 산화시키는 데 쓰였을 것이다. 아주 천천히 이루어졌겠지만 대기 중의 산소 농도가 증가하고 물속에 산소가 녹아들고 바야흐로 지구 생명체는 산소에 의한 혁명기에 접어든다.

아름다운 미생물 이야기

4장

물질 대사

　세포에서 생명을 유지하기 위해 생명체 안에서 일어나는 화학 반응을 물질 대사(物質代謝, metabolism) 혹은 신진 대사(新陳代謝)라 한다. 그리스 어 metabole는 영어로 change를 뜻한다. '신진'은 새 것(新)과 묵은 것(陳), '대사'는 번갈아(代) 갈아듦(謝)을 뜻한다. 즉 묵은 것이 없어지고 새것이 대신 생기는 일이다. 생명을 유지하기 위해서는 생명체가 필요한 것을 섭취하고 불필요한 것을 배출해야 한다.

　대사라는 단어는 소화와 세포 간 물질 수송 등을 포함해 생명체 내에서 일어나는 모든 화학 반응을 의미하기도 한다. 화학 반응의 결과 하나가 없어지면서 다른 하나가 생기고 또 그 하나가 없어지면서 또 다른 하나가 생긴다. 일반적으로 분자량이 늘어나는 반응은 합성 반응, 줄어들면 분해 반응이다. 다른 말로 하면 각각 동화(同化,

anabolism, assimilation), 이화(異化, catabolism, dissimalation) 작용이다. 무엇을 기준으로 같아지고 달라지는지는 모호하다. 합성 반응은 환원 반응이고 부자연스럽고 에너지가 투입된다. 분해 반응은 산화 반응이고 자연스럽고 에너지가 만들어진다. 합성 반응은 미끄럼틀에 올라가는 것이고 분해 반응은 미끄럼틀에서 내려오는 것이다.

사람의 경우 약 3,000개의 생화학 반응이 있다. 이 생화학 반응들을 통해 생물은 성장하고 번식하며, 구조를 유지하고 환경에 반응한다. 생화학 반응의 필수적인 요소는 효소로서 비생물 환경에서는 정상적으로 일어나기 어려운 화학 반응들을 촉매한다. 생합성에는 에너지가 필요하다. 지구 상의 거의 모든 생합성 에너지의 원천은 태양이다. 식물의 엽록체에서 태양 에너지를 고에너지 생체 물질, 즉 포도당으로 바꾸는 작업이 광합성이고 포도당으로부터 에너지를 꺼내는 작업이 해당 작용이고 뒤이은 마이토콘드리아에서의 ATP 생산이다. 이 두 작업은 각각 동화 작용과 이화 작용의 전부라 해도 과언이 아니다. 따라서 이 장에서는 광합성과 해당 작용을 중점적으로 다룬다.

생화학 반응의 시작

현재 우리에게 알려진 생화학 반응들이 세포 안에서 만들어진 반응인지, 아니면 먼 옛날 특수한 환경에서 효소 없이 일어나던 세포 밖 화학 반응이 세포 안으로 들어와 오늘날의 효소를 촉매제로 사용하는 생화학 반응으로 진화했는지에 대해서는 수많은 가설들이 존재

아름다운 미생물 이야기

할 뿐이다. 즉 무생물적인 화학 반응이 생물적인 화학 반응으로 변화하는 과정에 대해서는 잘 모르고 있다. 먼 옛날 존재했을 어떤 특수한 환경이 지금의 효소가 하는 작용을 대체할 수 있다는 것을 실험적으로 증명한다면 물질 대사에 필요한 반응들이 생명이 태어나기 이전부터 존재했다는 것을 말해 줄 것이다.

2014년 영국 케임브리지 대학교의 마커스 롤서는 고대 지구의 바다 밑 진흙에서 유기물 화학 반응이 효소 없이도 일어날 수 있음을 증명했다.[1] 포도당(glucose)을 산소 없이 혐기적으로 분해하는 해당 과정(glycolysis)는 오늘날 대부분의 생명체에서 볼 수 있는 매우 기본적인 대사 과정으로 효소 10개가 관여하는 복잡한 과정이다.[2] 이 과정을 통해서 포도당 분자 1개가 파이루브산(pyruvate) 2개가 되면서 ATP 2개 및 부산물이 생긴다. 초기 지구 환경은 산소가 적어서 철 이온이 산화철이 되지 않고 풍부하게 존재할 수 있었고 철 성분이 촉매의 역할을 해서 포도당을 파이루브산으로 만들 수 있다는 사실을 알았다. 이런 복잡한 해당 과정이 효소 없이도 발생할 수 있다는 것은 세포 밖에서 이미 자연스럽게 발생할 수 있음을 시사한다. 2016년 롤서는 여기서 더 나아가 해당 과정의 다른 경로인 5탄당 인산 경로(pentose phosphate pathway) 역시 철과 유기물이 풍부한 진흙에서 효소의 도움 없이 철을 촉매로 해 발생하고 pH에 따라 반응의 종류가 바뀔 수 있음을 보여주었다.[3]

아마도 초기 생명체는 이렇게 복잡한 효소 없이 여러 가지 생화학 반응이 일어날 수 있는 환경에서 탄생했을 것이다. 그 후 지구 환경이 산화 상태로 변하면서, 즉 산화철이 생기면서 자연적 촉매제가 고갈되고 환원철을 대신한 효소가 하나씩 도입되면서 현재에 이르렀을 것이다. 다만 그 과정이 어떻게 진행되었는지에 대해서는 논란이 많다.

효소[4]

생명의 특성 중 하나인 물질 대사를 위해서 수많은 화학 반응이 필요하나 이 반응들의 거의 대부분은 현재의 자연 상태에서 촉매 없이 저절로 일어나지 않는다. 생명체 내부에서 물질 대사를 위한 화학 반응은 효소라는 단백질에 의해 촉매된다. 효소는 기질과 결합해 효소-기질 복합체를 형성함으로써 반응의 활성화 에너지를 낮추는 역할을 한다. 1857년 루이 파스퇴르는 당이 효모에 의해 알코올로 바뀌는 발효에 대해 연구하던 중, 당이 발효되어 알코올을 만드는 반응과 알코올이 젖산으로 변하는 반응이 효모에 의해 일어난다고 결론을 내렸다. 이 반응들이 생명체 안에서 최초로 알려진 생화학 반응이다.

한자어 효소의 효(酵)는 술과 관계있는 글자이다. 지금도 신계(神界)에 이르는 매개체라고 여기는 사람이 많지만 고대에는 더욱 그랬을 술은 중국, 이집트, 그리스, 로마 신화에 등장한다. 이란에서 발굴된 기원전 5000년경의 유물에서 포도주를 만드는 미생물 잔해가 발견되었다. 이렇듯 미생물은 생명의 시작일 뿐 아니라 알게 모르게 인류 문화의 시작이기도 하다.

아름다운 미생물 이야기

생명은 셀 수 없이 많은 화학 반응의 결과물이다. 생명체 안에서 일어나는 화학 반응, 즉 생화학 반응의 대부분은 단백질인 효소 없이 일어나지 않는다. 효소는 1877년 독일의 생리학자 빌렘 퀴네가 지은 말로서 영어 enzyme(en + zyme)은 그리스 어 in leaven이라는 뜻이며, leaven, 즉 zyme은 효모(yeast)를 의미한다. 그러니까 enzyme은 '효모에서' 혹은 '효모 안에서'란 뜻이다. 한자어 효소(酵素)는 효모(酵母, yeast)에 있는 요소(要素)라는 뜻이다.

1897년 에두아르트 부흐너는 효모 세포 없이 그 추출물만으로도 당이 알코올로 발효한다는 것을 보여 줌으로써 무세포 발효(cell-free fermentation)를 발견했다. 부흐너는 이 발견의 공로로 1907년 노벨 화학상을 수상한다. 그는 효모 추출물을 '치마제(zymase)'라 명명했는데 오늘날 효소를 가리키는 접미사 '-ase'의 기원이다. 독일어로는 '-아제', 영어로는 '-에이즈'로 읽는다.

1900년대 들어 과학자들은 효소는 단백질일 것이라고 짐작했다. 1926년 드디어 최초의 효소가 미국의 화학자 제임스 섬너에 의해 분리된다. 요소(urea)를 이산화탄소와 물로 분해하는 유리에이즈(urease)를 순수 분리함으로써 효소가 단백질이라는 것을 증명한다. 존 노스럽과 웬들 스탠리는 1930년 단백질 분해 효소인 펩신(pepsin)을 순수 분리한 후 계속해서 트립신(trypsin)과 카이모트립신(chimotrypsin)을 분리한다. 섬너도 1937년 과산화수소를 물로 분해하는 카탈레이즈(catalase)를 순수 분리한다. 섬너, 노스럽, 스탠리는 효소 순수 분리 공로로 1946년 노벨 화학상을 공동 수상한다.

효소를 순수 분리함으로써 생화학 반응을 생명체 밖에서 일으킬 수 있게 되었다. 1930년대부터 이제 생화학의 시대로 들어간다. 생화학 시대의 가장 큰 공헌자 중 한 명은 독일 과학자 한스 크렙스로, 대사 연구에 큰 기여를 했다. 그는 요소 회로를 발견했고, 한스 콘베르크와 함께 씨트르산 회로(citric acid cycle, 자세한 것은 뒤에 설명할 것이다.)와 글라이옥실산 회로(glyoxylate cycle)를 발견했다. 또한 1950년대 이후 인접 학문의 발달로 세포의 대사 경로를 분자 수준에서 상세히 분석할 수 있게 된다. 그 인접 학문에는 크로마토그래피, 엑스선 회절 분광학, NMR 분광법, 방사성 동위 원소 표지, 전자 현미경, 컴퓨터를 이용한 분자 역학 시뮬레이션 등이 포함된다.

국제 생화학 분자 생물학 연맹(Internation Union of Biochemistry and Molecular Biology, IUBMB)은 1992년 당시까지 확인된 모든 효소를 작용 기작에 따라 크게 여섯 가지로 분류해 3,196개의 효소를 등록했다. 산화 환원 효소(oxidoreductase), 전이 효소(transferase), 가수 분해 효소(hydrolase), 비가수 분해 효소(lyase), 이성질화 효소(isomerase), 연결 효소(ligase) 무리가 그것들이다. 이후 2015년까지 21회 보충 자료를 발행해 새로운 효소를 추가 등록해 왔다. 1992년부터 1999년까지 149개 효소가 추가 등록되었다. 1999년부터 지금까지 새로 등록된 효소의 수를 알면 현재 등록된 효소의 수를 알 수 있으나 IUBMB조차도 그 숫자에 대해 언급한 적이 없다. 2017년 현재 IUBMB에 등록된 효소의 수는 5,000개 정도가 타당한 듯하다.

컴퓨터를 이용한 분석 결과를 보여 주는 2005년의 한 논문에 따르면 사람의 효소 수는 2,709개, 생화학 반응 수는 896개다.[5] 한편 2017년 생명체 경로/유전체 자료 데이터베이스인 바이오사이크(Biocyc)에 따르면 사람의 유전자 수는 20,831개, 단백질 수는 20,575개, 효소 수는 3,255개, 생화학 반응 수는 2,290개, 생합성 경로 수356개다.[6] 유전자 수와 단백질 수가 예상 수보다 약 8,000개 적은 것이 의외다. 대장균(K12 아종)의 유전자 수는 4,665개, 단백질 수는 4,495개, 효소 수는 1,321개, 생화학 반응 수는 1,724개다. 사람 단백질의 16퍼센트가 효소고, 대장균 단백질의 30퍼센트가 효소다. 효소의 숫자가 의미하는 것은 사람의 경우 몸 안에서 일어나는 생화학 반응의 수가 3,255개라는 점이다. 한편 세균에는 평균적으로 약 1,000개의 효소가 있다. 대장균의 경우 유전자 수가 약 4,100개이므로 유전자의 4분의 1이 효소를 지령하는 유전자다. 세균에서는 생명의 특성 중 하나인 물질 대사를 1,000개의 효소 유전자가 책임지는 것이다. 다른 말로 하면 생명의 특성은 효소의 존재라고 할 수 있다.

대사와 관련된 대부분의 생화학 반응은 한 화합물이 여러 단계의 반응을 거쳐 다른 화합물로 변화하고, 단계마다 다른 효소가 차례로 반응을 촉진하는 회로를 통해 이뤄진다. 대사 회로의 구성 성분은 종이 다를지라도 매우 유사하게 진화적으로 잘 보존되어 있다. 예를 들어, 씨트르산 회로를 구성하는 중간체로 널리 알려진 카복실산은 대장균에서 사람까지 알려진 모든 생물에 존재한다. 대사 회로에서 효소는 에너지를 방출하는 자발적 반응과 에너지를 요구하는 비자발적 반응과 짝지어 반응이 효율적으로 일어나게 한다. 효소는 반응이 좀 더 빠르게 일어나도록 하는 촉매 역할을 하지만 세포는 효소의 활성을 조절함으로써, 즉 반응 속도를 조절함으로써 주위의 환경에 대응한다.

조효소

효소 단독으로 생화학 반응을 수행할 수 없는 경우도 있다. 효소 도우미들이 필요한데 비단백질 물질로서 분자량이 적은 유기 물질이거나 금속 이온들이다. 일반적으로 유기 물질 효소 도우미를 조효소(coenzyme)라 부르고 무기 이온 효소 도우미를 보조 인자(cofactor)라 부르지만, 이 모두를 합쳐 단순히 효소 보조 인자라고 부르기도 한다. 또한 어떤 경우에는 보조 기질(cosubstrate)이라 부르기도 한다.

조효소나 보조 인자의 기능은 기능기(예를 들어 수산기, 인산기, 카복실기 등)를 운반하는 작용을 한다. 여러 가지 다른 효소 무리에 공통적으로 관여하기 때문에 중간 대사 물질들을 크게 줄이는 효과를 가져 온다. 일반적으로 조효소는 반응이 일어날 때 효소에 붙었다 반응이 끝난 후 효소로부터 떨어진다. 하지만 일부 조효소 무리는 늘 효소와 결합한 상태(비공유 결합)로 존재하고, 심지어는 공유 결합 상태로 있기도 한다. 이런 무리를 보결 그룹(prosthetic group)이라 부른다. 영어 단어 prosthetic의 뜻은 의치나 의족 같은 보철물을 뜻한다. 조효소가 붙지 않아 비활성적인 효소를 결손 효소(apoenzyme)라 부르고 조효소가 붙어 활성적인 효소를 완전 효소(holoenzyme)라 부른다.

아름다운 미생물 이야기

대부분의 효소는 한 가지의 조효소를 필요로 하나 어떤 효소나 효소 복합체(multienzyme complex)는 한 가지 이상의 조효소 무리를 필요로 한다. 대표적으로 해당 과정에 관여하는 파이루브산 탈수소 효소(puruvate dehydrogenase)는 효소 복합체로서 다섯 가지의 조효소와 한 가지 보조 인자를 필요로 한다.

유기 물질 조효소는 대부분 바이타민 그 자체거나 바이타민으로부터 유래되며 소량으로 존재한다. 대부분 AMP(adenosine monophosphate)가 기본 골격으로 대표적으로 조효소 A(coenzyme A 혹은 CoA, 바이타민 B$_5$인 판토쎈산(pantothenic acid)과 씨스테인의 화합물 판토쎄인(pantotheine)이 ATP와 결합한 화합물), ATP, NAD(P)$^+$(nicotine adenine dinucleotide P$^+$, 바이타민 B 복합체의 하나인 니코틴아마이드와 아데닌의 이중 염기), FAD(flavin adenine dinucleotide, 바이타민 B$_2$인 플라빈과 아데닌의 이중 염기)다. 이들의 구조는 비슷한데 이것은 이들이 RNA 세계에서 라이보자임의 한 부분으로서 공통 조상으로부터 진화되었음을 시사한다. 이들을 사용하는 효소 무리는 AMP만 인식하는 구조를 가짐으로써 효과적으로 여러 기능기를 받을 수 있게 진화한 것으로 보인다.

조효소 A(CoA, CoASH, or HSCoA)는 바이타민 B$_5$(혹은 판토쎈산) 유래 조효소로서 지방산 합성과 분해, 그리고 씨트르산 회로에서 파이루브산의 산화에 쓰인다. 아실기를 공여하는 것이 기능이다. (제일 간단한 아실기가 acetyl CoA(아세틸기가 붙은 CoA)의 아세틸기다.) 효소의 4퍼센트가 조효소 A를 필요로 할 만큼 중요한 조효소이고 마찬가지로 아실기 공여는 생체 반응에서 가장 중요한 반응 중 하나다. 조효소 A는 1945

년 미국의 프리츠 리프먼에 의해 발견되었으며 리프먼은 이 공로로 1953년 씨트르산 회로 발견자 크렙스와 함께 노벨 생리·의학상을 공동 수상한다.

ATP는 서로 다른 화학 반응 간에 화학적 에너지를 전달하는 데 사용된다. 세포는 가만히 있어도 빠져나가는 열 때문에 에너지가 계속 필요하다. ATP는 에너지 준위가 높지만 열역학적으로 불안정해 에너지를 저장할 수 없다. 따라서 세포는 계속해서 ATP를 빠르게 만든다. ATP는 동화 작용과 이화 작용 사이에서 다리 역할을 한다. 이화 작용을 통해 ATP가 생산되고 동화 작용을 통해 ATP가 소모된다. 우리가 열심히 먹는 이유가 ATP를 얻기 위함이다. 그 밖에도 ATP는 인산화 반응에서 인산기를 운반하기도 한다.

NAD^+는 수소 받개 역할을 하는 중요한 조효소다. 수백 종류의 탈수소 효소가 각자의 기질에서 전자를 제거하고 NAD^+를 NADH로 환원한다. 환원된 NADH는 거꾸로 수소 주개 역할로 수많은 환원 효소의 조효소로서 환원 반응에 참여한다. NAD^+는 세포 내에서 NADH와 NADPH로 존재한다. NAD^+/NADH 형은 산화 반응인 이화 작용에서, $NADP^+$/NADPH는 환원 반응인 동화 작용에서 각각 더 주요 역할을 맡는다.

금속은 세포 내에 미량 존재하며, 철, 마그네슘, 망간, 코발트, 구리, 아연, 몰리브데넘 등이 있다. 철이나 아연은 그중에도 비교적 많은 편이다. 금속 원소는 단백질의 보조 요소로 쓰이며, 카탈레이즈 같은 효소와 산소를 운반하는 단백질(예를 들어 헤모글로빈)의 활성에 필수

아름다운 미생물 이야기

적이다. 금속 보조 요소는 단백질의 특이적인 자리에 결합하며 촉매 과정 중에 변형될 수 있지만, 촉매 반응이 끝나면 원래의 상태로 돌아온다.

지상 최대의 쇼, 광합성

태양은 수소 핵융합으로부터 엄청난 양의 에너지를 만든다. 이 에너지가 전자기파 형태로 방출되는 것이 태양 복사 에너지다. 여기서 잠깐 복사(輻射, radiation)라는 단어를 언급하고 넘어가 보자. 복(輻)은 수레 바큇살이다. 우리는 원자핵과 관련해서 제한된 의미의 '방사(放射, radiation)'란 단어를 쓰지만 이는 사실 복사와 같은 말이다. 복사 에너지는 파장을 가진 전자기파다. 태양 전자기파의 종류는 적외선(infrared ray, 파장 760나노미터~1밀리미터), 가시광선(visible ray, 파장 380~760나노미터), 자외선(ultraviolet ray, 파장 10~380나노미터) 등이 있는데, 가시광선이 반 이상을 차지한다.

태양 광선은 인간을 비롯한 거의 모든 지구 생명체에게 매우 중요하다. 적외선은 따뜻하게 지낼 수 있게 하며, 가시광선은 말 그대로 사물을 눈으로 볼 수 있게 하며 광합성 작용을 통해 이산화탄소와 수소로부터 영양분 만드는 것을 돕는다. 파장 250나노미터 내외 자외선은 핵산에 손상을 입히고 DNA 복제를 불가능하게 함으로써 살균 효과가 있다. 태양 광선은 파장에 따라 물 투과율이 다르다. 맑은 물에서 파장 200나노미터 이하 자외선은 잘 통과하나 파장 250나노미터 내외 자외선의 투과율은 두께 5센티미터의 물에서 15퍼센트, 20센티미터의 물에서는 50퍼센트 정도 흡수되어 1미터 깊이의 물속이면 거의 다 흡수된다. 한편, 가시광선은 최대 150미터까지 투과하며 그 이하는 암흑 세계다. 물의 혼탁도에 따라 다르지만 바닷물 같은 경우 평균적으로 50미터 깊이의 물속에서도 광합성이 이루어질 수 있다.

남세균은 광합성에 필요한 가시광선을 이용하기 위해 얕은 물에서 살아야 했다. 만약 깊은 바다 열수 분출공 주변에 있던 세균이 남세균의 조상이라면 얕은 물로 올라오는 동안 짧은 파장대의 자외선으로부터 자신을 보호하는 방법을 개발해야 했다. 끈적끈적한 점액질을 분비해 스트로마톨라이트를 만드는 것이 그중 하나일 것이라고 추정하는 학자들도 있다.

광합성은 태양 광선을 이용해 이산화탄소와 물로부터 포도당을 합성하는 과정이며 부산물로 산소가 생긴다. 태양 에너지를 화학 에너지로 바꾸는 작업이다. 식물에서는 엽록소(chlorophyll)*가 들어 있는 엽록체(chloroplast)라는 소기관이 담당하지만, 엽록체가 없는 세균에서는 엽록소 자체가 대신한다. 남세균도 마찬가지다. 엽록체는 남세균의 세포 내 공생에서 유래한 것으로 보고 있다. 다른 광합성 세균은 세균 엽록소(bacteriochlorophyll)를 가지고 있으며 산소 대신 다른 화합

---

* 잎파랑이라고도 한다. 광합성의 핵심 분자로 빛에너지를 흡수하는 안테나 역할을 하는 색소다. 엽록소에는 엽록소a, 엽록소b, 엽록소c, 엽록소d, 엽록소e와 박테리오클로로필 a와 b 등으로 여러 종류가 있다. 클로린 고리 가운데에 마그네슘 이온이 들어 있는 형태이며, 약 200여 개의 엽록소가 모여 하나의 반응 중심 엽록소로 에너지를 전달한다.

아름다운 미생물 이야기

물, 예를 들어 황(S)을 내놓는다.

원시 지구에서 출현한 최초의 생명체는 대사와 복제에 필요한 영양분으로 주위에 녹아 있는 환원 유기물을 사용했을 것이다. 환원 유기물이 곧 소진되면서 환원 유기물을 스스로 만드는 생물이 나타나게 되었다. 세균은 분화구에서 쏟아져 나오는 황화수소를 산화시키고, (산소에 의한 산화가 아니다.) 그때 나오는 화학 에너지를 이용해 이산화탄소를 환원시켜서 유기 화합물을 합성한다. 이 과정을 화학 합성이라 한다. 그 후에 화학 에너지 대신 태양 에너지를 이용하는 광합성 세균이 나타났을 터인데 이를 위해서는 태양 에너지를 감응하는 공장, 즉 엽록소를 만들어야 했다. 자연적으로 합성된 고리 화합물 포르피린(porphyrin)*에 마그네슘 이온이 고리 안에 위치하고, 탄소 곁가지가 조금 더 더해진 엽록소가 합성되었을 것이다. 포르피린은 빛에너지에 반응해 에너지 상태가 높아지고 불안정해진다. 마그네슘 이온은 이 상태를 지속시키는 데 도움을 줌으로써 이 에너지가 다른 곳으로 새지 않고 다음 물질로 이동하는 시간을 벌어 준다. 이런 종류의 광합성 세균은 물을 사용하지 않으므로 산소를 만들지 않는다. 아직 환원

---

* 포르피린이라는 부분은 식물에 들어 있는 엽록소뿐만 아니라 모든 동물들에게도 있다. 특히 동물에서 색을 나타내는 부분 — 예를 들어 적혈구가 많이 있는 부분 — 에는 이 포르피린이 꼭 들어 있다. 20세기 초반, 생물 색소를 연구한 한스 피셔는 포르피린을 발견하고 나중에 인공적으로 합성도 했다. 그 공로로 1930년 노벨 화학상을 수상한다. 엽록소는 포르피린 고리 안에 마그네슘이 들어 있고, 헴(heme) 또는 싸이토크롬(cytochrome)에는 철이 들어 있다.

성 화학 물질에 의존해야만 한다.

이제 물을 사용해 광합성을 하는 남세균이 등장한다. 산소가 만들어지기 시작한다. 유기물을 만들기 위해 물을 사용하는 광합성 세균은 물과 인산과 탄소와 빛만 있으면 된다. 굳이 황화수소 같은 환원 화학 물질이 많은 곳에만 머무를 이유가 없다. 먹이 스트레스로부터 어느 정도 벗어난 듯 보인다. 남세균의 대진격이 시작된 것이다. 37억 년 전 그린란드부터 35억 년 전 오스트레일리아 서부까지 말이다. (당시 대륙 분포는 지금과는 달랐다.) 바다가 남세균으로 뒤덮일 판이다. 조건만 맞는다면. 이렇게 광합성은 생명의 행진에 있어 엄청난 대사건이다.

광합성의 메커니즘[2]

앞에서 언급했듯이 광합성은 생명의 역사에서 두 가지 중요한 의미를 가진다. 하나는 먹이 스트레스가 사라졌다는 것이고 다른 하나는 생물권에 산소가 공급되기 시작했다는 것이다. 이제 광합성의 기작을 조금 자세히 살펴보고자 한다. 그 이유는 아래에 기술될 포도당 때문이다.

$$6CO_2 + 6H_2O + 빛에너지 \rightarrow C_6H_{12}O_6 + 6O_2.$$

이 반응식이 우리가 알고 있는 광합성 반응이다.

아름다운 미생물 이야기

$$\mathbf{6H_2O} + \text{빛에너지} + 6CO_2 \rightarrow \mathbf{6O_2} + C_6H_{12}O_6.$$

분자의 순서를 바꾸었다. 혹시 빛이 필요한 명반응과 빛이 필요 없는 암반응(혹은 캘빈 순환)이라는 용어를 들어 봤다면 굵게 표시된 글씨가 시간상 먼저 일어나는 명반응의, 보통 글씨가 나중에 일어나는 암반응의 재료와 산물이다. 명반응은 빛이 물을 분해해, 즉 수소와 산소를 분리해 산소를 밖으로 내보내고 수소는 고에너지 분자인 ATP와 NADPH(당장의 에너지는 아니지만 환원 반응에 쓰이므로 환원 물질이 궁극적으로는 ATP를 만든다.)를 만드는 반응이다. 태양 에너지가 화학 에너지로 바뀐 것이다. 암반응은 명반응에서 얻은 에너지를 이용해 이산화탄소를 환원시켜 포도당을 만든다.

포도당을 만드는 암반응은 반응식에서 볼 수 있듯이 단순히 이산화탄소 6분자를 결합하는 것이 아니라 이산화탄소가 다소 복잡한 캘빈 회로(Calvin cycle)라 불리는 회로를 돌아서 탄소수를 늘린다. 이산화탄소 고정(carbon fixation)은 3분자의 5탄당(C5) 유도체(Ribulose-1,5-bisphosphate)가 3분자의 이산화탄소를 받아들이면서 시작된다. 이 반응은 루비스코(RuBisCO, Ribulose-1,5-bisphosphate carboxylase oxygenase)라 불리는 독특한 효소에 의해 촉매된다. 독특한 이유는 이산화탄소를 받아들이면서 6분자의 3탄당(C3) 유도체를 만드는 기능 때문이다. 5분자의 C3는 3분자의 5C를 만들면서 회로를 계속 돌고 1분자의 C3만 회로로부터 떨어져 나온다. 회로를 한 바퀴 더 돌면 2분자의 C3가 생성된다. 이 C3가 글리세르알데하이드-3-인산(glyceraldehyde-3-

phphaste(G3P) 또는 3-phosphoglyceraldehyde)이다. 암반응의 한 바퀴 반응을 간단히 요약하면,

$$3C5 + 3C \rightarrow 3C6 \rightarrow 3C5 + C3$$

이다. 궁극적으로 3C가 C3로 전환된 것이다. 회로를 한 바퀴 더 돌면 2분자의 C3가 생성된다. 일부 C3는 2분자가 합쳐져 세 종류의 6탄당 유도체(포도당 1-인산(glucose 1-phosphate), 포도당 6-인산(glucose 6-phosphate), 과당 6-인산(fructose 6-phosphate))로 전환되고 나머지 대부분 C3는 엽록체 밖으로 빠져나가 다른 대사 경로로 들어가거나 2분자가 합쳐져 C6, 즉 포도당이 된다. 포도당은 중합 반응을 통해 복합 다당류인 녹말로 전환될 수 있다.

세포 속 발전소 마이토콘드리아

모든 생물은 살아 있는 동안 성장, 번식 등의 생명 활동 등을 위해 에너지가 필요하다. 심지어 현상 유지가 목적이라도 수선과 보충을 위해 에너지가 필요하다. 세포 안에 있는 고에너지 물질로부터 에너지를 빼내는 작업이 해당 작용과 마이토콘드리아에서 해당 작용의 산물을 완전히 산화시키는 작용이다. 해당 작용은 말 그대로 당을 해체하는 작용이고 당은 포도당이다. 포도당은 환원성 고에너지 물질로서 완전 산화되면 물과 이산화탄소로 전환된다. 광합성의 반대다.

아름다운 미생물 이야기

흡수한 빛에너지만큼 남고 생물은 결국 빛에너지를 사용하는 것이다.

　해당 작용을 요약하면

C6 (포도당) + 2ATP → 2G3P → 2C3 (파이루브산) + 4ATP + 2NADH + 2H$_2$O

이다. 2ATP를 소모해서 4ATP를 얻었으니 궁극으로는 2ATP를 얻는다. 간단히

C6 → 2C3 + 2ATP + 2NADH

라 할 수 있는데 글리세르알데하이드-3-인산(G3P)를 중간에 집어넣느라 복잡해졌다. G3P를 집어넣은 이유는 광합성의 중간 물질인 G3P가 이 경로로 들어갈 수 있어 포도당의 합성과 분해에 얽혀 있기 때문이다.

　파이루브산은 마이토콘드리아 안으로 들어가 탄소 한 분자를 잃으면서 아세트산(C2)이 조효소 A(CoA)에 연결되어 아세틸-CoA로 전환되고 활성화된다. 아세틸-CoA의 아세틸기는 석신산(succinic acid)과 합쳐져 TCA 회로를 돌게 된다. TCA 회로는 크렙스에 의해 발견되었기 때문에 크렙스 회로 혹은 씨트르산 회로라고도 한다. TCA는 트라이카복실산(tricarboxylic acid)의 약자로서 모노카복실산(monocarboxylic acid)인 활성화된 아세트산(acetyl-CoA)이 다이카복실산(dicarboxylic acid)

인 석신산과 합쳐져 트라이카복실산인 씨트르산이 되면서 회로가 시작되기 때문에 붙여진 명칭이다. 또 씨트르산을 우리말로 구연산*이라고 하기 때문에 구연산 회로라 하기도 한다.

환원성 물질인 씨트르산은 회로를 돌면서 2개의 이산화탄소를 잃고 1분자의 ATP, 3분자의 NADH, 1분자의 FADH를 생성하면서 석신산으로 전환되어 다시 아세틸 CoA를 받아들여 회로를 계속 돌게 된다. 한 분자의 포도당은 두 분자의 파이루브산을 거쳐 두 분자의 씨트르산을 생성하므로, 한 분자의 포도당은 TCA 회로를 거치며 6분자의 이산화탄소, 8분자의 NADH, 2분자의 FADH, 2분자의 ATP를 생성한다.

마이토콘드리아를 흔히 '세포의 발전소'라 부르는데 포도당으로부터 해당 과정에서 TCA 회로를 거쳐 만들어진 10분자의 NADH, 2분자의 FADH를 상대로 전자 전달계를 운영해 ATP를 만든다. 한 분자의 NADH는 2.5분자의 ATP를, 1분자의 FADH는 1.5분자의 ATP를 생성할 수 있다. 모두 28분자의 ATP가 생성된다. 따라서 한 분자의 포도당이 생성할 수 있는 ATP는 해당 과정에서 2분자, TCA 회로에서 2분자, 전자 전달계에서 28분자로 모두 합쳐 32분자다.

오스트레일리아의 사막에 사는 도마뱀은 낮에 바위틈 그늘에

---

* 씨트르산은 구연산이라고도 하는데, 구연(枸櫞)은 시트론, 즉 유자(柚子)의 한자어이다. 구연산은 레몬이나 감귤 같은 데 들어 있는 무색무취의 결정체로 알코올과 물에 녹으며, 청량 음료나 의약품 등에 쓰인다. 레몬산이나 씨트르산의 다른 이름이다.

아름다운 미생물 이야기

있다가 기온이 내려간 저녁 때가 되면 습지로 내려간다. 주된 이유는 습지로 몰려드는 하루살이 때문이다. 도마뱀이 하는 일은 자기 키의 몇 배만큼 뛰어올라 하루살이 한두 마리를 혀에 감고 내려오는 것이다. 식사를 하는 것이다. 이것은 동시에 태양 에너지를 마시는 것이기도 하다. 하루살이 한두 마리를 먹어 섭취하는 ATP보다 뛰는 데 ATP가 더 소모될 것 같아 보이지만 도마뱀은 그렇게 해서 성장하고 번식한다. 태양 에너지가 그리고 하루살이가 갑자기 위대해 보인다.

왜 ATP인가?

생물의 물질 대사에 있어서 가장 중요한 물질 한 가지만 꼽으라면 ATP다. 태양 에너지의 생물학적 실체로서 ATP는 생체 에너지 시장의 돈이다. 그래서 ATP의 별명은 '에너지 화폐(energy currency)'다. ATP는 1929년에 카를 로만과 에르뇌 옌트라식 그리고 독립적으로 사이러스 피스케와 옐라파라가다 수바로에 의해 발견되었다. 1941년에 프리츠 리프먼이 에너지 전달 매개체 역할을 제안했다. 1948년에 알렉산더 토드에 의해 처음으로 합성되었다.

'왜 ATP는 되고 GTP는 안 되는가?'라는 질문은 ATP가 에너지 화폐로서의 역할이 밝혀진 이래 계속 있어 왔지만 여전히 그에 대한 답은 없고 설(說)만 있다. '썰'이 어감상 더 적당하다. ATP나 GTP 이외에도 비슷한 구조의 CTP, TTP, UTP도 있다. 이들은 염기만 제외하고 당과 인산의 구조는 똑같으며 DNA나 RNA라는 건물을 만드는 데 사용되는 벽돌들이다. 하지만 질문을 보면 CTP, TTP, UTP 는 탈락된 듯싶다. 아데닌과 구아닌은 9탄소 퓨린 계열 두 고리 화합물이고 나머지 셋은 6탄소 피리미딘 계열 외고리 화합물이다. 에너지 전달자로서 ATP는 세포 내 거의 어디에서나, 거의 언제나, 그리고 거의 모든 반응에 두루 사용되는 반면, GTP는 핵 안팎으로 단백질 이동과 세포질에서 단백질 합성에 많이, 그리고 신호 전달에 자주 사용된다. CTP는 지질 합성에, UTP는 다당류 합성에 많이 쓰인다. TTP는 다른 것들과 마찬가지로 무산소 형태(deoxy form), 즉 dTTP로 DNA 합성 재료일 뿐 에너지 전달체로서의 기능은 없다. 그러니까 ATP는 생체 에너지 시장의 달러화, GTP는 유로화라 할 수 있다.

여러 가지 가설 가운데 하나는 '우연히 그렇게 되었다.'는 것이다. 이 가설은 설명하기 제일 쉽고도 제일 어렵다. 여기서는 논외로 친다. 다른 설은 'ATP 먼저' 가설이다. 시험관에서 합성한다면 6탄소 피리미딘계의 합성이 9탄소 퓨린계의 합성보다 훨씬 쉽다. 하지만 퓨린계와 피리미딘계의 뉴클레오타이드의 생합성 과정은 완전히 다르다. 둘 다 당에 인산이 연결된 물질(ribose + P)에서 출발한다. 피리미딘계 뉴클레오타이드의 합성은 6탄소 고리를 먼저 합성한 후 당에 연결되는 반면, 퓨린계 뉴클레오타이드 합성은 당에 1~3개의 탄소를 차곡차곡 연결해 9개 탄소의 두 고리를 만든다. 관건은 선생물학 시대의 6탄소 고리 화합물 자체의 안정성일 듯싶다. 만약 6탄소 고리 화합물이 불안정하다면 CTP가 UTP가 농축될 확률은 낮고 더 복잡한 구조임에도 불구하고 ATP와 GTP가 합성 후 더 안정하다면 농축될 확률이 높다.

일단 CTP와 UTP는 에너지 전달체 후보 물질에서 탈락되었다고 가정하자. 이제 ATP와 GTP의 문제인데 둘의 화학 구조는 거의 같다. 단 아데닌에는 없고 구아닌에만 존재하는 원자가 있다. 산소다. 그래서 산소가 희박하던 선생물학 시대에 ATP의 농도가 GTP의 그것보다 훨씬 높았을 것이라고 주장하는 사람들도 있다. 생합성 과정에 쓰이는 조효소들 중 ATP 유도체가 많다는 사실은 그리고 ATP 유래 조효소 사용 효소는 아데닌 부분만 인식함으로써 광범위한 반응을 촉매한다는 사실은 생명체가 ATP의 높은 농도 때문인지는 몰라도 ATP에 익숙했다는 반증이다. 따라서 ATP를 생성하고 분해하는 효소도 먼저 만들어지고 이것이 ATP를 에너지 전달체로 사용하는 데 상승 효과를 일으켰을 가능성이 있다.

왜 포도당인가?

생물의 물질 대사에 있어서 ATP 다음에 두 번째로 중요한 물질을 꼽으라면 포도당이다. ATP가 돈이라면 포도당은 금(金)이다. 포도당은 물리적인 태양 에너지의 화학적 저장 물질이다. 포도당은 1747년 독일 화학자 안드레아스 마그라프에 의해 건포도로부터 처음 분리되었다. 수분이 적당히 증발한 건포도는 설탕처럼 달다. 마그라프는 포도에서 분리한 당을 '포도당'이라 할 수밖에 없었다. 하지만 포도당은 포도 맛이 안 난다. 독일어 Traubenzucker(포도를 뜻하는

Trauben과 설탕을 뜻하는 Zucker의 합성어)를 일본 사람들이 포도당이라 부르고 우리가 그대로 따르는 것이다. 영어 glucose는 단맛이라는 의미의 그리스 어에서 유래했다.

　포도당은 두 가지의 광학 이성질체로 존재할 수 있다. 덱스트로즈(dextrose)는 '오른쪽+당'이라는 뜻이며 이것이 포도당이다. 글루코즈는 속어고 덱스트로즈는 과학 용어지만 과학 논문에서도 덱스트로즈는 거의 보이지 않는다. 또한 피 속에 존재하는 당을 이야기할 때에는 '혈당(血糖)'이라 부른다. 포도당은 알데하이드기를 가지는 당으로 사슬 모양보다는 육각 고리 모양으로 흔히 존재한다. 분자식은 $C_6H_{12}O_6$, 분자량은 180이다. 다당류로 결합했을 때의 형태에 따라 알파형과 베타형이 있다. D형과 L형 2종의 광학 이성질체가 있는데, 천연에는 D형만이 존재한다.

　생물학적으로 중요한 분자로서 분자식이 $C_6H_{12}O_6$이고, 분자량이 180인 당은 무엇인가 하고 물었을 때 포도당이라고 대답하면 3분의 1만 맞은 것이다. 바른 답은 포도당, 과당(fructose), 갈락토즈(galactose) 세 가지다. 이와 같이 분자식은 같지만 서로 다른 물리, 화학적 성질을 갖는 분자들을 이성질체(異性質體, isomer)라 이른다.

　광합성 반응을 들여다보면 몇 가지 의문점이 생긴다. 명반응에서 많은 고에너지 화합물 ATP와 NADPH가 만들어진다. 이 에너지를 바로 사용할 수 없을까? 암반응의 최종 산물은 6탄당인 포도당이 아니라 3탄당 유도체인 G3P다. G3P는 해당 작용의 중간 대사물이기도 하다. (앞에서 설명한 해당 작용을 참조할 것) 그렇다면 파이루브산으로 전환 후 바로 TCA 회로로 들어가 에너지원으로 사용될 수 없을까? 6탄당을 꼭 만들어만 한다면 2분자의 G3P가 엽록체 안에서 세 종류의 6탄당 유도체(포도당 1-인산, 포도당 6-인산, 과당 6-인산)로 전환될 수 있음에도 불구하고 세포질로 나와 과당도 갈락토즈도 아닌 포도당으로 전환될까?

포도당과 갈락토즈는 알데하이드 당으로 5개 탄소에서 결합한 분자의 방향이 다 같고 오직 4번 탄소에서만 수산기(-OH)의 방향이 서로 반대다. 과당은 2번 탄소가 케톤형이다. 이 당들은 수용액에서 고리 화합물로 전환되는데 산소를 중심으로 포도당은 육각형(피란(pyran)형), 과당은 오각형(퓨란(puran)형), 갈락토즈는 반반씩의 형태가 된다.

답은 우선적으로 식물 세포의 구조물에서 찾아야 할 것 같다. 세포벽은 식물 세포의 특징으로 주성분 셀룰로즈(cellulose)를 비롯한 여러 복합 다당류로 구성되어 있다. 셀룰로즈는 친수성이지만 물에 잘 녹지 않는다. 셀룰로즈는 ß-D-글루코즈의 1번 탄소와 4번 탄소가 결합된 1-4-글루코사이드 결합을 한다. 이 2당류를 셀로바이오즈(cellobiose)라 부르는데 셀룰로즈 단위체라 한다. 셀룰로즈는 셀로바이오즈가 번갈아 가며 뒤집히면서 연속적으로 결합한 선형 구조다. 이런 선형 구조 80개가 합쳐 셀로바이오즈 미세 섬유(microfibril)를 이루고 이들 사이의 수소 결합이 이들을 단단하게 묶어 셀룰로즈가 된다.

당의 고리 형태로 보아 이런 구조를 이룰 수 있는 단당류는 피란형이다. 갈락토즈의 경우 피란형과 퓨란형이 동시에 존재하기 때문에 피란형은 괜찮지만 퓨란형으로 인해 연속성이 없어진다. 한편 포도당은 모두 피란형으로 셀로바이오즈가 연속적으로 결합할 수 있고 따라서 셀룰로즈를 이룰 수 있다. 포도당과 갈락토즈의 4번 탄소가 운명을 가른 것이다. 셀룰로즈의 화학식은 $(C_6H_{10}O_5)_n$이다. n은 포도당 수인데 아주 적게는 300, 많게는 10,000에 이른다.

포도당의 1번 탄소와 4번 탄소의 수산기 구조는 태양 에너지의 저축과도 관련이 있다. 우리가 자연에서 보는 대부분의 화합물이 그렇듯이 화합물의 원소들은 서로 결합하면서 열역학적으로 가장 안정한 생태로 존재한다. 이 상태에서 전자 혹은 작용기가 외부로부터 더해지거나 내부에서 떨어져 나가면 불안정해지고 반응성이 강해진다. 인산기가 특히 그렇다. 인산기가 붙은 화합물은 그 상태로 오래 있지 못하고 인산기가 떨어져 나가거나 다른 화합물과 반응한다. G3P를 비롯해 광합성의 중간 대사체 모두가 그렇다. 문제는 태양빛이 없는 밤이다. 밤에도 에너지는 필요하다. 낮에 태양 에너지를 저축했다가 밤에 사용해야 한다. 다시 사용하려면 잘 분해되어야 한다. 그러니까 에너지 저축 화합물은 너무 불안정하지도 않고 너무 안정하지 않아야 한다. 단지 이런 면에서는 포도당, 과당, 갈락토즈 모두 합당하다. 그렇다 하더라도 문제는 또 있다. 바로 고농도 단당류는 삼투압 효과를 불러일으켜 세포 안으로 물이 들어오게 하고 따라서 세포 내 생리 활성 분자를 희석해 효능을 떨어뜨린다. 에너지를 잘 저장할 수 있는 대체 물질을 찾아야 한다. 바로 다당류다. 다만 에너지가 필요할 때 단당류로 다시 잘 분해되는 다당류여야 한다. 앞에서 언급한 대로

아름다운 미생물 이야기

이런 다당류를 만들 수 있는 당은 포도당뿐이다. 이 포도당 복합체가 바로 녹말(綠末)*이다. '광합성(綠)의 끝판(末)'이라는 한자어의 뜻이 재미있다.

녹말은 셀룰로즈와 달리 a-D-글루코즈의 복합체다. 화학식은 500~1,000개의 포도당으로 이뤄진 $(C_6H_{10}O_6)_n$이다. 녹말을 합성할 때와 분해할 때 모두 에너지가 소모되지만 세포 입장에서 충분히 감수할 만하다. 녹말은 고농도가 되면 결정을 이루어 삼투압과 무관하다. 녹말의 농도가 너무 높으면 세포 밖으로 내보내 감자나 고구마처럼 뿌리에 따로 보관한다. 셀룰로즈와 달리 녹말은 물에 잘 풀어져(용해된다는 말은 아니다.) 녹말 분해 효소인 아밀레이즈(amylase)가 잘 접근하게 함으로써 소화가 잘 된다. 전문 용어로 물에 불리는 효과를 수화(水化, hydration)라, 아밀레이즈가 녹말을 분해하는 작용을 당화(糖化, saccharization)라 하는데 쌀을 물에 불려 지은 밥이 더 맛있고 소화가 잘되는 이유다.

---

* 녹말은 아밀로즈(amylose)와 아밀로펙틴(amylopectin)이란 두 가지 성분으로 구성된다. 포도당이 연속적으로 결합된 것이 아밀로즈고, 사슬 모양에서 포도당 30개 정도 간격으로 나무가 가지 치듯이 6번 탄소와 포도당 4번 탄소가 결합하고 가지 친 당은 계속해서 a(1-4) 결합한 것이 아밀로펙틴이다. a(1-4) 결합은 중합체를 용수철 모양으로 만든다. 녹말은 대개 20~25퍼센트의 아밀로즈와 75~80퍼센트의 아밀로펙틴으로 구성된다. 동물의 녹말이라 불리는 글라이코젠은 아밀로펙틴과 유사한 구조이지만 아밀로펙틴보다 더 자주(포도당 10개 정도마다) 가지를 친 구조다.

동화 작용

효소의 작용 결과 반응 물질(기질)보다 생성 물질의 에너지 준위가 더 높은 물질, 즉 환원 물질이 만들어지는 과정을 생합성이라 한다. 동화와 같은 뜻이다. 에너지 준위가 높다는 말은 외부에서 에너지가 투입되었다는 뜻으로 동화는 에너지를 필요로 한다. 생명의 역사에서 생명 현상의 궁극적인 결과는 번식이다. 자손을 이어 가지 못하면 생명 현상도 이어질 수 없다. 번식하기 위해서는 생명 현상의 필수적인 네 가지 거대 분자, 즉 핵산, 단백질, 탄수화물, 지질을 만들어야 한다. 일반적으로 광합성이나 화학 합성을 하는 생물을 '독립 영양 생물', 영양분을 독립 영양 생물에 의존하는 생물을 '종속 영양 생물'이라 부른다. 여기서 말하는 영양분이라 함은 기본적으로 포도당을 의미한다. 포도당을 분해해 원핵생물의 경우 세포질을, 진핵생물의 경우 마이토콘드리아의 전자 전달계를 거쳐 생체 에너지를 얻고 그 에너지를 이용해 6탄소 이하의 중간 대사 물질을 재료로 탄소 수를 늘려 가면서 거대 분자들을 만든다. 여기서 거대 분자들의 합성에 대해 일일이 기술하지는 않고 다만 그 특이성 때문에 다당류의 합성에 대해서만 기술할까 한다.

다당류 합성은 매우 신비로운 작업이다. 뒤이은 당이 앞선 6탄당에 무작위적으로 붙을 수 있는 자리는 다섯 자리다. 그러나 실제로는 한 자리밖에 없다. (보통 4번 탄소) 그렇다고 매번 같지는 않고, 가지칠 때에 이르러서는 다른 번호의 탄소(보통 6번 탄소)에 결합한다. 단순

아름다운 미생물 이야기

히 자리만의 문제가 아니다. 당의 이성질체까지 구분해야 한다. 이것이 제대로 안 되면 우리가 아는 복합당은 만들어지지 않으며 그 생명체는 우리가 아는 생명체가 아닐 것이다. 예를 들어, a와 ß를 구별 못하면 물에 안 녹는 셀룰로즈를 만들어야 할 때 물에 잘 풀어지는 녹말이 만들어지고 녹말을 만들어야 할 때 셀룰로즈가 만들어진다.

또 가지가 갈라질 때를, 적시에 마땅한 이성질 당의 사용을, 그리고 어디에서 전이 작용을 끝낼지를 글라이코실 전이 효소(glycosyltransferase)들은 어떻게 알까? 다른 중합 효소인 DNA 중합 효소, RNA 중합 효소, 단백질 합성 효소들은 중합 반응 자체는 간단하지 않더라도 주형(template)이 있어 그대로 끼워 넣기만 하면 된다. 그야말로 화학 반응이다. 한편, 글라이코실 전이 효소들에게는 주형이 없다. 어떤 당을 끼워 넣을지는 효소가 결정한다. 지능이 있는 효소가 있다면 글라이코실 전이 효소들이다. 이 주제는 상당히 오래되었음에도 아직 해결되지 않고 있다. 어쩌면 영원히 모를 수도 있다.

이화 작용

이화 작용은 큰 분자를 분해하는 대사 과정으로 음식을 분해하고 산화하는 소화 과정이 대표적이다. 독립 영양 생물은 동화 작용이 주가 되지만 종속 영양 생물은 이화 작용이 중요하다. 외부로부터 공급되는 영양분은 대부분 핵산, 단백질, 탄수화물, 지질 등의 큰 유기 분자로 바로 흡수할 수 없다. 소화란 이러한 고분자 물질을 흡수 가능한 저분자 물질로 분해하는 과정을 말한다. 몸의 구성 물질로서 체내에 이미 존재하고 있는 고분자 물질이 필요에 따라 저분자 물질로 분해될 경우가 있는데 이 경우 소화라 부르지 않고 이화라 부른다. 소화 반응은 세포 밖에서 핵산, 단백질, 탄수화물, 지질을 각각 뉴클레오타이드, 아미노산, 단당, 글리세롤과 지방산 등 작은 성분으로 분해하고 흡수하는 것이다. 일단 세포 내로 들어오면 세포의 상태에 따라 세포 내 대사 경로를 따른다.

대사 조절

생물 주위의 환경은 계속해서 변하기 때문에 생물은 변화 신호에 반응하고 환경과 적절히 상호 작용할 수 있도록 세포 내의 일정한 조건, 즉 항상성을 유지하기 위해 대사 작용은 섬세하게 조절되어야 한다. 대사 조절은 반응의 조절이므로 효소의 조절이라 할 수 있다. 대사 조절은 일반적으로 두 가지 기작으로 작동한다. 하나는 효소 활성을 조절하는 것이고 다른 하나는 효소 양을 조절하는 것이다. 효소 활성 조절의 예는 대사 물질이 필요 이상으로 만들어졌을 때 대사 물질이 효소와 결합해 활성을 떨어뜨리는 되먹임 저해(feedback inhibition)다. 혹은 효소의 3차 구조를 변화시켜 활성을 떨어뜨릴 수 있다. 거꾸로 효소 활성을 증진시키는 기작도 있다. 이런 조절들은 즉시적이고 가역적이다.

효소 양을 조절하는 것은 효소의 생성 분해의 다양한 단계에

아름다운 미생물 이야기

서 이루어질 수 있다. 유전자 발현, 단백질 합성, 효소를 분해하는 효소(단백질 가수 분해 효소)의 활성과 양 조절 등 세포의 활성을 근본적으로 조절한다. 이런 조절들은 지연적이고 비가역적이다.

5장

미생물의 진화

어디서 유래했든 형태야 어떻든 모든 생물의 마지막 공통 조상(LUCA)이 살아가는 세계가 열렸다. 최초 생명이 태어난 후 얼마 만에 LUCA가 생겼는지 그리고 LUCA가 얼마 동안 살았는지 모르지만, 칼 워스의 3역 분류[1]에 따르면 LUCA는 이제 세균과 고세균으로 갈라지는 지점에 와 있다. 용어상 주의할 점은 고세균이 세균보다 오래되었다는 뜻이 결코 아니다. 어떤 경우, 세균을 고세균과 명확히 구분하기 위해 세균을 진정세균(眞正細菌, eubacteria)이라 부르나, 그렇다고 고세균이 가짜 세균이라는 것은 더욱더 아니다.

세균과 고세균은 핵이 없는 원핵생물을 이룬다. 지구에 존재하는 세균의 종류는 1000억~1조 종으로 추정된다. 다른 추정치에 따르면 1,000배 정도 더 된다고 하나, 1조든 1000조든 두 숫자 모두 어마

어마하다는 것이다. 그중 약 1만 종만이 확인된 상태다.[2] 고세균의 경우, 2011년 현재 500여 가지가 보고되었고 아마도 455종으로 분류될 수 있다고 추정한다.[3] 한편, 다른 기관의 2018년 데이터베이스에 따르면 400종 미만으로 오히려 적다. 이는 고세균의 종 분류가 쉽지 않음을 시사한다.

LUCA가 세균과 고세균으로 갈라지지만, 고세균에 관해서 우리는 아직도 아는 것이 많지 않다. 고세균으로부터 진핵생물이 유래되었다고 알고 있음에도 불구하고 말이다. 앞의 3장에서 파피노 교수 팀이 발견한 생명체는 광합성을 하지 못한다고 했다.[4] 화석 시간상으로 이 생명체 다음으로 발견되는 생명체는 앨런 너트먼 교수의 남세균이다.[5] 남세균은 광합성을 한다. 광합성을 할 수 있는 생명의 출현은 지구 생명 역사에서 가장 중요한 변이점이다. 이 장에서는 남세균을 중심으로 광합성이 어떻게 중요한지 기술하고 진핵생물이 출현하는 과정을 살펴보기로 한다.

산화 세계의 도래

18세기 중후반에 살았던 영국의 조지프 프리스틀리는 참 재미있는 사람이었다.[6] 목사였지만 화학, 신학, 교육학, 어학, 정치학, 자연철학 등 아주 다양한 분야에 관심을 기울였다. 특히 과학 분야에 박식해서, 실제로 실행되지는 않았지만, 1771년 말 영국의 탐험가 제임스 쿡 선장이 천문학자로서 자신과 동행해 달라고 요청할 정도였다. 그러나 무엇보다도 나중에 그를 유명하게 만든 것은 산소의 발견이다.

산소는 1774년 미국이 독립하던 해 그가 발견한 원소다. 화학 분야에 명예의 전당이 있다면 그의 이름이 헌정되었을 것이다. 프리스틀리는 산화 수은(II)를 가열하는 도중 발생하는 기체가 촛불이 훨씬 더 잘 타도록 하는 성질이 있고 이 기체가 호흡과 관련 있음을 발견했다. 사실 불운의 화학자 하면 떠오르는 스웨덴의 칼 셸레가 산소를 독자적으로 먼저 발견했으나, 산소의 발견을 먼저 발표한 것은 프리스틀리였다. 그 뒤 근대 화학의 아버지 라부아지에는 이 기체의 이름을 '산소'로 정했다.* 한자어 산소(酸素)는 일본 사람들이 독일어 낱말 Sauerstoff(시큼한 물질)에서 지어낸 말이다. 술이 오래되면 시큼해지는데 산(酸)의 어원이다. 산소는 시큼하게 하는 요소다. 술(에탄올)이 시큼한 초산으로 변할 때 산소가 필요하기는 하다.

남세균에 의해 생성된 유리 산소, 즉 산소 분자(O_2)가 바닷물에 녹아들기 시작했다. 당시 바닷물엔 산소가 거의 없었지만 환원성 철은 풍부했다. 물에 녹은 철 이온은 가장 먼저 산소와 반응해 산화철 형태로 해저에 가라앉았다. 대기로 날아갈 산소는 많지 않았다. 남세균은 전 세계 바다에 번성했고, 산화철의 침전은 무려 10억 년 이상 계속됐다. 오스트레일리아 필바라 지역의 호상 철광층(縞狀鐵鑛層,

---

* 라부아지에는 모든 산은 공기 내의 특정 성분에 의해서 생성된다고 주장했고, 이 성분을 principe oxygine라고 명명했다. 이는 그리스 어로 '산, 즉 시큼한 물질을 생성하는 것'이라는 뜻으로, 산소의 어원이 되었다. 모든 산이 시큼하다는 것은 현재 지식으로 맞는 말은 아니다.

Banded Iron Formation)은 바다 속 용해 철 이온이 산소와 반응해 산화철로 변해 대량으로 침전한 철광을 말한다. 한자 호(縞)는 명주실을 뜻한다. 호상 철광층을 보면 침전으로 생긴 산화철광의 두꺼운 붉은색 띠 사이사이에 산소가 부족한 시기에 산화철 대신 침전된 규사나 점토가 명주실처럼 하얗고 얇은 층을 이뤄 섞여 있다. 꼭 팥 층은 엄청 두껍고 쌀로 만든 떡 층은 굉장히 얇은 시루떡 모양이다.

　　유리 산소의 증가는 환원 세계를 산화 세계로 바꾸었다. 당시 대부분의 환원 화학 물질을 영양원으로 삼던 생물들에게는 큰 고통이었다. 환원 화학 물질이 산소에 의해 산화됨으로써 양이 줄어 많은 생물들이 죽었다. 한편으로는 반전이 일어났다. 광합성으로 환원 유기물을 만들든 화학 합성으로 유기물을 만들든 모든 세포는 만든 유기물을 산화시켜 대사 활동에 필요한 에너지를 얻는다. 좀 전문적인 용어를 사용하면, 환원 유기물로부터 전자를 취해 ATP 같은 고에너지 함유 물질을 만들고 전자는 최종적으로 전자 수용체(electron acceptor, 예를 들어, S, NO_3^-, SO_4^{2-}가 있다.)로 전달된다. 그런데 최종 전자 수용체로 물 속에 녹아 있는 유리 산소를 우연히 사용해 보니 훨씬 더 많은 ATP를 얻게 되었다.

　　이유는 간단하다. 유리 산소의 전위 상태가 기존의 그 어떤 전자 수용체보다 훨씬 낮기 때문에 전위차가 크고, 따라서 ATP가 많이 만들어진다. S, NO_3^-, SO_4^{2-}를 20미터 댐에 비유하면 유리 산소의 경우 100미터 댐이다. 물을 흘려보내면 100미터 댐에서 더 많은 전기를 얻는 것에 비유할 수 있다. 물을 전자라 한다면 댐은 전자 전달계

(electron transport chain)에 해당한다. 유리 산소를 최종 전자 수용체로 사용해 보니 같은 양의 환원 유기물로부터 5배나 많은 에너지를 얻을 수 있었다. 그렇다면 어느 전자 수용체를 사용하겠는가? 세균도 그 정도는 안다. '산소는 모든 것을 부순다.'라는 산소의 특성이 오히려 대사 에너지를 생산하는 데에는 아주 효과적이다. 산소를 사용하는 세균은 풍부한 대사 에너지를 이용해 몸집을 키울 수도 있었을 것이다.

유리 산소로 인해 화학 합성 세균의 먹이가 줄어들게 되었다. 이제 화학 합성 세균에게 선택의 시간이 다가왔다. 충분히 보장되지는 않지만 산소가 없는 세계로 피해서 먹이가 줄지 않게 하든지, 아니면 먹이는 줄지만 산소를 이용해 대사에 필요한 에너지를 더 효율적으로 얻든지. 어느 쪽이든 운이 좋으면 살아남을 수는 있을 것이다. 한편 광합성 세균이 산소를 사용하면 유기물을 만드는 데 사용하는 재료(물과 이산화탄소)가 무한할뿐더러 대사 에너지가 효율적으로 생산된다. 가히 무적이다. 산소가 충분히 공급되지 못한 환경에서 살아가던 생물은 지금의 혐기성 세균으로 진화했고, 산소가 풍부한 환경에서 살면서 산소에 적응하는 데 성공한 세균은 여러 형태의 생물로 진화할 수 있을 것 같다. 하지만 남세균류는 환경이 크게 변하지 않는한 지금 오스트레일리아의 샤크 만의 후예들처럼 그저 행복한 세균으로만 남았을 가능성도 있다.

1990년 미국의 분자 진화학자 칼 워스는 16S 라이보좀 RNA*

---

* 라이보좀 RNA(ribosomal RNA, 줄여서 rRNA)는 라이보좀을 구성하는 RNA이다. 라이보

염기 서열에 기초해 '역(域, domain)'이라는 새로운 분류 단계를 도입해 기존의 원핵생물을 진정세균과 고세균으로 세분하고 진핵생물계와 함께 생물을 3역으로 나눴다.[1] 당시 200여 종도 채 발견되지 않은 고세균을 1만여 종인 세균과 3000만 종 이상으로 추정되는 진핵생물과 동등한 위치에 놓은 것이 이상해 보이지만, 이 대분류 체계는 현재 널리 받아들여진다. 그가 고세균이란 이름을 붙인 이유는 고세균이 사는 환경이 30억~40억 년 전 지구의 무산소 환경과 비슷하기 때문이다. 시간적으로 남세균이 속한 진정세균보다 더 오래되었다는 의미는 아니다. 그에 따르면 처음부터 진정세균과 고세균이 어느 때부턴가 독자적인 길을 걸었고 놀랍게도 고세균으로부터 진핵생물이 갈라져 나왔다고 한다.

세포막의 분화[7]

세포막을 가짐으로써 비로소 세포가 만들어졌다. 세포가 세포 밖 환경에 의존하고 살지만 세포막 안의 세계는 세포막 밖의 세계와 완전히 별개다. 새로운 우주다. 이제 어미 세포가 딸 세포를 만드

좀은 대단위체(large subunit, 40S)와 소단위체(small subunit, 30S)로 분리되어 있으며, 두 단위체가 결합해 단백질 합성을 수행한다. S는 스웨덴 화학자 테오도르 스베드베리가 고안한 침강 계수(sedimentation coefficient)로서 무게와 표면적에 비례한다. 각 단위체는 RNA와 다양한 단백질로 구성되어 있다. 소단위체의 RNA를 16S 라이보좀 RNA(16S ribosomal RNA, 16S rRNA)라 하며 1,500뉴클레오타이드 정도의 길이를 갖는다.

아름다운 미생물 이야기

는 것은 숙명이다. 어미 세포의 모든 물질이 딸 세포로 나뉜 뒤 딸 세포에서 정상적으로 작동할 수 있을 정도로 충분히 만들어진 후 분열하는 것이 자손들한테 유리하다. 어미 세포가 '분열하기에 충분하다.'라고 인식하는 장치 중 하나가 세포막 면적의 확장이다. 전문 용어로는 '세포막 합성'이라고 한다. 이론적으로 2배 가까이 늘어나야 한다. DNA 복제도 세포 성장과 보조를 맞추어야 한다. DNA가 세포막에 붙어 있으면 복제 DNA와의 사이에 가름막이 형성되어 실수 없이 각각 딸 세포로 나뉘는 데 유리하다. 어미 DNA와 딸 DNA가 세포질에 둥둥 떠 있을 경우 두 DNA 분자 사이를 정확하게 가르는 것보다 훨씬 쉬워 보인다.

앞서 남세균과 같은 광합성 세균들은 "먹이 스트레스로부터 어느 정도 벗어난 듯 보인다."라고 언급했다. 광합성을 도입한 것은 엄청난 사건이지만 원활한 대사와 복제를 위해서는 물과 이산화탄소 이외에 중요한 한 가지 요소가 더 있다. 이것은 광합성 세균에게만 해당하는 것이 아니라 모든 생명체에게 해당한다. 그 요소는 질소다. 탄소, 수소, 산소로 이뤄진 환원 유기물만으로는 생명체가 살 수 없다. 질소는 핵산이나 단백질 같은 거대 분자의 합성에 반드시 필요한 요소이다.

질소 분자(N_2)는 매우 안정적이나 전기 방전을 통해서 혹은 고온, 고압에서 촉매를 사용한 반응을 통해서 산소와 고온에서 반응해 질소 산화물로 전환된다. 따라서 물속에 녹아 있는 질소 화합물의 양은 제한적일 수밖에 없고 남세균을 비롯한 생명체의 번식 또한 제한

적일 수밖에 없다. 먹이 스트레스가 여전한 상황이다. 이 상황에서 생명체가 질소를 취할 수 있는 방법은 무엇일까? 바로 자원의 재활용이다. 다른 생명체가 죽어서 물속에 남긴 질소 유기물들을 세포 안으로 끌어들여 핵산이나 단백질 합성에 사용하는 것이다. 사실 재활용 방법은 매우 효과적이어서 당이나 지질 합성에도 이용된다. 문제는 물속에 남겨진 거대 분자들은 너무 크기도 하거니와 전하를 많이 띠고 있어서 세포막을 통과할 수 없다는 것이다. 이를 해결하기 위해 세포가 개발한 방법은 이런 거대 분자들을 세포 밖에서 잘게 분해하는 것이다. 거대 분자들을 세포 안으로 들여왔다 하더라도 자신의 거대 분자들을 합성하기 위해서는 어차피 기본 벽돌인 뉴클레오타이드, 아미노산, 단당류, 지방산으로 분해해야만 될 일이었다. 거대 분자들을 분해하는 효소를 가수 분해 효소라 한다.

　세포는 먼저 라이보좀을 통해 가수 분해 효소를 합성한다. 그리고 세포 밖으로 내보낸다. 세포 안으로 들이는 것만큼은 아니지만 합성한 효소들을 세포 밖으로 내보내는 작업도 쉬운 일은 아니다. 에너지가 물론 필요하지만 그것보다 더 중요한 것은 합성한 효소들을 선택적으로 내보내야 한다는 것이다. 세포의 입장에서 다음 두 가지 방법 중 어느 합성 분비 방법이 경제적인지, 즉 궁극적으로 ATP가 덜 소모되는지 비교해 보자. 세포질에 둥둥 떠 있는 라이보좀에서 합성한 후 효소를 선택해서 분비하는 방법과, 세포막에 붙어 있는 라이보좀에서 분비될 효소를 합성 초기에 선택한 후 나머지 부분의 합성과 동시에 바로 분비하는 방법 중에서. 모든 경우가 다 그렇지는 않지만

　　　　　아름다운 미생물 이야기

현재 모든 생물들이 이용하는 방법은 후자다. 라이보좀이 붙어 있는 세포막에서 분비 효소를 합성한다.

이제 다른 종류의 효소들을 포함해 핵산, 단백질, 탄수화물, 지질을 분해할 수 있는 효소(핵산 가수 분해 효소(nuclease), 단백질 가수 분해 효소(protease), 포도당 가수 분해 효소(glucosidase), 지방 분해 효소(lipase) 등)가 분비되었다. 그런데 몇 가지 난감한 상황이 벌어졌다. 어디 가서 분해할 물질들을 찾는다는 말인가? 찾는다 하더라도 세포로부터 너무 멀면 분해 물질을 세포 안으로 들인다는 보장도 없다. 자칫하면 주위의 다른 세포들이 이용할지도 모른다. 많은 에너지를 들여서 작업했는데 남 좋은 일만 한 꼴이 될지도 모른다. 이 모든 문제는 확산(diffusion)의 문제다. 만약 분해할 물질들을 세포 가까이 붙들어 둘 수 있다면 그래서 분해된 물질들이 세포 가까이 있게 하면 할수록 흡수하는 데 도움이 될 것이다.

세포는 해결책을 찾았다. 효소와 분해 물질의 확산을 막기 위해 주머니를 만든 것이다. 이 주머니 안에 분해할 거대 분자들을 가둘 수 있으면 아주 효과적으로 분해하고 세포 안으로 불러들일 수 있을 것이다. 이 가설을 전문 용어로 '세포막 함입(membrane invagination)'이라고 한다. 일부 세포막이 세포 안으로 들어간 구조다. 일종의 불완전한 가두리 양식인 셈이다. '막 진화(membrane evolution)'가 시작된 것이다.

세포막 함입 구조가 점점 세포 안쪽으로 뻗어 가면서 가지를 치고 세포 밖과 연결된 상태를 유지한다. 그 후 입구 양쪽의 세포막이 서로 연결되면서 세포 밖으로 나가는 입구가 막히는 것과 동시에 세포 안쪽에 그물망처럼 이어진 막 구조가 고립된다. 원시적인 소포체 (小胞體, endoplasmic reticulum, ER)*가 만들어진 것이다. 따라서 세포 밖과 소포체 안은 형질적으로 동일하다. 세포 안에 세포 밖이 있는 셈이다. 이후 소포체 막에 고유한 성질들이 부여되면서 세포막의 기능과는 다른 소포체 막 자체만의 기능을 가진 소포체로 발전한다. 비유하자면 바다가 낮고 좁은 통로를 따라 육지로 밀려 들어와 낮은 곳으로 가지를 치면서 연결되어 있다가 바다 입구가 막히면서 육지 안에 바닷물 운하가 만들어진다. 후에 빗물도 섞이고 흙도 흘러들면서 바다와는 다른 환경이 되는 것과 같다. 하지만 물이라는 공통점은 있다.

일본 사람들이 만든 용어인 소포체는 세포질 그물망인 ER의 의미를 나타내는데 적절한 용어는 아니다. 한자어로 소포(小胞)는 작은 주머니를 뜻한다. ER에서 떨어져 나와 ER의 단백질을 수송하는 아주 작은 막 주머니 구조물을 영어로는 vesicle, 우리말로는 소포라 한다. 이런 관점에서 보면 세포질 그물망은 소포체가 아니라 대포체 (大胞體)다. 소포체를 작은 주머니가 모인 몸체라고 주장하면 할 말은 없다. 하지만 소포는 소포체(小胞體)가 발견된 지 한참 후에 발견되었다. 또한 소포란 말은 세포와의 관계에서도 맞지 않다. 한자만 따지면

---

* 모든 진핵세포에서 발견되는 세포소기관의 하나로 그물 모양으로 이루어져 있다. 소포체의 기본 구조 및 구성은 비록 핵막의 연장이지만 일반적인 세포막과 비슷하다. 소포체는 세포막의 일부가 될 단백질(막횡단 수용체나 막내부 단백질)을 비롯해 세포 밖으로 분비될 단백질 합성, 칼슘 흡착, 글라이코젠 합성과 스테로이드 또는 고분자 물질의 합성/저장, 분비 단백질 2차 구조 형성 등이 이루어지는 곳이다.

소포가 세포보다는 큰 주머니라는 뜻인데 실제로는 소포가 세포 안에 있다.

원핵생물에는 소포체가 없다. 소포체의 생성은 궁극적으로 진핵생물로 가는 시작점이다. 진핵생물에는 거칠게 보이는 조면소포체(粗面小胞體, rough ER)와 매끄럽게 보이는 활면소포체(滑面小胞體, smooth ER)가 있다. 전자는 라이보좀이 붙어 있는 ER로서 분비 세포ー예를 들어 인썰린 분비 세포ー에서 많이 관찰되고 후자는 라이보좀이 붙어 있지 않은 ER로서 비분비 세포ー예를 들어 근육 세포ー에서 많이 관찰된다. 조면 세포체가 분비 세포에서 많이 보이는 이유는 앞에서 설명한 세포막 함입 과정을 살펴보면 쉽게 이해될 것이다.

소포체 형성의 시작은 가수 분해 효소의 분비를 통해 세포 밖의 영양분을 효율적으로 공급하는 데 있었다. 하지만 외부와의 연결이 세포막의 융합으로 막히고, 그 결과 세포 안에 고립된 세포소기관(細胞小器官, organelle)이 되었다. 세포막에 붙어 있던 라이보좀도 소포체 막으로 모두 옮겨온 모양이 되니 과거 세포막에서 이루어지던 가수 분해 효소의 분비는 더 이상 할 수 없게 되었다. 세포는 새로운 가수 분해 효소 분비 방법을 개발해야만 했다. 그것이 앞에서 말한 소포이다. 세포막에는 없는 세포에게는 엄청난 이득이 되는 소포체의 새로운 기능이ー예를 들어 칼슘 흡착, 다당류 글라이코젠(glycogen) 합성과 스테로이드 또는 고분자 물질의 합성/저장, 분비 단백질 2차 구조 형성 등ー가수 분해 효소를 분비하는 별도의 방법을 개발해야 하는 수고에 대한 보상으로 주어지지 않으면 소포체 형성은 세포 입장에서 큰 손해다.

진핵생물의 출현

세포핵이 어떻게 형성되었는지 알아보기 전에 세포핵이란 무엇인가에 대해서 먼저 알아보자. 세포핵은 모든 진핵생물에서 발견할 수 있는 세포 내의 소기관 중 하나로, 네 가지 단백질과 DNA 복합체로 된 긴 선형의 염색체에 유전자 대부분의 정보를 담고 있다. 핵은 유전자 발현을 조절함으로써 세포의 활성을 조절하는 역할을 하며 세포 분열과 유전에 관여한다. 원핵생물은 핵이 없는 생물이다. 그렇지만 핵양체(核樣體, nucleoid)라고 불리는 핵 비슷한 구조물이 있다. 핵양체는 원핵세포에서 DNA를 지니고 있는 세포의 일부분으로서 DNA를 중심으로 응축한 구조체다. 원핵생물도 유전자가 변형되지 않게 하는 수단을 가지고 있으며 유전자 발현과 세포의 활성을 조절한다. 세포 분열도 상황에 맞게 잘 이루어지고 유전 형질도 자손에게 전달된다. 기능적인 면에서 세포핵과 핵양체의 차이는 보이지 않고 구조적인 면에서 소기관이냐 아니냐의 차이점만 있는 듯하다. 과연 그럴까?

세포핵은 마이토콘드리아나 엽록체처럼 두 겹의 이중막으로 되어 있다. 두 겹의 이중막을 핵막(核膜, nuclear membrane)이라 한다. 이를 근거로 세포핵의 기원으로 두 가지 가설을 생각할 수 있다. 첫 번째 가설은 소포체 연장설로서 소포체가 Y자 형태로 갈라져 원양체를 둘러싸고 안쪽 막(inner nuclear membrane)이 서로 합쳐지면서 최종적으로 손잡이 돋보기 모습이 된 것이다. 따라서 세포 밖, 소포체 안, 핵 안은 형질적으로 동일하다. 전자 현미경으로 보면 핵막 바깥막(outer nuclear membrane)과 소포체는 연결되어 있을뿐더러 단백질 구성 비율도 소포체와 매우 비슷하다.

두 번째 가설은 하나의 원핵세포가 다른 원핵세포를 삼키고, 삼켜진 원핵세포가 원시적인 핵이 되었다는 세포 내 공생설이다.[8] 이 경우 삼켜진 원핵세포가 안방을 차지한 셈이다. 삼킨 세포가 정체성을 유지하려면 삼킨 세포의 DNA가 삼켜진 원핵세포로 대거 이전해야 한다. 유전 물질 이동 방향이 마이토콘드리아나 엽록체와는 반대다. 대표적인 원핵생물 대장균(大腸菌, *Escherichia coli*)과 지구에서 가장 간단한 단세포 진핵생물인 빵효모(*Saccharomyces cerevisiae*)를 비교해 봄으로써 핵의 존재가 궁극적으로 세포에 도움이 되는지 알아보자.

우선 몇 가지 세포 생물학적 숫자부터 시작한다. 대장균은 막대 모양으로 세로 2~4마이크로미터, 가로 0.7~1.4마이크로미터, 0.5~5세제곱마이크로미터의 부피를 가졌다. 약 500만 염기쌍의 DNA(혹은 유전체)는 약 4,000개의 유전자를 가지고 있다. 빵효모는 달걀 모양과 비슷한 단세포로서 세로 10마이크로미터, 가로 4~5마이크로미터, 20~160세제곱마이크로미터의 부피를 가지고 있다. 약 1200만 염기쌍의 유전체는 약 6,000개의 유전자를 가지고 있다. 빵효모의 유전체 크기와 부피는 대장균의 그것들보다 각각 2.5배, 10배 이상 크다. 그 이유는 사람 세포에서 보이는 소기관이 빵효모에도 거의 다 있기 때문에 큰 부피가 필요해서일 것이다. 참고로 사람 세포―예를 들어 'HeLa'라는 배양 가능한 사람 상피 세포주(細胞株, cell line)―를 빵효모와 비교하면 부피는 10배 이상, 유전체는 300배, 유전자 수는 16배 정도 크다. 아마도 빵효모의 부피가 세포소기관을 유지하기 위한 최소한의 부피가 아닌가 생각된다.

　　유전체가 크기가 늘어나면, 즉 DNA 염기쌍의 수가 늘어나면 세포 입장에서 DNA를 관리하기 힘들다. 가장 큰 이유는 DNA 분해 효소(DNase)의 존재다. DNA 분해 효소는 두 가닥 DNA의 한 가닥 혹은 두 가닥 모두 끊는다. DNA 분해 효소는 외부로부터 들어오는 나쁜 DNA―예를 들어 바이러스―를 제거하는 데 반드시 필요한 효소다. 문제는 피아(彼我)를 구별 못 한다는 데 있다. (지금 우리가 보는 세균은 피아 구분을 한다. 8장에서 다룰 것이다.) 자신의 DNA도 분해할 수 있다. 이런 종류의 DNA 손상은 DNA 복제 불능을 가져오므로 유전 물질을 다음 세대로 전하기 위해 반드시 수선해야 한다. DNA의 길이가 길면 길수록 손상의 확률은 높아진다. 우연이든 필연이든 DNA만 있고 DNA 분해 효소가 없는 특수한 공간을 만들면 DNA 길이가 늘어나도 안심할 수 있다. 또한 DNA 분해 효소로 하여금 나쁜 DNA의 분해에만 전념하게 함으로써 면역성이 증가한다.

　　세포핵을 만들면 또 다른 장점이 있다. DNA 복제, 수선 및 발현 등에 관계하는 효소들을 좁은 공간에 가두어 둠으로써 효소의 확산을 막아 효소들의 효능을 최대화할 수 있다. 다른 말로 하면 앞과 같은 그런 기능을 수행하는 데 소요되는 에너지를 최소화하고 그럼으로써 생긴 여유분을 세포의 다른 활동에 쓸 수 있다는 말이다. 이제 소포체와 세포핵 등 세포소기관을 가진 미생물이 만들어지고 문제가 없지 않지만 소기관에 의한 효율적인 분업이 시작된 것이다. 최소의 에너지로 최대의 세포 활동을 위해서.

진핵생물의 출현은 최초의 생명체 출현 이후 13억 년 정도가 지난 27억 년 전쯤 이뤄진 것으로 추정된다.[8] 진핵생물의 화석이 발견된 적은 아직 없는 것으로 보아 남세균처럼 살아 있는 화석이든 죽은 화석이든 화석을 남기는 재주는 진핵생물이 남세균에 훨씬 못 미치는 듯하다. 사실은 화석에 관한 한 남세균이 비정상이다. 우리는 지구에서 가장 오래된 진핵생물의 나이가 26억 년 내지 27억 년이라고 알고 있다. 동식물의 일부분이었던 한 종류 이상의 유기물을 포함한 화석, 즉 화학 화석 덕분이다. 오스트레일리아 북서부의 마라 맘바 층(Mara Mamba Formation)에 속하는 로이 힐 셰일(Roy Hill shale)*은 26억 년 전 내지 27억 년 전에 형성되었다. 이 층에서 진핵생물에 의해서만 만들어지는 것으로 알려진 스테롤(sterol)이 발견되면서 진핵생물의 출현 시

---

* 진흙이 쌓여서 굳어진 검은색 퇴적암으로, 물을 뿌려놓고 문지르면 먹같이 갈릴 정도로 무르다. 퇴적학적으로도 중요하다. 셰일이 검은 이유는 유기물이 완전히 부패하지 않고 탄화해 검게 남아 있기 때문이다. 산소가 결핍된 조건에서 만들어졌음을 암시하기도 한다. 생물 유해가 보존되기 용이한 조건을 가지고 있고 따라서 화석이 가장 잘 보존되는 암석에 속한다. 실제로 보존 상태가 극도로 뛰어난 많은 화석이 셰일에서 발견된다. 캄브리아기 대폭발을 가리키는 암석층 역시 셰일로 구성되어 있다. 우리가 많이 들어본 셰일 오일이나 셰일 가스는 셰일 지층에 포함되어 있는 천연 가스나 석유를 말한다.

기가 6억 년 정도 앞당겨졌다.[9] 이전의 기록은 미국 미시간 주에서 산출되는 21억 년 전의 호상 철광층 사이의 셰일에서 관찰한 원생생물인 나선형 그라이파니아(Grypania) 화석이다.[10] 한편 근래에 아프리카 가봉의 프란세빌리안 B층(Francevillian B Formation)에서 일군의 다세포 생물의 화석들이 발견되었다.[11] 이 지층은 대략 21억 년 된 것으로 측정되었는데 이미 이 시기에 다세포 진핵생물들이 왕성하게 활동하고 있었음을 짐작할 수 있다. 그렇다면 단세포 진핵생물의 출현은 21억 년보다 더 오래전에 일어난 사건일 것이다.

고세균, 세균, 진핵생물은 분리된 이후로 환경에 적응하면서 더욱 복잡하게 진화해 갔다. 식물, 동물, 진균이 출현했으나 아직은 단세포로 존재했다. 이들 중 일부는 군체를 형성했고 점차 위치에 따라 다른 업무 분담이 이뤄졌다. 군체 내에서 각각의 기능을 수행하는 세포로 분화되면서 다세포 진핵생물로 진화되었다. 로이 힐 셰일의 스테롤이 단세포 생물 유래인지 다세포 생물 유래인지는 알 수 없으나 단세포 원시 진핵생물은 프란세빌리안의 다세포 진핵생물보다 먼저 출현해야 한다. 화석 기록으로만 정리하면 27억 년 전에 진핵생물이, 21억 년 전에 다세포 진핵생물이 출현했다.

세포 내 공생

오늘날 고등학교 교과서에도 나와 있는 세포 내 공생설(細胞內 共生說, endosymbiotic theory)은 미국의 천문학자 칼 세이건의 첫 번째 부인이었던 린 마굴리스가 1970년 처음 주장한 가설로서 서로 다른 성질의 원핵생물(남세균처럼 핵이 없는 생물)들이 생존을 위해 공존을 모색하다 진핵생물(효모처럼 핵이 있는 생물)로 진화하게 되었다는 것이다.[8] 다른 원핵생물에게 먹힌 원핵생물이 소화되지 않고 남아 있다가 공생하게 된 것으로 추정한다. 자체 DNA를 가지며 필요한 효소 일부를 자가 합성할 수 있는 마이토콘드리아와 엽록체의 유사성에 착안해 그들의 기원을 설명하기 위한 가설이다.

이 가설에 따르면, 마이토콘드리아는 지금의 대장균이 속한 호기성 세균 프로테오박테리아(Proteobacteria)나 세균이 아닌 리케차(Rickecha)*로부터, 엽록체는 남세균으로부터 유래했다고 한다. 나중에 마이토콘드리아와 엽록체의 DNA 염기 서열이 진핵생물이 아니라 원핵생물과 더 비슷하다는 연구 결과가 나오면서 과학 학설로 인정받았다. 앞에서 언급한 칼 워스의 3역 분류 체계에 따르면 수십억 년 전 고세균에 먹힌 진정세균이 소화되지 않고 공생하면서 에너지를 공급하는 세포 내 소기관인 마이토콘드리아로 바뀌었다. 고세균의 전자 전달계는 산소를 이용하지 않는 반면 진정세균의 전자 전달계는 산소를 이용한다. 앞서 봤듯이 진정세균의 전자 전달이 훨씬 효과적이므로

---

* 리케차 속 병원균에 속하는 세균을 통틀어 말한다. 일반 세균보다 크기가 작고 바이러스처럼 살아 있는 세포 밖에서는 증식하지 못한다. 리케차는 일부 곤충이나 진드기와 같은 절지동물의 세포 내에 사는데, 사람에게 감염되어 발진티푸스, 쓰쓰가무시병 같은 질병을 일으킨다. 핵산 합성은 숙주에 의존한다. 리케차가 일으키는 질병의 증상에는 오한, 발열, 두통 등이 있다.

공생이 가능했을 수도 있다. 단, 산소가 있는 환경이어야 하므로 진정세균을 잡아먹은 고세균의 서식지가 혐기 환경에서 호기 환경으로 바뀌어야 한다. 어떤 기작인지 몰라도 공생 과정에서 진정세균의 유전자 대부분이 고세균으로 이동했을 것이다. 하지만 진정세균의 복제 자율성은 그대로 유지되었다.

원핵생물과 진핵생물을 가르는 기준은 핵과 마이토콘드리아 '동시' 존재 여부다. 앞에서 봤듯이 핵은 세포막이 함입되는 과정에서 자연스럽게 만들어질 수 있다. 세포막 함입으로 인한 효율적인 먹이 사용과 핵의 고립으로 인한 효율적인 유전체 복제는 세포에게 ATP 여유분을 주었다. 세포는 재활용 발전소를 갖게 된 셈이다. 세포는 남아도는 ATP를 이용해 빨리 번식할 수 있다. 이런 종류의 생명체는 먹이가 제한된 환경에서 우점종이 될, 그리고 살아남을 확률이 높다. 이것으로 만족했다면 동물과 식물은 태어나지 못했을 것이다. 의도적이든 우연이든 핵을 가진 고세균이 마이토콘드리아를 장착하게 된 것은 생물 진화사에 있어서 중요한 사건 중 하나다. 마이토콘드리아의 장착은 재생 에너지 발전소 외에 핵발전소도 갖는 것에 비유할 수 있다. 남아도는 엄청난 에너지로 DNA의 길이를 늘리고 유전자 수를 증가시켜 다양한 대사 작용을 수행하고 몸집을 불려 다세포 생물로 넘어갈 발판을 마련한다.

앞에서 우리는 진화 시간표에서 세포의 핵이 먼저 나타나고 마이토콘드리아가 나중에 나타나는 것으로 기술했다. 하지만 마이토콘드리아가 핵보다 먼저 나타났다고 주장하는 사람들도 있다. 미국의 미생물학자 줄리어스 마머*가 대표적이다. 1970년, 그는 가장 간단한 진핵생물인 빵효모에 고농도의 돌연변이 유발제인 에씨디움 브로마이드(ethidium bromide, EtBr)를 처리해 마이토콘드리아가 없는 균주(菌株, strain)**를 얻었다.[12] 마이토콘드리아 DNA는 무슨 이유에선지 EtBr에 유난히 민감하다. 저농도의 EtBr를 처리하면 기능을 잃은 마이토콘드리아, 따라서 산소 호흡을 못 하는 균주도 얻을 수 있다. 이런 균주들은 세포 크기가 작기 때문에 통칭 '프티(petite)' 돌연변이라 한다. '프티'는 프랑스 어로 '작다.'란 뜻이다. 마이토콘드리아의 손실 또는 기능 불량으로 인해 ATP를 충분히 만들지 못해 몸집부터 줄인 결과다.

자연 상태에서 마이토콘드리아가 없는 진핵생물은 존재 여부는 많은 과학자들의 관심거리였다. 2016년 체코의 안나 카른코프스카 박사와 블라디미르 함플 박사가 이끄는 국제 연구진은 진핵생물인 모노세르코모노이데즈(Monocercomonoides)의 한 종이 마이토콘드리아나 그 흔적을 전혀 지니고 있지 않음을 발견했다.[13] 이 미생물은 실험

---

* DNA 변성(denaturation) 연구로 유전자 재조합 연구에 있어서 초석을 놓은 과학자다. 이중 가닥 DNA에 열을 가하면 수소 결합이 끊어져 단일 가닥으로 존재한다. 온도를 내리면 가변적으로 도로 이중 가닥이 된다. 복원(renaturation) 수용액의 염도나 DNA의 GC 비율에 따라 변성 온도가 달라진다.

** 예를 들어 빵효모와 술효모의 경우, 넓게는 *Sacchromyces cerevisiae*라고 일컫지만, 유전적 변이에 의해 발효능, 최적 성장 조건 등 여러 면에서 특성이 서로 다르다. 빵을 만들 때 술효모를 사용하거나 술을 만들 때 빵효모를 사용하면 제대로 빵이나 술을 만들 수 없다. 빵효모와 술효모를 달리 명명하게 되면 이를 균주라 부른다. 하지만 대장균도 균주라 하고 효모도 균주라 하듯이 종의 수준에서 혼용하기도 한다.

동물인 친칠라의 장(腸) 속에 사는데, 장 속에는 영양소가 풍부하지만 산소가 부족하다. 산소가 부족하면 마이토콘드리아가 별 쓸모가 없다. 원래부터 마이토콘드리아가 없었을까? 한편, 조상이 같은 다른 종은 마이토콘드리아를 가지고 있기 때문에 모노세르코모노이데즈 종 역시 원래는 마이토콘드리아를 갖고 있다가 마이토콘드리아가 퇴화된 경우일 것이다.

여기까지의 결론은 프티 돌연변이처럼 인공적이든 모노세르코모노이데즈처럼 자연적이든 마이토콘드리아가 없는 진핵생물은 존재한다는 것이다. 반면 마이토콘드리아만 있는 원핵생물은 존재하지 않는다. 이 관찰들은 마이토콘드리아와의 공생보다 핵이 먼저일 가능성이 높다는 것을 시사한다. 또 다른 중요한 단서가 2015년 보고되었다.[14] 북극해 심해 열수공에서 얻은 고세균의 새로운 계통인 로키아키오타(Lokiarchaeota)는 마이토콘드리아는 없지만, 진핵생물의 특성을 많이 갖고 있었다. 로키(Loki)는 노르웨이 신화에 나오는 변화무쌍한 신으로서 도깨비 뿔 모양의 심해 열수공과 비슷해서 붙어진 이름이다. 로키아키오타의 유전체를 분석해 보니 5,381개의 유전자가 있었고 그중 32퍼센트는 전혀 새롭고 26퍼센트는 고세균과 비슷하고 29퍼센트는 세균과 비슷했다. 적지만 의미 있는 수의 단백질(175개, 3.3퍼센트)은 진핵생물의 단백질과 매우 유사했다. 이 단백질들은 세포막 변형, 세포 모양 형성, 세포 골격 단백질들로, 로키아키오타는 이름처럼 변형에 능했을 것이라 추정된다. 다른 공통적인 단백질은 거식작용에 필수적인 액틴으로서 마이토콘드리아나 엽록체를 삼키기 쉽

아름다운 미생물 이야기

게 했을지도 모른다. 마이토콘드리아가 세포 안으로 들어가 공생하기 전, 즉 진핵생물로 진화하기 직전의 세포를 '진핵생물의 마지막 공통 조상(Last Eukaryotic Common Ancestor, LECA)'이라고 하는데 고세균 로키아키오타 혹은 계통학적으로 가까운 친척이 LECA일 것이라 의심된다.

그 후 남세균도 비슷한 과정으로 이미 마이토콘드리아와 공생 중인 고세균으로 유입되어 엽록체로 바뀌었다고 추정된다. 스트로마톨라이트는 호기성 세균과 혐기성 세균이 좁은 공간에서 잘 어울려 사는 예이다. 맨 위층에 광합성을 하는 남세균이나 산소를 소비하는 다른 호기성(aerobic) 미생물들이 살고, 남세균층을 거쳐 약해진 햇빛을 이용해 광합성을 하는 세균과 산소가 없어도 생존할 수 있는 호기성 세균들은 중간층에 살며, 맨 아래층은 미세 무산소 환경이 되어 산소가 독이 되는 전형적인 혐기성(anaerobic) 세균들이 거주한다.

이 세균들이 좁은 공간에서 같이 사는 이점이 무엇이지는 모르나 3종의 미생물로만 이뤄진 아파트 같은 아주 작은 미소 생태계(microecosystem)의 예는 희귀하다. 수십억 년 전에도 동일한 상황이었다면 광합성 세균과 화학 합성 세균이 서로 잡아먹힐 기회가 있었을지도 모른다. 칼 워스의 3역 분류 체계에 따르면 수십억 년 전의 바다에는 광합성을 하는 남세균류, 화학 합성을 하는 고세균류, 마이토콘드리아를 가진 화학 합성 고세균, 그리고 마이토콘드리아와 엽록체를 가진 광합성 고세균이 자라고 있었을 것이다. 나중에 마이토콘드리아를 가진 화학 합성 고세균은 동물로, 그리고 마이토콘드리아와 엽록체를 가진 광합성 고세균은 식물로 진화했을 것이다.

지구의 자외선 차단제

원래 대기에는 지금과 같이 유리 산소가 존재하지 않았다. 바다의 철이 다 산화됨과 동시에 대기 중에 산소의 양이 늘어나기 시작했을 것이며 그 시점은 25억 년 전쯤으로 추정된다. 한 세포가 만들어 내는 산소량은 적었지만, 오랜 시간 이것이 축적되면서 산소량이 늘어나자 산소의 독성으로 인해 대부분의 생물이 죽었다. 이를 '산소 대재앙(Oxygen Catastrophe)' 혹은 '대산화 사건(Great Oxidation Event)'이라고 한다.[15] 산소 독성을 극복하는 생물만 살아남았고, 일부는 산소를 이용해 신진 대사를 촉진하는 쪽으로 진화했다. 물속에 녹은 산소와 대기 중의 산소가 평형을 이루면서 서서히 대기를 채우기 시작했다. 그 양은 많지 않았으며 과거의 산소 수치를 연구한 결과에 따르면 대기 중 산소의 양은 지구 탄생 이후 오랫동안 5퍼센트 미만밖에 안 되었으나 약 6억 년 전부터 급격히 증가하기 시작해 오늘날의 21퍼센트에 이르렀다고 추정된다.

1785년, 네덜란드의 화학자 마르티누스 판 마룸은 물 위에 전기 스파이크를 수반한 실험을 수행하던 도중 금속성의 비릿한 냄새를 맡았다. 오존 냄새였다. 하지만 그는 대수롭지 않게 지나쳤다. 그로부터 반세기 후 1840년 독일계 스위스 화학자인 크리스티안 쇤바인은 같은 냄새를 맡은 후 기체를 분리해 냈고 이를 '오존(ozone)'이라 명명했는데 이는 '냄새가 나는'이라는 뜻을 가진 그리스 어 낱말 ozein에서 비롯된 것이다. 이러한 이유로 쇤바인이 일반적으로 오존 발견자

로 인정된다.[6]

성층권에서는 아주 강렬한 자외선으로 인해 산소 분자(O_2)가 원자 상태(O)로 깨어진다. 이 원자 상태의 산소(O)는 분자 상태의 산소(O_2)와 결합해 오존(O_3)을 생성한다. 성층권 오존은 파장 290나노미터 이하의 강한 자외선을 흡수하고 이 에너지 때문에 데워져서 대류권 아래로는 잘 내려오지 않아 지표로부터 약 10킬로미터에서 50킬로미터까지의 영역에 오존층을 형성한다. 15~40킬로미터 부근이 최대 농도층이다. 오존층은 프랑스 물리학자 샤를 파브리와 앙리 뷔송에 의해 1953년에 발견되었다. 오존층은 태양으로부터의 자외선을 99퍼센트 흡수해 지표에 도달하는 자외선량을 급감시키고, 그 결과 육상 생물이 출현하는 계기가 되었다. 오존층은 지구 생물, 특히 육상 생물에게는 필수적인 '선크림'이다. 이제 바다 생물이 강을 거슬러 올라가거나 뭍으로 올라갈 시간이다.

대기에 산소가 본격적으로 나타나기 시작한 약 25억 년 전부터 6억 5000만 년 전까지 대기의 산소 농도는 5퍼센트를 넘지 않았다.[16] 어떤 과학자들은 5퍼센트를 넘은 시기를 16억 년 전, 21퍼센트에 이른 시기를 10억 년 전으로 추정한다. 5퍼센트를 넘은 시기의 차이가 무려 10억 년 가까이, 21퍼센트에 이른 시기까지의 차이는 3억 5000만 년이나 된다. 현재 21퍼센트를 기준으로 산술적으로 단순하게 계산하면 산소 농도 5퍼센트 시기 오존층의 두께는 현재의 4분의 1 수준이고 자외선 세기는 4배에 달한다. 산소 농도가 5퍼센트를 넘은 시기는 산소 호흡 생물의 번성 시작점을 의미하고, 21퍼센트에 이른 시기는 육상 생물의 시작점을 뜻하기 때문에 두 시기는 현재의 관점에서 지구 생태 변화의 변곡점이다.

육상 생물의 출현에 앞서 잠깐 6억 년 전 지질 시대에 관해 좀 알아볼 필요가 있다. 앞에서 지질 시대의 큰 구분인 명왕, 시생, 원생, 현생 누대를 언급했다. 원생 누대는 에디아카라기에서 끝나며 현생 누대의 캄브리아기로 이어진다. 에디아카라기와 캄브리아기를 구분하는 시점이 약 5억 5000만 년 전이다. 대기의 산소 농도가 현재와 같은 상태로 되는 시기와 겹친다. 에디아카라기는 다세포 동물이 출현하며 에디아카라 생물군이 생긴다. 말기에는 생물군이 대규모로 멸종된다. 웬만한 사람들도 '캄브리아기 대폭발'이라는 말을 들어 봤을 것이다. 그 말처럼 캄브리아기에 생물의 다양성이 폭발적으로 늘어난다. 현대 생물의 문 중 절반 이상이 생겨난다. 절지동물인 삼엽충으로 대표되는 그 시기다. 또한 최초의 척추동물이 나타난다.

바다 생물이 육지로 올라오려는 시도는 매우 오래전에 시작되었을 수 있으나, 최초의 육상 생물 화석은 동물 화석으로서 약 5억 3000만 년 전인 고생대 캄브리아기의 절지동물이 기어 다닌 흔적 화석이다. 최초의 육상 식물 화석은 이끼류(mosses and lichens) 화석으로서 아르헨티나의 약 4억 7000만 년 전에 형성된 지층에서 발견되었다. 2013년 오레곤 대학교 그레고리 레탈락은 약 6억 3000만 년 전의 동물인지 식물인지 모를 화석을 발견하면서 최초의 육상 생물의 나이를 앞당겼다.[17] 육상 생물의 고착화는 다른 여러 가지 환경 변화 — 예를 들어 일교차나 계절에 따른 심한 온도 변화 — 에 대한 적응도 물론 있

아름다운 미생물 이야기

었겠지만, 무엇보다도 바닷물에서 민물로의 적응, 즉 삼투압 감소에 대한 적응을 마쳤음을 의미한다. 동물 화석의 나이가 식물 화석의 나이보다 오래되었다고 동물이 먼저 육지에 올랐다는 말은 아니다. 육상에서 생물 출현 순서의 문제는 순전히 화석의 문제다.

미생물들이 언제 육지로 올라갔는지에 대해서는 알려진 것이 없다. 자외선에 대한 저항성이 어느 정도냐에 달려 있었을 것이다. 그 저항성이 오늘날과 같았다면 미생물도 6억 5000만 년 전쯤 육지에 올랐지 않았을까 짐작해 본다. 시기야 어떻든 육상 최초의 미생물은 독립 영양 미생물이었을 것이다. 전자 전달계의 최종 전자 수용체의 가용성이 적은 비(非)산소 미생물보다 가용성이 무궁무진한 산소 미생물이 번식하기 용이했을 것이다. 바다와 강이 만나는 곳에서 일차 적응을 하고 내륙의 강, 호수, 습지에서 이차 적응을 했을 것이다. 그리고 마지막으로 환경이 우호적인 땅으로 진출했을 것이다.

여름철에 우리는 가끔 흔히 '녹조 라테'라고 부르는 물 위의 초록색 양탄자를 볼 수 있다. 이른바 녹조(綠潮, algal bloom) 현상이다. 담수 조류의 일종으로서 옅은 초록색을 띠는 녹조(綠藻, green algae)와 혼동하기 쉽다. 녹조 현상은 남조류(藍藻類)가 과도하게 성장해 물의 색깔이 짙은 초록색으로 변하는 현상을 말한다. 이 남조류의 조상이 바로 37억 년 전 스트로마톨라이트를 만든 그 남세균이다. 스트로마톨라이트를 아는 사람들에게 남조류는 35억 년 전으로 돌아가는 타임머신이다. 이 타임머신을 타면 지구 최초의 광합성 세균이면서 아직도 산소 방울을 보글보글 내뿜는 오스트레일리아 샤크 만 해멀린 풀의 남세균 조상을 만날 수 있을 것이다.

활성 산소

세계는 어느 한쪽만 일방적으로 편들지 않는다. 산소를 최종 전자 수용체로 사용해서 대사 에너지를 많이 얻는 것은 좋았는데 문제가 생겼다. 생명체로서는 전혀 바람직하지 않은 분자가 생성되었다. 활성 산소다. 환원 유기물로부터 유래된 4개의 전자가 전자 전달계를 무사히 통과하면 산소 1분자가 수용해 안정한 2분자의 물로 전환된다. 산소의 입장에서는 완전히 환원되는 것이다. 이때 산소의 외곽 전자가 쌍을 이루는 안정 상태가 된다. 하지만 전자 전달 중간 단계에서 전자가 새어 나와 산소와 불충분하게 결합하면, 산소의 외곽 전자가 짝을 이루지 못하고 불완전 환원 상태가 된다. 이런 산소들이 6~7종 되는데 이들을 총칭해서 활성 산소(reactive oxygen species, ROS)라 한다.

활성 산소는 전자 짝을 이루기 위해 다른 물질의 전자를 뺏으려 하기 때문에 다른 물질과 반응성이 강하다. 대표적인 활성 산소로는 O_2^- (초과산화물 라디칼), H_2O_2 (과산화수소), $OH \cdot$ (하이드록실 라디칼)이 있지만, 시작은 산소 분자와 전자 1개가 결합한 O_2^-이다. O_2^- 자체는 활성이 아주 크지는 않으며 생기자마자 빠른 시간 안에 불균등화 효소(dismutase)에 의해 H_2O_2로 전환되거나 철(Fe^{2+})로부터 전자를 받아 $OH \cdot$로 전환된다. H_2O_2도 비교적 안정적이어서 반응성이 크지 않다.

아름다운 미생물 이야기

H_2O_2는 카탈레이즈에 의해 물로 전환되거나 철(Fe^{2+})로부터 전자를 받아 OH·로 전환된다. O_2^-나 H_2O_2에서 전환된 OH·가 바로 문제가 되는, 즉 반응성이 아주 큰 활성 산소다.

부족한 전자를 보충하기 위해 활성 산소(주로 OH·)가 공격하는 대상은 다양하다. 세포의 목숨과도 같은 핵산, 단백질, 지질 등 가리지 않는다. 핵산이 공격당하면 이중 나선 구조가 불안정해지고 복제할 때 돌연변이가 생기기 쉽다. 단백질이 공격당하면 효소 활성이나 세포 구조가 영향을 받지만, 그런 대로 참을 만하다. 지질이 공격당하면 세포막이 연쇄적으로 망가지고 그 효과는 곧바로 나타난다. 심하면 세포가 죽는다. 단세포일 경우 세포가 죽으면 그것으로 끝이지만 사람의 경우 노화와 질병으로 이어진다. 노화란 각종 신체 부분이 손상을 받는 것으로서 피부 세포가 손상을 받으면 탄력이 없어지고 혈관 세포가 손상을 받으면 동맥의 경우 경화 현상이 나타날 수 있다. 질병으로는 돌연변이로 인해 암이 발생할 수 있고, 뇌세포의 죽음으로 치매, 파킨슨병이, 관절 세포의 죽음으로 관절염이, 인썰린 분비 세포의 죽음으로 당뇨병이 생길 수 있다. 그 외에 신체 각 부분에 여러 가지 질병이 활성 산소로 인해 발생한다.

세포도 활성 산소를 무력화시키는 체계를 발달시켜 왔다. 효소나 화학 물질을 사용한다. 효소의 대표적인 예로는 카탈레이즈와 SOD(superoxide dismutase)이다. 앞서 언급했듯이 SOD는 초과산화물(superoxide)을 과산화수소로 변환시키며, 카탈레이즈는 과산화수소를 물과 산소로 전환한다. 화학 물질은 활성 산소 공격 대상 물질 대신

산화되어 궁극적으로 공격 대상 물질을 보호한다. 이런 항산화제의 대표적인 예로는 아스코브산(바이타민 C), 글루타싸이온, 토코페롤(바이타민 E) 등이 있다.

활성 산소가 반드시 나쁜 것만은 아니다. 미생물은 해당하지 않으나 고등 생물의 경우 백혈구 속 과산화수소는 몸속에 침입한 세균을 죽이는 데 사용되고 적당량의 과산화수소는 신호 전달 물질로서 발생과 분화, 면역 체계 활성을 촉진한다.

6장

미생물이란?

앞에서 살펴봤듯이 지구에 최초의 생명체가 탄생했는데, 그들이 바로 미생물이었다. 이후 미생물들이 진화하고 다양화해 심해의 열수 분출공에서는 물론이고 가장 추운 남극의 얼음 밑 등 지구의 거의 모든 곳에서 살게 되었다.[1]

미생물(微生物, microorganism)은 일반적으로 맨눈으로는 관찰할 수 없는 작은 생물이다. 맨눈으로 볼 수 있는 사물의 크기가 머리카락 한 올의 지름이 평균 50~70마이크로미터(μm, 1마이크로미터는 100만분의 1미터다. 20개의 머리카락을 쌓아야 1밀리미터 두께가 된다.) 정도임을 감안하면, 그 크기를 짐작할 수 있다. 미생물은 영어로 'microorganism'이라고 하는데, micro-는 그리스 어로 '작다.'라는 의미다. 안 보인다고 없는 것은 아니다. 미생물에 대한 관찰과 연구는 1673년 네덜란드 생물학자 안톤 판 레이우엔훅이 현미경을 발명하면서부터 본격적으로 시작되었다. 일반적으로 미생물은 진균(眞菌, fungi), 원생동물(原生動物, protozoa), 세균, 고세균, 바이러스(virus), 조류 등을 포함한다. 진균과 세균은 같은 균(菌) 자를 돌림이지만 둘은 서로 아무 상관 없다. 진균이 '진짜 세균'의 약자임은 더더욱 아니다. 한자 균(菌)이나 영어 fungus는 버섯을 의미한다. 세균의 영어 bacteria라는 이름은 '작은 막대기'라는 뜻의 고대 그리스 어 bakterion에 비롯되었다. 무슨 이유로 일본 사람들이 여기에 균 자를 썼는지 의아스럽다.

　　미생물은 맨눈으로는 보이지 않아도 지구 상 어디에서나 살고 있다. 모든 흙은 물론이거니와 대기권 40킬로미터 상공, 지각 저 아래 바위 속에도 있다. 비록 가상 실험 조건이지만 우주의 진공 상태에서 번성할 수 있다. 무게로 치면 나머지 모든 생물의 무게를 합친 것의 1,000배 이상 나간다. 진핵 미생물을 뺀 원핵 미생물(세균과 고세균)이 차지하는 탄소의 무게는 0.8조 톤으로서 지구 전체 생명체 탄소 무게의 약 반을 차지한다. 미생물은 지표의 모든 것, 즉 공기, 토양, 물, 식품 등에 생존하고 있다. 예를 들면 토양 1그램 중에는 약 1억 개 이상의 세균이 산다. 당연히 사람의 몸에도 사는데 사람의 몸속과 피부에는 적어도 1,000종 이상의 세균이 살고 있다. 특히 밀도가 높은 곳은 입속, 이 표면, 목구멍, 창자로서 1제곱센티미터당 100억 마리에 이른다. 같은 면적의 피부에는 1000만 마리 정도 된다. 하지만 식물성 기름기가 많은 코 옆과 겨드랑이 등에는 그보다 10배쯤 세균이 많다. 사람 피부에 있는 세균을 모두 모으면 완두콩만 하고, 몸속의 것을 합치면 콜라 캔보다 약간 많은 300밀리리터쯤 된다고 한다. 사람의 소화 기관에는 1,000종 1000조 개의 세균이 살고 있다. 성인의 전체 세포 수(60조)보다 10배 이상 많다.

또한, 어떤 미생물은 고등 생물이 도저히 살 수 없는 산소가 없는 환경, 황산과 양잿물, 섭씨 300도의 물, 섭씨 0도의 찬물, 지하 600미터, 100기압의 바다 밑에서도 활발히 활동하고 있다. 2013년 3월, 연구원들이 미생물들이 지구의 바다에서 가장 깊은 곳인 마리아나 해구에서 자란다는 것을 제시하는 자료를 보고했다. 다른 연구자들은 일본 해저 밑으로 2,400미터나 굴착한 곳은 물론이거니와 2,600미터 깊이의 미국 북서부 바다의 밑바닥에서 580미터 아래로 파내려간 바위 안에서도 미생물이 산다는 연구 결과를 발표했다. 2014년 8월, 과학자들은 남극의 얼음 아래 800미터에서도 미생물이 사는 것을 확인했다. 한 연구자는 "미생물은 어디에나 있고 있는 곳이 어디든 그곳의 환경에 적응해 살아남는다."라고 했다. 미생물은 지구의 모든 생물권이 항상성을 유지할 수 있게 해 주는 주된 공헌자로 생명 활동에 필수적인 요소의 순환을 위해 꼭 필요한 존재다. 산소, 탄소, 질소 등이 포함되는 모든 거대 분자를 이루는 기초 물질을 스스로 순환시킬 뿐 아니라 지구 전체를 아우르는 생물권에서도 같은 역할을 한다. 이들은 모든 생태계의 먹이 사슬과 먹이 그물의 제일 밑바닥에서 영양소의 공급자이다. 가장 중요한 것은 어떤 미생물들이 광합성을 한다는 것인데, 이들은 식물과 경쟁적으로 이산화탄소를 고정해 유기 물질을 만들면서 대기 속으로 산소를 방출한다. 또한 몇몇 미생물들이 질소를 고정할 수 있는 만큼 미생물은 질소 순환의 필수적인 부분이다. 인공 비료가 발명되기 전까지 미생물에 의한 질소 고정(窒素固定, nitrogen fixation)은 자연에서 거의 절대적인 질소 공급원이었다. 이 질소 고정은 육상 생물의 번성과 밀접한 관계가 있다. 바다에는 빗물에 녹아 흘러 들어오는 질소 화합물이 있지만 질소 고정 세균이 없었다면 육지에서는 식물이 거의 자랄 수 없고 따라서 동물의 번성도 제한적일 수밖에 없었을 것이다. 미생물은 현재 지구에 존재하는 생물학적 탄소와 질소의 각각 50퍼센트와 90퍼센트를 소유하고 있으며, 개체수도 지구에 존재하는 다른 모든 생물 집단보다 더 많다.

미생물은 분해자로서 생태계에서 영양분 재활용에 아주 절대적이다. 미생물이 원소 순환에 미처 참여하지 못해 생긴 것이 석탄이고 석유다. 미생물은 사람을 포함한 다른 포유동물들의 피부와 창자 및 입 등 몸의 여러 부분에서 서식할 수 있도록 진화했다. 적어도 포유동물은 태어나면서 미생물이 곧바로 서식하기 시작한다. 미생물들이 몸에 서식하게 되면 해당 동물의 면역 체계 조성에 기여하게 된다. 이 부분에 관해서는 15장에서 자세히 다룰 예정이다. 큰창자에 서식하는 미생물은 음식물의 소화를 돕고 바이타민 B와 K를 생산한다. 이와 같은 것을 포함한 여러 가지 활동으로 미생물은 그들의 숙주가 건강한 상태를 유지할 수 있도록 도와준다. 이 부분에 관해서는 12장에서 자세히 다룰 예정이다.

아름다운 미생물 이야기

원핵 미생물

원핵세포는 진핵세포에 비해 단순한 구조이며, 형태가 원시적이다. 핵과 세포 기관이 없으며, 유전 물질이 핵막에 둘러싸여 있지 않고 세포질의 핵양체에 위치해 있다. 세균과 원핵 조류가 여기에 속한다.

세균

거의 모든 세균은 싸이오마가리타 나미비엔시스(*Thiomargarita namibiensis*)* 같은 희귀한 경우를 제외하고 맨눈으로 보이지 않는다. 핵과 다른 막 구조 소기관이 없고 개별적인 세포로 기능하고 번식하지만, 그러나 종종 다세포 군집 형태로 모여서 자라기도 한다. 세균의 유전체는 보통 고무 밴드같이 단일원 형태의 DNA이지만 또한 플라스미드(plasmid)라고 불리는 작은 DNA 조각을 포함하기도 한다. 이 플라스미드들은 세포 간의 접합을 통해 다른 세포로 전달될 수 있다. 한 가지 예외가 있지만, 세균은 강도(strength)와 경도(rigidity)를 제공하는 세포벽에 둘러싸여 있다. 그들은 2분열이나 가끔 출아에 의해 번식할

---

* 그람 음성 구균 프로테오박테리아이고, 나미비아의 대륙붕의 대양 퇴적층에서 발견되었다. 현재 세균 가운데 가장 크다. 이 세균은 일반적으로 0.1~0.3밀리미터(100~300마이크로미터)의 폭을 가지고 있지만 때때로 0.75밀리미터(750마이크로미터)에 이른다.

뿐 감수 분열에 의한 유성 생식은 하지 않는다. 하지만 많은 세균 종이 자연적인 변형(transformation)이라 칭하는 과정을 통해 세포 사이에서 DNA를 주고받는다. 일부 종들은 엄청나게 회복력이 강한 포자를 형성하기도 하지만 이는 번식이 아니라 생존을 위한 수단이다. 세균은 최적의 조건에서 20분간 2배로 늘릴 수 있을 정도로 엄청나게 빨리 자란다.

고세균

고세균 역시 핵이 없는 단일 세포 생물이다. 과거에 세균과 고세균의 차이점은 인지되지 않았고 모네라계(Moneraa)의 일부로 분류되었다. 하지만 1990년 미생물학자 칼 워스는 3역 체계를 주장하면서 모든 생물을 세균, 고세균, 진핵생물로 나누었다. 고세균은 유전학과 생화학적인 면에서 세균과 다르다. 예를 들어, 세균의 세포막은 에스터 결합이 있는 인산 글라이세라이드(phosphoglyceride)로 이뤄진 반면, 고세균의 세포막은 이써(ether) 지질로 만들어져 있다. 고세균은 원래 온천과 같은 극한 환경에서 발견되었지만 그 후 모든 종류의 서식지에서 발견된다. 해양에서 가장 흔한 종이 고세균 크렌아키오타(Crenarchaeota)인 것처럼, 이제야 과학자들은 고세균이 주위 환경에서 얼마나 흔한 종인지 깨닫기 시작했다. 깊이 150미터 아래의 환경에서는 거의 독보적이다. 고세균들은 또한 토양에 흔하며 암모니아 산화 작용에 필수적인 역할을 한다.

아름다운 미생물 이야기

진핵 미생물

　진핵세포는 보다 복잡한 구조를 가진 진화된 세포다. 뚜렷한 핵막과 세포 기관을 갖고 있다. 모든 동식물의 세포는 진핵세포이며, 조류(원핵조류 제외), 균류, 원생동물 등의 고등 미생물이 여기에 속한다. 사람을 비롯해 성체가 되어 눈으로 볼 수 있으면 대부분 진핵생물에 속한다. 하지만 많은 수의 진핵생물 또한 눈에 보이지 않는다. 세균이나 고세균과 달리 진핵 미생물은 핵, 골지체, 마이토콘드리아와 같은 소기관을 갖고 있다. 핵에는 세포의 유전체인 DNA가 들어 있다. DNA 그 자체는 복잡한 염색체 안에 배열되어 있다. 마이토콘드리아는 씨트르산 회로와 산화성 인산화가 일어나는 장소로 대사에 중요한 소기관이다. 그것들은 공생 세균에서 진화했으며, 유전체 흔적인 자체 DNA를 가진다. 세균처럼 식물성 미생물은 세포벽이 있으며, 다른 진핵 미생물의 소기관 이외에 엽록체가 있다. 엽록체는 광합성에 의해 빛으로부터 에너지를 생산한다. 엽록체도 원래 공생 세균이었다.

　단세포 진핵 미생물은 일생 단세포로 지낸다. 대부분의 다세포 진핵생물은 그들의 수명 주기를 통틀어 생명을 시작할 때 단 한 번 접합자라 불리는 단일 세포가 되기 때문에 일생 단세포는 단세포 진핵 미생물을 정의하는 데 중요하다. 진핵 미생물은 일배체 또는 이배체이지만 어떤 종류는 다중핵을 가지기도 한다. 단세포 진핵 미생물은 조건이 유리할 때 보통 유사 분열에 의한 무성 생식으로 번식한다. 하지만, 영양분이 고갈되거나 DNA가 손상된 조건과 같이 스트레스가 많은 환경에서는 감수 분열에 의한 유성 생식과 배우자 접합으로 번식하는 경향이 있다.

원생동물

진핵생물 중에, 원생동물은 대부분 단세포이고 현미경적이다. 이 무리는 매우 다양해서 분류하기 쉽지 않다. 몇몇 조류 종은 다세포 미생물이고 점액 곰팡이는 단세포, 군락, 다세포를 왔다 갔다 하는 독특한 생활 주기를 가진다. 오직 일부분만 확인되었기 때문에 원생생물의 종수는 알려져 있지 않다. 2001~2004년에 수행된 연구에 따르면 원생동물의 다양성은 매우 심해서 해양과 심해 열수공, 강 퇴적물과 산성 하천에 존재하는 것으로 보아 아직 발견해야 될 많은 수의 원생생물이 있음을 알 수 있다.

동물

일부 동물성 미생물들은 다세포이지만 적어도 점액 포자충류(Myxozoa)라는 무리는 성체가 되었을 때 단세포로 지낸다. 미세 절지동물에는 집먼지진드기 그리고 거미진드기 등이 있다. 미세 갑각류는 요각류(橈脚類), 몇몇 지각류(枝角類)와 물곰*을 포함한다. 많은 토양 선

---

* 동물계의 한 문을 이루는 동물군. 섭씨 -273도, 섭씨 151도에서도 생존할 수 있으며,

충류도 맨눈으로는 안 보일 정도로 작다. 미세 동물들의 흔한 집단은 윤충류로서 보통 담수에서 발견된다. 일부 동물성 미생물들은 무성 생식과 유성 생식으로 번식하며 성체는 살 수 없을 수도 있는 거친 환경에서 생존할 수 있는 알(접합자)을 만듦으로써 새로운 서식지를 개척할지도 모른다. 그러나 윤충류, 완보 동물, 선충류 등 일부 단순한 동물들은 자신을 완전히 건조시켜 오랜 시간 동안 휴면 상태에 들어갈 수도 있다.

곰팡이

곰팡이는 빵효모와 분열 효모(*Schizosaccharomyces pombe*) 같은 몇 가지 단세포 종을 포함한다. 병원성 효모 칸디다 알비칸스(*Candida albicans*)와 같은 일부 균류는, 환경에 따라 단일 세포로 자라거나 실 모양의 균사로 변형할 수 있다. 곰팡이는 2분열 또는 출아의 무성 생식뿐만 아니라 무성 생식적으로 만들어지는 코니디아(conidia)라는 포자나 유성 생식적으로 만들어지는 자낭 포자로 번식한다.

생물에게 치명적인 농도의 방사성 물질 1,000배에 달하는 양에 노출되어도 죽지 않는 동물이다. 완보동물(緩步動物)의 영어명인 Tardigrada라는 명칭은 '느린 걸음의'라는 뜻의 라틴 어 tardigradus에서 유래되었다. 몸길이 0.1~1밀리미터의 매우 작은 무척추동물이다. 머리와 4개의 몸마디로 되어 있다. 몸은 짧고 뭉툭하며 원통형이고 몸마디의 배 쪽에 사마귀 모양인 4쌍의 다리가 있는데 그 끝에 4~8개의 발톱이 달려 있다. 4쌍의 다리로 걷는 모습이 곰의 움직임과 비슷하다 해 '물곰'이라고 불리기도 한다.

식물

녹조는 많은 미세한 생물들을 포함하는 큰 무리의 광합성 진핵생물이다. 어떤 녹조는 원생동물로 분류되고 카로파이타(Charophyta) 같은 녹조는 가장 친숙한 육상 식물인 엠브리오파이트(embryophyte)로 분류된다. 조류는 단세포나 긴 사슬 형태로 자랄 수 있다. 녹조류는 단세포 편모충과, 항상은 아니지만 보통 세포 1개당 2개의 편모를 가진 군집 편모충뿐만 아니라 다양한 군락 형태, 구형 모양, 실 모양의 편모충을 포함한다. 고등 식물과 가장 밀접한 조류인 차축조과(Charales)는 세포가 여러 뚜렷한 조직으로 분화한다. 녹조류는 약 6,000종이 있다.

바이러스

바이러스는 다른 종류의 미생물과 달리, 세포가 아니며, 세포막도 없다. 유전 물질과 단백질 껍질만으로 이루어져 있다. 바이러스는 세균보다 크기가 작은 전염성 병원체이다. 유전 물질인 RNA와 그 유전 물질을 둘러싸고 있는 단백질로 구성되며, 소수의 바이러스는 DNA를 가지고도 있다. 바이러스라는 단어는 '독'을 뜻하는 라틴 어 낱말 virus에서 유래한다. 크기는 세균 여과기를 통과할 수 있을 정도로 작으며 주로 10~1,000나노미터 사이이다. 스스로 물질 대사를 할 수 없기 때문에, 자신의 DNA나 RNA를 숙주 세포 안에 침투시킨 뒤 침투당한 세포의 소기관들을 이용해 자신의 유전 물질을 복제하고, 자기 자신과 같은 바이러스들을 생산한다. 이 과정에서 숙주 세포가 손상되거나 파괴되어 숙주에 질병을 일으키기도 한다. 그러나 어떤 숙주는 바이러스에 감염되어도 질병을 일으키지 않으며 바이러스의 매개체 역할만 하는 경우도 있다.

미생물 이용

미생물은 다른 생물의 사체와 폐기물 분해를 통해 순환시키는 등 실질적으로 모든 생태계에서 필수적인 역할을 수행할 뿐만 아니라 탄소와 질소 순환에 참여하므로 인간과 환경에 매우 중요하다. 미생물은 또한 대부분의 최상위 다세포 생물에서 공생 생물로서 중요한 위치를 차지한다. 많은 사람들이 바이오스피어 2(Biosphere 2)*의 실패를 이런 미생물의 평형이 깨진 탓으로 돌린다. 미생물은 사람의 친구이면서 적이다. 한편으로 실생활의 여러 분야에서 없어서는 안 되는 존재이지만, 한편으로는 사망에 이르는 질병을 일으키고 무기로 사용된다. 3부에서 자세히 기술할 것이니 여기서는 간략하게 소개한다.

---

* 2011년 미국 애리조나 주에 설치된 지구 과학 연구 시설이다. 설립 목적은 지구, 지구 생물, 우주에서의 위치에 대한 연구, 봉사, 교육, 평생 학습을 제공하는 것이다. 인공적이고 물질적으로 폐쇄된 생태계가 되도록 지어졌다. 지금까지 인간이 만든 가장 큰 폐쇄 생태계이다.

식품 제조

미생물은 빵을 만들고 김치, 된장, 요구르트, 치즈, 우유 두부(curd)를 만드는 데 사용된다. 또 맥주, 포도주, 피클 생산, 다른 여러 가지 식품 제조에 쓰인다. 또한 요구르트나 치즈 같은 배양 유제품의 발효 과정을 제어하기 위해 사용된다. 미생물 배양은 맛과 향을 제공하고 또한 바람직하지 않은 생물들의 성장을 방해한다.

토양

미생물은 토양에 식물이 이용할 수 있는 양분과 미네랄을 만들 수 있다. 식물 성장을 자극하는 호르몬을 만들고 식물 면역계를 자극하고 스트레스 반응을 부추기거나 완충시킨다. 일반적으로 미생물권이 다양하면 다양할수록 식물이 병에 걸리는 확률이 줄어들고 따라서 수확은 더 증가하게 된다.

생태

미생물은 분해를 책임지고 산소 생산뿐 아니라 탄소와 질소 고정에서 중요한 부분을 담당하므로 지구의 생지화학적(生地化學的) 순환에서 결정적 역할을 한다. 그리고 최근의 연구에 따르면 공중에 사는 미생물이 강수와 날씨에 어떤 영향을 미친다고 한다.

위생

위생은 주위의 미생물을 제거함으로써 감염이나 음식 부패를 피하는 것이다. 미생물 특히 세균은 사실상 도처에서 발견되므로 해로운 미생물의 수준을 수용할 만한 수준까지 줄일 수 있다. 그러나 경우에 따라서 모든 살아 있는 생물과 바이러스를 살균해서 물체나 물질을 무균 상태로 만들 필요가 있다. 음식을 만들 때 식초를 첨가하거나 하는 식으로 보존 처리를 하거나, 깨끗한 도구를 준비하거나, 저장기간을 줄이거나, 온도를 낮춤으로써 미생물을 줄일 수 있다. 만약 완전한 멸균이 필요한 경우에는 가장 일반적인 멸균 도구인 자외선 조사(照射) 장치나 압력 밥솥과 유사한 고온고압 솥을 이용하면 된다.

폐수 처리

모든 산화 하수 처리 과정의 대부분은 침전 또는 부양할 수 없는 유기 성분을 산화시키기 위해 광범위한 미생물에 의존한다. 다른 기체들 중에서도 메쎄인 기체를 만드는 슬러지 고형물과 무균성 광물화 쓰레기를 줄이기 위해 혐기성 미생물도 사용된다. 식수 처리를 위한 방법 중 하나, 즉 완속 모래 여과기는 하수로부터 용해 상태나 입자 상태로 있는 물질을 제거하기 위해 광범위한 미생물로 구성된 복잡한 젤리층(層)을 이용한다.

에너지

미생물은 에탄올을 생산하기 위한 발효와 메쎄인을 생산하기 위한 생물 가스 반응기에 쓰인다. 과학자들은 액체 연료를 생산하기 위한 해조류와 다양한 형태의 도시와 농산 쓰레기를 사용 가능한 연료로 전환하기 위한 세균을 사용하는 방안을 연구 중이다.

화학품, 효소

미생물은 많은 화학품, 효소, 그리고 여러 가지 생물 활성 물질 들의 상업적이고 공업적인 생산에 사용된다. 생성된 유기산의 예로 는 다음과 같다. 초산은 세균 아세토박터 아세티(*Acetobacter aceti*)와 다른 초산균, 부틸산은 세균 클로스트리디움 부티리컴(*Clostridium butyricum*), 젖산은 락토바실러스(Lactobacillus)와 통칭 유산균이라 불리는 여러 가 지 다른 세균, 씨트르산은 곰팡이 아스퍼질러스 나이거(*Aspergillus niger*) 에 의해 만들어진다. 또 세균 스트렙토코커스(Streptococcus)에 의해 만 들어지고 유전 공학적으로 변형되는 스트렙토카이네이즈(streptokinase) 는 심장 마비로 이어지는 심근 경색을 경험한 적이 있는 환자의 혈 관에서 혈전을 제거하는 혈전 용해제로 쓰인다. 싸이클로스포린 A(cyclosporin A)는 장기 이식할 때 면역 억제제로 쓰이는 생물 활성 물 질이다. 효모 모나스커스 퍼퓨리어스(*Monascus purpureus*)에 의해 만들어 지는 스타틴(Statin)은 콜레스테롤 합성 효소를 방해하는 기능이 있어 혈액 콜레스테롤 강하제로 상용화되었다.

건강

미생물은 다른 좀 더 큰 생물과 내생(內生) 공생 관계를 형성할 수 있다. 예를 들어, 인간의 소화 기관 안에서 살고 있는 세균은 장 면 역에 기여하고, 엽산이나 바이오틴 등의 바이타민을 합성하고 소화 불가능한 탄수화물을 발효시킨다.

과학

미생물은 생명 공학, 생화학, 유전학, 분자 생물학 등에 필수적인 도구다. 빵효모와 분열 효모는 빨리 대규모로 자랄 수 있고 쉽게 조작할 수 있는 간단한 진핵생물이기 때문에 과학의 중요한 모형 생물이다. 미생물은 특히 유전학, 유전체학, 단백질체학에서 가치를 발휘한다. 미생물은 스테로이드를 만들거나 피부병을 치료하는 데 쓰일 수 있다. 과학자들은 또한 살아 있는 연료 세포로 그리고 오염에 대한 해결책으로 미생물 사용을 고려하고 있다.

질병

미생물은 많은 전염병의 원인균이다. 관련된 미생물들은 페스트, 결핵, 그리고 탄저균과 같은 질병을 일으키는 병원성 세균, 말라리아, 수면병, 이질, 톡소플라스마증을 일으키는 원생동물, 그리고 백선, 칸디다증이나 히스토플라스마증과 같은 질병을 일으키는 곰팡이 등이다. 하지만 독감, 황열병이나 에이즈 같은 다른 전염병은 병원성 바이러스에 의해 발생한다. 바이러스는 보통 생물로 분류되지 않으며, 따라서 엄밀히 말하면 미생물은 아니다. 메쎄인을 생산하는 고세균과 인간의 치주 질환 사이에 어떤 관계가 있을지도 모르지만, 현재까지 알려진 병원성 고세균의 예는 없다.

세균전

　중세 사람들은 공성전을 벌일 때 페스트로 죽은 든 시체를 투석기나 다른 공성(攻城) 무기에 실어 성안으로 던지고는 했다. 단순히 겁을 주려고 한 짓이지만 시체 근처의 사람들은 병원균에 노출되고 다른 사람에게 그 병원균을 퍼뜨리게 되었다. 1940년대 일본이 중국을 침략할 때 민간인을 상대로 세균을 퍼뜨린 적이 있고 최근에는 미국에서 탄저균을 사용한 생물 테러가 있었다.

아름다운 미생물 이야기

2부

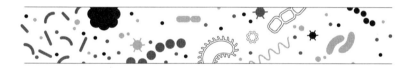

미생물학의 역사

미생물학의 역사는 1600년대 후반 호기심으로 가득 찬 네덜란드의 상인 레이우엔훅이 현미경을 발명함으로써 시작되었다. 그 후 독일의 코흐와 프랑스의 파스퇴르를 거쳐 세포 수준의 근대 미생물학이 완성된다. 20세기 들어 양차 세계 대전으로 인한 정체기에 들었다가 1945년경부터 분자 수준의 현대 미생물학으로 발전한다. 편의상 레이우엔훅, 코흐, 파스퇴르 시대 약 150년 동안을 미생물학 태동기로, 1945년 이후를 현대 미생물학 시대로 나누어 기술한다.

7장

미생물학의 태동

미생물학은 아버지를 여러 명 두고 있다. 안톤 판 레이우엔훅, 루이 파스퇴르, 로베르트 코흐가 그들로서 미생물학이 학문으로 자리 잡는 데 큰 공헌을 한다. 미생물학의 '큰아버지' 레이우엔훅, '아버지' 파스퇴르, '작은아버지' 코흐의 시대가, 곧 근대 미생물학 시대이고 그들의 미생물 연구 역사가 곧 근대 미생물학 역사다. 개인적으로 파스퇴르가 미생물학의 아버지라고 생각하는데 우연히 맞아 떨어진다. 초기 미생물학의 역사는 이 세 사람의 전기나 마찬가지다.

옷감 상인 레이우엔훅[1,2]

미생물학의 역사는 레이우엔훅의 호기심으로부터 시작되었

고 그 호기심은 영국 과학자 로버트 훅*의 삽화집 『마이크로그라피아
(*Micrographia*)』에서 시작되었다. 이 책에는 20~30배의 배율로 관찰된
벌레, 코르크, 옷감 등의 그림이 들어 있었다. 옷감 사업을 하던 레이
우엔훅의 첫 번째 관심 대상은 옷감이었을 것이다. 그는 오래전부터
옷감 상인들이 쓰던 3배 확대경으로 옷감의 질을 살펴 왔다. 물체를
더 크게 볼 수는 없을까 하는 호기심에 렌즈를 손수 만들고, 그 자신
만의 현미경을 만들었다. 현미경의 배율을 200배 이상으로 끌어올렸
고, 이 현미경으로 그는 인류에게 완전히 새로운 미생물학의 세계를
열었던 것이다. 레이우엔훅이 아니었더라도 후세의 누군가가 그 세계
를 열었겠지만, 그가 없었다면 미생물 연구는 200년은 늦게 시작되었
을 것이다. 하지만 그는 자신의 현미경 제작 기술을 후세에 전하지 않
았다.

　　1671년 39세가 될 때까지 레이우엔훅에게 과학자가 될 만한
자질은 호기심을 제외하고는 아무것도 없었다. 그는 어린 시절 읽기

---

* 영국을 대표하는 과학자 중 한 명으로, 현대 현미경학의 기원이라 할 수 있는 『마이크
로그라피아』를 출판했으며, 코르크를 그의 현미경으로 관찰해 세포(cell)란 용어를 최초
로 사용한 사람이다. 그리고 용수철과 같은 탄성체의 복원력과 변형력의 관계를 나타내
는 훅 법칙으로 널리 알려져 있다. 그는 현미경을 사용해 화석을 관찰하고 초기 진화론
을 제시하기도 했다. 그레고리안식 망원경을 제작해 화성과 금성을 관찰하기도 했다. 빛
의 굴절 현상을 관찰해 빛의 파동설을 지지했다. 또한 공기가 다른 물질에 비해 구성 요
소 간 거리가 멀리 떨어져 있는 아주 작은 입자들로 이루어져 있을 것이라 추측했다. 또
한 로버트 훅은 중력의 작용이 역제곱 법칙을 따를 것이라 추론했는데, 이는 후에 뉴턴
에 의해 증명되었다.

　　　　　　　　　　　아름다운 미생물 이야기

와 셈 정도밖에 교육을 받지 못한 채 16세 때부터 직업 전선에 뛰어들어야만 했다. 돈도 문제였지만 대학에 진학하려면 라틴 어를 읽고 써야 했는데 그가 아는 유일한 언어는 모국어인 네덜란드 어뿐이기 때문이었다. 그는 21세라는 이른 나이에 고향 델프트로 돌아와 직물 사업을 시작했다. 사업에는 수완이 좋았던지 30대 후반에는 행복한 과학자가 될 필요 조건을 갖추었다. 원래 과학이란 돈과 시간이 많이 든다. 당시에는 과학은 직업일 수 없는 지적 유희의 성격이 강했다. 두 부류의 사람들이 행복한 과학자가 될 가능성이 높다. 집안에 돈이 많아 돈 걱정을 안 하는 부류와 돈이 없어도 돈 걱정을 안 하는 부류다. 돈 걱정이 없으면 대부분 시간 걱정도 안 한다. 흔한 전자의 대표 사례가 다윈이고 드문 후자의 대표 사례가 그레고어 멘델이다. 레이우엔훅은 전자였다.

레이우엔훅은 1668년 그의 두 번째 결혼을 기념으로 간 생애 단 한 번의 런던 여행에서 당시 흔치 않게 영어로 씌어진 『마이크로그라피아』를 봤다. 네덜란드 어밖에 모르는 그는 읽은 것이 아니라 정말로 보기만 했을 것이다. 벼룩이나 파리 눈을 비롯한 작은 곤충들의 그림은 지금 봐도 감탄할 정도인데 가뜩이나 호기심 많은 레이우엔훅에게는 어떠했을까? 짐작하기 어렵지 않다.

직물 상인 레이우엔훅이 나중에 영국 왕립 학회 회원이 되는 명예를 누리는 데 결정적인 역할을 한 것은 남다른 지적 호기심보다는 남다른 고성능 돋보기 렌즈 제작 기술이었다. 무슨 계기였던지 레이우엔훅은 그 전에 안경업자로부터 돋보기 렌즈 만든 법을 배운 적이 있었다. 아마 호기심으로 그랬을 것이다. 레이우엔훅이 만든 돋보기 렌즈를 우리가 요즘 실험용 현미경에서 볼 수 있는 렌즈라고 생각하면 큰 오산이다. 확대능에 관한 한 레이우엔훅이 만든 렌즈가 훨씬 좋다. 물체를 무려 200배까지 확대할 수 있다. 그는 평생 약 550개의 렌즈를 만들었으며 그 가운데 확대능이 270배인 렌즈도 있었다. 작지만 고성능인 단안 확대경이다. 550개의 렌즈는 550대의 현미경을 말하나 현재까지 남아 있는 것은 단지 9대뿐이다.

레이우엔훅의 렌즈는 물방울보다 작으며 심지어는 지름이 1밀리미터인 것도 있다. 유리 막대 가운데를 가열한 후 쭉 잡아당기면 실같이 가늘어지면서 끊어진다. 뾰족한 끝을 다시 가열해서 동그랗게 만들면 그게 렌즈다. 초점 거리가 아주 짧아지고, 따라서 확대 배수는 엄청 커진다. 이것을 통해 사물을 보려면 강한 빛이 필요하다. 또 가까이 봐야 하므로 눈도 엄청 피곤해진다. 그가 만든 렌즈는 성능이 우수해 세균까지 관찰할 수 있었지만, 그가 만든 현미경은 대단한 것을 기대한 사람에게는 헛웃음이 나올 정도로 조잡하다. 화투 한 장보다도 좁은 너비의 금속판 한쪽에 구멍을 뚫어 물방울보다 작은 렌즈를 고정하고 시료를 얹을 수 있는 두껍고 작은 바늘 모양의 재물대, 그리고 재물대 위치를 조정할 수 있는 나사 장치가 전부다. 다 해 봐야 화투 두 장 아래위로 연결한 것보다도 크지 않다. 사실 그 이상으로 크거나 화려할 필요도 없다.

레이우엔훅은 이빨 사이 찌꺼기, 침(saliva), 피, 정액, 빗물, 과일 씨, 물고기 꼬리 등 볼 수 없는 것 빼고 다 들여다봤다. 밤을 새워서 현

아름다운 미생물 이야기

미경을 들여다봤을 것이다. 신기한 것은 레이우엔훅 현미경을 아무리 자세히 봐도 액체든 고체든 시료를 침(needle) 끝에 어떻게 얹는지 상상이 안 간다는 점이다. 아무튼 레이우엔훅은 그 보잘것없어 보이는 현미경으로 식물의 종자 및 배(胚)의 구조와 작은 무척추동물을 관찰했을 뿐만 아니라 정자와 적혈구 세포를 발견했다. 그리고 무엇보다도 그의 명성을 가장 드높인 것은 원생동물, 조류, 효모, 세균 등 중요한 단세포 미생물들의 발견이었다. 지금으로부터 약 350년 전에.

그림을 보면 효모까지는 그럴듯하지만 어떤 종류인지는 몰라도 세균은 좀 과장되어 보인다. 세균을 200배 확대하면 곱게 간 후추 가루 뿌려 놓은 정도밖에 안 되고 움직인다면 가루가 이동하는 정도로 보이는데 레이우엔훅의 그림은 마치 전자 현미경으로 본 수준이다. 지금 우리에게 그리라 해도 그렇게밖에 그릴 수 없을 정도다. 순전히 상상력만으로 세포막, 세포벽, 편모, 심지어 가는 실 모양까지 그려 넣어 꼭 DNA로 보인다. 1676년 레이우엔훅은 한 방울의 물에서 발견한 생명체들에 대한 흥분으로 가득 찬 편지와 함께 '작은 동물'이라는 뜻의 "Animalcules"를 제목으로 쓴 원고를 동향의 의사이면서 영국 왕립 학회 회원이었던 레이너 더 흐라프*의 소개로 왕립 학회에 보낸다. 그 편지에서 레이우엔훅은 "몇몇 작은 동물은 매우 작아서 수

---

* 네덜란드의 의사 겸 해부학자. 위트레흐트, 레이던 등지에서 수학한 후 프랑스에 유학해 1665년 앙제 대학교를 졸업했다. 1666년 귀국해 델프트에서 병원을 개업했다. 의사로서 활동하면서 소화 기관과 생식 기관의 해부학을 연구했다. 이른바 '흐라프 여포(濾胞)'를 발견했고, 혈관 색소 주입법을 창안했다.

백만 개가 하나의 물방울에 담길 수 있을 것이다."라고 기술했다. 지금까지 한번도 본 적 없는 그림을 본 왕립 학회는 그의 보고서가 조작된 것이라 판단하고 게재를 거절했다. 당시 그 분야의 권위자인 로버트 훅이 실험을 반복할 수 없었기 때문이었다. 훅이 사용한 현미경의 겉모습은 지금의 현미경과 비슷하게 대물 렌즈와 대안 렌즈까지 갖춘 원통 복합형이고 빛의 세기를 조절할 수 있는 그럴듯한 조리개의 도움까지 받는 복잡한 장치였지만 배율은 30배를 넘지 않았으니 당연한 결과였다. 모양만 놓고 보면 훅이 사용한 현미경이 현재 우리가 쓰는 광학 현미경에 훨씬 가깝다.

거듭된 레이우엔훅의 반박에 왕립 학회는 진짜 관찰한 것에 근거하고 있는지를 조사하기 위한 조사단을 델프트로 파견했다. 이미 학회의 거물이 된 훅은 나중에 후회했을지 모르겠지만 그 조사단에 포함되지 않았다. 레이우엔훅의 관찰이 사실로 밝혀지자 레이우엔훅은 유럽에서 유명 인사가 되었고, 1680년에는 왕립 학회 회원까지 된다. 레이우엔훅이 유럽에서 유명 인사가 된 후 많은 사람들이 그의 실험실—사실은 가게—을 방문했다. 목적은 그를 보러 온 것이 아니라 첨단 기능의 현미경과 경이로운 작은 동물을 보는 것이었다. 방문자 중에는 러시아 황제 표트르 대제, 영국 국왕 제임스 2세, 프러시아의 프리드리히 2세도 있었다. 당시 작은 동물에 대한 충격과 관심을 알 만하다.

과학자로서의 훈련을 한 번도 받은 적이 없는 레이우엔훅은 미생물 발견으로 인류의 위대한 발견 혹은 발명 150가지에 들 정도로

아름다운 미생물 이야기

인류에 공헌했지만, 과학자로서의 자격은 없었던 듯하다. 1723년에 91세로 죽을 때까지 그는 그의 렌즈 제작 기술을 누구한테도 알려 주지 않았다. 학문적 동반자로 레이우엔훅의 발견을 영국 왕립 학회에 소개하고 수시로 그의 현미경을 사용하던 동료 흐라프에게조차 비밀에 부쳤다. 레이우엔훅 현미경을 손에 넣기를 가장 간절하게 원한 이는 아마도 영국의 훅이었을 것이다. 레이우엔훅 현미경을 이용해 레이우엔훅이 관찰한 것을 한 번만이라도 보는 것이 그의 소원이었을 게다. 하지만 훅은 레이우엔훅 현미경 실물을 한 번도 보지 못한 채 1703년에 숨을 거둔다.

훅은 평소에 현미경 연구와 미생물의 발견이 완전히 한 사람의 어깨에 달려 있는 것에 대해 통탄했다. 레이우엔훅은 렌즈 제작 기술을 영업 비밀쯤으로 생각했던 모양이다. 렌즈 제작 기술이 다른 과학자들에게 알려지면 자신의 과학계에서의 독점적 위치가 위험해질 것이라고 생각했음에 틀림없다. 레이우엔훅이 봤던 효모를 1854년 파스퇴르도 현미경으로 관찰한 것으로 미루어보아 레이우엔훅 사후 100여 년 동안 어느 정도 현미경의 고서응화가 이뤄졌다고 할 수 있으나 현미경이 본격적으로 과학계에 다시 등장한 것은 1882년 카를 자이츠가 렌즈 가공 기술을 개발하면서부터이다.

의사보다 더 많은 생명을 구한 파스퇴르[3, 4]

루이 파스퇴르는 의사가 아니면서 의사보다 더 많은 사람을 구한 과학자다. 현재 우리는 질병에 대해 항생제라는 '창'으로, 백신이라는 '방패'로 막아내고 있다. 항생제는 병에 걸려야 쓰이지만 백신은 걸리기 전에 쓰인다. 병은 걸리지 않는 게 최선이다. 따라서 백신의 효과는 어마어마하다. 그 효과는 1790년대 영국의 에드워드 제너가 발견한 천연두 예방법으로 이미 입증된 바 있다. 천연두는 바이러스에 의해 전염된다. 파스퇴르는 세균의 배양액으로부터 백신을 역사상 최초로 도입한 사람이다.

　　파스퇴르는 1822년 프랑스 동부의 돌(Dole)이라는 작은 마을에서 가죽 가공 공장 무두장이의 둘째 아들로 태어났다. 작은 시골의 평범한 가정이지만 부모님의 교육열이 대단해서 1843년 파리의 고등 사범 학교에 입학했으나 향수병을 버티지 못하고 6개월 만에 집으로 돌아온다. 고등 사범 학교란 중등 교원 양성 교육 기관을 말한다. 우리나라의 사범 대학에 해당하나 프랑스 고등 사범 학교는 설립 초기부터 최고 학문 연구의 산실이었다. 파스퇴르 입학 당시에는 학석사 과정만 있었다. (이 전통은 2000년대 중반까지 이어졌다.) 22세에 다시 입학해 졸업하고 중학교 물리 교사로 임명되었으나 교수들의 권유로 대학에 남아 화학 분야에서 학위 공부를 계속하게 된다. 주석산(酒石酸)*

* 포도주를 만들 때 침전하는 주석(酒石)에 함유되어 있어 주석산이라고 하며, 영어명으로 타타르산(tartaric acid) 혹은 다이옥시석신산(dioxysuccinic acid)이라고도 한다. 화학식은 $C_4H_6O_6$이다. 우회전성인 L-타타르산, 좌회전성인 D-타타르산 및 이들의 등량(等量) 혼합물인 라세미체의 타타르산(포도산이라고도 한다.) 외에, 광학활성을 갖지 않는 m-타타르산의 여러 이성질체가 있다. 천연으로 존재할 때는 L-타타르산이 주가 되며, 유리 상태

　　　　　　　　　　　아름다운 미생물 이야기

의 이성질체를 연구해 입체 화학의 기초를 마련하는 데 큰 역할을 했다. 이 연구 결과에 힘입어 파스퇴르는 27세에 스트라스부르 대학교의 화학과 조교수로 임명되었으며 이후 계속 화학을 연구했다.

화학자 파스퇴르는 우연한 기회에 미생물학자로 변신한다. 프랑스 북부 릴(Lille) 대학교로 자리를 옮긴 지 2년쯤 지난 1856년 주변의 포도주 제조업자들이 찾아 왔다. 보관한 포도주가 시큼해지는 문제를 해결해 달라는 내용이었다. 포도주 제조업자들이 왜 화학을 전공하는 파스퇴르에게 문제 해결을 부탁했는지 알 수 없어도 이를 계기로 파스퇴르는 발효에 대해 흥미를 갖게 된다. 그는 알코올 발효가 일어나는 통과 일어나지 않는 통을 현미경으로 조사해 알코올 발효를 일으키는 주체가 효모임을 발견했다. 이를 근거로 1857년 파스퇴르는 "모든 발효 과정은 미생물 활동에 근거하는 것이다."라고 발표했다. 그는 신맛 포도주에서 효모와 함께 유산균도 발견하는데 바로 이 유산균이 포도주 맛을 변하게 한다는 사실도 알아낸다. 하지만 유산균을 죽이려고 포도주를 끓일 수는 없었다.

1857년에 파스퇴르는 모교 파리의 고등 사범 학교로 돌아간다. 이번에는 복학생이 아니라 교수로서였다. 알코올 발효 연구를 계속하면서 한편으로 자연 발생설을 연구하기 시작한다. 1860년에 이르러 파스퇴르는 미생물은 자연히 발생하는 것이 아니라 공기 중에 존재하는 미생물이 배양액 안으로 들어가기 때문이라고 생각했

의 산·칼슘염 및 포타슘염으로서 식물계에 널리 분포한다.

다. 1861년의 저작 『자연 발생설 비판(*Memoire sur les corpuscules organises qui existent dans l'atmosphere. Exmamen de la doctrine des generations spontanees)*』에서 발효가 미생물의 증식 때문이란 사실을 제시했고, 그 유명한 '백조 목 플라스크의 실험'을 통해 배양액(고영양 고깃국물)에서 미생물이 자라는 것은 외부로부터 들어온 미생물에 의한 것이지 배양액에서 자연 발생을 하는 것은 아님을 보여 주었다. 자연 발생설을 부정하는 동시에 세균설이 등장하는 순간이었다.

사실 파스퇴르가 세균설을 처음 주장한 것은 아니다. 세균설은 멀게는 330년 전 이탈리아 지롤라모 프라카스토로, 가깝게는 1800년대 초 독일 프리드리히 헨레 등에 의해서 주장되었다. 파스퇴르가 한 것은 이전의 세균설을 완전하지는 않지만 실험적으로 증명한 것이다. 세균설은 현대 외과 수술의 아버지라 불리는 스코틀랜드의 외과 의사 조지프 리스터가 외과 수술 소독법을 개발하는 데 영감을 주었고 훗날 파스퇴르가 백신을 개발할 이론적 근거를 제공한다.

앞에서 언급한 바와 같이 파스퇴르는 포도주가 신맛으로 변하는 이유를 알고 있었지만, 포도주를 끓이지 않고 방지하는 방법을 알아내는 데 몇 년의 시간이 더 걸렸다. 1862년 파스퇴르는 포도주를 섭씨 60도로 1시간 동안 가열해 봤다. 끓일 수 없으면 온도를 낮추는 것이 당연해 보이지만 그 온도로는 절대로 살균할 수 없다는 것도 알고 있었다. 파스퇴르의 목적은 멸균이 아니라 양조장에서 병입한 포도주가 사람들이 마실 때까지만이라도 맛이 변하지 않도록, 발효 시간을 지연시키는 것이었다. 실험 결과는 양호했고 1864년 세계에 공표

아름다운 미생물 이야기

했다. 이 방법이 지금도 사용하고 있는 저온 살균법(pasteurization)이다. 미생물의 세포나 포자를 완전히 파괴하는 멸균과 달리 저온 살균법은 미생물의 수를 줄이는 것을 목적으로 하는 살균법으로서 주류나 우유 같은 식품들의 일정 기간 보존을 가능하게 해 주었다.

1867년 파스퇴르는 소르본 대학교 화학과 교수로 자리를 옮긴다. 하지만 이듬해 뇌출혈로 쓰러져 반신불수의 몸이 된다. 그러한 장애도 연구에 대한 열정 앞에서는 장애가 되지 않았다. 1870년에 발발한 프로이센-프랑스 전쟁이 끝난 1871년부터 5년간 그 자신은 맥주를 별로 좋아하지 않으면서도 맥주 연구를 한다. 그는 맥주 발효균이 효모임을 처음으로 밝힌다. 이런 일련의 실험을 하면서 파스퇴르에게 각인된 미생물의 특징은 그것들의 엄청난 증식 속도였다. 혹시 미생물이 사람 몸에 들어올 경우 병에 걸릴 수도 있고 거꾸로 몸에 못 들어오게 하면 병도 안 걸릴 수도 있다고 생각했다. 지금의 예방 의학 개념이다. 의아하게 들릴지 몰라도 당시 유럽에 세균이 사람의 질병을 일으킬 수 있다고 생각하는 사람은 드물었다. 식사 때마다 파스퇴르가 돋보기로 음식물을 들여다보는 별난 습관을 가지게 된 것도 세포설 이후였을 것이다. 기독교도인 파스퇴르가 식탁에서 기도 다음으로 한 행동이 음식물에 돋보기를 들이대는 것이었으니 누가 파스퇴르가 초청한 식사 자리에 가려 하고 누가 파스퇴르를 식사에 초청하려 했겠는가?

프랑스 사람들은 프랑스 역사상 가장 위대한 사람으로 나폴레옹보다 파스퇴르를 꼽는다. 한 사람은 살육자이고 다른 한 사람은 구

원자다. 지금까지 살펴본 파스퇴르의 미생물학 업적은 포도주 제조
업자들의 민원을 해결하는 중에 얻은 성과들이다. 식품업 관계자들
이 꼽은 위대한 프랑스 인은 될 수 있을지언정 프랑스 역사상 가장 위
대한 사람으로는 미흡하다. 프랑스 역사상 가장 위대한 사람이야 프
랑스의 문제지만 미생물학의 아버지로 불리기엔 더욱 미흡하다. 괴짜
미생물학자가 프랑스 역사상 가장 위대한 사람이며 미생물학의 아버
지가 되기 위해서는 반전이 필요했다.

사람에 감염되는 세균을 찾으려는 파스퇴르에게 1876년 독일
의 후배 세균학자인 로베르트 코흐에 의해 탄저병(炭疽病, anthrax)*의 원
인이 되는 세균인 탄저균(*Bacillus anthracis*)이 분리되었다는 소식은 결코
반갑지 않았을 것이다. 탄저병 원인균을 배양했으면 예방도 할 수 있

---

* 탄저병은 하나의 증상을 일으키는 전염병을 통칭하는 말로, 증세가 나타난 부위가
검게 썩어 가는 병을 모두 일컫는 말이다. 탄저균의 학명은 바실러스 안타르시스(*Bacillus
anthracis*)이다. 탄저병은 크게 동물 탄저와 식물 탄저로 나뉘지만, 보통 탄저균이라고 표
기한 것은 동물 탄저를 일컫는다. 동물 탄저는 세균성, 식물 탄저는 진균류 감염이다. 동
물 탄저의 무서운 점은 높은 전염성과 사망률인데, 약한 편에 속하는 피부 탄저의 경우
에는 의학 기술의 발달로 사망률이 20퍼센트로 줄었지만 그보다 더 위험한 소화기 탄저
는 60퍼센트, 호흡기 탄저는 사망률이 95퍼센트에 이르는 매우 위험한 전염병이다. 게다
가 탄저병은 땅에서 매복하는 균으로, 만약 생물이 탄저병으로 죽으면 그 지역이 오염된
다. 그리고 그 지역에 있던 생물이 다른 지역으로 이동해 죽으면 역시나 그 지역도 오염
된다. 게다가 탄저균은 자연 상태에서도 포자를 만든다. 일반적으로 '백색 가루'라고 불
리는 것은 탄저균의 포자다. 이 포자는 엄청난 생존율을 보여서 흙 속에서 100년까지도
버틸 수 있다. 가열, 일광, 소독제에도 강한 내성을 보여 오염된 것을 소각하지 않으면 안
심할 수 없다.

겠구나 생각하는 것이 전부였다. 당시 탄저병은 유럽에서 흔히 발생하는 병이었다. 게다가 1850년 초에 파스퇴르처럼 프랑스 의사이며 미생물학자인 피에르 레예와 카시미르조세프 다방이 죽은 양의 피에서 탄저균을 발견한 터였다. 1855년, 독일 의사 알로이스 폴랜더는 탄저병의 원인에 대해 논문을 발표하고 1863년, 다방도 감염된 피를 멀쩡한 양에 접종하면 탄저병이 전염된다는 것을 보여 주었다. 파스퇴르가 왜 이런 사실들에 관심을 안 두었는지 의문이다. 그러다 1877년에 프랑스 동부에서 탄저병이 발생했다. 파스퇴르는 지체 없이 그곳으로 달려간다.

과학은 가끔 우연한 사건을 통해 발전한다. 이것을 세렌디피티(serendipity)라고 한다. 1879년 유럽에 닭 콜레라(fowl cholera 혹은 avian cholera)*가 돌았다. 인간이 걸리는 콜레라와는 무관하지만 이 병이 한번 퍼지기 시작하면 90퍼센트 이상의 닭이 죽는다. 1880년 그는 콜레라에 걸린 닭의 피를 채취해 닭고기 수프에 넣었다. 세균은 급속히 번식했다. 그는 세균을 함유하고 있는 수프를 닭에게 주었더니 닭은 곧바로 콜레라에 걸렸다. 이것으로 파스퇴르는 생애 처음으로 세균을

---

* 닭 콜레라 또는 가금 콜레라는 닭과 오리 및 칠면조 등에서 발생하는 200년 이상의 역사를 가진 조류의 급성 전염병으로서 파스테우렐라 물토시다(*Pasteurella multocida*)가 원인체이며, 1800년 파스퇴르에 의해서 최초로 분리 및 확인되었으며, 이 균을 이용해 세계 최초로 백신이 제조되었던 역사를 가지고 있는 중요한 세균이다. 이 균의 독소에 의해서 임상 증상과 병변이 발생되는 세균성 전염병으로서 국내에서도 발생 보고가 되어 있으며 우리나라 보건 당국에서 제1종 법정 전염병으로 고시하고 있는 질병이다.

분리하고 배양하게 된 것이다. 어느 날 파스퇴르의 실험 보조원은 실험용 닭에게 콜레라 배양액을 주입하는 것을 깜빡 잊고 실험대에 내버려 두었다. 며칠 후에 보니 배양액의 콜레라균이 아직도 살아 있는 것이었다. 멸균해서 버리기 귀찮았든지 오래된 균 배양액을 그냥 실험용 닭에 주사했다. 초기에 병의 조짐만 보이더니 신기하게 닭은 죽지 않았고 오히려 재차 주사한 싱싱한 콜레라균에도 병이 걸리지 않았다.

이 현상을 놓고 파스퇴르는 콜레라균을 며칠 동안 방치한 결과 닭에게 병을 일으키지 못할 정도로 약해졌고 또한 약해진 균을 주사하면 추후 강한 균이 들어와도 닭이 저항력을 갖도록 도움을 줄지도 모른다는 생각이 머리를 스쳤다. 파스퇴르는 영감(靈感, inspiration)이 잘 떠오르기도 하지만, 또 그것이 잘 맞는 사람이었다. 전 과정을 다시 해 보니 똑같은 결과가 나왔다. 이로써 독소를 약하게 한 균을―전문 용어로 약독화(attenuation)라고 한다.―닭에게 미리 주사하면 병에 걸리지 않는다는 사실을 발견한 것이다. 인류가 만든 최초의 배양 백신이다. 파스퇴르는 "우연은 준비된 자에게만 미소 짓는다."라는 말을 남겼다.

파스퇴르는 자신의 발견에 확신을 얻은 후 상기한 것은 암소의 젖을 짜는 사람들은 천연두에 걸리지 않는다는 관찰로부터 제너가 천연두 백신을 만든 방법이었다. 파스퇴르는 제너의 거의 100년 전 아이디어가 자신의 닭 콜레라 백신 개발에 큰 공헌을 했다는 것을 기리기 위해 암소를 뜻하는 vacca를 따 예방 접종을 vaccination이라고

아름다운 미생물 이야기

이름을 붙였으며 배양균을 백신(vaccine)라 불렀다. 그러면서도 제너와 자신의 발견이 다른 것임을 확실히 했다. "저는 제너와는 달리 동물을 죽이는 미생물과 그들을 죽음에서 지켜 내는 게 동일한 미생물이라는 것을 알아냈습니다." 즉 원인균의 확인이 둘의 차이점이라고 강조했다.

파스퇴르는 곧바로 광견병 연구에 들어가는 한편으로 닭 콜레라 백신 개발 경험을 살려 탄저병 백신 개발에 착수했다. 1881년에 파스퇴르는 양을 두 실험군으로 나누고 한쪽 실험군에게만 탄저균 백신을 15일의 간격으로 두 번 주사했다. 30일 후에 탄저균을 감염시키자, 백신을 투여받지 못한 실험군의 양은 모두 죽었지만, 백신을 투여받은 실험군의 양은 모두 살아남았다. 탄저균 백신이 만들어진 것이다.

광견병은 미친개나 미친 늑대에게 물리면 수 주일 후에 발병하는데 일단 발병하면 죽을 수밖에 없을 정도로 치명적이었다. 파스퇴르에게는 광견병에 대한 공포스러운 기억이 있었다. 9세 때 미친 늑대로부터 겨우 도망친 파스퇴르는 그때 늑대에 물린 8명의 마을 사람들이 수 주일 후 입에 거품을 물고 죽어 가는 것을 목격했다. 그런 기억 때문인지는 몰라도 파스퇴르는 광견병 백신 개발에 도전했다. 파스퇴르는 동물을 이용해 실험을 시작했다. 감염된 지 수 주일 후에 발병하는 광견병의 특성 때문에 결과를 확인하는 데 시간이 많이 걸리기는 했지만, 오히려 백산 사용 방법의 차이점을 가져왔다. 닭 콜레라 백신이나 탄저병 백신의 경우 예방 백신으로 질병에 노출되기 이전에 백신을 투여해야 했다. 그러나 광견병의 경우 개에게 물린 후 한참 시간이 지나 발병하므로 그사이에 백신을 투여해도 된다. 즉 미친

개에게 물린 사람만 치료하면 된다. 치료 백신인 것이다.

사실 광견병 백신은 좀 엉터리다. 광견병 백신은 광견병에 감염한 환자들로부터 채취한 미지의 병원체를 토끼의 척추에 이식시키고 그것을 건조해서 만들었다. 운이 좋게 약독화가 이뤄진 것이다. 광견병이 원인이 바이러스라서 당연히 몰랐겠지만 병의 원인균도 모른 채 백신이 만들어졌다. 이 점에서 파스퇴르는 운이 좋은 과학자라는 소리를 듣기도 한다. 유명한 과학자치고 운 좋지 않은 사람이 몇이나 있을까? 중요한 것은 광견병이 치료된다는 것이었다.

1884년에 사람들이 미친개에 물린 9세 소년 조세프 마이스터를 파스퇴르에게 데려왔다. 파스퇴르가 할 수 있는 방법은 백신이라고 만들어 놓은 것을 주사하는 방법밖에 없었지만 그러한 방법이 사람에게도 잘 들을지 아직 확신할 수 없었다. 파스퇴르는 백신을 놓지 않으면 그 소년이 죽을 것이라는 것을 알기에 소년에게 백신을 주사한다. 그리고 절박하게 수 주를 기다린 후에, 광견병 치료 백신이 성공적이었음을 확인한다. 지구에서 광견병에 대한 공포를 완전히 추방하는 신호였다. 그의 나이 62세 때인 1884년이다. 파스퇴르가 사망한 1895년까지 약 2만 명의 환자가 백신 치료를 받았는데, 그중 사망한 사람은 100명 이하였다. 광견병 백신 치료의 최초 시험 대상이었던 그 소년은 성장한 후에 파스퇴르에게 은혜를 갚는 의미로 파스퇴르 연구소의 수위를 자청한다.

1888년 프랑스 국민은 조국과 인류를 위해 온 힘을 다한 파스퇴르에게 감사하기 위해 그의 이름을 딴 파스퇴르 연구소를 세웠다.

아름다운 미생물 이야기

프랑스 정부뿐만 아니라 백신의 효과를 본 몇몇 외국 정부에서도 기금을 보내왔다. 그는 이곳에서 전염병으로부터 인류를 구원하기 위해 몸을 아끼지 않다가 1894년 72세에 숨을 거뒀다. 노벨상 제정 6년 전이다. 알프레드 노벨은 가장 먼저 노벨상을 주어야 할 사람으로 파스퇴르를 꼽을 정도로 아쉬워했다. 경의를 표하지 못할망정 우리나라 어떤 기업처럼 그의 이름을 상술에 이용하는 것은 수많은 사람의 생명을 구한 영웅에 대한 모독이다. 단, 상술에 이용하는 것도 경의를 표하는 방법 중 하나라고 주장하면 할 말은 없다.

파스퇴르와 함께 일한 제자들 중에는 식세포의 기능을 밝힌 일리야 메치니코프, 디프테리아 항독소를 개발한 에밀 루, 페스트의 원인균을 밝힌 알렉상드르 예르생 등이 있다. 파스퇴르 연구소는 오늘날까지도 세계에서 가장 뛰어난 미생물 연구소 중 하나다.

세균 사냥꾼 코흐[5, 6]

1876년, 독일인 의사 로베르트 코흐는 탄저병의 원인이 되는 세균(탄저균)을 분리하고 그 독성을 증명했다. 이 소식은 세계를 놀라게 했다. 누구보다 더 놀란 사람은 그무렵 세균학 분야의 일인자인 프랑스의 파스퇴르였을 것이다. 탄저균의 발견으로 코흐에게 선수를 놓친 파스퇴르는 앞서 언급한 바와 같이 1881년 탄저병 예방 접종 백신 개발로 명성을 회복할 수 있었다.

코흐는 1843년 독일 남서부 하르츠 산 근처 클라워스탈에서 태어났다. 괴팅겐 대학교에서 프리드리히 헨레의 지도 아래 의학을 공부하고 1866년에 졸업했는데, 의대생 시절 파스퇴르의 미생물 연구에 관심을 갖게 되어 베를린 대학교에서 6개월 동안 미생물 연구를 했다. 의사 자격 시험에 합격해 의사가 된 코흐는 1867년에 고향으로 돌아와 사춘기 때부터 사모하던 동향의 에미 프리츠와 결혼한다. 1869년에 포젠 주의 조용한 마을 라크비츠에 정착해 개업의 생활을 한다. 1871년에 프로이센-프랑스 전쟁에 지원해 수 개월간 군의관으로 근무했다. 전쟁에서 돌아온 코흐는 지역 의료 담당관 시험에 합격해 1872년부터 폴란드 국경 근처의 조그만 마을 볼슈타인(Wollstein, 지금의 볼슈틴(Wolsztyn))의 공의(公醫, community doctor) 생활을 하게 된다. 궁핍하지만 한적한 시골 생활은 그의 아내가 원하던 것이었다. 환자가 없어 적적해하는 남편의 무료함을 달래 주기 위해 그리고 결과적으로 둘을 갈라놓는 씨앗이 될 줄은 꿈에도 모른 채 코흐의 29세 생일 선물로 준 현미경이 코흐를 세균학자로 이끄는 계기가 된다.

그무렵 유럽의 여러 지방에서 탄저병이 유행하고 있었다. 양이나 소는 물론이고 사람들도 사망에 이르는 경우가 많았다. 특히 폴란드에서 심했다. 우연히 폴란드 근처 볼슈타인에서 살고 있던 코흐가 탄저병에 관심을 갖게 되는 소식이 들렸다. 폴란드의 수의사들이 병사한 동물의 혈액에서 작은 막대 모양의 물체를 관찰했고 병사한 동물의 혈액에 막대 모양의 물체가 없더라도 그 혈액을 주사한 동물은 탄저병에 걸린다는 내용이었다. 이것은 사실 새로운 것은 아니다. 앞에서 언급한 것처럼 1850년 초와 1860년 초 사이에 레예, 다방, 폴렌

더가 유사한 내용을 보고했던 것이다. 진작 탄저병에 관심이 있었다면 탄저병에 감염된 피를 멀쩡한 양에 접종하면 탄저병이 전염된다는 1863년 다방의 보고 정도는 당시 의대생이던 코흐가 들었을 수도 있다.

연구에 대한 열정만 있다면 한적한 시골 의사에게 탄저병 연구는 최상의 일거리였다. 당장 실험실을 차렸다. 실험실이라 해 봐야 진료실 커튼 너머 현미경, 현미경 사진기, 손수 만든 세균 배양기, 박편 제작기(薄片制作機, microtome), 간이 암실이 전부였다. 그는 우선 탄저병에 걸린 동물의 혈액을 구했다. 그 혈액을 실험용 쥐에 주사하자 쥐는 하루 만에 죽었으며 죽은 쥐의 혈액을 현미경으로 관찰하니 긴 실 모양도 보이고 작고 둥근 모양도 보였다. 작고 둥근 모양이 포자다. 코흐는 자신이 만든 배지에 젤라틴을 넣어 고체로 만들어 배양을 시도했으나 탄저균이 제일 잘 자라는 섭씨 37도에서 젤라틴이 흐물흐물해지는 바람에 실패했다. 코흐는 젤라틴 대신에 한천(agar)을 써 봤다. 그랬더니 그가 바라던 대로 섭씨 37도에서 고체 상태를 유지하고 그 위에서 세균이 자랐다. 세계 최초로 세균을 순수 배양하는 데 성공한 것이다. 또 배양한 균을 건강한 동물에 주사해 탄저병을 일으킬 수 있었다. 이렇게 해서 코흐는 탄저병이 탄저균이라는 특정한 병원균이 일으킨다는 사실을 입증했다. 그가 개발한 한천 고체 배지는 150년이 지난 지금에도 세균 배양에 그대로 사용된다. 코흐가 어떻게 한천을 이용할 생각을 했는지 존경스러울 정도다.

코흐는 어렸을 때부터 체계적이고 집요했다. 자기가 바라던 실험 결과를 얻었고 그 결과가 무엇을 의미하는지 너무나도 잘 알았지만 그는 대단히 신중하고 인내심이 많은 사람이었다. 비슷한 실험을 몇백 번이 넘도록 되풀이해 탄저병에 걸린 동물의 혈액에 의해 발병된 동물에서 채취한 혈액을 세 번째 동물에 주입하면 오히려 탄저병이 더 빨리 발병한다는 사실을 발견한다. 이런 과정을 거듭할수록 탄저균의 독성이 더욱 강해지는 것도 알아냈다. 그는 계속해서 탄저균의 2분법 분열 방식도 파악했고 포자에 대한 연구도 수행했다. 탄저균은 약하고 잘 죽지만, 그 포자는 저항력이 강해 공기 중이나 흙 안에서 오래 생존하며, 동물 체내에 들어가면 다시 세균이 되어 증식하면서 탄저병을 일으킨다는 사실도 발견했다. 포자의 발견은 탄저병 예방 방법에 있어서 매우 중요한 의미를 갖는다. 왜냐하면 병이 지나가고 난 한참 후에 어떤 동물과의 접촉도 없는데도 사람이나 동물이 탄저균에 감염되는 경로를 설명해 주기 때문이다. 공기 중 탄저균 확산 방지 못지않게 포자가 안 만들어지게 하는 것도 탄저병 확산을 방지하는 데 중요하다고 생각했다. 탄저병으로 죽은 모든 동물은 죽자마자 태우고 그럴 수 없다면 땅 속 깊은 곳에 묻어 온도를 낮춤으로써 탄저균이 포자로 변하지 못하게 하는 방법도 알아냈다. 코흐는 이런 일련의 연구에 5년을 투자했다. 그가 얼마나 철저하고 꼼꼼한지 알 수 있는 대목이다. 코흐는 이제 자신의 미래가 어떻게 변하리라는 것을 잘 알고 있었을 것이다. 1876년, 5년에 걸친 자신의 연구에 확신을 가진 코흐는 근처의 브레슬라우 대학교에서 자신의 연구 결과를 발표했다. (브레슬라우는 현재 브로츠와프란 지명으로 폴란드 영토다.) 브레슬라우 대학교에는 학창 시절의 은사로 세균 분류의 권위자인 페리디난트 콘

아름다운 미생물 이야기

교수가 재직하고 있었다. 코흐의 설명을 들은 콘은 코흐의 연구 결과에 흥미를 가질지도 모르는 유명한 병리학자 율리우스 콘하임 교수를 비롯한 주위의 동료 교수들에게 공개하게 했다. 코흐가 3일 동안 쥐를 이용해 실연(實演)하면서 연구 내용을 설명하자 콘하임 교수는 "위대한 발견"이라고 흥분하며 젊은 연구생들도 같이 듣게 했다. 이때 불려간 젊은 연구생 중의 한 명이 나중에 코흐의 제자가 되어 후에 '마법 탄환(Magic Bullet)'이라는 별명을 가진 매독 치료제를 개발한 공로로 1908년에 메치니코프와 함께 노벨 생리·의학상을 받은 파울 에를리히다. 탄저균 순수 배양과 감염 경로 확인 소식은 전 유럽에 빠르게 퍼져 나갔다. 당시 세균학계의 일인자로 칭송되던 파스퇴르에게도 전해진 것은 물론이다. 자기보다 한참 어리고 다른 나라도 아닌 독일의 그것도 철저하게 무명이었던 코흐에게 뒤졌다는 충격은 무척 컸을 것이다. (파스퇴르의 반독일 정서는 당시에도 유명했다.*) 3 대 0으로 이기고 있는 9회 말 투아웃 상황에서 만루 홈런을 얻어맞은 투수에 비교하면 될까? 하지만 세균학계에 또 하나의 보물이 그야말로 혜성처럼 등장하는 순간이다.

유명해졌지만 코흐의 열악한 연구 환경이나 적은 수입은 크게 달라지지 않았다. 하지만 탄저균을 연구하면서 현미경 사진의 중요성

---

* 프로이센-프랑스 전쟁이 일어나자 파스퇴르는 독일 본 대학교에서 받은 명예 박사 학위를 반납한다. "과학에 국경은 없다. 그러나 과학자에게는 조국이 있다."라는 말을 남긴다. 본인도 아들과 함께 참전을 희망했지만 정부의 만류로 아들만 참전했던 그 전쟁에서 파스퇴르는 아들을 잃는다. 아들의 전사 소식에도 파스퇴르는 연구에만 몰두했다.

을 깨달은 그는 세균의 형태를 좀 더 잘 볼 수 있는 방법에 대한 연구를 계속했다. 결국 세균 표본 고정법, 염색법, 현미경 촬영법을 1881년 베를린 국립 보건 연구소로 옮긴 뒤 발표한다. 이 결과들 역시 세균학에서 획기적인 진전으로 평가된다. 1880년(어떤 자료에는 1885년으로 되어 있다.) 독일 정부는 코흐 연구의 중요성을 인식하고 37세의 그를 베를린 국립 보건 연구소의 소장으로 임명한다. 코흐 연구의 중요성을 인식하는 데 있어서 독일 정부의 인내심 역시 코흐만큼 진득하다. 하지만 37세의 젊은 과학자를 국립 연구소의 소장으로 임명한 것은 파격적이었다. 아마도 파스퇴르를 의식하며 그에 맞서 국가의 자존심을 지킬 인물로 나이 불문하고 코흐를 선택한 것 같다. 코흐는 37세에 비로소 번듯한 연구 시설, 실험 조수, 풍족한 연구비를 가지게 된 것이다. 연구를 시작한 지 8년 동안 거의 자비로 연구했으니 감격스러웠을 것이다. 전 세계의 연구자들이 코흐의 명성을 보고 연구소로 모여들고 단기간에 실적이 쌓이기 시작했다. 이때 모여든 젊은 과학자로는 독일의 에밀 폰 베링(1901년 최초의 노벨 생리·의학상 수상), 독일의 파울 에를리히(1908년 메치니코프와 함께 노벨 생리·의학상 수상), 일본의 기타자토 시바사부로 등이 있다. 코흐의 탄저균 순수 배양 이후 많은 연구자들이 탄저균 백신 개발에 뛰어들었을 것으로 추정됨에도 불구하고 그에 대한 경쟁이 별로 언급되지 않은 것으로 보아 파스퇴르의 탄저균 백신 개발 진도가 어느 정도 알려진 듯하다.

1880년 당시 세균학 분야에서는 또 하나의 경주가 시작되고 있었다. 결핵(結核, tuberculosis) 원인균의 발견이다. 베를린에서 코흐도

아름다운 미생물 이야기

그 경주에 도전했다. 이전에 브레슬라우의 콘하임 교수는 어떻게 실험했는지 모르지만 결핵은 병든 사람에게서 건강한 동물에게로 전염될 수 있다는 것을 보여 주었다. 이것으로 보아 어떤 미생물일 것이라고 추측했다. 사실 이 추측 이외에 별로 할 것이 없었다. 아직 바이러스가 발견되기 훨씬 이전인 때다. 결론부터 이야기하면 결승선에 먼저 들어온 사람은 코흐였다. 1882년의 일이다. 그가 그 경주에서 승리할 수 있었던 것은, 앞에서 잠시 언급한 세균 표본 고정법과 염색법을 개발한 덕분이었다.

코흐가 현미경을 통해 본 결핵균은 아주 작고 가늘고 구부러지고 길쭉한 모양이었다. 탄저균과는 현저히 다른 모양이었다. 실험 조수들이 결핵균을 발견한 것이 틀림없다고 말했음에도 그에게는 탄저균의 경우와 같이 확신을 갖기 위해서 더 많은 증거를 필요로 했다. 코흐와 결핵균을 발견했다고 확신하는 실험 조수들 사이에 누구의 인내심이 강한지를 시험하는 작은 경주도 함께 펼쳐졌다. 코흐는 탄저균의 경험을 살려 우선 균부터 고체 배지 위에서 순수 배양했다. 수개월 동안 계대 배양한 뒤 건강한 동물들에게 접종했다. 탄저균처럼 동물들이 결핵에 걸릴 것으로 예상했지만 결과는 걸리지 않은 것으로 나왔다. 실패였다. 코흐는 결핵균이 살아 있는 동물의 몸속에서만 독성을 유지한다고 추측했다. 또한 그렇다면 몸속과 최대한으로 비슷한 환경에서 기르면 독성을 유지하는 데 도움이 될지도 모른다고 추측했다. 그는 동물의 혈장을 첨가한 젤리 상태의 액체 배지를 만든다. 그 유명한 혈장 배지다. 결핵에 걸린 동물에서 얻은 43개의 결핵균 아종

(亞種, subspecies)을 혈장 배지에서 배양했고 그 배양액을 건강한 동물에 주사했더니 결핵에 걸렸다. 코흐는 결핵균의 발견을 확신했다. 두 경주가 한꺼번에 끝났다. 큰 경주에서는 코흐가 이긴 것은 확실한데 작은 경주의 결과는 아무도 모른다. 아마도 코흐가 이겼을 것이다. 코흐 같은 연구 책임자 밑에서 일하는 것은 결코 쉽지 않은 일이다.

코흐는 결핵균 발견 발표를 결코 서두르지 않았다. 아직 알고 싶은 것이 하나 더 있었다. 탄저균처럼 감염 경로를 알고 싶어 했다. 코흐는 결핵균이 결핵 환자들의 기침으로 몸 밖에 나왔다가 공기를 통해 옮는다고 추측했다. 그것을 증명하기 위해 동물을 이용해야 하는데 동물도 그런 경로로 병에 걸리는지 확신할 수 없었다. 그런 실험을 하는 것은 위험이 뒤따른다. 공기 중에 분사한 결핵균이 자신의 허파로 들어가 자신도 결핵에 걸릴 수도 있기 때문이다. 아무튼, 그는 결핵균이 공기를 통해 옮는다는 것을 확인했다. 물론 염려하던 일은 코흐에게 일어나지 않았다.

결핵균을 발견하겠다는 경주가 시작된 지 채 2년도 안 되는 시간에 코흐가 결핵균을 발견했다는 소식은 곧바로 전 세계를 강타했다. 프랑스에서는 누가 경주에 참가했는지 알려지진 않았어도 누군가는 했을 것이다. 2등은 잊혀지는 경주였다. 독일과 프랑스의 축구 경기처럼 독일은 환호했고 프랑스는 고개를 떨구어야 했을 것이다. "제가 발견한 것은 그렇게 대단한 것이 아닙니다."라고 한 코흐의 겸손한 말조차 프랑스 사람들에게는 위안이 되지 못했을뿐더러 어떤 이들에게는 조롱으로 들렸을지도 모른다.

아름다운 미생물 이야기

코흐가 발견한 세 가지 균 가운데 아직 한 가지가 더 남았다. 콜레라균이다. 알려진 경위에 대해서 전해 내려오는 이야기가 없어 제일 재미없는 균이다. 그도 그럴 것이 코흐가 인도에 가서 발견했기 때문이다. 1883년 이집트에 콜레라가 출현해 유럽에 전파될 위험이 생기자 코흐는 콜레라 연구를 위해 이집트로 파견된다. 그는 이집트에서 단서를 잡았으나 콜레라의 유행이 이미 그친 상태라 더 이상 연구를 진척시키지 못했다. 그는 콜레라가 풍토병인 인도로 가서 콜레라의 원인균인 비브리오균(*Vibrio vulnificus*)을 발견했고 그것이 식수, 음식, 의복 등으로 전파된다는 것을 밝혀냈다. 이때가 1885년이다. 감염 경로를 알면 그 병을 통제할 수 있다. 코흐가 그 방법을 제시했음은 물론이다.

코흐에게 한 가지 소원이 있었을 듯하다. 그것은 파스퇴르로부터 연유했을 것이다. 탄저균은 자신이 먼저 발견했는데 백신은 파스퇴르가 먼저 만들어 수많은 가축이나 사람을 구했다. 백신에 관한 한 파스퇴르가 큰 산이었다. 1890년 코흐의 다음 목표는 분명했다. 결핵 치료제를 개발하는 것이었다. 이를 위해 그는 결핵균의 배양액으로부터 무균 항원인 투베르쿨린(Tuberkulin)[*]을 제조했다. 하지만 치료제로 개발한 투베르쿨린은 치료 효과가 없는 것으로 판명되었고, 그때부터

---

[*] 피부 결핵에 극적 효과를 가져왔으나 폐결핵 등 대해서는 역효과가 있다. 현재는 결핵의 감염 여부를 판정하는, 즉 진단을 위한 투베르쿨린 반응(결핵의 알레르기)에 이용되고 있다.

코흐의 명성에는 금이 가게 되었다. 말이 '금'이지 독일 정부와 국민의 실망과 좌절을 상상해 보라. 코흐 자신도 실의에 빠져 한동안 그의 연구는 답보 상태에 머무를 수밖에 없었다. 1891년 코흐는 독일 정부가 파스퇴르 연구소를 모델로 그를 위해 설립된 베를린 전염병 연구소의 책임자로 취임한다.

　　코흐 하면 떠오르는 것이 교과서에 빠짐없이 나오는 '코흐 공리(Koch's Postulates)'다. 코흐의 4원칙 혹은 코흐의 가설 등 여러 가지 이름으로 불리는 만큼 1878년, 1880년, 1884년, 1890년 발표 연도도 제각각이다. 대부분의 책은 아예 연도도 적어 놓지 않는다. 아마도 발표 연도와 출판 연도가 뒤섞인 때문이라 생각된다. 코흐가 결핵균 발견의 경험으로 세운 공리이기 때문에 앞의 두 연도는 분명히 아니다. 1884년 발표, 1890년 공식 출판이 맞는 듯하다. 코흐의 공리란 특정 미생물이 특정한 질병을 일으킨다는 인과 관계가 성립되는 데 필요한 네 가지 조건이다.

코흐 공리

1. 특정 질병에는 그 원인이 되는 하나의 생명체가 있다.

2. 그 생물을 순수 배양으로 얻을 수 있다.

3. 배양한 세균을 실험 동물에 투입했을 때 똑같은 질병을 유발시켜야 한다.

4. 그 병에 걸린 실험 동물에서 다시 그 세균을 분리할 수 있어야 한다.

아름다운 미생물 이야기

이 공리는 예외가 있기는 하지만 오늘날에도 여전히 유효하다.

코흐는 1893년 에미와 26년간의 결혼 생활을 끝낸다. 가뜩이나 베를린 생활을 싫어하는데다, 결정적으로 코흐가 30세 어린 여배우와 사랑에 빠진 탓이다. 에미가 1872년 현미경을 선물하지 않았으면 인류에게는 불행했겠지만 전원 생활을 즐기길 원하던 그녀는 아마도 베를린으로 오는 일도 없이 행복하게 살았을 것이다. 코흐는 새 부인과 여러 나라를 돌아다니며 사람이 걸리는 페스트, 말라리아, 열대이질 및 이집트 눈병, 티푸스에 관한 연구를 수행한다. 또한 그는 우역(rinderpest, 소의 전염병), 수라 질병(Surra disease, 가축에게 나타나는 원충류 질환), 텍사스 열병, 그리고 해안 열병과 체체파리(tsetse fly, 일명 소를 죽이는 파리)가 전염시키는 트리파노조마 질병 등과 같이 주로 열대 지방의 소에게 발생하는 치명적인 열대병을 연구한다. 1905년 결핵균을 발견한 공로로 노벨 생리·의학상을 받는다. 그 후 연구에 대한 열정은 있었지만 건강이 안 좋아져 1910년 67세의 나이로 독일 바덴바덴에서 숨을 거둔다.

1870~1880년대는 질병의 원인균이 연달아 발견된 세균학의 전성 시대였다. 이 시기에 탄저병(1876년), 임질(1879년), 말라리아(1880년), 결핵(1882년), 디프테리아와 파상풍(1884년), 콜레라(1885년) 등의 원인균이 발견되었다. 이와 함께 이 질병들을 치료할 수 있는 백신과 항독소도 연달아 개발되었다. 1881년 파스퇴르의 탄저균 백신을 시작으로 1885년 광견병 백신, 1890년 독일의 폰 베링과 독일에 유학한 일본의 기타자토의 파상풍과 디프테리아 백신, 1891년 코흐의 디프테

리아 항독소 등이 그것이다. 당시 세균학은 곧 미생물학이고 세균학
의 목적은 백신 또는 항독소를 만드는 데 있었다. 세균학만 하는 사
람은 없었다. 세균학과 면역학은 한몸이었다. 아직도 많은 의과 대
학 미생물학과의 영문 명칭이 Department of Microbiology가 아니라
Department of Microbiology and Immunology인 이유도 거기에 있다.

아름다운 미생물 이야기

8장

현대 미생물학

앞 장에서 레이우엔훅, 파스퇴르, 코흐의 생애를 살펴보는 것으로 미생물학의 탄생 과정에 대한 설명을 대신했다. 다른 과학자들의 과학에 대한 열정과 인류를 질병으로부터 구하겠다는 사명감을 제대로 전달하지 못해 아쉽다. 19세기 파스퇴르와 코흐로 대표되는 세균학의 전성 시대 혹은 황금 시대를 뒤로하고 20세기 후반 미생물학은 세포 수준의 세계에서 분자 수준의 세계로 들어선다.

20세기 초반은 몇 가지 사건 말고는 별로 기술할 것이 없다. 두 차례의 세계 대전과 그 영향으로 과학의 중심이 유럽에서 미국으로 옮겨 가면서 미생물학이 새롭게 자리 잡는 시간이 필요했기 때문이다. 20세기 후반 분자 생물학이 발전하면서 전과는 비교도 할 수 없을 정도로 생명 현상을 이해하게 되지만 이제 우리는 '알면 알수록 더 모르는(The more we know, the less we know)' 세계로 들어간다.

대장균

　　대장균(*Escherchia coli*)은 1885년 독일계 오스트리아 소아과 의사 테오도르 에셔리히에 의해 건강한 사람들의 배설물에서 발견되었다. 대장(colon)에서 발견되었기 때문에 그는 이 생물을 박테리움 콜라이 콤무네(*Bacterium coli commune*)라고 불렀다. 형태와 운동성을 기준으로 한 초기의 분류 방법에 따라 원핵생물은 손으로 셀 수 있을 정도의 종과 속(屬)으로 분류되었다. (당시 에른스트 헤켈의 분류*에 따라 세균은 모네라계로 분류되었다.) 그 전의 대표 종이었던 박테리움 트릴로쿨라레(*Bacterium triloculare*)가 사라지는 바람에 박테리움 콜라이는 지금은 잘못된 박테리움 속의 대표 종이었다. 1895년 바실러스 콜라이(*Bacillus coli*)로 재분류되었다가 나중에 원래 발견자의 이름을 딴 대장균속(*Escherichia*)으로 다시 분류되었다.

　　대장균은 종종 모형 생물로서 미생물학 연구에 사용된다. 배양 균주(예를 들어 대장균 K12)는 실험실 환경에 잘 적응했고 야생 균주와 달리 대장에서 번식하는 능력을 잃어버렸다. 많은 실험실 균주들

---

* 1866년, 헤켈은 기존의 동물계와 식물계에 원생동물계를 추가해 생물의 분류를 3계로 나누었다. 원생동물계 아래 8과를 두었는데 그중 하나가 모네라계로 세균은 여기에 포함되었다.

은 그들의 야생 능력인 생물막(biofilm) 형성 능력도 잃어버렸다. 생물막은 야생형을 항체로부터 보호하지만 많은 에너지와 물질을 필요로 한다. 1946년에 조슈아 레더버그와 에드워드 테이텀이 처음으로 견본 세균으로 대장균을 사용해 세균 접합 현상을 처음으로 관찰했고 그 후로도 대장균은 여전히 접합 실험의 모형 세균이다.[1] 대장균은 페이지 유전학(대장균을 숙주로 번식하는 박테리오페이지의 유전적 특성을 연구하는 학문)을 이해하기 위해 수행한 첫 번째 실험의 중요한 부분이었다. 세이무어 벤저 같은 초기의 과학자들은 유전자 구조의 형태를 이해하기 위해 대장균과 페이지 T4를 사용했다. 대장균은 유전체 서열이 결정된 첫 번째 생물 중의 하나였다. 대장균 K12의 완전한 유전체 서열이 1997년에 《사이언스》에 발표되었다.[2]

빵효모

빵효모(*Saccharomyces cerevisiae*)는 효모의 한 종류이다. 그것은 고대부터 포도주 생산, 제빵, 음료 생산에 있어서 필수적이다. 빵효모는 원래 포도 껍질로부터 분리된 것(빵효모는 자두 같은 어두운 색의 과일 껍질에 얇고 하얀 막을 이룬다.)으로 믿어진다. 빵효모는 견본 세균인 대장균처럼 분자 생물학과 세포 생물학에서 가장 집중적으로 연구된 견본 진핵 생물 중 하나이다.[1] 또한 발효의 주인공이기도 하다. 세포는 둥글거나 타원형이고 지름은 5~10마이크로미터다. 출아(budding)로 분열한다.

사람의 중요한 단백질들은 먼저 효모 세포 안에서 그들의 동종(homolog)을 연구함으로써 발견되었다. 이러한 단백질들은 세포 주기 단백질, 신호 단백질, 전사/번역 단백질, 단백질 분해 효소 등 진화적으로 효모부터 사람에 이르기까지 유전자 염기 서열, 즉 단백질 아미노산 서열이 잘 보존되어 있는 것이 특징이다.

연구자들은 그들의 연구에 사용할 모형 생물을 고를 때 몇 가지 특성들을 고려한다. 그중에는 세대 시간, 조작, 유전, 여러 기작의 보존, 그리고 잠재적인 경제적인 이득이 포함된다. 1,500종이 넘는 효모 중에서 스키조사카로마이세즈 폼베(*Schizosaccharomyces pombe*)와 빵효모는 연구가 가장 많이 된 효모다. 이 둘은 6억 년 전과 3억 년 전 사이에 갈라진 것으로 추정되며 세포 주기, DNA 손상과 수리 기작을 연구하는 데 중요한 도구다.[3]

특히 빵효모는 여러 가지 기준을 충족하므로 견본 생물로 발달해 왔다. 단세포 생물로서 빵효모는 세대 시간이 짧으며(섭씨 30에서 1.25~2시간 동안 세포 수가 2배로 늘어난다.) 배양도 쉽다. 적은 비용으로 신속하게 불릴 수 있고 여러 균주를 손쉽게 만들 수 있다. 또한 빵효모는 감수 분열을 하므로 유성 유전학 연구에 좋은 후보 생물이다. 빵효모는 상동 재조합을 통해 새로운 유전자를 삭제 혹은 추가할 수 있다. 게다가 일배체로 자랄 수 있는 능력이 유전자 결손(knockout) 균주의 제작을 간편하게 한다. 빵효모 고등 진핵생물들에서 보이는 인트론이 거의 없으면서도 식물과 동물 세포에서 나타나는 복잡한 세포 내부 구조를 가진다. 적어도 초기에 산업에서 먼저 이용되었으므로 빵효모 연구는 강력한 경제적 동인을 가진다.

빵효모는 유전체 서열이 결정된 최초의 진핵생물이다. 전체 염기 서열은 1996년 4월 24일에 발표되었다.[4] 빵효모 유전체는 12,156,677개의 염기쌍, 6,275개의 유전자, 16개의 염색체로 구성되어 있다. 약 5,800개의 유전자가 기능적인 것으로 알려졌다. 최소 31퍼센트의 유전자가 사람의 유전체와 동종성을 보인다.

미생물 분야의 중요한 업적

파스퇴르와 코흐의 사망 이후 미생물학에 대한 관심은 커져간다. 20세기 초반에는 감염성 세균의 특성 연구와 질병의 예방과 치료에 있어서 면역과 면역 기능에 대한 연구가 주를 이룬다. 그 후 미생물의 화학적 기능 분석과 미생물을 이용한 유전학적 실험을 통해 생화학의 이해가 깊어지면서 1945년 이후는 유전학, 생화학, 미생물학이 융합하기 시작한다. 그리고 1970년대 이후 분자 생물학이 합류한다. 1900년 이후 생물학, 의학 분야에서 미생물이 어떻게 사용되었는지 노벨 생리·의학상을 통해 전망해 본다. (다음 쪽 표 참조) 세균, 곰팡이, 바이러스에 국한한다. 효모도 곰팡이에 들어가지만 편의상 효모를 별도로 취급했다. 표에 들어가지는 않았지만 미생물을 이용한 연구로 노벨 화학상을 받은 사람도 있다. 1980년 폴 버그(재조합 DNA)와 1993년 캐리 멀리스(PCR 발명) 등이다. 다음 표에서 볼 수 있듯이 미생물은 노벨상의 보고였다. 이 과학자들을 일일이 자세히 기술할 필요는 없으므로 아주 중요한 주제만 선별해 살펴보기로 한다.

연도(년)	수상자(국적)	업적(발견 연도(년))	관련 미생물
1901	에밀 폰 베링(독일)	디프테리아 치료법(1890)	세균
1905	로베르트 코흐(독일)	결핵균 발견(1892)	세균
1945	알렉산더 플레밍(영국) 하워드 플로리(영국) 에른스트 체인(독일)	페니실린과 그 효과 발견(1928)	곰팡이
1952	셀먼 왁스먼(미국)	스트렙토마이신 발견(1943)	세균
1954	존 엔더스(미국) 토머스 웰러(미국) 프레더릭 로빈스(미국)	척추성 소아마비 바이러스의 배양 방법 발견(1949)	바이러스
1958	조지 비들(미국) 에드워드 테이텀(미국) 조슈아 레더버그(미국)	물질 대사 조절 유전자 연구(1941) 세균의 유전 물질 구조 및 유전자 재조합 연구(1946)	곰팡이 세균
1959*	아서 콘버그(미국)	DNA 합성 기작 연구(1956)	세균
1965	프랑수아 자코브(프랑스) 자크 모노(프랑스) 앙드레 루오프(프랑스)	효소의 유전적 조절 작용(1960)	세균
1966*	프랜시스 라우스(미국)	종양 유발 바이러스 발견(1911)	바이러스
1969	막스 델브뤼크(미국) 앨프리드 허시(미국) 샐버도어 루리아 (미국)	바이러스의 복제 기작과 유전적 구조 발견(1945)	바이러스
1975	데이비드 볼티모어(미국) 레나토 둘베코(미국) 하워드 테민(미국)	종양 바이러스와 세포 유전 물질의 상호 작용 발견(1970)	바이러스
1976	바루크 블룸버그(미국) 대니얼 가이듀섹 (미국)	감염성 질병의 기원과 전파 과정 연구(1965)	바이러스

아름다운 미생물 이야기

1978	베르너 아르버(스위스) 대니얼 네이선스 (미국) 해밀턴 스미스 (미국)	제한 효소의 발견 및 기능 연구(1962)	세균
1989	마이클 비숍(미국) 해럴드 바머스 (미국)	발암성 레트로바이러스 연구(1976)	바이러스
1993	리처드 로버츠(영국) 필립 샤프(미국)	절단 유전자 발견(1977)	바이러스
2001*	릴런드 하트웰(미국) 폴 너스(영국)	세포 분열의 핵심 조절 인자 발견 (1967) (1975)	효모
2005	배리 마셜(오스트레일리아) 로빈 워런(오스트레일리아)	헬리코박터 파일로리균 발견 및 영향 연구(1983)	세균
2008	하랄트 추어하우젠 (독일) 뤼크 몽타니에(프랑스) 프랑수아즈 바레시누시(프랑스)	자궁 경부암 유발 바이러스 규명 (1983) 에이즈 바이러스 발견 (1981)	바이러스
2009	엘리자베스 블랙번(미국) 캐럴 그라이더(미국) 잭 쇼스택 (미국)	텔로미어와 텔로머레이즈의 기능 규명(1975)	효모
2013*	랜디 셰크먼(미국)	소포를 통한 세포 내 물질 전달 과정 원리 규명(1979)	효모
2016	오스미 요시노리(일본)	자가 포식(autophagy)의 메커니즘 연구(1993)	효모

* 미생물과 관련 없는 공동 수상자는 제외했다.

DNA 복제[3]

1부에서 생물학적으로 볼 때 생명체의 일반적 특징 중 하나로 자신과 닮은 개체의 생산을 꼽았다. 암수가 있어 수정을 통해 자손을 만드는 생물의 경우 어미와 똑같이 닮을 수 없으나 미생물에서는 우리가 흔히 알고 있는 수정이 없으므로 모양뿐만 아니라 생리적 특징들도 그대로 자손에게 전달된다. 따라서 어미의 유전 정보가 그대로 자손에게 전달되어야 한다. 어미의 모든 유전 정보는 일반적으로 DNA에 담겨 있다. 유전 정보가 그대로 자손에게 전달되기 위해서는 어미 DNA가 어미 원래의 상태로 복제되어야 한다. 그러므로 DNA 복제는 유전의 핵심이다. DNA 복제의 성공은 자손을 만드는 과정의 거의 전부라 해도 과언이 아니다.

DNA는 당과 인이 번갈아 가며 공유 결합된 뼈대(backbone)에 염기가 당에 결합된 상태의 긴 사슬이다. 당과 인이 번갈아 가며 나타나는 뼈대는 나선형이다. 염기는 구아닌, 아데닌, 싸이토신, 싸이민의 네 종류이다. DNA는 네 가지 다른 색깔의 레고블록이 층층이 쌓인 구조라 생각하면 된다. 뼈대는 변함없으므로 DNA의 특이성은 이 염기들의 순서 혹은 서열에 따라 결정된다. 예외가 있긴 하지만 생물의 DNA는 두 가닥으로 이뤄진 이중 나선 구조다. 두 가닥은 각 가닥의 염기 사이의 수소 결합으로 연결된다. 구아닌은 싸이토신과 아데닌은 싸이민과 수소 결합을 한다. 그러므로 두 가닥은 서로 보완적(complementary)이다.

DNA 복제는 하나의 DNA 분자에서 똑같은 두 분자의 DNA 를 생산해 내는 과정이다. 모든 생명체에서 일어나며, 생물학적 유전 의 기초이기도 하다. 복제가 시작되면 두 가닥은 서로 분리된다. 분리 된 어미 가닥은 각각이 주형이 되어 딸 가닥을 복제한다. 복제가 끝나 면 두 분자의 어미 가닥-딸 가닥 DNA가 만들어진다. 이를 반보존적 (semi-conservative)이라 하고 따라서 DNA 복제는 반보존적 복제다.

원핵생물과 진핵생물의 유전체는 여러 면에서 다르다. 또한 원 핵생물 유전체는 그것들 사이에 크게 다르지 않으나 진핵생물의 유전 체는 가장 하등한 효모부터 가장 고등한 사람까지 크기와 특성이 많 이 다르다. 원핵생물 유전체는 전체가 원형으로 되어 있는 반면, 진 핵생물 유전체는 선형으로 여러 개 있다. 이것을 염색체라고 한다. 효 모는 16개, 사람은 46개의 염색체를 가지고 있다. 원핵생물 유전체 는 일배체(haploid, 1N)인 반면, 진핵생물의 유전체는 이배체(diploid, 2N) 다. 용어상 약간 혼란이 있을 수 있는데 이치에 맞지 않게 일배체를 monoploid라 하지 않고 haploid라고 한다. 그래서 일배체를 반수체라 하고, 이배체를 배수체라 하기도 한다. N은 단순히 개수(number)를 뜻 하는데, 2N은 같은 염색체(상동 염색체)가 2개 있음을 의미한다. 예를 들어 사람의 체세포는 46개 염색체 2N=46으로, 생식 세포는 23개 염 색체 N=23으로 표시한다.

DNA 복제 시 아무 데서나 DNA 복제가 시작되지 않고 그 시 작점이 정해져 있다. 이 지점을 DNA 복제 개시점이라 한다. 대장균 은 1개밖에 없으나 효모는 400개, 사람은 5,000개 정도 있다. DNA가 복제될 때 이들 DNA 복제 개시점 모두가 동시에 쓰이지 않는다. 한 번 복제할 때마다 쓰이는 개수는 다르지만 아무튼 DNA는 전부 복제된다.

원핵생물의 유전체는 늘 복제하고 있다고 봐도 무방하지만 진핵생물의 유전체는 아무 때나 복제하지 않는다. 한 번 딸 세포를 만드는 과정을 세포 주기 혹은 분열 주기라 하며 보통 G1(gap), S, G2, M(mitosis)의 4개 단계로 이루어져 있다. 세포 주기를 한 바퀴 도는 시간은 세포마다 다르다. 영양 상태가 좋을 경우 효모는 약 2시간, 사람 상피 세포는 24시간 걸린다. DNA가 복제되는 시기를 S기(Synthesis phase)라 부르는데 이것 역시 세포마다 걸리는 시간이 다르다. 효모는 40분, 사람 상피 세포는 10시간 정도 소요된다.

이제 DNA 복제 속도에 대한 숫자놀음을 할 준비가 됐다. 대장균 DNA는 4,600,000개의 염기로 이루어져 있다. 영양 상태가 좋으면 20분(1,200초)마다 한 번씩 분열한다. 그 20분을 DNA 복제에 다 쓴다고 가정하면 1초당 약 4,000개의 염기를 복제한다. 효모 DNA는 12,000,000개의 염기로 이루어져 있다. 2N이므로 24,000,000개의 염기가 복제돼야 한다. DNA 복제 개시점이 반만 작동된다고 가정하면

$$24,000,000염기 \div (60초 \times 40분) \div 200개시점 \simeq 500 \ 염기/초$$

의 속도로 복제된다. 사람 2N은 6,400,000,000염기로 DNA 복제 개시점이 반만 작동된다고 가정하면

$$6{,}400{,}000{,}000 \div (60\text{초} \times 60\text{분} \times 10\text{시간}) \div 2{,}500\text{개시점} \simeq 60 \text{ 염기/초}$$

의 속도로 복제된다. 요약하면 1초당 복제되는 염기 수는 대략 대장균 4,000개, 효모 500개, 사람 60개이다. 대장균, 효모, 사람을 거치면서 약 10분의 1씩 줄어든다.

DNA 복제를 담당하는 효소는 DNA 중합 효소(DNA polymerase)다. 이 효소의 가장 특기할 만한 점은 정확성이다. 약 1억 개 염기당 1개(10^{-8})의 실수, 즉 돌연변이(mutation)가 발생하며 복제하는 사람의 DNA 염기 개수가 64억 개쯤 되므로 복제가 한 번 일어날 때마다 약 640개의 염기에서 돌연변이가 일어나게 된다. 64억 개라는 염기 수에 비해서 실수가 발생한 염기의 수가 적어 보이지만, 이 가운데 단백질을 지령하는 염기의 수는 10퍼센트인 6억 개로 복제 실수율만 보면 64개다. 3개의 염기가 하나의 아미노산을 지령할 때 세 번째 염기는 별로 중요하지 않으므로 64개×2/3=42개의 돌연변이가 단백질의 아미노산을 바꿀 수 있다. 또 열성인 경우 상동 염색체 두 자리에서 모두 돌연변이가 일어나야 하므로 42×1/2=21개다. 아미노산의 변화 하나 정도야 대수롭지 않다고 할지 몰라도 변화된 아미노산 하나가 치명적인 질병으로 초래할 수도 있다. 낫세포 빈혈증(sickle cell anaemia)*이 그 예

---

* 낫세포 빈혈증 혹은 겸형 적혈구 빈혈증은 헤모글로빈 단백질의 여섯 번째 글루탐산이 발린으로 바뀌어(GAG → GTG) 적혈구가 낫 모양으로 변해 쉽게 파괴돼 심각한 빈혈을 유발하는 질병이다. 아프리카 원주민의 일부에서 흔히 나타난다. 말라리아 저항성이 있어 이 이상 유전자를 가진 사람은 말라리아에는 잘 걸리지 않는다.

중 하나다. 대장균을 비롯한 모든 생명체는 다행스럽게도 DNA 복제 후에 DNA 복제가 제대로 수행되었는지를 검증하는 체계가 있다. 효소의 실수가 발견되면 스스로 고치는데 이를 DNA 수선 (DNA repair) 이라 한다. 이 수선 체계가 잘못될 확률은 100개 염기당 1개이다. 따라서 DNA 복제 후 수선 체계까지 동원되면 최종적으로 염기 서열에 문제가 일어나는 경우는 염기 10억 개당 1개 정도로 줄어든다. 이 숫자는 대장균 1마리가 11번 분열해 약 2,000개로 증가할 때 염기 하나가 잘못될 확률이다. 12시간 밤새 키운다면 염기 3개 정도가 잘못된다. 어떤 이유에서든 DNA 복제 과정에서 너무 많은 오류가 생기면 최후의 방법으로 자살을 해서 오류가 있는 DNA가 자손에게 전달되는 것 자체를 막기도 한다. 세포가 아닌 대장균조차도 DNA가 정확히 복제되도록 얼마나 많은 노력을 기울이는지 알 수 있다. 단세포 생물일수록 잘못된 DNA 복제는 번식의 단절로 이어질 수 있다.

DNA 중합 효소는 1956년 미국의 생화학자 아서 콘버그에 의해 발견되었다. 그는 이 공로로 1959년 노벨 생리·의학상을 받는다. 나중에 밝혀지는데 대장균에는 다섯 가지 DNA 중합 효소(DNA polymerase I, II, III, IV, V)가 있다. 유전체 복제에 쓰이는 주된 효소는 DNA 중합 효소 III이다. (아서 콘버그의 둘째 아들 토머스 콘버그가 1970년 발견했다.) 아서 콘버그가 실제로 발견한 것은 수선에 관여하는 DNA 중합 효소 I이다.

아서 콘버그에 대해 좀 더 알아볼 필요가 있다. 그는 과학계에서 아주 희귀한 인물이기 때문이다.[5] 우리는 앞서 파스퇴르와 코흐의 세균 사냥과 백신 개발 경쟁에 관해 언급한 바 있다. 이 경우는 경쟁의 긍정을 보여 준다. 그 반대의 경우가 제임스 왓슨, 프랜시스 크릭, 모리스 윌킨스, 로절린 프랭클린이 얽힌 DNA 이중 나선 구조 발견 이야기다.

아서 콘버그는 대부분의 사람들, 특히 명예를 얻기 위해 정보와 재료를 독점하려는 욕심 가득한 과학자들과는 거리가 먼 유토피아의 시포그란트(syphogrant)*였다. 콘버그는 DNA 중심의 연구를 하면서 실험에 필요한 여러 시약, 효소, 기기, 심지어 연구비까지 DNA 연구를 막 시작하는 신진 연구자들과 공유했다. 콘버그와 그의 학과 동료들은 과학적 아이디어와 실험 기법, 그리고 실험 재료의 교환과 공유라는 독특한 실험실 문화를 만들어 갔다. 생화학과 분자 생물학 분야에서 새로운 발견과 연구비를 둘러싸고 각 대학과 학과뿐만 아니라 과학자 개개인들 간에 치열한 경쟁이 벌어지던 시기임을 감안하면 놀라운 일이다. 당시 그와 함께 일했던 동료와 제자들에게는 콘버그 실험실은 유토피아 같았을 것이다. 오죽하면 콘버그와 동료, 제자, 제자의 제자를 통칭해서 자연 과학계에서는 있을 수 없는 '콘버그 학파'라고 불렀을까? 과학적 명성에 상관없이 만약 누군가가 결과물을 공유

---

* 토머스 모어의 『유토피아』에서 묘사되는 상상의 섬의 이름이 바로 '현실에는 결코 존재하지 않는 이상적인 사회'를 일컫는 '유토피아'다. 이 섬에는 10만 명의 사람들이 살고 있다. 주민들은 가족 단위로 편성되는데, 50가구가 모여서 하나의 집단을 이루고 '시포그란트'를 선출한다. 이 시포그란트들이 모여 '평의회'를 이루고 네 후보 가운데 하나를 '왕'으로 선출한다.

하지 않으면 그는 그 사회에서 매장당할 정도로 실험 재료, 특히 결과물 공유는 지금까지 과학계의 불문율이지만, 이는 공유의 개념에서 출발한 것이 아니라 제3자에 의한 결과의 재현이 필수적인 자연 과학의 특징이기 때문이다. 이런 점에서 아서 콘버그의 휴머니즘이 돋보인다.

제한 효소

제한 효소(restriction enzyme) 또는 제한 내부 핵산 가수 분해 효소(restriction endonuclease)는 이중 가닥 DNA 분자의 특정한 염기 서열을 인식해 그 부분이나 그 주변을 절단하는 것을 촉매하는 효소를 지칭한다.[3] 대부분의 제한 효소는 각각 인식 자리(recognition site) 혹은 제한 자리(restriction site)라는 특수한 염기 서열을 가진 위치에서 DNA를 절단한다. 원래 제한 효소는 세균이 박테리오페이지라는 바이러스의 공격을 받으면 생산하는 효소로, 바이러스의 침입으로부터 자신을 방어하는 역할을 한다. 즉 제한 효소의 원래 뜻은 '침입한 바이러스의 번식을 제한하는 효소'다.

1962년 연구에서 베르너 아르버와 데이지 룰랑뒤수아는 대장균에서 나타나는 DNA 제한 및 변형 현상이 두 가지 효소, 즉 DNA 메틸화 효소와 제한 효소에 의해 나타난다는 것을 발견했다. 실험에서 메틸화 효소를 생산하지 못하는 박테리오페이지의 DNA는 제한 효소에 의해 절단되어 더 이상 숙주 세포를 공격하지 못하고, 메틸화

아름다운 미생물 이야기

효소에 의해 변형된 DNA를 가진 대장균의 DNA는 보호되었다. 일부 페이지의 경우 메틸화 효소가 제한 효소보다 먼저 작용해 살아남는 경우도 있었다. 페이지를 여러 세대 배양하면 DNA 메틸화가 일어나고, 처음 페이지와는 다른 DNA를 보유해 제한 효소의 작용을 피했다. 이 실험을 통해 대장균에서 제한 효소가 활성화되었을 때 DNA를 분해하는 작용을 한다는 것이 알려졌다.

1968년 매슈 메셀슨과 로버트 유안은 최초로 제한 효소를 정제하지만 인식 자리와 제한 자리가 비특이적이었다. 1970년 마침내 해밀턴 스미스가 헤모필러스 인플루엔자(*Haemohilus influenzae*), 즉 인플루엔자균에서 다른 형태의 제한 효소를 분리했고, 특정한 인식 자리와 제한 자리가 있다는 것을 밝혀냈다. 이후 대니얼 네이선스와 캐슬린 데이나는 이 효소로 SV40 DNA를 절단해 분석했고, 폴 버그는 1972년 최초의 재조합 DNA를 만들게 되었다.[6] 이렇게 시작된 제한 효소의 역사는 유전체학과 생명 공학의 급속한 발전을 견인했고, 아버, 스미스, 네이선스는 그 공로를 인정받아 1978년 노벨 생리·의학상을 받았다.

지금까지 약 3,000여 종의 생물로부터 230가지의 다른 DNA 염기 서열을 인식하는 제한 효소가 발견되었고, 대부분은 세균으로부터 유래했다. 하지만 바이러스나 고세균, 진핵생물에서 제한 효소가 발견되기도 한다.

유전자 재조합

인간은 선택적 교배, 또는 자연 선택에 반한 인위 선택을 통해 그리고 더 최근에는 돌연변이를 통해 수천 년간 종의 유전체를 변경시켰다. 교배와 돌연변이를 제외한 이외에 사람에 의한 직접적인 DNA 조작인 유전 공학(genetic engineering)은 1970년대 이래로 존재해 왔다. '유전 공학'이라는 용어는 잭 윌리엄슨이 1951년에 발표한 그의 SF 소설 「드래곤 섬」에서 제일 먼저 사용되었다. 앨프리드 허시와 마사 체이스가 DNA가 유전 물질이라는 사실을 밝히기 1년 전이고 왓슨과 크릭의 DNA 이중 나선 구조가 발표되기 2년 전이다.

1972년 폴 버그는 원숭이 바이러스 SV40(SimianVirus 40, SV40) DNA에 대장균 바이러스인 람다 바이러스 DNA를 결합함으로써 최초의 재조합 DNA 분자를 만들었다.[6] 1973년 허버트 보이어와 스탠리 코언은 대장균의 플라스미드에 항생제 내성 유전자를 삽입해 최초의 형질 전환 생물을 만들었다.[7] 아니 창조했다. 세계에서는 과학이 신의 영역을 침범했다고 아우성이었다. 1년 후 루돌프 예니시는 쥐의 배아에 외부 DNA을 도입해 세계 최초의 형질 전환 쥐면서 세계 최초의 유전자 이식 동물을 만들었다.[8] 버그는 DNA 재조합 기술에 대한 공로를 인정받아 1980년 노벨 화학상을 받았다. 앞에서 언급한 스탠리 코언과 신경 세포 성장인자 발견 공로로 1986년 노벨 생리·의학상을 수상한 스탠리 코언을 혼동하지 말기 바란다.

재조합 DNA란 적어도 두 가닥 DNA를 합쳐서 만든 DNA 조각의 일반적인 이름이다. 그리스 신화에 나오는 키메라처럼 2개의 다른 종에서 유래한 물질로부터 만들어졌기 때문에 재조합 DNA 분자는 키메라 DNA(chimeric DNA)라 불린다. 재조합 DNA 분자를 만드는데 사용된 DNA 조각은 아무 종에서 가져올 수 있다. 예를 들면, 세균의 DNA 또는 인간의 DNA를 곰팡이 DNA에 연결할 수 있다. 게다가, 자연에 존재하지 않는 DNA 조각은 화학 합성할 수도 있다. 재조합 DNA 기술과 합성 DNA를 이용하면 말 그대로 어떤 DNA 조각이라도 다양한 생명체에 집어넣을 수 있다.

재조합 DNA를 살아 있는 세포 내에서 발현시키면 단백질을 만들 수 있다. 이런 단백질을 재조합 단백질이라 한다. 단백질을 지령하는 재조합 DNA를 숙주에 넣는다고 해서 모두 단백질로 만들어지는 것은 아니다. 외부 단백질의 발현을 위해 특화된 발현 벡터의 사용이 필요하며 때때로 외부 DNA 서열을 재조정할 필요도 있다. 1976년에 보이어와 로버트 스완슨은 첫 번째 유전 공학 회사인 제넨테크(Genentech)사를 설립한다. 1년 만에 대장균에서 인간 단백질인 소마토스타틴(somatostatin)를 만든다. 또한 1978년 유전자 변형 인간 인썰린 생산을 발표한다. 1980년, 미국 대법원은 유전자 변형된 생명체에 대해 특허를 받을 수 있다고 판결한다. 1982년 FDA는 세균에서 생산된 사람 인썰린(상품명은 휴물린(humulin)이다.)의 판매를 승인한다.

잉어는 민물고기 중 수명이 가장 길다. 보통 20년 정도이지만 비단잉어는 50년 이상 산다. 어떤 과학자가 잉어의 오랜 수명에 대해서 궁금해 했다. 여러 가지 실험을 수행한 결과, 그는 잉어의 뱃속에 사는 세균 때문이라는 사실을 발견한다. 그리고 세균에서 한 유전자를 분리해 쥐의 장내 세균에 이식했다. 보통 2년 정도 사는 쥐에 비해 형질 전환된 장내 세균을 가진 쥐는 5년 이상 동안 살았다. 세균에서 분리한 유전자의 이름을 '장수 유전자'라고 이름 지었다. 그 과학자의 큰 걱정거리는 장수 쥐가 실험실을 탈출하는 것이었다. 결과를 상상하면 끔직스러웠다. 세계가 온통 쥐로 뒤덮일지 모를 일이었다. 그는 실험실을 탈출한 장수 쥐가 야생에서는 살지 못하게 하는 묘안을 찾는다. 장수 쥐가 실험실에서만 살도록 장수 유전자의 발현을 조절하기로 했다. 장수 유전자의 발현을 조절하는 부위인 촉진자(promoter, 프로모터)에 철 이온(Fe^{2+})이 있어야만 활성화되는 서열을 집어 넣었다. 먹이에 철 이온이 있으면 장수 유전자가 발현되어 장수 쥐가 되고 먹이에 철이온이 없으면 장수 유전자가 발현되지 않으므로 보통 쥐가 되도록 했다. 즉 장수 쥐는 철 이온이 들어 있는 먹이가 없는 야생에서는 보통 쥐일 뿐이다.

앞의 이야기는 1993년 4월 1일에 발행된 《네이처》에 실린 이야기다. 만우절이라 독자들을 놀리기 위한 목적이었지만 재조합 DNA 기술의 위험성이 시사되어 있다. 아무튼 버그, 보이어와 코언, 예니시가 이룬 성과는 과학계에서 재조합 DNA 기술의 잠재적 위험성에 대한 우려를 낳았고 140명의 과학자, 법률가, 의사 들은 1975년 미국 캘리포니아 몬테레이 반도에서 개최된 아실로마 회의에서 이를 심도 있게 논의했다. 그 회의에서 결의한 주요 권고 사항 중 하나는 유전자 재조합 DNA와 그 산물은 안전하다고 판단될 때까지 격리되

아름다운 미생물 이야기

어야 하고 실험실은 그에 맞게 설계되어야 한다는 것이었다. 또한 정부가 재조합 DNA 연구를 관리 감독해야 한다고 제안했다.

사실 유전자 재조합은 자연에서 자연스럽게 일어나는 현상이다. 박테리오페이지는 환경 조건에 따라 그리고 레트로바이러스는 번식을 위해 반드시 숙주 유전체에 끼어 들어간다. 또한 항생제 내성 인자도 잘 옮겨 다닌다. 고등 생물에서는 '점핑 진(jumping gene)'이라 불리는 이동성 유전자(트랜스포존(transposon)이라고도 한다.)가 있어 유전체 내에서 이리저리 옮겨 다닌다. 한 옥수수에서 색깔이 다른 알갱이가 끼인 이유이기도 하다. 이렇게 유전 인자가 옮겨 다녀 다른 결과를 내놓은 것을 유전적 재조합(genetic recombination)이라 부른다. 재조합 DNA는 유전적 재조합과는 다르다. 전자는 인공적인 방법으로 시험관에서 만드는 반면, 후자는 본질적으로 모든 생명체에서 정상적으로 일어나는 생물학적 과정으로서 이미 존재하는 DNA 서열을 다시 섞는 것이다.

현재 유전자 재조합의 산물 중 일상 생활에서 가장 많이 접할 수 있는 것은 아마도 유전자 변형 생물 혹은 GMO(genetically modified organism)일 것이다. GMO란 세균, 식물, 바이러스, 동물에서 유래한 외부 유전자로 본래의 유전체를 변형한 생물이다. 그 가운데 우리의 가장 많은 관심을 끄는 것은 먹을거리 GMO이다. 주제에서 벗어나므로 식품 GMO의 안정성 혹은 위험성에 대해 별도의 언급을 하지 않겠다. 시간이 허락된다면 알아볼 만하다.

암 유전자

암(癌, cancer) 혹은 악성 종양(malignant tumor, malignant neoplasm)은 세포 주기가 조절되지 않아 세포 분열을 계속하는 질병으로, 발생 부위에 따라 암종(carcinoma)과 육종(sarcoma)으로 나뉜다. 암종은 점막, 피부 같은 상피성 세포에서 발생한 악성 종양을 뜻하고, 육종은 근육, 결합 조직, 뼈, 연골, 혈관 등의 비상피성 세포에서 발생한 악성 종양을 가리킨다.

사람과 동물의 바이러스의 대부분은 암을 유발하지 않지만 그중 적은 수의 바이러스는 암을 유발한다. 이런 바이러스를 암 바이러스(oncovirus) 혹은 종양 바이러스라 한다. 종양 바이러스는 DNA 종양 바이러스와 RNA 종양 바이러스로 나뉜다. WHO의 국제 암 연구 기구에 따르면 2002년, 사람의 암 중 약 12퍼센트가 종양 바이러스 감염이 원인인 것으로 추산했다. 주된 감염원과 발생률은 자궁 경부암을 일으키는 파필로마 바이러스(DNA 바이러스) 5.2퍼센트, B형(DNA 바이러스)과 C형 간염 바이러스(RNA 바이러스)을 합친 4.9퍼센트, 엡스타인바 바이러스(DNA 바이러스) 1퍼센트, 면역 결핍 바이러스(HIV)와 연관된 허피스 바이러스(DNA 바이러스) 0.9퍼센트 등이다. 닭이나 쥐에서 흔히 암을 유발하는 여러 종류의 종양 레트로바이러스(RNA 바이러스)는 사람에서는 두 종류(HTLV-1, Human t-cell leukemia virus -1(HTLV-1), HTLV-2)밖에 없으며 그것들의 감염으로 인한 암 발생은 아주 드물다. 바이러스의 감염으로 인한 암 발생은 간단한 혈액 검사로 진단할 수 있으며 백신이 개발된 경우(예를 들어 B형 간염 바이러스, 파필로마 바이러스), 예방 접종을 통해 쉽게 예방할 수 있다.

　사람에서 종양 레트로바이러스의 감염으로 인한 암 발생이 아주 드물다고 해서 종양 레트로바이러스의 중요성이 줄어들지는 않는다. 그 중요성은 사람이 아닌 닭이나 쥐로부터 유래한다. 1911년 록펠러 대학교 프랜시스 라우스는 닭의 육종 조직을 갈아 거름종이에 통과시켜 얻은 여과액을 건강한 닭에 주사했더니 그 닭도 육종에 걸리는 현상을 관찰한다. 후에 유전체가 RNA로 밝혀진 레트로바이러스 라우스 육종 바이러스(Rous Sarcoma Virus, RSV)의 발견이다. 이때 라우스의 나이는 32세였다.

　거의 50년 후인 1958년 해리 루빈과 하워드 테민은 배양한 닭 배아 상피 세포(chicken embryo fibroblast, CEF)를 RSV로 감염시키니 CEF의 모양이 변하는 것을 관찰한다. 2년 후 테민은 변형된 CEF의 모양이 RSV의 유전적 성질에 의해 조절된다고 결론지었다. 1960년대 두 가지 돌연변이 RSV가 분리된다. 하나는 복제는 하는데 CEF의 모양을 변형시키지 못하는 바이러스이고 다른 하나는 스스로 복제는 못 하는데 CEF의 모양을 변형시키는 바이러스였다. (이 경우 복제를 도와주는 보조 바이러스와 함께 키운다.) 이 바이러스들은 복제와 세포 변형이 별개의 독립된 과정이라는 것을 보여 준다.

　이렇게 두 세대나 건너뛴 후학들의 실험 덕분으로 라우스는 1966년 노벨 생리·의학상을 수상한다. RSV 발견 55년 후, 그러니까 라우스의 나이 87세 때다. 발견 후 수상까지 걸린 55년은 노벨상 역사상 최장 기록이기도 하다. 라우스는 그때까지 최고령 노벨상 수상자였다. 라우스는 사람들에게 노벨상에 관한 교훈을 주었다. 노벨상을 수상하기 위한 필요 조건 중 하나는, 마음대로 되는 것은 아니지만, 오래 살아야 한다는 것이고, 오래 살기 위해 꼭 먹어야 할 것은 나이라는 것을. 참고로, 2018년 현재 노벨상 최고령 수상자는 2007년 90세의 나이로 경제학상을 받은 러시아 태생의 미국 경제학자 레오니드 후르비츠였다. 그는 수상 몇 달 뒤인 2008년 6월 사망했다. 그다음이 2007년에 87세의 나이로 역대 최고령의 문학상을 받은 영국 작가 도리스 레싱이니 현재까지 라우스와 함께 공동 2위다.

암은 정상적인 세포가 갑자기 잘못되어 암세포가 되는 데서 비롯한다. 암 바이러스는 암 유전자(oncogene)를 가지고 있는데, 이 유전자가 지령하는 단백질(oncoproetin)이 정상 세포의 유전자 발현 체계를 변화시키면 정상 세포가 암세포로 변한다. 제일 처음 발견된 암 유전자는 1970년 테민에 의해서 확인된 RSV의 *src* 유전자([sarc]라고 발음된다.)로서 육종(肉腫)을 뜻하는 sarcoma로부터 명명되었다.

1976년 프랑스의 도미니크 스텔린, 미국의 해럴드 바머스, 마이클 비숍은 정상 세포인 CEF에도 *src* 유전자가 존재하는 것을 밝힌다.[9] 이때까지만 해도 사람들은 닭의 정상 세포에 암 유전자가 무슨 이유로 존재할까 하고 의아하게 생각했을 뿐, 이 실험 결과가 지닌 엄청난 의미를 짐작하지 못했다. 1978년 바머스와 비숍은 쥐와 사람에도 *src* 유전자가 존재하는 것을 밝힌다.[10] 사람들은 경악했다. 우리 몸속에 암 유전자가 있다니. 바머스와 비숍은 1976년 발견으로 1989년

아름다운 미생물 이야기

노벨 생리·의학상을 수상한다. 이에 스텔린이 노벨 생리·의학상 수상자 선정 위원회에 "왜 자신은 포함되지 않나?"라며 이의를 제기한다. 사실 스텔린은 충분히 억울할 만했다. 1943년생 프랑스 인인 그는 1972년부터 1975년까지 샌프란시스코의 비숍 연구실에 박사 후 연구원으로 있으면서 1976년 논문의 아이디어를 내놓았고 결과 대부분을 만들었기 때문이다. 하지만 스텔린의 이의 제기에 해당 위원회의 대답은 간단했다. "우리가 옳았다."라고. 말이야 부드럽게 했지만, 당시의 분위기를 감안하면 이 말은 "우리 맘이다."에 더 가깝다. 사실, 박사 후 연구원이 노벨상 수상 논문을 고안하고 대부분의 일을 수행했더라도 노벨상을 받은 경우는 한번도 없었다. 그 업적으로 좋은 대학의 교수 자리를 얻는 데 엄청 도움이 되었지만.

이후 1980년 해당 유전자의 염기 서열이 결정되면서 RSV와 정상적인 닭의 src 유전자 구조가 밝혀진다. 정상적인 src 유전자는 여느 유전자와 같이 여러 개의 엑손과 인트론으로 구성된 반면 바이러스의 src 유전자는 인트론이 없다. 또한 바이러스의 src 유전자는 정상적인 src 유전자의 일부분이고 돌연변이를 가진다. 이런 사실은 정상적인 src 유전자가 발현된 후 인트론이 다 제거된 상태에서 RNA의 일부분이 바이러스의 유전체로 삽입되었음을 시사한다. 즉 정상적인 세포에는 이상하게 들릴지 모르지만 정상적인 암 유전자가 존재하는 것이 정상적이다. 이에 바이러스의 암 유전자를 v-src(viral src), 정상적인 암 유전자를 c-src(cellular src)라 부른다. 그 뒤로 닭과 쥐의 암 유발 레트로바이러스의 암 유전자로부터 40여 개의 정상적인 암 유전자가 사람에서 발견되는데 이를 원암 유전자(原癌遺傳子, proto-oncogene)이라 한다. 'proto'는 그리스 어로 '첫 번째'를 의미한다.

원암 유전자는 모든 세포에 존재하는 정상적인 유전자로서 대부분 세포 분열 또는 분화에 관계하는 신호 전달 단백질을 인산화하거나(인산화 효소(kinase)) 혹은 유전자의 발현을 활성화하는 단백질(전사인자(transcription factor 혹은 transcriptional activator))을 만들라고 명령한다. 원암 유전자는 돌연변이 혹은 과발현이 일어날 때 암을 유발하는 유전자가 될 수도 있다.

원암 유전자의 구조가 밝혀지고 나서, 암(바이러스 감염 암 제외)이란 정상 세포에 존재하는 원암 유전자가 물리적, 화학적, 생물학적 발암제에 의해 활성화되는 것이라고 생각하게 되었다. 물리적 발암제는 태양 광선에 포함되는 자외선, 갖가지 방사선, 물리적인 연속 자극 등이 있다. 화학적 발암제는 담배 연기, 방부제, 과산화수소, 매연 등 우리의 생활 환경에서 쉽게 찾을 수 있다. 암 바이러스를 제외한 생물학적 발암제로는 세균과 체내의 호르몬 이상을 들 수 있다.

중합 효소 연쇄 반응

여느 과학 현상의 발견이나 기술의 발명과 마찬가지로 중합 효소 연쇄 반응(Polymerase Chain Reaction, PCR) 기술도 하루아침에 발명된 것이 아니라 그것에 이르기까지 많은 선행 연구들이 있었다. 1969년 미국의 과학자 토머스 브록은 옐로스톤 국립 공원의 뜨거운 온천수에 사는 세균 써머스 아쿠아티커스(*Thermus aquaticus*)를 분리했다고 발표한다.[11] 그 세균의 최적 성장 온도는 섭씨 80도였다. 1970년 덴마크 과학자 헬레 클레노우는 대장균의 DNA 중합 효소 I(중합 효소 기능과 실수로 잘못 합성된 염기를 교정하는 데 쓰이는 핵산 말단 분해 효소 기능이 있다.)에서 중합 효소 기능만 가진 효소 조각을 분리한다. 이 조각을 클레노우 조각(Klenow fragment 혹은 Pol I large fragment)이라 하는데 일반적으로 Pol I 대신 DNA 합성에 쓰인다. 1971년 미국 MIT 하르 코빈드 코라나 실험실의 노르웨이 출신 연구원 키엘 클레페는 2개의 프라이머를 사용해 작은 DNA 조각을 합성할 수 있음을 제안하나 결과를 논문에서 보여 주지는 않았다. 1976년 미국의 존 트렐라는 섭씨 75도 이상에서도 활성을 유지하는 DNA 중합 효소를 써머스 아쿠아티커스로부터 분리한다.

1984년에 초창기 생명 공학 회사였던 미국 시터스(Cetus) 사의 DNA 합성 책임자인 캐리 멀리스가 특정 DNA 서열을 증폭하기 위한 방법을 고안해 이것을 처음으로 '중합 효소 연쇄 반응'이라고 불렀다. 1985년 클레노우 중합 효소(Klenow polymerase)를 사용하는 PCR가 처음 공식적으로 발표되었다.[12] 클레노우 조각과 2개의 프라이머를 이용해 현재 PCR 방법과 똑같은 방법으로 사람 베타글로빈 유전자 일부를 합성해 《사이언스》에 발표한다. 다만 클레노우 중합 효소는 열에 약했기 때문에 매 주기 변성/결합 후 효소를 새로 넣어 주어야 했고 생성물의 최대 길이는 400베이스페어(bp)에 불과했다. 3개의 온도가 다른 수조(섭씨 95도, 70도, 37도)를 준비하고 높은 온도에서 낮은 온도의 순서로 각 수조에서 적당 시간 반응 후 시료를 다음 수조로 손으로 직접 옮겼다. 서너 시간 동안 꼼짝 못 하고 눈은 타이머에, 손은 한 수조에서 다음 수조로 옮겨 다녔다. 같은 일을 20번이나 하는 지루한 작업이었다.

1985년 초 어느 날 한밤중에 멀리스는 캘리포니아 태평양 연안 고속 도로 1번 도로를 달리고 있었다. 한 가지 생각이 그의 머리에 번쩍 스쳤다. 써머스 아쿠아티커스 같은 호열성 세균의 효소들은 모두 열에 강하지 않을까? 그렇다면 그 DNA 중합 효소인 Taq 중합 효소(Taq polymerase 줄여서 Taq pol)도 열에 강할 것이고 PCR 반응에 클레노우 효소 대신 Taq DNA 중합 효소를 사용하면 주기마다 효소를 새로 넣어 줄 필요가 없지 않을까? 그의 연구팀에서 써머스 아쿠아티커스와 또 다른 호열성 세균을 검토한 후 써머스 아쿠아티커스를 선택하고 곧바로 DNA 중합 효소 정제 작업에 들어간다. 실패를 거듭하다 그해 말 드디어 성공한다. DNA 중합 효소를 이용한 PCR 반응도 성공적이었다. 이 결과를 1986년 가을 한 학회에서 발표한 후 특허 출원한다. 이에 대한 논문은 1988년 《사이언스》에 발표된다.[13] 멀리스는 PCR 방법을 발전시킨 공로로 1993년 노벨 화학상을 수상한다. 영리 목적 회사의 결과물에 대한 최초의 노벨상이다. 멀리스는 후에 "그 짧은 순간이 내 인생을 바꾸어 놓았다."라고 회상했다.

중합 효소 연쇄 반응은 DNA의 원하는 부분을 복제·증폭시키는 분자 생물학적인 기술이다. 이 기술은 사람 유전체럼 매우 복잡하지만 시료 양은 지극히 적은 DNA 용액에서 연구자가 원하는 특정

DNA 단편만을 선택적으로 증폭시킬 수 있다. 또한 증폭에 필요한 시간이 2시간 정도로 짧으며, 실험 과정이 단순하고, 전부 자동 기계로 증폭할 수 있기 때문에, PCR와 여기서 파생한 여러 가지 기술은 분자 생물학, 의료, 범죄 수사, 생물의 분류 등 DNA를 취급하는 작업 전반에서 지극히 중요한 역할을 담당하고 있다. 《뉴욕 타임스》는 평하기를 "분자 생물학의 시대는 PCR 전과 후로 나뉜다."라고 했다.

한편, 멀리스는 좀 별나다. 그는 1992년 한 회사를 세우는데 그 회사는 엘비스 프레슬리나 메릴린 먼로 같은 이미 사망한 유명인의 DNA가 들어 있는 보석 제조를 사업 목적으로 표방했다. PCR 기술을 이용하는 것으로 정말로 아주 조금의 DNA만 있으면 되었다. 그 회사가 성공했는지에 관한 소식은 전해지지 않는다.

PCR에서 가장 중요한 역할을 하는 핵심 분자는 DNA 중합 효소다. 열에 강한 이 효소는 PCR의 효율을 월등히 끌어올렸다. PCR에는 3개로 이뤄진 일련의 단계가 있고 30~40회 정도 반복된다. PCR의 첫 번째 단계는 DNA를 변성(denaturation)하는 것이다. 두 가닥의 DNA는 가열함으로써 서로 분리할 수 있다. 분리된 각각의 DNA는 주형으로서 역할을 하게 된다. 변성 온도는 DNA 내에 있는 G+C의 양과 DNA의 길이에 따라 달라진다. PCR의 두 번째 단계는 결합(annealing)이다. 이 단계에서는 프라이머(primer)들이 주형 DNA에 결합하게 된다. 결합 온도는 반응의 정확성을 결정하는 중요한 요소인데 만약 온도를 너무 높이면 프라이머가 주형 DNA에 너무 약하게 결합되어서 증폭된 DNA의 산물이 매우 적어진다. 또 만약 온도를 너무 낮게 하면 프라이머가 비특이적으로 결합하기 때문에 원하지 않는 DNA가 증폭될 수 있다. PCR의 세 번째 단계는 신장(elongation) 단계이다. 이 단계에서 열에 강한 DNA 중합 효소가 주형 DNA에서 새로운 DNA를 만들게 된다.

현재 기본적인 PCR로부터 다양한 응용 기술이 개발되었다. 대표적으로 역전사 효소를 이용해서 RNA를 직접 증폭시키는 역전사-PCR와 형광 물질을 붙여서 PCR를 진행하며 관측되는 정량적인 변화를 이용해 DNA나 RNA의 양을 정확히 측정하는 정량적 PCR(quantitiative PCR, 줄여서 qPCR) 또는 실시간 PCR(real time PCR) 같은 방법이 있다. 효소, 장비, 소모품, 서비스를 포함한 PCR 관련 사업의 시장 규모는 2013년 76억 달러(약 8조 원)였으며 2020년에는 134억 달러에 이를 것으로 예측된다.

PCR 중합 효소는 써머스 아쿠아티커스 이외 여러 균주에서 분리된다. 이들은 대장균에서 재조합 효소로 생산되어 단가가 많이 낮아졌지만, 결정적으로는 1999년, 당시 Taq 중합 효소의 특허권을 가지고 있던 호프만-라 로슈(Hoffmann-La Roche) 사가 Taq 중합 효소 판매 회사 프로메가(Promega) 사(미국)와의 특허권 소송에서 패했기 때문이다. 시터스 사는 특허가 등록되자 Taq 중합 효소의 판매권을 프로메가 사에 판다. 1991년 호프만-라 로슈 사는 시터스 사로부터 효소 특허권과 프로메가 사의 판매권을 3억 1000만 달러에 사들인다. 호프만-라 로슈 사는 프로메가 사로부터 받는 로열티를 대폭 인상하는데 프로메가 사가 이에 반발해 Taq 중합 효소에 관한 특허 무효 소송을 낸

아름다운 미생물 이야기

다. 이유는 Taq 중합 효소의 특성이 1976년 존 트렐라에 의해 이미 알려졌기 때문에 특허가 될 수 없다는 것이다. 결국 프로메가 사가 소송에서 이기고 Taq 중합 효소는 2000년 이후 누구나 생산, 사용할 수 있게 되어 값이 5분의 1로 떨어졌다. 호프만-라 로슈 사가 소송에 휘말리지 않았으면 어떻게 되었을까? 참고로, 2002년 Taq 중합 효소의 전 세계 판매액은 2억 달러에 이르렀다.

세포 시계

1950년대 많은 과학자들이 하고 싶은 것 중 하나가 사람 세포를 배양하는 일이었다. 결국 레너드 헤이플릭 박사가 사람 어린 아이 음경 표피로부터 상피 세포를 배양하는 데 성공했지만 그 후 20년이 지날 때까지도 사람 세포 배양은 손이 많이 가는 작업이었다. 어렵게 배양한 세포가 일정 기간 배양하면 죽는 바람에 어린아이 음경 표피를 늘 새로 공급받아야 했다. 헤이플릭 박사는 1961년 상피 세포는 생물과 장기에 따라서 세포의 분열 횟수가 정해져 있어 40~50번 분열하고 죽는다고 주장한다. 당시 노화라는 개념은 없었고 그로부터 40년 정도 지난 후에 세포가 노화해 죽는다는 사실이 밝혀진다. 태아의 세포는 100번 정도 분열하고, 노인의 세포는 20~30번 정도 분열한 후에 노화가 되어 죽는다. 이를 '헤이플릭 한계(Hayflick Limit)'라고 한다. 헤이플릭 박사의 연구에 따르면 고양이의 체세포는 8번, 말 체세포는 20번, 인간 체세포는 60번 정도 세포 분열을 할 수 있다고 한다.

1970년대 초, 러시아 이론 생물학자 알렉세이 올로브니코프가 그 자신의 끝 부분을 완전하게 복제해 내지 못하는 염색체들을 발견했다. 이 발견과 헤이플릭 한계 개념에 기초해 DNA의 끝 부분은 세포의 수명이 끝날 때까지 DNA가 복제하는 한 계속 소실될 것이라는 가설을 세웠다. 그러나 그의 예상은 세포 노화와 불멸화에 대해 연구하는 일부 연구자에게만 알려졌다. 1970년대에는 텔로미어가 줄어드는 메커니즘이 보통 세포 분열 횟수에 제한을 둔다는 인식은 전혀 없었을 뿐만 아니라, 이러한 현상이 세포 노화에 큰 영향을 줄 것이라고 제시하는 연구도 없었다. 또한 그 메커니즘이 수명을 제한시킨다는 인식도 없었다.

1975년과 1977년 사이에 엘리자베스 블랙번은 단순히 염색체 말단을 구성하는 DNA 조각을 가지고 비범한 텔로미어의 특성을 발견했다.[14] 텔로미어의 특징을 살펴보면, 세포가 한 번 분열할 때마다 염색체 말단으로부터 50~200개의 텔로미어 DNA 뉴클레오타이드를 잃어버린다. 텔로미어의 길이가 짧아질수록 세포가 늙었다는 것을 의미한다. 그렇기 때문에 여러 차례 세포 분열을 하면서 대부분의 텔로미어 DNA가 손실되면 세포는 세포 분열을 멈춘다. 1990년대 초까지 이어진 연구에서 캐롤 그라이더, 그리고 잭 쇼스택은 텔로미어를 통해서 세포의 노화 메커니즘을 규명했다. 이들은 2009년 노벨 생리·의학상을 수상한다.

텔로미어는 세포 시계의 역할을 담당하는 DNA의 조각들이다. 텔로미어는 그리스 어로 '끝'을 뜻하는 telos와 '부위'를 뜻하는 meros

아름다운 미생물 이야기

의 합성어다. 텔로미어의 길이는 종에 따라서 매우 다양하다. 효모에서는 300~600개의 염기쌍으로 이루어져 있고, 인간의 경우 수 킬로베이스(kb, DNA 등 핵산 연쇄의 길이 단위)로 이루어져 있다. 텔로미어는 6개(인간의 경우)의 특이적인 DNA 염기 서열이 수백에서 수천 번 반복되며, 염색체의 말단에 위치하고 있어서 세포가 분열할 때 염색체가 분해되는 것을 막아 준다. 세포 분열이 일어나는 동안 DNA 중합 효소의 특성상 염색체의 끝부분은 복제가 안 된다. 텔로미어는 단백질을 지령하는 서열이 없지만 텔로미어가 줄어드는 상태로 세포가 분열된다면 결국에는 단백질을 지령하는 서열까지 소실될 것이다. 세포는 텔로미어가 줄어드는 것을 막기 위해 텔로머레이즈라는 희한한 효소를 만들어 낸다. 텔로머레이즈는 텔로미어에 상보적으로 결합하는 RNA와 이 RNA를 프라이머로 사용해 텔로미어 서열을 보충하는 역전사 효소 기능을 가지고 있다.[3]

텔로머레이즈 덕분에 세포가 분열해도 텔로미어의 길이를 어느 정도의 길이로 유지할 수 있다. 하지만 이 효소가 지나치게 활성화되면 세포가 계속 분열할 수 있다. 진핵 세포로 이뤄진 생명체에서 텔로머레이즈가 활발한 세포는 소장 내부의 표피 세포(상피 세포), 골수 세포, 암세포 등이다. 소장 내부의 표피 세포는 끊임없이 음식물, 체액과 접촉하면서 상처를 입거나 떨어져 나가곤 한다. 하지만 활성화된 텔로머레이즈에 의해서 세포 분열이 지속적으로 일어나면서 상처 입거나 떨어져 나간 표피 세포가 보충된다.

그러나 몇몇 시험관에서 이뤄진 연구들은 텔로미어가 산화 스트레스(oxidative stress)에 매우 민감하다는 것이 밝혀졌다. 또, 텔로미어의 결실(축소)에 있어 스트레스 매개 산화적인 DNA 손상(oxidative stress-mediated DNA damage)이 중요한 결정 요인이라는 증거도 발견되었다. 미국 롱아일랜드 유방암 연구 계획(Long Island Breast Cancer Study Project,) 연구진은 가장 짧은 텔로미어를 가지고 있고 베타카로틴, 바이타민 C와 E 섭취를 적게 하는 여성들이 그렇지 않은 여성들보다 유방암에 걸릴 위험이 조금 더 크다고 밝혔다. 이러한 결과들을 통해 텔로미어의 축소로 인한 암 유발 위험성이 DNA 손상, 산화 스트레스 같은 메커니즘들과 상호 작용한다는 것을 유추해 볼 수 있다.

텔로미어가 축소되는 현상은 노화, 나이와 연관된 질병들, 사망하는 것과 관련이 있다. 더 긴 텔로미어를 가진 생물이 짧은 텔로미어를 가지고 있는 생물보다 더 오래 살 수 있다는 것이 2003년 밝혔지만, 짧은 텔로미어가 단순히 세포의 나이를 표시하는지 노화에 직접적으로 기여를 하는지는 밝혀진 바 없다. 노화가 진행되었다고 해서 모든 장기나 기관의 세포에서의 텔로미어가 일괄적으로 단축되지는 않는다. 또한 쥐의 텔로미어 길이(20~100킬로베이스)가 사람의 것(5~15킬로베이스)보다 긺에도 불구하고 오래 살지 못하는 것을 보면 더욱 그러하다.

유전자 가위

유전자 가위(genetic scissor) 혹은 분자 가위(molecular scissor)는 세포

속 유전자의 특정 부위에 결합해 그 부위를 자르는 효소를 이용해 손상된 DNA를 잘라내고 정상 DNA로 갈아 끼우는 유전자 짜깁기 기술, 즉 유전자 편집(genome editing) 기술을 가리키는 용어다. 1, 2, 3세대의 유전자 가위가 존재하며 최근 3세대 유전자 가위인 크리스퍼카스9(CRISPR-Cas9)가 개발되었다. 크리스퍼 유전자 가위 기술은 크리스퍼(CRISPR)라는 RNA가 표적 유전자를 찾아가 '카스9(Cas9)'라는 효소를 이용해 DNA 염기 서열을 잘라내는 방식으로 작동한다. 예를 들어 인간에게 다른 동물의 장기를 이식하는 이종 장기 이식 수술 시 발생할수 있는 면역 거부 반응에 관계하는 유전자를 제거한 돼지의 장기를 생산하는 데 이 기술을 쓸 수 있다. 또 줄기 세포 이식 수술, 유전병의 원인이 되는 체세포 유전자의 돌연변이 교정, 항암 치료제 내성 유전자 제거, 에이즈 바이러스 감염 유전자 제거와 같이 다양한 영역에서 활용할 수 있다.[15, 16]

크리스퍼(CRISPR, clustered regularly interspaced short palindromic repeats의 약자이다.)를 번역하면 '규칙적으로 분포된 짧은 되돌이 반복 서열무리'이다. 나중에 크리스퍼라고 불릴 DNA 조각은 오사카 대학교 이시노 요시즈미 박사에 의해 1987년 최초로 언급되었는데, 그는 대장균에서 *iap*(isozyme for alkaline phosphatase, 알칼리성 인산 분해 효소) 유전자를 분리할 때 덩달아 크리스퍼 부분을 분리했다.[17] 반복 서열이 눈에 뜨일 정도로 계속해서 배열되는 짜임새는 특이했다. 당시에는 일정하게 불연속적이면서 밀집된 반복 서열의 기능을 알지 못했다. 크리스퍼라는 말은 DNA 조각을 가리키는 말이었지만 현재는 유전자 가위 기술

자체를 가리키는 말이 되었다.

2016년 미국의 에릭 랜더는 「크리스퍼의 영웅들(The Heroes of CRISPR)」이라는 제목의 글에서 1993년부터 2012년까지 20년 동안 크리스퍼의 역사를 되돌아 보면서 크리스퍼에 얽힌 여러 가지 흥미진진한 에피소드와 함께 10가지 사건을 언급했다.[18] 크리스퍼에 전문적인 관심이 있는 사람들은 꼭 읽어 보기 바란다.

1. 1993년 크리스퍼의 발견: 모히카(스페인)

2. 2003년 크리스퍼가 세균 바이러스에 대한 세균의 적응 면역 체계임을 발견: 모히카(스페인), 베르노(프랑스), 볼로틴(러시아계 프랑스)

3. 2006년 적응 면역의 실험적 증거 제시: 호바스(프랑스)

4. 2008년 인공적인 크리스퍼 제작: 반 더 오스트(네덜란드)

5. 2008년 크리스퍼가 세균 바이러스의 DNA를 부순다는 것을 확인: 마라피니(미국)

6. 2010년 세균 바이러스의 DNA를 부수는 것이 Cas9임을 확인: 뫄노(캐나다)

7. 2010년 Cas9 활성에 필요한 tracrRNA 확인: 샤르팡티에(프랑스), 보겔(독일)

8. 2011년 스트렙토코커스 써모필러스의 크리스퍼를 대장균에서 재현: 식스니스(리투아니아)

9. 2012년 시험관 내 크리스퍼 확립: 식스니스(리투아니아), 샤르팡티에(프랑스), 다우드나(미국)

10. 2012년 크리스퍼를 이용한 포유류 유전체 편집: 장(중국계 미국)

랜더는 크리스퍼 영웅들을 살펴본 의미에 대해서도 언급하는데 이 영웅들이 과학계의 관심을 전혀 받지 못하던 크리스퍼라는 주제를, 그것도 30세 이전에 연구하기 시작했다는 점에 주목한다. 실패에 대한 두려움을 무릅쓰고 자기가 하고 싶은 것을 하는 용기에 관심을 보인 것이다. 생물학 분야에서 미국 정부가 지원하는 연구비를 받는 나이가 평균 42세라는 점을 감안하면 그들이 꽤 이른 나이에 어떻게 연구비를 조달했는지 궁금하다고도 했다. 모히카나 식스니스의 경우 어떤 논문들은 심사도 받지 못하고 거절되기 일쑤였다. 사실, 그들 대부분의 박사 학위 수여 당시 전공 분야를 살펴보면 크리스퍼 연구를 하는 것이 이상할 정도다. 관련 강연을 우연히 듣고 꽂힌 사람도 있고, 이라크 후세인의 세균전을 염려한 프랑스 정부로부터 용역을 받은 병원균을 연구하다가 크리스퍼를 연구하기 시작한 이도 있고, 유산균 음료 식품 회사에 취직해서 유산균을 연구하다가 크리스퍼라는 연구 주제를 발견한 사람도 있다. 모름지기 과학자는 새로운 연구 주제에 대한 열린 마음과 누구의 강연이라도 열심히 듣는 경청의 자세가 필요하다.

사실 1993년에 시작된 크리스퍼 연구는 2008년까지 과학계에서는 변방이었다. 이를 과학계의 중심으로 이동시킨 사람이 샤르팡티에와 식스니스가 아닐까 한다. 2012년 이후 유전자 편집, 유전자 가위 같은 단어가 미디어를 타면서 크리스퍼는 대중의 엄청난 관심을 끌었고 앞에서 소개한 이름 없던 영웅들은 이제 노벨상 후보 1순위로 꼽힌다. 특히 사람들은 샤르팡티에와 다우드나를 꼽는다. 과연 누가 선택될 것인가 궁금하다.

3부

생활 속의 미생물

생활 속에서 미생물은 우리에게 이롭거나 해롭다. 이롭지도 않고 해롭지도 않은 것은 있어도 이로우면서 동시에 해로운 것은 거의 없다. 이롭거나 해롭지 않은 미생물의 수는 해로운 미생물의 수보다 훨씬 많다. 우리 주위에 퍼져 있는 미생물만 중요한 것이 아니다. 우리 몸 안의 미생물도 중요하다. 아주 최근을 제외하고는 인간 질병의 역사는 해로운 미생물과의 싸움이었다. 하지만 우리가 느끼지 못하는 곳에서 미생물들은 눈에 보이지 않게 자연을 아름답게 만든다. 3부에서는 인간과 미생물 혹은 생활 속의 미생물을 다루되 재미를 끌 만한 미생물만 골라서 기술한다. 자세한 내용이 필요할 경우 각 분야의 전문적인 서적을 참조하기 바란다.

9장

자연과 미생물

생태 미생물학이란?

생태학(生態學, ecology)이란 생물과 환경의 상호 작용을 연구하는 생물학의 한 분야다.[1] 환경은 생물의 주변을 구성하는 생물적, 비생물적 요소를 모두 포함한다. 영어 ecology의 어원은 고대 그리스 어로 '사는 곳', '집안 살림'을 뜻하는 oikos와 '학문'을 의미하는 logos의 합성어이다. '집안 살림 관리'를 뜻하는 경제학과 어원이 같다.

생태학이란 낱말은 1866년 독일 생물학자 에른스트 헤켈에 의해 처음 사용되었다. 1869년 헤켈은 한 논문에서 이 낱말을 다음과 같이 설명했다. "생태학이라는 낱말을 우리는 자연계의 질서와 조직에 관한 전체 지식으로 이해한다. 즉 동물과 생물적인 그리고 비생물적인 외부 세계와의 전반적인 관계에 대한 연구이며, 한 걸음 더 나가서는 외부 세계와 동물 그리고 식물이 직접 또는 간접적으로 갖는 친화적 혹은 적대적 관계에 대한 연구라고 볼 수 있다." 미국의 생물학자 유진 오덤은 1963년 생태학의 정의를 다듬어 "자연의 구조와 기능을 연구하는 학문"이라 정의했고, 이후 미국 태생 동물학자 찰스 크렙스는 "생물의 분포(distribution)와 양(abundance)을 결정하는 상호 작용에 관한 과학적 연구"라 정의했다.

생태학의 정의에서 생물을 미생물로 대체하면 '미생물 생태학'의 정의로서 틀림이 없다. 하지만 이 장에서 취급하는 '생태 미생물학'의 정의는 그것과 다르다. 탄소와 질소를 비롯한 많은 물질이 생태계 속을 순환하고 있지만, 그 안에서 물질 순환을 수행하는 미생물의 역할은 상상 이상이다. 자연과 미생물의 관계, 즉 생태계 순환에서 미생물의 역할을 연구하는 학문이 생태 미생물학이다.[2] 또한 미생물 간의 상호 작용에 대한 연구도 포함한다.

질소 고정

다음 숫자와 단어를 보고 무엇을 말하는지 알아맞혀 보자. "-210℃, 7, 14, 3.3퍼센트, 78퍼센트, 핵산, 아미노산, 웃음 가스, 화약, 잠수병, 독가스, 비료, 뿌리혹박테리아." 어디쯤에서 맞추는지에 따라서 직업 또는 무슨 일을 하는지 알 수 있다. '-210℃'에서 바로 맞히면 실험실에 근무하거나 액체 질소 제조 또는 판매에 종사하는 사람이다. '14' 정도라면 화학에 밝은 사람이고 '78퍼센트' 정도라면 상식이 매우 풍부한 사람일 것이고, '아미노산'에 이르면 생물학 전공자나 유사한 분야에서 일하는 사람, '잠수병'에서는 잠수부이거나 퀴즈 대회에 나가도 될 사람이다. '비료'까지 오면 웬만한 사람이면 다 눈치 채고, 맨 마지막에서도 아직 모르면 모른 채 살아도 아무 상관이 없는 사람이다. 모두 '질소'와 연관된 숫자와 단어다. 질소의 기화 온도는 섭씨 -210도, 원자 번호는 7, 분자량은 14이다. 질소는 사람 무게의 3.3퍼센트를, 지구 대기 부피의 78퍼센트를 차지한다. 또한 핵산과 아미노산의 필수 요소이며 사람 몸에서 산소, 탄소, 수소에 이어 네 번째로 많은 원소다. 웃음을 유발하는 기체와 화약의 원료이며, 깊은 물에서 피 속에 녹아 있다가 물 밖으로 나올 때 기포가 되어 통증, 즉 잠수병을 유발한다. 원자력같이 어떻게 쓰느냐에 따라 선악이 극명하게 갈리는 암모니아는 독가스와 비료의 원료다. 중학교 교과서에도 나오는 질소 고정 세균이 뿌리혹박테리아다. 이것이 이 장의 작은 주제 중 하나다.

질소는 원소 기호 N(nitrogen)으로 표시되며 원자 번호 7이다. 질소는 스코틀랜드 의사 대니얼 러더퍼드에 의해 1772년에 처음으로 발견되었다.[3] 그는 질소를 "유독한 공기(noxious air)"라고 불렀다. 비록 스웨덴의 칼 셸레와 영국의 헨리 캐번디시도 똑같은 시기에 독립적으로 발견했지만, 러더퍼드가 처음으로 발표했기에 일반적으로 그를 최초의 발견자로 인정한다. 1790년 프랑스의 장앙투안 샤프탈이 질소가 질산과 질산염에 존재한다는 알고 질소란 이름을 제안했는데, 영어명 nitrogen은 초석(硝石)을 뜻하는 그리스 어 nitre와 생기다는 뜻의 genes에서 따왔다.* 한편 라부아지에는 질소가 사람을 질식시키는 기체이므로 '생명이 없는'이라는 뜻을 가진 그리스 어에서 따온 azote라는 이름을 제안했다. 이 이름은 프랑스, 러시아, 터키 등 많은 나라에서 쓰이며, 하이드라진, 아자이드, 아조 화합물 같은 영어 낱말에서도 확인할 수 있다. 한자어 질소(窒素)는 일본 사람들이 독일어 Stickstoff에서 가져왔다. 독일어 Stick의 합성 단어 Stickluft(숨 막힐 것 같은 공기)를 번역하면서 숨 막힌다는 뜻의 질(窒)을 사용한 것이다.

지구의 건조한 공기는 대략 78퍼센트의 질소, 21퍼센트의 산소, 0.93퍼센트의 아르곤, 0.03퍼센트의 이산화탄소, 그리고 미량의 네온과 헬륨을 비롯한 10종 이상의 분자들로 이루어져 있다. 질소 고정이란, 공기 중에 다량으로 존재하는 안정된 불활성 질소 분자(N_2)를 반응성이 높은 질소 화합물인 암모니아(NH_3)로 변환하는 과정을 말한다.[4] 자연계에서 연간 1억 9000만 톤의 질소가 고정되는데 이 가운데 10퍼센트만이 번개나 광화학 반응 같은 비생물적 반응으로 만들어진 것이고 나머지 90퍼센트는 생물적 질소 고정, 즉 질소 고정균이 만든 것이다. 생물학적 질소 고정 과정은 질소 동화라고도 하며, 대기 중의 질소나 무기 질소 화합물을 생명체의 작용으로 유기 질소 화합물로

---

* 질산염의 일종인 초석은 천연 상태에서는 보통 질산포타슘(KNO_3)으로 이뤄진 초석, 질산소듐($NaNO_3$)으로 이뤄진 칠레 초석, 질산칼슘($Ca(NO_3)_2$)이 주성분인 석회 초석으로 산출된다.

아름다운 미생물 이야기

바꾸는 것을 의미한다. 질소 동화는 대부분 콩과 식물과 공생 관계에 있는 뿌리혹박테리아에 의해 이루어지나 이 같은 질소 동화를 위한 공생 관계는 몇몇 고등 식물과 흰개미 같은 동물에서도 관찰된다. 고정된 질소는 모든 생명체에서 핵산의 염기, 물질 대사에 필요한 전자 전달에 관여하는 조효소, 단백질의 아미노산 등을 생합성하는 데 쓰인다.

어린 시절 시골 밭에서 제일 흔하게 보는 작물이 콩이었다. 콩밭의 콩이야 당연하지만 무슨 밭이든 가장자리에는 돌아가면서 콩이 자란다. 논두렁에도 콩을 심는다. 콩밭에는 유난히 잡초가 잘 자란다. 풀을 매고 뒤돌아서면 풀이 자라고 조금 지나면 콩밭이 풀밭이 된다. 콩밭 매는 아낙네가 콩 포기마다 눈물지을 만하다. 소는 유난히 콩잎을 좋아한다. 겨울철 마른 콩대가 들어 있는 여물을 주면 소는 콩대부터 먹는다. 콩밭의 위치는 매년 바뀐다. 돌려짓기 혹은 윤작(輪作)은 한 농지에 같은 작물을 연이어 재배하지 않고 콩을 비롯한 몇 가지 작물을 돌려가며 재배하는 방법이다. 그렇게 하지 않았을 때보다 곡물 수확량이 늘고 땅의 힘이 약해지는 것을 막을 수 있다. 돌려짓기는 예로부터 유럽에서 발달했다. 토지를 사료용 초지와 곡물용 밭으로 나누고 곡물을 심는 밭의 지력이 떨어지면 초지를 밭으로 교체해 이용했다. 콩이 들어가면 3교대 돌려짓기가 된다.

콩은 자연 비료다. 비료(肥料)란 말뜻을 보면 동물을 살찌우는 재료지만 풀 먹고 살찌는 동물인지라 결국 식물을 잘 자라게 하는 물질이다. 그 물질이란 질소 화합물이고 콩은 땅에 질소 화합물을 공급해 주는 식물이다. 온 땅을 콩으로 덮지 않는 한, 콩이 공급해 주는 질소 화합물의 양은 제한적이다. 질소 화합물의 양이 제한적인 것만큼 인간을 비롯한 동물이 필요한 식량을 확보하는 데 제한적이다.

증가하는 사람의 수를 식량 증가가 따라가지 못한다는 19세기 토머스 맬서스의 인구론이 20세기 한 과학자에 의해 뒤집어진다. 그는 프리츠 하버로서 비료와 폭약의 주원료인 암모니아의 합성법을 개발해 1918년, 노벨 화학상을 수상한 유태계 독일인 화학자다.[5] 18세기 후반에 암모니아가 질소와 수소로 이뤄져 있다는 사실이 알려지면서 이러한 합성을 시도하는 경우가 많았는데, 모두 실패했다. 1907년, 하버는 암모니아 합성의 기초를 확립했다. 하버는 질소와 수소를 촉매 존재 하(산화 철과 약간의 세륨 및 크로뮴)에 섭씨 530도, 290기압 조건에서 반응시키면 암모니아를 얻을 수 있음을 발견했으나, 당시의 기술 수준으로는 합성에 필요한 조건인 고온과 고압을 조성하기가 힘들었다. 제1차 세계 대전 중에 폭약의 원료인 암모니아의 수요가 증가하면서, 1913년, 카를 보슈는 하버의 방법을 공업적으로 적용해 연 9,000톤의 공업적 암모니아 합성에 처음 성공했다. 이렇게 해서 개발된 하버-보슈 공정은 제1차 세계 대전 이후 많은 개선을 거쳐 오늘날에 이르고 있다.

암모니아는 합성 비료의 재료로 사용된다. 질소는 식물이 자라는 데 필수적인 원소 중 하나인데, 자연 상태에서 식물은 토양 속 세균이 공기 중의 질소를 질소 화합물로 고정한 질소를 흡수해 사용한다. 비료에 포함된 암모니아는 토양에 질소 공급원으로 작용해 작물

아름다운 미생물 이야기

에게 풍부한 질소를 공급해 줄 수 있게 하며, 그 결과 작물 생산량이 증가하게 된다. 1995년, 생산된 요소 비료의 40퍼센트가 합성 암모니아를 원료로 제작되었다. 또한, 2004년 생산된 합성 암모니아 가운데 80퍼센트가 곡물 재배를 위한 비료의 원료로 사용되었다. 암모니아의 생산에는 인류 전체가 소비하는 총 에너지의 1퍼센트 정도가 소요되고 있다

하버는 또한 제1차 세계 대전 때 염소 가스를 비롯한 여러 독가스를 개발 및 합성했던 일로 인해 '화학 무기의 아버지'로 불리기도 한다. 하버는 제1차 세계 대전에 공헌했음에도 불구하고 유태인이라는 이유로 1934년에 나치에 의해 독일에서 추방당한다. 그의 친척 중 여러 사람이 나치의 집단 수용소에서 죽임을 당했는데, 이때 하버가 만든 독가스인 치클론 B(Zyklon B)가 사용되었다.

질소 고정 세균(diazotroph)은 공기 중의 질소를 고정해서 암모니아 등으로 바꾸는 세균이나 고세균을 말한다. 질소 동화를 담당하는 효소는 나이트로지네이즈(nitrogenase)로서 16개의 ATP를 써서 1분자의 질소로부터 2분자의 암모니아를 만든다.[1, 2] ($N_2 + 8H^+ + 8e^- \rightarrow 2NH_3 + H_2$) 일반적으로 나이트로지네이즈는 산소가 없는 조건에서 작용한다. 고정된 암모니아는 아미노산 중 하나인 글루타믹산(glutamic acid)이 물에 녹은 상태인 글루타메이트(glutamate)로 전환된다.

뿌리혹박테리아(leguminous bacteria) 또는 근립균(根粒菌)은 라이조비움(Rhizobium) 속에 속하는 그람 음성균 토양 세균이다. 식물과 세균 공생의 대표적인 사례로서 콩과 공생(혹은 기생)하며 공기 중의 질

소를 고정하며 뿌리에 작은 혹으로 존재하는 세균이다. 다른 이름으로는 근류균(根瘤菌)이라고도 한다. 한자어 류(瘤)는 혹을 뜻한다. 이 세균이 콩과 식물에 질소 화합물을 공급하면 콩과 식물은 탄소와 그 밖의 세균의 증식 물질을 공급한다. 뿌리에 생기는 혹은 세균이 자라서 생기는 것이 아니라 콩과 식물이 제공해 주는 세균의 거처다. 뿌리혹박테리아가 콩과 식물에만 존재하는 이유는 알려져 있지 않다.

뿌리혹은 1년생 뿌리혹과 여러해살이 뿌리혹이 있으며, 기생하는 식물의 종류에 따라 외형과 구조가 다 다르다. 뿌리혹박테리아의 종류는 세균이 기생하는 콩과 식물의 종류에 따라 다르다. 1888년에 네덜란드의 마르티뉘스 빌렘 베이예링크가 이 균을 순수하게 분리했을 당시에는 이 균은 단지 1종만 있는 것으로 여겨졌으나 현재는 완두속에 기생하는 것, 까치콩속에 기생하는 것, 전동싸리속에 기생하는 것, 개미자리속에 기생하는 것, 콩속에 기생하는 것 등 7종이 알려져 있다.

뿌리혹박테리아는 초기의 세균에서는 간상균 외에 가지처럼 생긴 곰팡이 모양의 가균태(假菌態)로 존재하다가 후기가 되면 공포(空胞)가 생기거나 작은 공 모양이나 달걀꼴이 되어 형태가 매우 변화한다. 섭씨 0~50도에서 생육이 가능하고, 섭씨 20~28도에서 가장 잘 발육한다. 토양 속에서 오랫동안 생존하며 pH 5.4~6.8의 토양에서 가장 잘 자란다. 호기성이므로 토양 표층부에 많고, 뿌리혹도 기생 식물의 표토 부분에 많이 착생한다.

공중 질소를 고정해 단백질을 만드는 것에는 뿌리혹박테리아

아름다운 미생물 이야기

외에 땅속에 사는 클로스트리디움, 아조토박터(azotobacter), 슈도모나스(Pseudomonas) 등이 있다. 이 밖에 누룩곰팡이나 남조류 중에도 이러한 역할을 하는 것이 있다. 이와 같이 고정된 질소 화합물은 암모니아로 바뀌게 된다.

극한 미생물

1980년대와 1990년대, 생물학자들은 복잡한 유기체에게는 절대적으로 불친절한 극한적인 환경 — 예컨대, 엄청 뜨겁거나 강한 산성 환경 — 에서 살아남는 놀라운 유연성을 미생물들이 가지고 있음을 발견했다.[6] 해수면 아래 매우 깊은 곳에 있는 열수 분출공에서 지구의 생명이 시작되었다고 결론 내리는 과학자들도 있다. 4000만 년이나 되었지만 아직도 살아 있고 방사선에 매우 강한 세균 포자도 있다.

2013년 2월 6일, 과학자들은 남극 얼음 밑 800미터 깊이에 묻힌 춥고 어두운 호수에서 세균을 발견했다고 보고했다. 2013년 3월 17일 과학자들이 지구에서 가장 깊은 곳인 마리아나 해구에서 미생물들이 번성하고 있을지도 모른다는 자료를 제시했다. 또 관련 연구에 따르면 미국 북서부 해양에서 수심이 3,000미터 가까운 바다 밑바닥부터 660미터 정도 뚫고 내려간 바위 안에서도 미생물이 살고 있다고 한다. 연구원 중 하나는 "미생물은 어디서든 발견할 수 있다. 그것들은 어떤 조건이든 상상 이상으로 적응해 거기서 번성한다."라고 적었다.

지난 수십 년간 과학자들은 극한 환경에서 서식하는 생물에 대해 깊은 관심을 보여 왔다. 극한 환경 생물(extremophile, 혹은 극한 생물)로 알려진 그런 생물들은 다른 육상 생물에게는 견딜 수 없게 적대적이거나 심지어 치명적인 서식지에서도 번성하고 있다. 그들은 극심하게 뜨거운 곳, 얼음, 소금물뿐만 아니라 산성이나 알칼리성 조건에서, 유독성 폐기물, 유기 용제, 중금속이 가득한 곳 등 생명체가 도저히 살 수 없을 것 같은 여러 서식지에서도 번성한다. 극한 생물들은 깊이 6.7킬로미터의 땅속, 압력이 1,100기압 이상인 깊이 10킬로미터 이상의 해저, 극단적인 산성(pH 0)부터 극단적인 알칼리성(pH 12.8) 환경, 그리고 섭씨 122도의 열수 분출공부터 섭씨 −20도의 바닷물에서까지 발견된다. 그들은 그런 극한 환경들을 잘 견딜 뿐만 아니라 오히려 극한 환경을 필요로 한다.

극한 생물은 자라는 조건에 따라 호열성, 극호열성, 호냉성, 호산성, 호알칼리성, 호압성, 호염성으로 분류할 수 있다. 또한 그런 극한 생물 중에는 물리 화학적 특성들을 조건에 맞게 자신을 변화시켜 한 가지 이상의 극한 환경에 적응한 것도 있다. 예를 들어, 대부분의 온천은 산성 또는 알칼리성을 띠면서 중금속을 풍부하게 가지며, 심해저는 일반적으로 차가운 동시에 영양분이 매우 적다. 또 염분 높은 호수들은 매우 강한 알칼리성을 띤다. 극한 생물은 보통 크게 두 범주로 나뉘는데, 하나 이상의 극단적인 조건에서만 사는 생물이고, 다른 하나는 정상적인 조건에서도 살지만 하나 이상의 극한 환경도 잘 견딜 수 있는 물리·화학적 특성을 가진 생물이다.

아름다운 미생물 이야기

극한 생물은 3역 분류 체계, 즉 세균, 고세균, 진핵생물을 다 포함한다. 대부분의 극한 생물은 미생물이고, 이들 중 많은 부분이 고세균이지만, 다세포 진핵생물, 예를 들어, 조류, 곰팡이류 그리고 원생동물들도 있다. 고세균은 극한 환경에서 번성하는 주된 무리다. 비록 이 무리 구성원들의 서식지가 일반적으로 세균과 진핵생물보다 제한적이기는 해도, 그것들은 극한 상황의 기록을 꽤 보유하고 있고 일반적으로 극한 상황에 적응하는 데에는 일가견이 있다. 일부 고세균은 대부분의 호산성, 호알칼리성, 호염 미생물 무리에 속한다. 예를 들면 메싸노피러스 칸들레리(*Methanopyrus kandleri*) 균주 116은 생물이 살 수 있는 가장 높은 온도로 기록되어 있는 섭씨 122도에서도 서식하며, 예를 들어 피크로필러스 토리더스(*Picrophilus torridus*) 같은 피크로필러스(*Picrophilus*) 속 고세균은, 알려진 바로는 산성이 극도로 강한 pH 0.06 환경에서도 성장할 수 있다. 세균 가운데 가장 다양한 극한 환경에 제일 잘 적응한 무리는 남세균이다. 그들은 종종 다른 세균들과 함께 남극 빙상 지역이나 남극 대륙의 온천에서 미생물 매트를 형성한다. 남세균은 또한 고염분 알칼리성 호수에서도 자랄 수 있고 금속 농도가 높은 지역이나 사막 지역의 암석 표면같이 수분이 거의 없는 곳에서도 자란다. 그러나 pH 5~6보다 산성이 강한 환경에서는 거의 자라지 않는다. 진핵생물 중에서는 곰팡이가 혼자 혹은 남세균 또는 조류이끼와 공생하면서 극한 환경에 생태학적으로 적응하는 데 성공한 분류군이다. 고온은 견디지 못하나 산성 또는 알칼리성 환경, 중금속이 밀집된 광산 지역, 뜨거운 사막, 심해, 사해와 같은 고염분 지역에 잘 적응하며 산다.

극한 환경에 대한 높은 저항력 측면에서 가장 인상적인 진핵 생물은 현미경으로만 관찰 가능한 무척추동물인 완보동물이다. 물곰 이라는 별명을 가진 이 벌레는 동물의 한 문으로, 절지동물과 연관이 있다. 다 자란 성체의 최대 크기가 1.5밀리미터이고, 작은 것은 0.1밀 리미터가 채 되지 않는다. 8개의 발이 있고 곰처럼 걷는 모습으로 인 해 물곰이라는 별명으로도 불린다. 현재까지 750여 종이 발견되었다. 히말라야 산맥 정상에서 깊은 심해까지, 남극과 북극에서 적도까지 지구 전체에 걸쳐 퍼져 있다. 수분 공급 없이 10년을 살 수 있다. 진공 상태에서도 살 수 있다. 섭씨 151도로 끓여도 살고 섭씨 -273도의 한 기도 견딘다. 평균 수명은 150년이다. 신진 대사를 멈추고 휴면 상태 로 120년간 지낸 물곰이 발견된 적이 있다. 6,000기압의 압력뿐 아니 라 5,700그레이(Gy, 방사선 에너지의 흡수를 나타낸 단위)의 엑스선도 견딜 수도 있다.

일반적으로 극한 환경 생물은 계통 발생학적으로 다양하고 복 잡해서 연구하기 힘들다. 오로지 극한 생물로만 이뤄진 목이나 속도 있지만, 극한 미생물과 비(非)극한 미생물이 모두 포함된 분류군도 있 기 때문이다. 흥미롭게도, 같은 환경에 적응한 극한 미생물은 계통 발 생학적으로는 꽤 다양하다. 특히 3역 분류 체계에 모두 나타나는 호 저온성 또는 호압성 극한 미생물들이 그렇다. 마찬가지로 같은 계통 의 극한 미생물이지만 매우 다양한 극한 혹은 조금 덜 극한 상황에 적 응한 것들도 있다. 지난 수십 년 동안 분자 생물학 기술은 빠르게 발

아름다운 미생물 이야기

전해서 극한 미생물들에 대한 재미있는 의문점을 전에 없이 정교하게 해결해 왔다. 특히, 새로운 대량 DNA 염기 서열 결정 기술들은 예기치 않게 높은 수준을 가진 다양성과 복잡성의 미생물 생태계를 밝히면서 극한 미생물학에 혁명을 일으켰다. 그럼에도 불구하고, 배양 중인 생물의 생리학을 철저하게 아는 것은 유전체 전사체 연구를 보완하기 위해 필수적이며 대체 불가능이다. 결과적으로, 전통적인 분리 배양과 배양과는 독립적인 현대적인 분석 기술을 잘 조합하는 것은 어떻게 미생물이 극한 환경에서 살아남고 재대로 기능하는지를 더 잘 이해하게 위한 최상의 접근법이 될 수 있다.

　　지난 몇 년간 그러한 기술의 진보에 기초한 극한 미생물의 연구는 현대 생물학의 패러다임들에 도전하고, '생명이란 무엇인가?', '생명의 한계는 어디까지인가?', '생명의 기본 특징은 무엇인가?' 같은 생명에 대한 흥미로운 질문들을 다시 생각하게 하는 만드는 획기적인 발견을 제공했다. 이러한 발견들은 극한 환경에서 사는 생물들의 연구를 가장 흥미진진한 연구 분야 중 하나로 만들었으며 생명의 기초에 대해서 많은 것을 이야기해 줄 것이다. 여러 생물이 극한 환경에 적응하는 기작은 거대 분자의 안정성에 대한 생화학적인 한계와 하나 혹은 그 이상의 극한 조건에서도 안정한 거대 분자를 만드는 유전 정보 등 생물학적 과정의 기본적인 특징들에 대해 독특한 시각을 제공한다. 이런 생물들은 극한 환경을 지배하기 위해 극단적인 생리적 능력과 결부된 넓고 보편적인 대사 다양성을 제시한다. 극한 미생물들은 친숙한 광합성 대사 경로 외에 메쎄인, 황, 그리고 심지어 철을 이용한 대사 작용도 수행한다.

비록 그러한 환경에서 살아남기 위한 분자적 전략들이 완전하게 규명되지는 않았지만, 이 생물들이 생명 공학적 목적으로도 흥미로운 생물 분자와 특이한 생화학적 대사 경로를 적응시켜 왔다는 것이 알려져 있다. 극단적인 조건에서 그것들의 안정성과 활성은 불안정한 중온성(中溫性, mesophilic) 분자의 유용한 대체물로 만든다. 극단적인 온도, 염분, pH, 용매 조건에서도 여전히 촉매 반응을 하는 효소들에게는 특히 그렇다. 흥미롭게도 몇몇 이러한 효소들은 다중 극한성(multiple extremophile), 즉 하나 이상의 극한 상황에서 안정되고 활성을 지니는데 이런 점이 산업적인 생명 공학 분야에서 폭넓게 사용되게 만든다. 계통 진화적 관점에서 볼 때, 극한 미생물과 관련된 연구로부터 떠오른 중요한 업적은 몇몇 극한 미생물들은 계통수(系統樹, phylogenetic tree)에 기초한 무리를 이룬다는 것이다. 많은 극한 미생물, 특히 호온성 미생물들은 지구 상 모든 생명체의 공통 조상일지도 모른다. 이런 이유로, 극한 미생물은 생명의 기원과 관련된 진화 연구를 위해 아주 중요하다. 또한 지적할 중요한 점은 생명의 세 번째 세계, 즉 고세균이 심층적인 진화 생물학과 극한 미생물에 대한 첫 연구에 의해 부분적으로 발견되었다는 것이다.

더욱이 극한 미생물의 연구는 우주 생물학의 핵심 분야다. 극한 미생물학과 그들의 생태계를 이해함으로써 우주 어디선가의 생명의 기원과 진화에 필요한 조건들에 대한 가설을 세울 수 있다. 따라서 태양계 행성과 달 그리고 그 너머에서 외계 생명체의 존재를 찾아 탐험할 때 모형 생물로 간주할 수 있다. 예를 들어, 보스토크 호 같은 남극 대륙 지하의 영구 빙하 호수에서 발견한 미생물들은 목성의 달 유로파에서 생명체를 찾을 때 모형 생물로 삼을 수 있을 것이다. 아타카마 사막*, 남극의 건조 계곡**과 틴토 강*** 같은 극한 환경의 미생물 생태계는 화성에 적응한 생명체가 있다면 그것들과 유사할 수 있다. 마찬가지로, 뜨거운 온천, 열수 분출공, 육상이든 해상이든 화산 활동으로 인해 뜨거워진 장소들에서 사는 고온성 미생물들은 다른 외계의 환경에서 생존할 수도 있는 잠재적인 생명체와 비슷할 수 있다. 최근 극한 미생물을 모형으로 외계 생명의 흔적을 찾는 데 라만 분광기 (Raman spectroscopy)**** 같은 새로운 기술을 도입하고 있다. 이것은 우주 생물학에 매우 유용할 수도 있다.

생명 나무에 다른 가지가 있다는 것을 시사한 극한 미생물 세계에서의 이러한 획기적인 발견과 최근의 발달과 함께 생물권에 대해 우리의 지식은 점점 늘어나고 잠정적인 생명의 경계는 확장되어 왔

---

* 남아메리카 안데스 산맥 서쪽의 태평양 연안에 있는 사막 지대로, 실질적으로 비가 오지 않는 고원 지대다.

** 빙하나 눈이 없는 남극의 계곡으로 습도가 거의 0인 것으로 유명하다.

*** 스페인 남서부의 강. 주변의 철광산에서 흘러나온 광산수로 오염되어 산성도가 pH 2.0에 달한다.

**** 특정 분자에 레이저를 쏘았을 때 그 분자의 전자 에너지 준위의 차이만큼 에너지를 흡수하는 현상을 통해 분자의 종류를 알아내는 방법이다. 1928년 인도 과학자 찬드라세카르 벵카타 라만이 발견한 라만 효과를 이용한 기술이다.

다. 하지만 최근의 진보에도 불구하고 우리는 단지 극한 미생물의 세계를 탐험하고 그것을 알아 가는 시작점에 있을 뿐이다.

해양 미생물

지표면 70퍼센트를 덮고 있으며 평균 깊이가 3,800미터나 되는 바다는 맨눈으로 보이지 않는 미생물들로 가득 차 있다.[7, 8] 약 $3.6×10^{30}$ 개로 추정되는 해양 미생물은 해양 생물 총량의 90퍼센트 이상을 차지한다. 바이러스 입자들의 수는 이보다 100배 많을 수 있다. 풍부한 화학 합성 미생물들이 심해 열수 분출공에서 번성하고 있다. 해양의 중간층에 고세균이 풍부하게 존재한다. 이산화탄소 고정의 대표적인 촉매제인 식물성 플랑크톤의 규조류, 편모조류(dinoflagellate), 미세조류(picoflagellates), 남세균은 질소 순환을 조절하며 전통적인 해양 먹이 그물의 기초를 이룬다. 종속 영양 세균은 해양 표면의 세균성 플랑크톤의 대부분을 차지하는 반면, 얼마나 다양한지 아직 모르는 비광합성 원생생물(보통 단세포 진핵생물)은 미세플랑크톤(2마이크로미터 이하 플랑크톤)의 개체수 규모를 조절하고 해양 먹이 그물로 유입되는 영양분의 공급을 조절한다. 미생물에서 생명체의 대사적 유전적 변이가 많이 일어나지만, 우리는 미생물의 다양성과 개체수 구조의 진화에 대해 단편적으로 알 뿐이다.

바닷속 모든 생물 종의 목록을 만들자는 취지로 2,000년에 시작한 '해양 생물 센서스(Census of Marine Life)'라는 국제 공동 연구 프로젝트가 10년간의 조사 결과를 정리해 2010년 10월 『지구 해양의 생명(*Life in the World's Oceans: Diversity, Distribution and Abundance*)』이라는 책자를 출간했다.[7] 국제 해양 미생물 센서스(International Census of Marine Microbes, ICoMM)는 그 프로젝트의 한 분야로서 세균, 고세균, 원생동물, 그리고 관련 바이러스를 포함한 알려진 모든 다양한 단세포생물을 목록화하고, 알려지지 않은 다양한 미생물을 찾아 발견하고, 생태학적 진화적 맥락을 알아내는 전략을 구사함으로써 다양한 미생물의 재고 조사표를 만들었다.

ICoMM가 2010년 발표한 해양 미생물에 관한 중요한 핵심은 다음과 같다. 어느 대양에서건 세균의 수는 10^{29}개를 초과하며 바다 생물 자원의 90퍼센트를 차지한다. 세균의 다양성은 식물과 동물의 그것보다 100배 이상이다. 바닷물 1리터에 2만 종의 세균이, 모래 1그램에 5,000~1만 9000종의 세균이 있다. 바다에서 고세균의 개체수는 세균에 필적하지만 다양성은 세균의 10퍼센트 정도다. 일부 지역의 바다에서 원생동물의 다양성은 고세균 못지않다. 다양성이 풍부하다는 것은 대부분 개체수가 많지 않다는 것을 의미한다. 각각의 후생동물은 자신만의 독특한 미생물권(microbiome)을 가진다. 서로 다른 지역의 해양 미생물을 조사하면 나름의 표지 미생물이 있다. 어떤 미생물은 어느 곳에나 있다. 라이보좀 작은 단위체(ribosomal small subunit)의 염기 서열을 분석한 결과, 먼 바다에서는 생물량의 25퍼센트, 개체수는 50퍼센트를 차지한다. 지질을 분석함으로써 고대 미생물의 개체수를 짐작할 수 있는데 이는 전혀 새로운 분야다.

센서스는 해양 미생물 종의 수가 예전 예측에 비교해 100배가량 더 늘어났다고 보고했다. 《네이처》에 따르면, 2003년까지 해양 미생물 6,000종가량이 확인되었으며 60만 종에 이를 것으로 예측했으나 이번 센서스에서 수십만 종이 확인됐으며 전체적으로 대략 2000만여 종에 달할 것으로 새로 예측됐다. 물론 이 규모도 단순히 예측일 뿐이며 실제로는 더 클 것이다.

아름다운 미생물 이야기

10장

항생제

항생제(antibiotics)란 1942년 러시아 태생의 미국 세균학자 셀먼 왁스먼이 처음 사용한 용어로서 그의 정의에 따르면 항생제란 "미생물에 의해 만들어진 물질로서 다른 미생물의 성장이나 생명을 막는 것"을 말한다.[1] 영어 어원인 antibiotics는, '반대 또는 저항'이라는 뜻의 anti-와 '살아 있는 것 또는 생물'을 뜻하는 bio-의 결합으로, 생물은 세균을 뜻한다. 그러니까 항생제는 세균 저항제다. 처음에는 미생물에서 만들어지는 자연 물질로 발견되었지만, 그 구조 중 일부를 변경해 만든 합성물과 처음부터 인공적으로 합성된 물질도 포함한다. 항생제를 일상적으로 마이신(mycin)이라고 부르기도 하는데, 스트렙토마이신(streptomycin)에서 유래한 것이다.

항생제의 출발점, 페니실린[2]

1900년대 초반까지 인간은 병원성 미생물의 공격에 속수무책이었다. 일례로 미국 남북 전쟁 당시 전사의 가장 큰 원인은 미생물에 의한 감염이었다. 출산 중이나 출산 직후 감염으로 인한 사망은 25퍼센트에 달했다. 그러나 1928년 비로소 인간에게 역습의 기회가 되는 서막이 열렸다.

1928년 여름, 런던 대학교 세인트 메리 의과 대학 세균학 교수로 재직하던 알렉산더 플레밍은 포도상구균*을 배양하던 배지들을 그대로 둔 채 휴가를 떠났다. 몇 주 후 그가 다시 실험실에 돌아왔을 때, 그는 우연히 열려 있던 배양 접시 중 하나에서 솜털 형태의 푸른곰팡이(*Penicillium notatum*)가 자라고 그 곰팡이 주위로 원을 그리면서 포도상구균들의 성장이 억제되어 있는 것을 발견했다. 그는 그 곰팡이가 세균들의 성장을 억제한다는 것을 알게 되었고 그 곰팡이로부터 추출한 추출물에 페니실린(penicillin)이라는 이름을 붙였다.

플레밍은 1928년과 1935년 사이에 페니실린에 대해 최소 4편 이상의 논문들을 발표한다. 하지만 살바산(salvarsan) 같은 화학 약품으로만 세균을 죽일 수 있다는 당시의 살균 요법 개념과 완전히 달랐기 때문에 다른 과학자들이나 제약 회사들의 관심을 받지 못했다. 그 후

---

* 둥근 모양의 세균으로 포도송이같이 모여 자란다. 화농성(化膿性) 질환이나 폐렴과 식중독의 원인이 된다.

1939년까지 플레밍이 한 일은 그 곰팡이 균주를 필요한 연구자에게
분양하는 것이 전부였다.

페니실린 분리 정제, 대량 생산

1939년에 플레밍의 세균 균주 표본은 옥스퍼드 대학교 하워
드 플로리와 언스트 체인이 이끄는 연구팀으로 넘어갔다. 플로리는
1935년 프론토실(prontosil)*의 주사가 연쇄구균에 의한 감염을 치료
한 것에 영감을 받은 터였다. 오래지 않아 플로리와 체인의 연구팀은
정제된 페니실린을 실험에 충분한 양만큼 추출하는 데에 성공했다.
1941년 영국 옥스포드 대학교 부속 병원에서 다양한 세균 감염 환자
에 대해 페니실린 주사의 매우 높은 항생 능력을 보임으로써 세계 최
초로 페니실린의 임상 실험에 성공했다. 플로리와 체인은 페니실린
생산에 필요한 체계를 만드는 것을 도와 미국의 제약 회사들로 하여
금 전쟁(제2차 세계 대전)으로 생긴 수요에 맞추어 페니실린을 대량 생
산하게 했다. 제2차 세계 대전이 끝날 무렵에 페니실린은 수백만 명
의 생명을 구했다. 플레밍은 1945년 체인, 플로리와 함께 노벨 생리·
의학상을 수상한다.

* 1932년 독일 의사 게르하르트 도마크는 요제프 클라러와 프리츠 미치가 합성한 프론
토실(Prontosil)을 연쇄 구균으로 인해 패혈병을 일으킨 생쥐에게 주사하면 매우 효과적인
것을 알았으며 1935년에 발표했다. 프론토실은 세균에 대한 최초의 화학 치료제로서 항
균 효과는 프론토실이 분해될 때 생성되는 설폰아마이드(sulfonamide)에 의해 발생한다.
오늘날 설폰아마이드계 항생제의 모태다.

플레밍의 실제 업적

일반적으로 플레밍이 페니실린에 대해 모든 연구를 한 것처럼 일반 대중에게 알려져 있다. 실제로 플레밍은 살아서는 영국 왕실로부터 기사 작위도 받고 죽어서도 런던 세인트 폴 대성당에 묻혔다. 의아하게 생각할지 모르지만 그의 동상이 스페인의 마드리드의 가장 큰 투우장인 플라차 데 토로스 데 라스 벤타스(Plaza de Toros de Las Ventas) 중심 건물 앞에 세워져 있다. 이 동상은 페니실린이 투우장에서 죽는 투우사의 수를 줄여 주었다는 의미에서 세워졌다. 체코 수도 프라하에는 플레밍의 이름을 딴 광장도 있다. 1964년 프라하에서 국제 항생제 학회가 개최된 것을 기념해 그의 이름을 따서 붙인 것이다.

앞에서 언급했듯이 페니실린을 발견한 사람은 플레밍이지만 실제로 수백만 명의 인명을 구한 사람은 플로리이다. 언론이 페니실린에 관심을 보일 당시에 플로리는 언론에 대해서 부정적이었으며, 따라서 논문 발표 전 언론에 자신들의 업적을 알리지 않았다. 하지만 플레밍은 언론 친화적이었고 언론은 옥스퍼드 연구팀의 업적까지 플레밍의 것으로 만들어 플레밍의 페니실린 발견 신화가 탄생했다.

플레밍의 대표적 업적은 라이소자임(lysozyme)과 페니실린의 우연한 발견이다. 자신의 연구 영역에서 열심히 노력한 것은 틀림없지만, 플레밍은 매우 산만한 과학자였다. 영어로 표현하면 lousy('서투른' 또는 '엉망의' 같은 뜻이다.)했다. 주위의 어느 누구도 플레밍의 정리 정돈된 실험대를 볼 수 없었을 정도로 사방이 어지러웠다. 정상적인 과학자의 입장에서 보면 이해할 수 없는 것이 한두 가지가 아니다. 미생

아름다운 미생물 이야기

물을 연구하는 사람의 첫 번째 덕목은 오염 방지다. 창문을 마음대로 열지 못할 때도 있다. 라이소자임을 발견하는 계기가 되었다고 하지만, 세균 배양 접시에 콧물을 떨어뜨리고(관대하게 봐서 이것까지는 이해할 수 있다고 치자.) 그 접시를 오염 상태로 놓아두는 것은 정상적인 미생물 연구자의 태도는 아니다. 배양 접시에 떨어뜨린 콧물의 효과를 알아보고자 한 호기심에서 나온 행동이라고 이해할 수도 있다. 그렇다고 하더라도 당신이라면 수 주 동안 휴가 가기 전에 배양 중인 시료들을 점검하고, 실험실을 깨끗이 정리하고, 창문을 닫지 않았겠는가? 플레밍은 이 가운데 아무것도 하지 않았기 때문에 페니실린을 발견하게 된다. 후에 플로리와 체인은 플레밍의 업적을 평가하기를 "우연히 페니실리움 노타툼 포자가 배양 접시에 떨어져서 생긴 변화를 인지하고 그것을 연구하기 시작했다는 것과 후에 다른 사람들이 사용 가능하도록 곰팡이를 보관해 두었다는 것 정도다."라고 했다.

어떤 종류의 사람들에게는 영웅이 필요하다. 또 어떤 사람들은 영웅이 되기 위해 그런 사람들을 이용한다. 영웅을 만들기 위해서는 실제로 신화가 만들어지는 것처럼 이야기를 그럴듯하게 가공하기도 한다. 플레밍 실험실 주위로 푸른곰팡이를 연구하는 실험실은 없었지만, 그 실험실로부터 푸른곰팡이 포자가 창문을 통해 들어왔다는 신비로운 이야기가 추가되기도 한다. 페니실린을 발견한 지 40년쯤 지나서는 플레밍은 우연으로부터 무언가 발견할 수 있는 자질이 충분한 천재로 둔갑한다.

페니실린 세렌디피티 이후

세렌디피티(serendipity)란 사전적으로는 "행운을 우연히 발견하는 능력"으로 정의되는 단어다. 과학사에서는 완전한 우연으로부터 얻어지는 중대한 발견이나 발명을 뜻하는 말로도 쓰인다. 과학사에서는 제너의 종두법 발견, 노벨의 다이너마이트 발명, 뢴트겐의 엑스선 발견, 플레밍의 라이소자임과 페니실린의 발견 등을 세렌디피티의 대표적 사례로 든다. 과학적 방법은 반복성 또는 재현성을 요구한다. 하지만 세렌디피티는 반복 가능하지도, 재현 가능하지 않다. 세렌디피티를 통한 과학적 발견은 언제나 합리적 추론의 결과로 얻어지는 것은 아니다. 하지만 완전한 우연에 의한 과학적 세렌디피티는 없다는, 즉 세렌디피티가 일어나기 위해서는 '준비되고 열린 마음(prepared and open mind)'이 전제되어야 한다는 것이다. 파스퇴르는 "우연은 준비된 자에게만 미소 짓는다."라고 했다. 플레밍의 가십거리에도 불구하고 분명한 것은 우리는 그의 페니실린 세렌디피티에 감사해야 한다는 점이다. 이 절에서는 페니실린 세렌디피티 이후 발견된 항생제들을 소개한다. 우연과 필연, 그리고 노력이 어울린 결과물들이다.

스트렙토마이신(Streptomycin)은 1943년 10월에 미국 럿거스(Rutgers) 대학교의 왁스먼이 방사균(*Actinobacterium*)인 스트렙토마이세즈 그리세워즈(*Streptomyces griseus*)로부터 처음 분리했다. 왁스먼은 여러 항생제를 발견했는데, 그중 스트렙토마이신과 네오마이신(Neomycin)은 다양한 감염병 치료에서 폭넓게 사용된다. 무작위로 고른 여러 가지 병원균을 대상으로 한 스트렙토마이신 효능 검사는 1946~1947년에 처음 실시되었다. 그 결과, 결핵에 효과가 있다는 것이 밝혀졌다. 페니실린으로 듣지 않는 병균을 죽이는 항생 물질이라는 것을 알아낸 것이다. 그때까지 불치의 병으로 알려졌던 결핵 치료제의 탄생이었다. 이 공로로 왁스먼은 1952년 노벨 생리·의학상을 받았다.

테트라싸이클린(tetracycline)은 1945년에 미국의 식물 생리학자 벤저민 더가(Benjamin Duggar)가 세균 스트렙토마이세즈 알보니거(*Streptomyces alboniger*)에서 발견했지만 여러 제조 회사들 사이에서 벌어진 특허 소송(언론에서는 "항생제 소송(Antibiotics Litigation)"이라고 불렸다.)에 휘말려 1978년에야 시장에 나왔다. 기존 항생제에 비해 티푸스, 폐렴 등 가용 범위가 넓고, 치료력이 좋고, 독성이 낮다. 단백질 합성을 방해함으로써 세균 성장을 억제한다.

메티실린(meticillin) 만병통치약 페니실린은 수백만 명의 목숨을 살렸다. 그러나 제2차 세계 대전이 끝나고 16년쯤 지난 1961년 영국에서 내성균이 나타났다. 페니실린 내성균이란 페니실린을 분해하는 효소 베타락타메이즈(ß-lactamase)를 장착해 페니실린이 있음에도 번식 가능한 세균이다. 베타락타메이즈는 페니실린의 베타락탐(ß-lactam) 고리를 분해한다. 거의 동의어로 쓰이는 페니실리네이즈(penicillinase)는 1940년 그람 음성균인 대장균에서 최초로 확인된 베타락타메이즈다. 그러니까 페니실린이 임상적으로 쓰이기 이전에 알려졌다. 페니실린은 대장균에 대해 효과가 없다. 문제는 대장균에 대한 효과가 없는 게 아니라 페니실린에 민감하던 병원균 그람 양성 황색포도상구균(*Staphylococcus aureus*)이 대장균에 노출되면 페니실린에 대해 더 이상 반응하지 않게 된다는 점이다. 대장균의 플라스미드에 존재하는 베타락타메이즈 유전자가 황색포도상구균로 옮겨 감으로써 황색포도상구균이 전에 없던 베타락타메이즈 유전자를 가지게 되고, 따라서 페니실린 내성을 가지게 된다. 이 현상을 '형질 도입(transduction)'이라 하는데, 동종 간 그리고 이종 간 내성균 생성과 확장의 원인이다. 유전 공학에서 이 현상은 아주 중요한 기법으로 발전하게 된다. 메티실린은 영국의 제약 회사 비첨(Beecham) 그룹이 1959년 페니실린의 구조를 약간 변경해 합성한 페니실린 계열 항생제다. 페니실린 내성균에 효과가 있음이 밝혀진 후로 페니실린을 대체해 광범위하게 사용된다. 그후에 메티실린 구조를 바탕으로 여러 가지 유도체가 합성되어 항균 효과가 더 좋은 항생제가 개발된다.

세팔로스포린(Cephalosporin)은 1945년에 이탈리아의 약리학자 주세페 브로추가 진균류 세팔로스포리움(*Cephalosporium* sp., 지금은 아크레모니움(*Acremonium*)으로 불린다.)의 배양액에서 얻은 일군의 항생 물질로서 1964년에 시판되었다. 베타락탐 고리를 가지고 있어 페니실린과 약물학적 특성이 유사하나, 약간 다른 구조를 가지고 있어 그람 음성균에도 항균 효과가 크다.

반코마이신(Vancomycin) 이야기를 해 보자. 항생제와 병원균의 쫓고 쫓기는 싸움이 돌고 돌아 페니실린의 대체약인 메티실린에도 내성을 갖게 된 황색포도상구균이 나타난다. '죽음의 세균'이라고도 불리는 MRSA(metithicillin-resistant *Staphylococcus aureus*, '머사'라고 읽는다.)가 그것인데, 이 세균은 병원 내 세균 감염을 일으켜 사람을 사망 또는 장애에 이르게 하는 원인균이다. 2013년 미국에서만 1만 9000명의 사망자를 낳아 에이즈 환자 사망자 수 1만 7000명을 넘어섰다. 우리나라에서도 MRSA는 2011년에 3,376건이 신고됐고, 2016년에는 그것이 4만 1330건으로 늘어났다. 5년 새 10배 넘게 증가한 것이다.

반코마이신은 1953년에 일라이 릴리(Eli Lilly) 사의 화학자 에드먼드 콘펠드에 의해 보르네오 정글에서 수집된 토양 세균 아미콜라톱시스 오리엔탈리스(*Amycolatopsis orientalis*)에서 추출되었다. '완파하다.'라는 뜻의 vanquish에서 그 이름을 따왔다. 반코마이신의 장점은 황색포도상구균에 즉효(卽效)가 있는 것이지만, 무엇보다도 반코마이신이 들어 있는 배양액에서는 다른 항생제라면 내성균이 생겼을 기간 동안 배양해도 내성균이 안 생긴다는 점이었다. 아주 강력한 항생제다.

반코마이신은 MRSA에 대항할 수 있는 유일한 항생제로서 인류가 개발한 항생제 가운데 가장 강력한 효과를 발휘하는 것으로 알려져 '최후의 항생제'라고도 부른다. 그러나 1996년에 일본에서 반코마이신에도 내성을 가진 VRSA(vancomycin-resistant *Staphylococus aureus*)가 세계 최초로 보고되었다. 미국에서는 2002년에 처음 보고되었다. '슈퍼 박테리아'라고 부리기도 하는 VRSA는 면역력이 약해진 인체에 침투할 경우 단일 항생제로는 치료할 수 없고 몇 가지 항생제를 섞은 혼합 치료법으로도 완치하지 못하면 결국 치명적인 패혈증을 유발한다. 병원에는 각종 감염 환자가 모여들기 때문에 암 환자, 수술 환자와 같은 면역력이 약한 사람이 감염될 수 있다. 물론 건강한 사람도 감염자와 접촉을 피해야 한다. 될 수 있으면 병문안을 하지 말고 특히 어린

아이 동반은 반드시 삼가야 할 일이다.

항생제의 작용 메커니즘

항생제는 인체에는 무해하고 세균에만 특이적으로 작용해 성장 억제 또는 사멸에 이르게 해야 한다. 항생제의 작용 기전은 다섯 가지로서 세포벽 합성 방해, 단백질 합성 방해, 세포막 기능 방해, 핵산 합성 방해, 엽산(folic acid) 합성 방해다.[3] 세포벽은 세균에 고유하고, 엽산은 DNA 합성 전구 물질로서 인체에서는 생합성되지 않아 외부로부터 음식에 포함되어 섭취되어야 하는 반면, 세균은 스스로 합성해야 한다. 이 두 가지는 사람을 비롯한 고등 동물과 근본적으로 구별되나, 나머지 셋은 세균이나 사람이나 유사한 기전으로 수행되어 선택적 특이성이 요구된다.

세균은 한스 그람이라는 학자가 개발한 그람 염색 반응에 따라 그람 양성 세균과 그람 음성 세균으로 나뉜다. 쉽게 말해, 그람 음성 세균은 펩타이도글라이칸(peptidoglycan)*으로 이뤄진 세포벽이 한 겹으로 얇고, 그람 양성 세균은 두 겹으로 두껍다. 5개의 아미노산으로 이뤄진 폴리펩타이드가 펩타이도글라이칸을 연결해(crosslinking)

---

* 펩타이도글라이칸은 세균 세포벽의 주성분으로써 다당류에 4개의 아미노산으로 이뤄진 짧은 폴리펩타이드가 결합한 화합물이다. 식물 세포의 세포벽과 유사하게 세균을 삼투압에 견디게 하고 형태를 유지시킨다. 플레밍의 또 다른 세렌디피티인 라이소자임은 다당류를 분해하는 효소로 따라서 효소 항생제다.

아름다운 미생물 이야기

두 겹이 되게 한다. 이 작용을 매개하는 효소가 트랜스펩티데이즈 (transpeptidase, 트랜스펩타이드 가수 분해 효소)다. 페니실린은 트랜스펩티데이즈와 무작위로 결합해 그람 양성 세균의 세포벽을 약화시킨다. 그 결과, 세포벽이 약해진 세포는 삼투압 변화를 이기지 못하고 세포벽이 터져 죽게 된다. 따라서 페니실린은 그람 양성 세균에는 항생 효과가 큰 반면, 그람 음성 세균에는 거의 효과가 없다.

한편 스트렙토마이신의 작용 기작은 페니실린과 다르다. 세균에서 사람에 이르기까지 모든 단백질의 첫 번째 아미노산은 메싸이오닌(methionine)이다. 세균에는 두 종류의 메싸이오닌이 존재한다. 하나는 메싸이오닌에 포밀기(formyl基)가 결합된 포밀메싸이오닌이고 다른 하나는 변형되지 않은 메싸이오닌이다. 포밀메싸이오닌은 사람에 존재하지 않는다. 당연히 두 종류의 메싸이오닌은 두 종류의 메싸이오닌-tRNA를 만든다. 하나는 포밀메싸이오닐-tRNA(formyl-methionyl-tRNA, fMet-tRNA)이고 다른 하나는 메싸이오닐-tRNA(methionyl-tRNA, Met-tRNA)이다.

세균에서 단백질 합성은 반드시 포밀메싸이오닐-tRNA가 라이보좀에 결합하면서 시작된다. 포밀기는 단백질 합성 후 떨어져 나간다. 스트렙토마이신은 바로 이 결합을 방해하는 단백질 합성 억제제이다. 따라서 스트렙토마이신은 단백질 합성의 개시를 막고, 결국에는 세균을 죽게 한다. 사람의 라이보좀은 세균의 라이보좀보다 크고 구조적으로 약간 다르므로, 스트렙토마이신은 작용하지 못한다. 스트렙토마이신은 그람 양성 세균과 그람 음성 세균을 모두 억제해,

폭넓게 사용된다. 다른 항생제가 단백질 합성을 방해하는 기작은 단백질 합성 기작이 복잡한 만큼 여러 단계에서(예를 들어, 라이보좀에서 펩타이드가 연결되는 단계에서) 일어날 수 있다. 넓은 범위의 단백질 합성을 방해하는 항생제로 스트렙토마이신, 테트라싸이클린, 에리쓰로마이신(erithromycin), 클로람페니콜(chloramphenicol), 퓨로마이신(puromycin) 등이 포함된다.

세포막은 투과 장벽으로 특정 단백질에 의해 내부의 구성 물질(특히 이온)을 세포막 안팎으로 선택적 투과시킨다. 이를 선택적 능동 수송이라 한다. 이러한 능동 수송 단백질이 제 기능을 못 하면 고분자 물질이나 이온의 불균형으로 인해 세포가 죽는다. 세균과 진균의 능동 수송 단백질들이 인체 세포의 그것들에 비해 항생제에 매우 민감하다. 따라서 세포막에 작용하는 항생제는 세균 세포막의 투과성만을 선택적으로 방해해서 세균과 진균을 죽인다. 그러나 대량 투여 시에는 인체 세포에 대해서도 독성을 일으킬 수 있다. 세포막 기능을 방해하는 약제로는 그람 음성 세균에 작용하는 폴리믹신(polymyxin)과 항진균제로 암포테리신(amphotericin B), 케토코나졸(ketoconazole), 플루코나졸(fluconazole), 이트라코나졸(itraconazole) 등이 대표적이다.

항결핵제인 리팜핀(rifampin) 혹은 리팜피신(rifampicin)은 DNA 의존성 RNA 중합 효소(DNA-dependent RNA polymerase)와 결합해 RNA 합성을 방해하는 것으로 항균 작용을 나타낸다. 세균과 인체 세포의 RNA 중합 효소는 구조가 조금 달라 항생제는 세포의 RNA 중합 효소에만 결합하고 인체 세포의 RNA 중합 효소에는 결합하지 못한다.

세균의 DNA 복제 과정에 이중 나선이 갈라진 다음 각 가닥이 엉키는 과정을 방지하는 효소가 DNA 선회 효소(DNA gyrase)다. 퀴놀론계 항생제는 이 효소와 결합해 세균 성장을 억제한다.

핵산 염기의 중요한 전구 물질인 엽산이 없으면 핵산이 합성될 수 없다. 엽산은 우리 몸에서 생합성되지 않기 때문에 우리 몸은 음식물 등을 통해 외부로부터 공급된 엽산을 이용해 핵산을 합성한다. 그러나 세균은 외부에서 공급된 엽산을 이용할 능력이 없고 스스로 생합성해야 한다. 따라서 엽산 합성을 방해하는 약물은 인체에는 영향을 미치지 않으면서 세균의 성장을 억제한다. 설폰아마이드와 트리메쏘프림(trimethoprim)이 이에 해당한다.

항생제의 미래는?[4]

루이스 캐럴의 소설 『이상한 나라의 앨리스』의 속편 『거울 나라의 앨리스』에서 붉은 여왕은 앨리스에게 "제자리에 있고 싶으면 있는 힘을 다해 뛰어야 해."라고 말하는데, 그 이유는 붉은 여왕이 다스리는 나라에서는 어떤 물체가 움직일 때 주변 세계도 함께 움직이기 때문에 끊임없이 뛰어야 겨우 한발 앞으로 나아갈 수 있기 때문이다. 시카고 대학교 진화 생물학자 레이 밴 베일런은 생태계의 쫓고 쫓기는 관계를 이에 비유해 "붉은 여왕 효과(Red Queen Effect)"라고 불렀다.[5]

앞에서 언급했듯이 1940년대부터 1960년대까지 미생물에서 항생제 사냥이 이루어졌다. 심지어 최후의 항생제라 불리는 반코마이신조차 1950년대에 이미 분리되었다. 지금까지 페니실린 같은 자연계 항생제, 자연계 항생제를 바탕으로 구조를 조금 바꾼 반합성 항생제, 완전히 새로운 합성 항생제를 합쳐 약 1,000가지의 항생제가 개발되었다. 페니실린 등장 이후 지난 20세기 후반부는 세균과 항생제의 생존 시합이었다. 항생제가 개발되면 내성균이 생기고 그 내성균에 대한 항생제가 다시 개발되고 또 그 항생제 내성균이 생기고…….
병원균, 페니실린, 페니실린 내성 균주, 메티실린, MRSA, 반코마이신, 슈퍼 박테리아의 꼬리를 무는 시합은 아직 진행 중이다. 뛰어도 뛰어도 제자리인 항생제 붉은 여왕 효과는 여전히 유효하다.

한편, 슈퍼 박테리아 퇴치를 위한 연구도 활발하다. 2002년 영국의 과학자들이 여러 가지 항생제를 만드는 토양균 스트렙토마이세즈 코엘리콜로르(*Streptomyces coelicolor*)의 유전자 지도를 완성함으로써 항생제에 대한 슈퍼 박테리아의 내성 문제를 해결할 수 있는 단서를 마련했고, 같은 해 미국에서도 슈퍼 박테리아의 항생제 저항성을 부여하는 핵심 유전자를 밝혀낸 바 있다. 하지만 슈퍼 박테리아에 대한 항생제는 현재 우리 손안에 없다.

항생제 내성을 가지는 세균 출현의 원동력은 돌연변이와 형질전환이다. 돌연변이는 막을 수 없는 자연 현상이므로 항생제 붉은 여왕 효과의 결과는 자명하다. 이 시점에서 우리가 선택할 수 있는 방법은 간단하다. 또 다른 슈퍼 박테리아의 출현을 최대한 늦추는 것이 상책이다. 병원균의 항생제 내성 돌연변이가 될 수 있으면 안 일어나게 항생제 노출, 즉 항생제의 사용을 최소화해야 한다. 한편으로 새로운

아름다운 미생물 이야기

항생제 개발, 그리고 기존의 화학적 요법이 아닌 생물학제를 이용하는 것도 고려할 필요가 있다.

11장

밥상 위의 미생물

우리 밥상 위에서 활약하는 미생물들을 다루는 학물이 식품 미생물학이다. 식품 미생물학은 음식 부패를 유발하는 미생물의 연구를 포함해, 음식물에서 살아가고, 음식물을 만들거나 오염시키는 미생물에 대한 학문이다. 최근 활성균과 같은 좋은 세균은 식품 과학에서 점점 더 중요해지고 있다.[1] 게다가 미생물들은 치즈, 요구르트, 빵, 맥주, 포도주, 그리고 다른 발효 식품과 같은 음식의 생산에 필수적이다. 효모를 이용해 만든 빵은 유럽과 미주 국가의 주식이다.

발효는 음식을 저장하고 그 질을 바꾸는 방법 중 하나다. 효모는 맥주를 양조하거나 포도주를 만드는 데 사용된다. 유산균을 포함한 특정 세균은 요구르트, 치즈, 핫소스, 피클, 발효 소시지, 김치 같은 반찬을 만드는 데 사용된다. 이런 발효의 공통적인 효과는 만들어진 식품이 병원균 및 부패 미생물을 포함한 다른 미생물의 성장을 방해해 식품의 수명을 연장한다는 점이다. 숙성시켜 독특한 향기를 내는 다양한 치즈를 만드는 데 곰팡이를 사용하기도 한다.[1,2]

앞으로 소개할 진균이나 세균은 우리 식탁에 자주 오르는 음식을 만드는 데 이용되는 균주들이다. 그 균주들이 만드는 대표적인 음식도 곁들여 예시했다.[3] 한 가지 강조하고 싶은 점은, 김치나 장(醬) 종류의 음식을 만들 때 기술된 해당 균주들이 주된 역할을 하지만, 발효 과정 자체가 여러 단계의 생화학적 반응을 거치므로 해당 균주 혼자가 아니라 수많은 다른 종류의 균들이 함께 작용한다는 사실이다. 예컨대, 모든 균이 필수적이지도 않고, 모두 이로운 방향으로 작용하지도 않겠지만, 발효된 김치에서 세균 200여 주(株), 효모 2주가 분리된다.[1]

효모[2,4]

효모(酵母, yeast)는 곰팡이계에 속하는 미생물로 약 1,500종이 알려져 있다. 그러나 일상적으로나 학술적으로도 효모 혹은 이스트 하면 으레 술이나 빵을 만드는 데 쓰이는 사카로마이세즈 세레비시아이(*Saccharomyces cerevisiae*)를 가리킨다. 지금부터 그렇게 사용한다. 효모는 출아(出芽)를 통해 생식한다. 출아란 개체의 일부가 싹이 나오듯 떨어져 나와 번식하는 방식이다. 크기는 대략 3~4마이크로미터로 하나의 세포로 이뤄진 달걀 모양과 비슷한 단세포 생물이다. 네덜란드의 레이우엔훅이 자신이 만든 현미경으로 1680년에 처음 관찰했다.

진핵생물에 속하나 원형의 DNA 구조인 플라스미드를 포함하고 있다. 이 플라스미드는 효모를 이용한 유전 공학의 필수 도구가 된다. 자연 상태에서 이배체(2N)로 존재하나 조건이 좋지 않을 때 감수 분열을 해 4개의 포자를 만들어 일배체(1N)가 된다. 일배체 포자는 발아한 후 접합해 다시 이배체(2N)를 만든다. 실험실에서 배양이 쉽고, 번식을 잘하고(영양분이 풍부할 때 90분마다 한 번씩 분열한다.), 진핵생물이라는 점 때문에 생물학과 유전 공학 분야에서 중요한 실험 재료로 많이 쓰인다. 배양 최적 온도는 섭씨 25도 내외나 낮게는 섭씨 10도, 높게는 37도에서도 느리지만 생장할 수 있다.

효(酵)는 술밑을 뜻하는 한자다.[5] 효모를 뜻하는 영어 yeast는 고대 영어 gyst로부터 유래되었으며 '끓는다.'는 뜻이 담겨 있다. 술을 만들 때 생기는 이산화탄소 거품 때문에 붙은 이름이다. 효모는 단당류인 포도당을 먹이로 삼는다. 이당류는 효모 내 효소를 이용해 포도당으로 전환한 후 사용한다. 효모의 가장 큰 특징은 무기 호흡을 통해 산소 공급 없이도 포도당을 분해해 에너지를 얻을 수 있다는 점이고 이를 우리가 실생활에서 이용하는 것이다. 즉 효모는 무기 호흡 과정에서 파이루브산을 분해해 알코올과 이산화탄소를 배출한다. 효모는 산소가 많은 환경에서 유기 호흡을 하지만 이 과정에서는 물과 이산화탄소만을 배출한다.

술

　일설에 따르면, 인류는 땅에 떨어진 머루 같은 야생 포도 종류로부터 자연적으로 만들어진 술을 처음 맛본 후 인위적으로 만들기 시작했다고 한다. 과일 겉에 묻어 있는 효모가 과즙을 발효시키면 포도주와 같은 과실주가 된다. 포도주는 이집트 시대에도 고대 그리스 시대에도 생산되었다. 파스퇴르는 현미경을 통해 포도주의 발효에 효모가 관여하는 사실을 처음으로 확인했다. 아마도, 과일 생산은 적지만 곡물이 풍부한 지방에서는 곡주를 만들었을 것이다. 동양에서는 술밑으로 누룩을 만들어 쌀을 발효시켜 막걸리나 청주와 같은 술을 만들어 왔다. 5,000년 전 메소포타미아의 수메르 문명에서 보리를 이용해 지금의 맥주를 만들었다.

　술은 크게 발효주와 증류주로 나뉜다. 발효주는 곡물이나 과일의 즙을 효모를 이용해 발효한 술이다. 발효주는 대개 1~8퍼센트의 알코올을 함유하는데, 그 함유량은 아무리 높아도 12퍼센트 정도다. 효모가 생존할 수 있는 최대 알코올 함유량이 13퍼센트이기 때문이다. 증류주는 일단 만든 술을 증류해서 도수를 높인 술이다. 위스키, 브랜디, 소주 따위가 있다.

　발효주로는 우리나라의 막걸리, 청주, 포도주, 맥주, 러시아의 크바스 등이 있다. 막걸리는 청주를 떠내지 않고 그대로 걸러 짠 술이다. 빛깔은 탁하며 맛은 텁텁하고 알코올 성분이 적다. 탁주(濁酒)라고도 한다. 이와 반대되는 말은 '맑은술', 청주다. 청주는 찹쌀을 물에 불

　　　　　　　　　아름다운 미생물 이야기

려서 시루에 찐 밥과 누룩을 섞어 발효시킨 후 맑은 층을 떠낸 술이다. 포도주는 포도즙에 정제당을 섞어 발효시킨 술이다. 와인(wine)이라고도 한다. 포도주 양조에 필요한 포도주 효모(wine yeast)는 포도 껍질에 하얗게 붙어 있기 때문에 잘 익은 포도를 으깨어 놓고 발효통에 넣어두면, 포도 껍질에 붙은 효모가 당분을 분해하고 알코올을 배출해 포도주가 된다.

맥주는 보리를 싹 틔워 만든 맥아(麥芽, 엿기름. 맥아에는 녹말 가수 분해 효소인 아밀레이즈가 많이 들어 있다.) 가루를 물과 함께 가열해 녹말을 당화시킨 다음, 홉(hop)을 넣어 향기와 쓴맛이 나게 한 뒤에 효모를 넣어 발효시킨 술이다. 맥주 발효 과정에 사용하는 효모를 맥주 효모(brewer's yeast)라고 부른다. 맥즙의 발효가 완료되어 맥주를 여과한 후에 분리한 효모다. 맥주 제조 과정을 영어로 'brewing'이라 한다. 'brewing'은 양조(釀造), 즉 발효라는 의미를 포함하므로 양조 식초나 양조 간장처럼 쓸 수 있다. 하지만 일반적으로 맥주 'brewing'은 양조 이상의 의미가 있다. 비슷한 발효지만 와인 'brewing'이라는 말은 없다. 대신 와인 'making'이라는 말을 사용한다. 맥주는 단순히 만드는 것이 아니라 갈고 데우고 식히고 집어넣고 등의 복잡한 과정을 거쳐야 만들어지는 자부심과 동의어인 듯하다.

빵

빵 역시 미생물의 산물이다. 제빵의 원리는 효모가 녹말을 분해해 포도당을 만들고 이어서 포도당을 분해하면서 만드는 이산화탄소에 의해 반죽이 부드럽게 부풀어 오르게 되고, 이렇게 발효된 반죽을 굽는 것이다. 5,000년 전 고대 이집트에서 이미 효모를 이용해 발효된 반죽으로 빵을 만들었다. 그때부터 빵은 모두 사워도(sourdough)* 방식으로 만들어 왔다. 그러다 근대에 산업화와 도시화로 인구 밀도가 급격하게 높아져 제빵 수요가 급격히 커지면서 빵효모가 대량으로 필요해졌고 이는 상업용 빵효모 생산으로 이어졌다.

유산균

유산균 락토바실러스(*Lactobacillus*)는 대장균과 같이 그람 양성 세균이며 산소가 적은 조건에서 잘 자라며 막대 모양이고 포자를 만들지 않는 세균의 속명(屬名)이다.[1, 2] 당을 젖산으로 바꾸는 유산균들이 대부분이다. 사람의 경우 신체 여러 부위에서 미생물군(群)의 중요한 요소다. 여성들의 경우 질의 미생물군의 대부분을 차지한다. 몇 가지 유산균은 산업에서 요구르트, 치즈, 양배추 절임, 피클, 맥주, 사이다, 김치, 코코아, 티베트버섯 그리고 다른 발효 식품, 동물 사료를 만들기 위한 발효 산업에서 종균으로 쓰인다. 락토바실러스 종의 항세

---

* 사워도는 말 그대로 시큼한 반죽이다. 공기 중에 존재하는 효모와 유산균을 이용해 만든 발효 반죽으로, 이 반죽의 일부를 남겨서 다음 번 발효 반죽에 첨가하는 일종의 천연 효모 종균(種菌)이다. 사워도로 만든 빵은 독특한 신맛이 나는데 유산균이 만들어 내는 젖산의 냄새다.

균능과 항진균능은 이 미생물들을 억제하는 박테리오신(bacteriocin)＊과 저분자 화합물로부터 온다.

앞서 언급했듯이 사워도 빵은 밀가루에 늘 존재하는 세균에 의해 자연스럽게 만들어지거나 물과 밀가루 배지에서 공생으로 자라는 효모와 유산균의 종균을 사용해 만든다. 유산균은 당을 젖산으로 바꾸는데 이로 인해 주변이 산성으로 되어 시큼한 맛이 난다. 요구르트나 양배추 절임이 신맛이 나는 것도 이 때문이다. 전통적인 피클 제조 과정에서 채소를 소금물에 담그면 내염 락토바실러스 종이 채소에 들어 있는 자연당을 먹고 자란다. 그 결과 소금과 젖산의 혼합물은 곰팡이 같은 다른 미생물에 적대적인 환경이 된다. 따라서 피클로 만든 채소를 오랫동안 보관하고 먹을 수 있게 된다.

유산균, 특히 락토바실러스 카세이(L. casei)와 락토바실러스 브레비스(L. brevis)는 가장 흔한 맥주 부패균에 포함된다. 하지만 이 세균들은 별나게 시큼한 맛이 특징인 벨기에 람빅(Lambic)과 아메리칸 와일드 에일(American wild ale) 같은 맥주를 만드는 데 필수적이다.

＊ 세포 바깥으로 분비되는 단백질 또는 펩타이드계 항균 물질로서 근연 관계에 있는 미생물을 죽이거나 생육을 억제한다. 천연의 식품 보존제로서 실용화되고 있는 니신(nisin)이 대표적이다.

김치

　미국의 건강 연구지 《헬스(Health)》 2008년 3월 24일자에 게재된 기사에서 스페인 올리브유, 그리스 요구르트, 인도 렌틸콩, 일본 낫토와 함께 한국의 김치가 세계 5대 건강 식품으로 선정되었다. 국어사전에 따르면 김치란 "소금에 절인 배추나 무 같은 야채에 고춧가루, 파, 마늘 따위의 양념에 버무린 뒤 발효시킨 음식"으로서 재료와 조리 방법에 따라 많은 종류가 있다. 기원전 6세기 이전 고대 중국의 시가를 모은 『시경(詩經)』에 "오이를 다듬고 절인다."라는 구절이 있다. 소금물에 절인 채소, 즉 '침채(沈菜)'가 '딤채'가 되었다가 '김치'가 되었다고 한다. 근세 이전 김치의 주재료는 무였다. 고려 충렬왕은 무김치 애호가였다고 한다. 20세기 들어 중국 산둥 지방으로부터 배추가 전래된 후 배추가 김치의 주재료가 되었다. 김치를 만들 때 고추가 들어가기 시작한 때는 일본에서 고추가 전래된 17세기쯤으로 추정하나 고추의 일본 전래설 자체가 논란의 대상이므로 김치에 고추를 사용하기 시작한 시점도 불분명하다. 일설에는 고려 시대에 이미 고추가 있었다고 한다.

　김치는 발효 식품이다. 앞에서 언급한 것처럼 김치에서 세균 200여 주, 효모 2주가 분리되지만, 김치 발효의 주요 미생물은 유산균이고, 따라서 김치 주된 발효는 젖산 발효다. 유산균을 비롯한 여러 가지 세균은 채소에 들어 있는 당과 아미노산을 먹이로 젖산과 각종 유기산을 만든다. 김치가 건강 식품인 이유는 유산균과 젖산 때문이

아름다운 미생물 이야기

다. 유산균은 활성균의 일원으로서 발암 물질 생성을 억제하는 효과가 있고, 바이타민 B 복합체를 만든다. 젖산은 우리 몸 안에서 소화 효소 분비를 촉진하고 유해 세균의 번식은 억제하며, 소화된 음식물이 잘 배설될 수 있도록 돕는다.[3]

김치가 건강 식품인 또 다른 이유는 양념으로 사용되는 고춧가루와 마늘 때문이다. 고춧가루의 캡사이신(capsaicin), 마늘의 알리신(allicin) 등은 항산화, 항균, 항암, 콜레스테롤 저하, 동맥 경화 억제, 체지방 분해, 면역력 증진 등의 작용을 한다.

요구르트[6]

요구르트는 우유의 유산균 발효를 통해 만들어지는 식품이다. '응고시키다.' 혹은 '반죽같이 만들다.'라는 뜻의 터키 어 요구르마크(yogurmak)에서 유래했다고 한다. 유산균은 젖당을 발효시켜 젖산으로 만드는데 젖산이 우유 단백질에 작용해 요구르트의 질감과 독특한 맛을 내게 한다. 우유는 전 세계에서 생산되므로 요구르트를 만드는 데 가장 흔하게 쓰인다. 지역에 따라 물소, 염소 양, 말, 낙타, 야크의 젖도 쓰인다. 우유를 균일화 상태로 만들거나 혹은 세계의 많은 곳에서 균일화된 상태로 공급되는 우유는 그대로 사용되나 결과는 상당히 다르다. 먼저 우유를 섭씨 85도 정도로 데워 우유 단백질을 변성시킨다. 변성된 단백질은 두부보다는 더 엉겨 붙은 상태가 된다. 온도를 섭씨 45도로 내리고 종균 배양액을 넣은 후 그 온도를 4~7시간 유지하면서 발효시키면 요구르트가 만들어진다.

요구르트를 만들 때 쓰이는 균주는 락토바실러스 델브루에키 불가리커스(*Lactobacillus delbrueckii* subsp. *bulgaricus*)와 스트렙토코커스 써모필러스(*Streptococcus thermophilus*)다. 그 외에 락토바실러스 속 세균과 비피도박테리움(*Bifidobacterium*) 속 세균이 배양 중 혹은 배양 후에 가끔 쓰이기도 한다. 어떤 나라에서는 요구르트에 일정 수의 균이 들어가도록 규제한다. 예컨대, 중국에서는 젖산간균이 적어도 1밀리리터당 100만 마리는 들어가도록 요구한다. 최근 락토바실러스 델브루에키 불가리커스의 유전체를 분석 결과, 이 균이 어떤 식물의 표면에서 유래한 것일 수도 있음이 밝혀졌다. 식물들과 접촉함으로써 우유가 그 균에 자연스럽게, 그리고 본의 아니게 노출되었거나 혹은 그 균이 우유를 만드는 가축의 유방으로부터 전파됐을 수도 있다.

요구르트의 기원은 알려져 있지 않지만, 기원전 5000년경 메소포타미아에서 발명되었을 것으로 여겨진다. 고대 인도 기록에 따르면 요구르트와 꿀을 섞어 '신의 음식'이라 불렀다고 한다. 요구르트 기록은 중세 터키 문헌에서 찾아볼 수 있고, 유럽에서는 16세기 프랑스 왕 프랑수아 1세가 요구르트를 먹고 설사병이 나았다는 기록이 있다. 1900년대에 이르러서는 러시아 황제의 주요 메뉴가 된다. 1905년 제네바에서 공부하던 불가리아 학생 스타멘 그리고로프가 불가리아 요구르트에서 막대 모양의 균을 처음 관찰하고 1907년에 바실러스 불가리커스(*Bacillus bulgaricus*)라 이름 지었다. 지금의 락토바실러스 델브루에키 불가리커스다. 후에 다른 업적으로 노벨상을 받은 메치니코프

아름다운 미생물 이야기

가 요구르트균에 관심을 가졌고 불가리아 농부들이 장수하는 이유가 요구르트를 많이 먹어서일 것이라는 가설을 세운다. 덕분에 요구르트는 유럽에서 유명해졌다.

초산균[1, 2]

초산균(Acetic acid bacteria)은 당이나 에탄올을 발효시켜 초산을 만드는 그람 음성 세균이다. 초산균과(Acetobacteraceae) 10개 속으로 구성되어 있다. 그들 중 몇몇 종은 식초, 나타데코코(코코넛을 묵처럼 가공한 젤리), 홍차버섯, 스메타나 같은 식품과 화학 약품을 산업적으로 생산하는 데 사용된다.

초산균은 공기 중에 떠다니므로 자연 속 어디에나 있다. 당을 발효시켜 에탄올이 만들어지는 장소에 특히 많이 있다. 꽃즙에서도 발견되며 상한 과일에서도 분리된다. 신선한 사과 사이다와 저온 살균을 하지 않은 맥주도 좋은 공급원이다. 이런 종류의 음료에서는 산소가 필요하고 왕성한 운동성으로 인해 표면에서 생물막을 만들면서 자란다.

초산균은 초산을 만들므로 보통 산에 내성을 가지며, 최적 성장 pH는 5.4~6.3이다. 그렇지만 pH 5.0 이하에서도 잘 자란다. 포도주 같은 알코올 음료에 초산균이 작용하면 식초가 만들어진다. 포도주 판매 업자 입장에서 보면 상품을 망치는 산패(酸敗) 현상이다. 앞서 파스퇴르가 포도주 제조업자들에게 포도주 산패를 막는 방법을 가르쳐 준 이야기를 한 적이 있다. 파스퇴르는 포도주 산패가 잘 일어나게 하는 방법을 식초 생산 업자에게 가르쳐 주어 그들로부터도 감사 인사를 받았다.

누룩곰팡이[7]

생태계에서 곰팡이의 중요한 역할은 특히 셀룰로즈로 구성된 식물을 분해해 저분자 물질이나 무기물로 만드는 것이다. 곰팡이 중에는 다당류 복합체인 녹말이나 고분자 화합물인 단백질을 잘 분해하는 종류가 있다. 녹말과 단백질을 잘 분해하는 곰팡이는 각각 쌀과 콩을 이용한 발효 식품을 만드는 데 쓰일 수 있다. 누룩곰팡이속(*Aspergillus*)은 자낭균문에 속하는 균류로 여러 종이 있는데 이중 녹말을 잘 분해하는 곰팡이와 단백질을 잘 분해하는 곰팡이가 포함되어 있다. 황누룩곰팡이(*Aspergillus oryzae*)와 간장국균(*Aspergillus sojae*)이다.

황누룩곰팡이는 단백질 분해 효소를 많이 분비해 단백질을 아미노산으로 잘 분해하는 특징이 있어 콩으로부터 된장, 간장의 제조에도 이용된다. 또한 아밀레이즈도 많이 분비해 녹말을 포도당으로 분해하므로 쌀로부터 고추장, 식혜, 막걸리 등의 발효 식품의 제조에 이용된다. 또한 일본식 된장인 미소나 일본 술을 만드는 데 이용된다. 일본에서는 미소나 술 이외에도 세제, 사료, 의료 제재 등을 생산하는 데 사용되는데, 황누룩곰팡이와 관련된 산업 생산은 일본 전체 GDP의 1퍼센트에 해당하는 연간 500억 달러로 추정된다. 이런 이유로 일

본은 이 균을 '나라의 균(國菌)'이라고 부른다. (참고로 일본에서는 황누룩곰팡이를 코우지카비(コウジカビ)라고 하고 한자로는 국균(麴菌)이라고 쓴다.)

2005년 일본의 마치다 마사유키 박사를 중심으로 한 황누룩곰팡이 유전체 해석 컨소시엄이 황누룩곰팡이의 유전체 염기 서열을 분석했는데, 37메가베이스(Mb) 크기의 1만 2074개의 유전자를 가지는 것으로 밝혀졌다. 대사에 관련된 유전자가 다른 곰팡이에 비해 많았고 특히 2차 대사 산물을 생성하는 유전자가 특별히 많은 것으로 밝혀졌다.

간장국균의 형태는 황누룩곰팡이와 비슷하지만, 염분 내성이 강해서 간장이나 된장을 만들 때 주로 사용되는 균이다. 다만 황누룩곰팡이와는 달리 자연계에는 분포하지 않는다고 한다. 색은 흔히 진한 초록색이지만 진한 노란색인 것도 있다.

고초균[8]

고초(枯草)란 볏짚 같은 마른 풀을 뜻하며 고초균(枯草菌)은 마른 풀에 있는 세균으로서 바실러스 서틸리스(*Bacillus subtilis*)의 별칭이다. 영어로는 hay Bacillus라고 한다. 고초균은 진정세균목 바실러스(*Bacillus*) 속의 대표적 균종으로 단막 구조의 호기성 그람 양성균으로 비병원성이며, 배지 중에 다량의 단백질을 분비한다. 녹말 분해 효소인 아밀레이즈, 단백질 가수 분해 효소(protease) 같은 유용한 효소를 공업적으로 생산할 수 있는 균주로서 유명하다. 또한 재조합 DNA 실험 등에서도 많이 사용된다. 토양이나 마른 풀 등 자연계에 널리 분포하고 있고 메주균이나 일본의 낫토를 만드는 낫토균(*Bacillus subtilis* var. *natto*)도 그 일종이다. 부패한 토양이나 물에도 있다. 때로는 실험실 오염을 일으키며 드물게는 결막염 같은 병의 원인균이 되기도 한다.

고초균을 이용해 만든 음식이 청국장(淸麴醬)이다.[3] 맞는지는 모르나 청나라에서 들어온 것이라 청국장(淸國醬)이라 한다는 설도 있다. 청국장은 콩을 발효시켜 만든 전통 음식으로 담북장이라고도 부른다. 일본의 낫토와 흡사하다. 청국장은 삶은 콩을 고초균으로 2~3일 동안 발효시켜 만든 속성 장류다. 청국장은 특유의 풍미가 있어 싫어하는 사람도 많지만 콩 단백질을 가장 효과적으로 섭취할 수 있는 방법 중 하나다. 영양가가 높고 소화가 잘 될 뿐 아니라 발효할 때 생기는 실은 복합 다당류가 주성분인 균사(菌絲)로서 면역력을 증강시킨다. 청국장은 발효된 그대로 먹기도 하지만 주로 찌개로 만들어 먹는 것이 일반적이다.

식중독[9, 10]

식중독은 세계적으로 수백만의 사람들을 고통스럽게 하고 때때로 생명을 위협한다. 사람들이 음식물에 있는 생물에 감염되면 증상 없이 지나가거나 속이 거북하거나, 심각한 탈수증을 보이거나, 피가 섞인 설사를 할 수 있다. 감염의 유형에 따라서 죽을 수도 있다.

250가지 이상의 원인이 식중독을 유발할 수 있다. 대표적으로

아름다운 미생물 이야기

캄필로박터(Campylobacter), 살모넬라(Salmonella), 이질균(痢疾菌, shigella), 대장균 O157:H7 같은 세균에 의한 감염, 보툴리너스 식중독, 그리고 노로바이러스에 의한 감염 등이 있다. 2000년 영국에서 발생한 식중독의 원인균으로 세균이 차지하는 비율은 캄필로박터 77.3퍼센트, 살모넬라 20.9퍼센트, 대장균 O157:H 1.4퍼센트 순이었다. 하지만 세균과 바이러스가 차지하는 비율은 나라마다 다르다.

캄필로박터 캄필로박터는 급성 설사를 일으키는 세균이다. 보통 오염된 음식, 물, 또는 저온 살균을 하지 않은 우유의 섭취, 또는 감염된 영아들보다, 애완동물이나 야생 동물들과 접촉을 통해 전파된다.

캄필로박터 감염 증상은 설사(때로는 피를 흘리기도 한다.), 메스꺼움 및 구토, 복부 통증 및 위경련, 전반적인 불안, 발열이다. 캄필로박터 감염은 면역계가 약해진 사람들에게는 심각한 질환이 될 수 있다. 드물게, 캄필로박터 감염은 반응성 관절염 또는 뇌와 신경 문제 같은 추가적인 문제를 일으킬 수 있다. 가끔 설사가 중단된 후에 이러한 문제들이 발생한다.

캄필로박터에 노출되었다고 생각되면, 의사의 진찰을 받는 것이 최상이다. 대변 검사로써 세균을 식별할 수 있다. 감염되었더라도 2~5일 내에 치료 없이 스스로 회복된다. 탈수를 방지하기 위해 충분한 양의 물을 마셔 수분을 섭취해야 한다. 더 심각한 경우, 발병 초기에 에리쓰로마이신(erythromycin) 같은 항생제를 복용하면 치료 기간을 단축하는 데 도움이 된다.

살모넬라 살모넬라 감염 증상은 관절 통증, 눈의 염증, 그리고 소변 볼 때 통증 등이 있다. 영아, 노인, 면역계가 손상된 사람들에게서 발생할 수 있으나 사망까지 이르는 경우는 거의 없다. 살모넬라균에 노출되었다고 생각되면, 역시 의사의 진찰을 받는 것이 최상이다. 대변 검사로써 병원균을 식별할 수 있다. 살모넬라균 감염은 대개 5~7일 만에 저절로 사라진다. 심하게 탈수되지 않았다거나 장 이외에 감염이 되지 않았다면 가끔 치료조차 필요하지 않을 수 있다. 만약 치료가 필요한 경우 항생제 처방을 받아야 한다. 흔하지 않지만, 살모넬라균 감염은 반응성 관절염을 유발할 수 있다. 관절 통증은 만성 관절염으로 발전할 수도 있다.

살모넬라균 감염을 예방하려면 날고기나 덜 익은 고기, 알을 비롯한 가금류 산물을 먹는 않는 것이 좋다. 요리할 때 발생할 수 있는 교차 오염을 피하기 위해서는 날고기나 덜 익은 고기, 알을 비롯한 가금류 산물이 닿은 그릇이나 주방 기구를 사용하지 않도록 조심해야 한다. 음식 준비가 끝난 후에는 손을 자주 씻어야 한다. 살모넬라균에 감염된 사람들은 음식 준비에 관여하지 말아야 한다. 파충류나 조류와 접촉 후, 그리고 애완동물 배설물과 접촉 후에는 반드시 손을 비누로 씻는다. 아기들이나 면역계가 약한 사람들은 파충류(거북이, 이구아나, 도마뱀, 뱀)와 접촉하지 말아야 한다.

이질균 일반적으로 배설물을 통해 전파되는 세균이다. 장에 감염해 심각한 설사를 일으키는 이질을 유발한다. 병들어 기댈 녁(疒) 자에 이로울 이(利) 자가 합쳐진 한자 이(痢)는 원래 설사를 뜻한다. 이질은 설사병이라는 뜻이다. 이질은 일반적으로 온대 또는 열대 기후에

아름다운 미생물 이야기

서, 특히 인구가 밀집되고 개인의 위생이 빈약한 조건에서 발생한다. 증상은 피가 섞인 설사, 발열, 메스꺼움, 구토, 위경련이다.

이질균에 노출되었다고 생각한다면, 당연히 의사의 진찰을 받아야 한다. 대변 검사를 함으로써 감염 여부를 식별할 수 있다. 가벼운 감염인 경우 보통 며칠 이내에 특별한 치료 없이 회복된다. 탈수 현상을 막기 위해 음료를 많이 마시는 것으로 충분할 수 있다. 하지만 가끔 심각한 감염인 경우, 탈수 현상을 막기 위해 항생제와 보다 적극적인 치료가 필요하다. 만약 위생이나 손씻기 같은 위생 습관이 부적절하면 감염된 사람들의 대변에 있는 이질균이 다른 사람들에게 전파될 수 있다. 병의 전파를 막기 위해 기저귀를 간 후나 화장실을 다녀온 후 항상 철저하게 손을 씻어야 한다.

대장균 O157:H7 음식물 유래 질병의 원인이다. 우리나라에서는 '대장균 공일오칠'로 잘못 부르기도 한다. '식중독 대장균' 혹은 '장출혈성 대장균'이라 부르는 것이 덜 혼란스러울 것이다. CDC(Center for Disease Control, 미국 질병 통제 센터. 우리나라의 질병 관리 본부에 해당한다.)에 따르면, 대장균 감염 사례는 미국에서 매년 7만 3000건이나 발생한다. 대부분의 대장균 O157:H7 감염은 덜 익히거나 오염된 간 소고기 요리와 관련이 있다. 저온 살균을 하지 않은 우유와 생활 하수에 오염된 물에서 수영을 하거나 그 물을 마시는 것도 감염을 일으킬 수 있다. 만약 위생이나 손씻기 습관이 적절하지 않으면 감염된 사람들의 대변에 있는 세균이 다른 사람들에게 전파될 수 있다. 어린아이들은 병이 나은 후에도 1주 혹은 2주 동안 종종 배설물에 균이 묻어 나오기도 한다.

감염 증상은 심각한 설사와 복통을 동반할 수 있지만, 피가 안 섞인 설사나 미열이 있을 수 있으며 아예 증상이 나타나지 않기도 한다. 일부 사람들, 특히 5세 이하 아이와 노인에서 대장균 감염은 심각한 합병증인 용혈성 요독 증후군을 일으킬 수 있다. 용혈성 요독 증후군은 적혈구 파괴와 신부전 현상을 일으킨다. CDC에 따르면 감염된 환자의 약 2~7퍼센트가 합병증에 이른다고 한다.

으레 그렇듯이 대장균 감염에 노출되었다고 생각하면, 병원을 방문해서 감염 여부를 확인해야 한다. 갑작스럽게 피가 섞인 설사를 하는 사람들은 대장균 감염 검사를 받는 것이 좋다. 대부분의 사람들은 5~10일 이내에 스스로 회복된다. 그렇지만 용혈성 요독 증후군은 의학적 응급 상황이며 대부분은 집중 치료가 필요하다. 예방을 위해서는 멸균 안 된 우유를 마시지 말고, 간 고기라면 완전히 익혀 먹어야 한다. 고기를 만진 후, 화장실을 이용한 후, 기저귀를 갈아 준 후 손을 깨끗이 씻음으로써 대장균 감염을 예방할 수 있다.

보툴리너스균 클로스트리디움 보툴리넘(*Clostridium botulinum*)이 학명인 이 세균은 희귀하지만 심각한 질병을 유발하는 원인이 된다. 균 자체가 병을 일으키는 것이 아니라 균이 생산하는 보툴리너스 중독 독소가 원인이다. 보툴리너스 중독의 세 가지 주요 유형은 음식물 유래, 상처, 영아다. 음식물 유래 보툴리너스 중독은 독소가 들어 있는 음식을 먹음으로써 발생한다. 상처 보툴리너스 중독은 매우 드물지만 보툴리너스균에 감염된 상처에서 만들어진 독소로 인해 발생한다. 영아 보툴리너스 중독은 아이의 장에서 자라는 보툴리너스균의 포자가 발아해 발생한다. 모든 형태의 보툴리너스 중독은 치명적일 수 있으며 의료상 응급 상황으로 간주된다. 소량의 독소라도 운동 신경을 마비시켜 눈과 입 주위 근육 운동에 영향을 끼친다. 주름살 제거제 보톡스는 이런 원리를 이용한 것이다. (12장 참조) 음식물 유래 보툴리너스 중독 증상은 오염된 음식을 섭취한 후 보통 18~36시간 내에 나타나지만 이르면 6시간 혹은 늦으면 7~10일 후에 나타날 수도 있다.

보툴리너스 중독 증상의 진단은 신경 쇠약 증상으로 가능하고 실험실에서 독소 검사 혹은 대변에서 채취한 균을 배양해 하는 검사를 통해 이뤄진다. 심한 구토와 구토를 동반하는 호흡 장애가 발생하면 병원에서 집중적인 치료가 필요할 수 있다. 초기 단계에서 진단을 받으면 음식물 유래 보툴리너스 중독은 항독소 처방으로 치료할 수 있다. 의도적인 구토나 관장도 도움이 된다. 이 세균에 감염된 유아들은 집중 치료실에서 돌볼 필요가 있다. FDA(Food and Drug Administration, 미국 식품 의약국. 우리나라의 식품 의약품 안전처에 해당한다.)는 영유아의 보툴리너스 중독을 치료하는 데 베이비빅(BabyBIG)이라는 상품명의 보툴리너스균 항독소의 사용을 승인했다. 권장하는 것은 아니니 사용에 유의할 필요가 있다.

비록 보툴리너스 중독은 매년 드물게 발생하지만 발병하면 심각하기 때문에 예방은 아주 중요하다. 보툴리너스균은 혐기성이므로 공기가 통하지 않게 집에서 낮은 산성 상태로 보관하는 깡통 음식, 예를 들어 아스파라거스, 녹색 콩, 옥수수 등이 종종 보툴리너스 중독과 관련되기도 한다. 깡통 음식이 보툴리너스균에 오염되었다면 증식하는 과정에서 생성된 기체 때문에 통조림이 부풀게 되므로, 그 안의 음식물을 절대로 먹어서는 안 된다. 또 12개월이 안 된 어린 영아에게 꿀을 주는 것도 피해야 한다. 왜냐하면 꿀에 보툴리너스균의 포자가 들어 있을 수 있기 때문이다.

노로바이러스 미국 오하이오 주 노월(Norwalk)에서 1968년 발생한 원인 모를 급성위장염 환자의 대변에서 추출한 시료를 1972년 전자 현미경으로 관찰하는 과정에서 발견한 바이러스다. 노로바이러스는 'Norwalk virus'의 줄임말이다. 이 바이러스는 전 세계에 걸쳐 거의 90퍼센트의 위장염을 유발한다. 바이러스에 오염된 굴 등의 조개류 섭취가 발병 원인이나 감염된 사람의 분변이나 구토물에 노출된 경우에도 발병할 수 있다. 이 바이러스는 열에 매우 약하므로 음식물을 익혀 먹는 것이 중요하다.

약 10개의 바이러스 입자만 있어도 인간에게서 발병할 수 있다. 노로바이러스는 모든 연령층에 영향을 미치나 어린아이나 노인이 더 민감하다. 감염된 사람의 장세포가 손상되어 수분과 영양분 흡수가 저해되고 설사가 일어난다. 잠복기는 24~48시간이다. 증상으로는 갑작스러운 심한 구역질과 구토, 설사, 복통, 오한, 섭씨 38도 정도의 발열과 구토 몇 시간 전 위의 팽만감 등이 있다. 이러한 증상은 12~60시간 이내에 회복되며 후유증은 없다. 감염 후 바이러스에 의한 면역이 생기기는 하나 대개 일시적이다.

12장

미생물 공장

이 장에서 다루는 산업 미생물학은 여러 가지 유용한 최종 산물을 대규모로 생산하기 위한 미생물의 선별, 개량, 관리, 이용을 다루는 응용 미생물학의 한 분야다.[1] 경제, 환경, 사회 분야에서 중요성을 갖는 제품을 생산하는 공정도 포함된다. 산업 미생물학의 주된 분야는 맥주, 치즈, 그리고 포도주 같은 부가 가치가 큰 미생물 제품을 발효 공정을 통해 생산하는 것이다. 이것 말고도 자연 또는 인공 제품을 분해하는 미생물의 능력을 이용한 폐수 처리와 공해 관리 분야도 산업 미생물학의 중요한 분야다. 발효를 대규모로 시작한 시기가 산업 미생물학의 시작점이며 현재까지 제품 특성, 배양조 종류, 공정, 품질 관리, 균주 선별 방법 등에 따라 5단계로 나눌 수 있다.[2]

첫 단계는 1900년까지며 이 시기에는 알코올, 식초, 여러 가지 유기산과 케톤 화합물이 주요 생산품이었다. 2단계는 1900~1940년 사이의 기간으로 페니실린과 스트렙토마이신 같은 항생제가 주요 생산품이었다. 3단계는 1940~1964년 사이의 기간으로 지베렐린(Gibberellin),* 아미노산, 핵산, 효소가 주요 생산품이었다. 4단계는 1964~1979년 사이의 기간으로 단일 세포 단백질(single cell protein) 생산이 주종이었다. 5단계는 1979년 이후 현재까지 미생물이나 동물 세포를 이용해 이종 단백질을 생산하거나 동물 세포에서 단일 항체를 생산하는 것이 주된 공정이다.

전 세계적으로 산업 미생물학 제품의 시장 규모는 2016년 현재 89억 달러에 이르며 2026년에는 165억 달러에 이를 것으로 추정된다.[3] 이중 식품 관련 산업이 49퍼센트를 차지하며 의약 산업이 21퍼센트, 화장품을 비롯한 미용 및 위생 등의 개인 생활용품(personal care product, PCP) 산업이 17퍼센트, 맥주 등 음료 산업이 7퍼센트, 수질 관리 등 환경 산업이 4퍼센트, 그리고 기타 산업이 2퍼센트를 차지한다. 전 세계적으로 9만 개의 산업 미생물학 관련 공장이 운영되고 있다. 우리는 이미 10장에서 의약 미생물 산업을, 11장에서 식품 관련 미생물 산업을 다루었으므로 여기서는 나머지 분야에서 대중의 관심이 많은 미생물 산업을 골라 기술하기로 한다.

---

* 식물이나 곰팡이에서 만들어지는 호르몬. 식물에서는 발아, 줄기 확장, 열매 형성에 관여한다. 한마디로 식물의 성장 호르몬이며 상업적으로는 곰팡이에서 생산한다.

아름다운 미생물 이야기

바이오에탄올

2015년 3월 지구 대기의 이산화탄소의 농도가 드디어 400피피엠(ppm), 즉 0.4퍼센트를 넘었다. 1958년 측정값이 315피피엠이었는데 이제 400피피엠에 이르렀으니 지난 55년간 85피피엠, 즉 27퍼센트가 증가했다. 과학자들은 남극의 빙하에 갇혀 있는 공기 기포를 분석해 과거 80만 년 동안 이산화탄소 농도 변화를 거의 정확하게 알아냈다.[4] 이 측정값에 따르면 산업 혁명 이전 80만 년 동안 이산화탄소 농도는 180~280피피엠 범위에서 변동했다. 20세기 들어 300피피엠을 넘어섰고, 21세기 들어 400피피엠을 넘어선 것이다. 산업 혁명 이전에 비해 대기 중의 이산화탄소 농도가 40퍼센트 증가했다. 지금의 추세로 간다면 이산화탄소 농도가 과학계가 마지노선으로 보는 450피피엠까지 도달하는 데 25년밖에 남지 않았다.

지금으로부터 500만~300만 년 전인 신생대 3기 때 이산화탄소 농도가 415피피엠까지 올라간 적이 있다. 그때 지구 평균 기온은 현재보다 섭씨 3~4도 더 높았고, 해수면은 최고 40미터까지 상승했다. 산호초 생태계 분석 결과는 바다 생태계가 심각하게 붕괴되었음을 보여 준다. 이산화탄소의 대기 농도를 적절하게 조절하지 않는다면 21세기 안에 500피피엠까지 도달할 것이라 추정된다.

이러한 이산화탄소의 대기 농도 증가는 화석 연료의 사용에 기인한다.[4] 지구에 묻혀 있는 석탄과 석유와 천연가스를 다 태운다면 대기 중의 이산화탄소 농도는 1,000피피엠쯤 될 것이라 추정한다. 그렇게 되면 남극과 그린란드의 빙하가 다 녹아서 해수면이 60미터 더 높아지고 상당 부분의 육지는 물에 잠기게 될 것이다. 서울, 도쿄, 뉴욕, 워싱턴, 런던, 베이징 등 대부분의 상업 도시들, 국가로는 네덜란드와 방글라데시, 특히 중국의 동쪽 해안은 수백 킬로미터 안까지 지도에서 사라진다. 또한 지구의 기상은 어떻게 변할지 아무도 모른다. 분명한 것은 영화 「투모로우」가 실제로 '재상영'될 수도 있다.

왜 화석 연료의 사용이 문제인가? 바로 인간이 자연스러운 지구의 탄소 순환(carbon cycle)을 무너뜨려 기후 변화를 초래하기 때문이다. 탄소 순환은 지구의 생물권, 암권, 수권, 기권 사이에서 행해지는 탄소의 생화학적인 순환이다.[5] 탄소의 순환은 지구의 화학적 진화와 열적 진화에 매우 중요한 역할을 한다. 탄소는 암권에 압도적으로 많이 존재하지만, 암권에 존재하는 탄소보다는 기권에 존재하는 탄소가 훨씬 더 중요한 의미를 가진다. 아주 극단적인 예이기는 하지만 이 책 앞부분에서 언급한 초기 지구의 뜨거운 비를 떠올리기 바란다. 그 주된 원인 중 하나가 높은 이산화탄소의 대기 농도다. 특히 지구 기후 변동과 관련해 기권을 중심으로 한 탄소의 공급과 제거는 인류의 생존에 관한 문제다.

지구 대기의 이산화탄소 농도가 더 높아지는 것을 막기 위해 현재 인류가 할 수 있는 일은 화석 연료 사용을 줄이는 것밖에 없다. 화석 연료의 고갈이나 에너지 안보 때문만은 아니다. 이를 해결하는 방편 중 하나가 지하에 묻혀 있는 이산화탄소, 즉 화석 연료인 석탄, 석유, 천연가스를 더 이상 사용하지 않고 이산화탄소를 대기와 지표

아름다운 미생물 이야기

생물 사이에서만 순환시킨다는 개념 아래 대체 연료를 개발하는 것이고 그중 하나가 식물을 대상으로 동시대적인 생물학적 공정을 통해 생산된 생물 연료다.

대표적인 생물 연료로 바이오에탄올[6]과 바이오디젤이 있는데, 운송 연료인 휘발유나 디젤 일부를 대체할 수 있다. 바이오에탄올은 휘발유와 어떤 비율로도 섞을 수 있기 때문에 휘발유를 대체할 수 있다. 기존 자동차 휘발유 엔진의 대부분은 석유/휘발유에 바이오에탄올을 15퍼센트까지 섞은 연료로 달릴 수 있다. 휘발유나 디젤을 완전히 대체하기 위해서는 생물 연료의 생산 단가가 휘발유나 디젤의 그것과 적어도 같거나 싸져야 한다. 바이오에탄올의 경우, 생산 단가가 1리터당 70센트 이상이면 경제성이 없다. 물론, 이산화탄소 감소만을 목적으로 한다면 비싸도 대체해야 하지만 현실은 녹록지 않다.

바이오에탄올 생산에는 미생물(효모)이 필요하지만 바이오디젤 생산에는 필요하지 않다. 따라서 바이오디젤에 관련해서는 언급하지 않을 생각이다. 바이오에탄올은 순수하게 자동차 연료로 사용될 수 있지만, 보통은 옥탄가를 늘리고 자동차 배기량을 키우기 위한 휘발유 첨가제로 사용된다. 현재, 바이오에탄올은 미국과 브라질에서 널리 사용된다. 2010년, 전 세계적으로 바이오에탄올 생산은 860억 리터에 달했다. 미국과 브라질이 최대 생산 국가인데, 두 국가가 세계 생산의 약 90퍼센트를 차지한다.[7]

잘 알다시피 생물학적 에탄올은 효모가 포도당을 분해함으로써 만들어진다. 포도당은 자연계에서 값싸게 많이 얻을 수 없다. 따라서 포도당 이외의 탄수화물에서 얻어야 하는데 바이오에탄올은 대부분 사탕수수, 사탕무, 옥수수 혹은 녹말 곡류에서 만들어지는 탄수화물을 발효시켜 만든다. 나무나 풀 같은 비(非)식품 원료로부터 유래한 셀룰로즈(섬유소) 생물 자원도 에탄올 생산을 위한 원료로 개발되었고, 해조류의 다당류를 이용하는 방법도 개발 중이다. 바이오에탄올은 사용하는 탄수화물*의 종류에 따라서 사탕수수, 사탕무, 옥수수 혹은 녹말 곡류를 이용하는 1세대, 셀룰로즈를 이용하는 2세대, 해조류의 다당류를 이용하는 3세대 바이오에탄올로 나눈다.[6]

일반적으로 바이오에탄올의 생산은 전(前)처리, 당화(糖化), 에탄올 발효, 무수(無水) 에탄올 정제의 4단계로 나뉜다. 재료에 따라 필

---

* 탄수화물은 당으로 구성된다. 당은 구성하는 분자의 수에 따라 단당류, 이당류, 다당류로 구분한다. 단당류(monosaccharides)는 가장 작은 단위의 당으로서 포도당, 과당, 갈락토즈(galactose) 등이 이에 속한다. 이당류(disaccharides)는 2개의 단당류를 탈수 반응으로 합성한 화합물이다. 포도당과 과당이 결합하면 설탕(sucrose)이 되고, 포도당과 갈락토즈는 젖당(lactose)이 되며, 2개의 포도당은 보리 싹에 많은 맥아당(maltose)이 된다. 다당류(polysaccharides)는 여러 개의 단당류가 결합해 만든 화합물로서 일직선이나 가지를 친 구조다. 대표적인 다당류로 사람과 동물의 에너지 저장 물질인 글라이코젠이 있으며, 음식물에 많이 포함된 녹말 혹은 전분(starch)은 아밀로즈와 아밀로펙틴이라는 2가지 다당류로 구성되며, 식물 세포벽의 주요 구성 성분으로 여러 개의 포도당을 결합시켜 만든 셀룰로즈가 있다. 이 다당류들의 특징은 포도당의 결합 방향이 다를지언정 단순하게 포도당으로만 구성된다는 점이다. 해조류에도 셀룰로즈 이외에 조류에 따라 많은 종류의 다당류가 존재하는데 대표적으로 알긴산(alginic acid), 카라기난(carrageenan), 한천, 푸코이단(fucoidan) 등이 보고되어 있다. 이들 다당류는 포도당 이외에 여러 가지 당, 심지어는 산성화된 당이 결합해 구조적으로 매우 복잡하다.

아름다운 미생물 이야기

요한 공정이 다르지만 에탄올 발효와 에탄올 정제는 공통적이다. 에탄올 발효는 효모에 의해 이루어지므로 에탄올 발효 재료는 다 알다시피 포도당이다. 바이오에탄올의 원료가 무엇이든 궁극적으로 포도당을 얻어야 한다. 이 과정을 당화라고 한다. 포도당 1분자와 과당 1분자가 결합한 설탕은 전화 효소(invertase)에 의해 두 당 사이의 결합이 끊어져야 한다. 발효를 담당하는 효모는 전화 효소를 가지고 있으므로 설탕의 경우 별도의 당화 공정은 필요치 않다. 하지만 녹말계 원료는 아밀레이즈라는 효소가, 그리고 셀룰로즈는 셀룰레이즈(cellulase)라는 효소가 다당류를 분해한다. 특히 셀룰로즈는 식물 세포벽에 단단하게 결합되어 있으므로 식물을 당화하기 쉽게 물리·화학적으로 처리해야 하는데 이 과정을 전처리라 한다. 당연하지만 공정의 단계가 많을수록 생산 단가가 올라간다. 설탕, 녹말, 셀룰로즈 순으로 단가가 비싸진다.

1세대 바이오에탄올: 곡물류 바이오에탄올

1세대 바이오에탄올은 자연계에 많은 이당류 혹은 녹말 같은 단순 다당류를 분해해 발효시켜 에탄올을 얻는다. 이당류는 생명체 안에서 가수 분해되어 단당류로 분해되고 포도당 이외의 단당류는 필요 시 효모 안에 있는 효소에 의해 궁극적으로 포도당으로 전환되어 발효 기질이 된다. 자연계에서 가장 흔한 이당류는 설탕이다. 사탕수수나 사탕무에서 즙을 짜내어 바로 발효시킬 수 있다. 전처리와 당화 공정이 필요하지 않다. 생산 단가는 리터당 40센트 이하로 싼 편이다.

원료가 풍부한 브라질 같은 열대 지방이 절대적으로 유리하며 브라질이 바이오에탄올 강국인 이유이기도 하다.

녹말도 좋은 바이오에탄올 원료다. 설탕과 달리 아밀레이즈를 이용한 당화 과정이 필요하므로 생산 단가는 설탕을 이용하는 것보다 당연히 비싸나 경쟁력이 있다. 미국같이 녹말 생산이 많은 나라가 유리하다. 미국은 옥수수로부터 녹말을 얻는다. 미국 일리노이 주에는 이름이 좀 우스꽝스러운 국립 '옥수수에서 에탄올로' 연구 센터 (National Corn-to-Ethanol Research Center, www.ethanolresearch.com)가 있다.

옥수수 유래 바이오에탄올 생산에는 원래 큰 문제가 있다. 다름 아닌 '식품 대(對) 연료' 논쟁이다. 미국에서 생산되는 옥수수 대부분은 가축의 사료로 그리고 일부분은 식품으로 쓰였다. 바이오에탄올 생산이 시작된 이후 미국 내에서 생산되는 옥수수의 40퍼센트가 에탄올 생산을 위해 소비됨으로써 전 세계적으로 옥수수 가격이 폭등하고, 따라서 사료 가격과 옥수수 유래 식품 가격이 폭등하고, 옥수수 유래 식품에 의존하는 많은 저개발국에 기근을 가져왔다. 한편으로, 바이오에탄올 생산으로 인한 이산화탄소 배출도 상당해 원래 바이오에탄올 생산의 취지에 맞지 않게 되었다. 사탕수수와 사탕무도 마찬가지지만, 옥수수 생산 증가와 함께 경작지도 늘어남으로써 다른 작물의 재배 면적이 감소했고 이것은 또 그 작품들의 가격 상승으로 이어졌다. 경작지를 늘리기 위해 산림도 파괴하는 경우가 많아 이래저래 이산화탄소 감축 취지는 퇴색되었다.

2세대 바이오에탄올: 셀룰로즈계 바이오에탄올

곡물을 이용한 1세대 바이오에탄올 생산의 문제점은 비식용 식물에 이론상 거의 무한정으로 존재하는 셀룰로즈*로 관심을 돌리게 했다. 하지만 높은 생산 단가가 걸림돌이다. 셀룰로즈는 물에 녹지 않으므로 당연히 가수 분해가 되지 않는다. 가수 분해가 일어나게 전처리가 필요하다. 또한 당화 과정에 필요한 가수 분해 효소인 셀룰레이즈의 가격도 상당히 높다. 전체 공정을 마치면 생산 단가가 거의 1리터당 1달러에 이른다. 전 세계적으로 미국이 기술상 가장 앞서 있으며 실제로 다수의 셀룰로즈계 바이오에탄올을 생산하는 공장을 운영 중이다. 높은 생산 단가 말고도 2세대 바이오에탄올에는 문제점이 있다. 원료가 이론상 거의 무한정으로 존재함에도 불구하고 하는 그것

---

* 식물의 세포벽은 식물 세포의 가장 바깥층을 에워싸고 있는 약간 두꺼운 막으로 셀룰로즈, 리그닌(lignin) 및 헤미셀룰로즈(hemicellulose)가 주성분이다. 셀룰로즈는 베타글루코즈(ß-glucose)가 글루코사이드(glucoside) 결합을 통해 중합체를 이룬 다당류 탄수화물이다. 셀룰로즈는 지구에서 가장 많은 유기 화합물이며 식물이 차지하는 전체 생물량의 약 33퍼센트를 차지한다. (면화에서는 90퍼센트, 목본식물에서는 50퍼센트 정도로 나타난다.) 또한 섬유 내 인접한 글루칸(glucan)의 비공유 결합으로 인해 강철과 비슷한 정도의 신장력을 가지며 분해가 잘 되지 않는다. 따라서 셀룰로즈를 분해할 수 있는 생명체는 많지 않은데, 대표적으로 달팽이나 특정 균류 혹은 원핵생물의 일부만이 셀룰로즈를 분해할 수 있는 셀룰레이즈를 생성한다. 리그닌은 침엽수나 활엽수 등의 목질부를 구성하는 다양한 구성 성분 중에서 지용성 페놀 고분자를 의미한다. 리그닌의 유무에 따라 나무와 풀을 구분하기도 한다. 헤미셀룰로즈는 셀룰로즈 표면에 특징적으로 결합하는 유연한 다당류를 말한다. 셀룰로즈 미세 섬유를 서로 묶어 응집력 있는 네트워크로 만들어 주는 역할을 한다. 주성분은 5탄당 자일로즈 유도체와 글루코즈 유도체다.

을 확보하는 것이 쉽지 않다. 볏짚이나 밀짚같이 리그닌이 없는 농산 부산물이 바람직한 원료이나 이것 역시 가축의 사료로 쓰인다. 결국 임산 자원을 사용하는데 이는 산림 파괴를 가져온다. 1세대와 마찬가지로 생산 시 많은 양의 이산화탄소 배출과 함께 광범위한 산림 파괴는 원래 개발 목적을 우습게 만들었다.

3세대 바이오에탄올: 해조류 바이오에탄올

기존의 이산화탄소 평형을 해치지 않으면서 식용이 아닌 원료를 다량으로 확보할 수 있느냐가 바이오에탄올 사업의 관건이 되었다. 그래서 찾아낸 것이 해조류다. 해조류 역시 식물이기 때문에 다당류가 풍부하다. 다음에 열거하는 문제점만 없으면 해조류는 일견 최상의 바이오에탄올 원료로 보인다.[8]

하지만 해조류 다당류는 셀룰로즈와 달리 다당류의 구성 성분인 단당류가 간단하지 않고 여러 종류의 변형된 갈락토즈로 구성되어 있다. 또한 해조류마다 다당류 구성이 독특하다. 다른 말로 하면 녹말이나 셀룰로즈와 달리 해조류 다당류를 가수 분해하기 위해서는, 즉 당화 과정에 여러 가지 다당류 가수 분해 효소가 필요하고 해조류마다 효소의 종류가 달라진다. 이는 높은 생산 단가를 의미한다. 또한 자연 채취에 의한 해조류의 대량 확보는 불가능하기 때문에 해조류도 양식을 해야 한다. 육지 생물에 비해 양식 단가가 낮기는 하지만 기존 해산물 양식장과 겹치지 않는 양식장을 확보해야 한다.

현재 우리나라를 비롯해 세계적으로 몇몇 시험 공장이 운영되고 있지만 해조류 바이오에탄올의 생산 단가는 경제성이 있다고 하기는 어렵다. 해조류 바이오에탄올의 관건은 구조적으로 복잡한 다당류로부터 발효 가능한 단당류로의 전환이다. 현재 사용되는 다당류 가수 분해 효소보다 더 효율적인 가수 분해 효소를, 그리고 효과적인 갈락토즈 발효 균주를 얻을 수 있다면 해조류 바이오에탄올은 경쟁력을 가질 것이다.

바이오에탄올의 장래[6]

바이오에탄올의 장래는 생산 단가에 달려 있다. 바이오에탄올이 대기 중 이산화탄소 농도 증가를 억제하는 데 생각보다 적은 기여를 한다는 점, 그리고 부작용이 크다는 점은 차치하고 순전히 경제적인 측면에서 볼 때, 현재 바이오에탄올 생산 기술력으로는 석유 가격이 1배럴당 100달러 이상인 상황에서만 바이오에탄올의 장래가 보인다. 1세대 바이오에탄올만이 이 조건을 충족한다. 획기적인 생산 단가 절감이 없다면(이를 위한 뾰족한 해결책은 아직 제시되어 있지 않다.), 결국 전 세계적으로 브라질과 미국, 그리고 잠재적 설탕 작물 대량 생산 국가인 인도네시아 정도만이 바이오에탄올의 장래를 짊어질 수 있을 것으로 보인다.

세라마이드

피부에 관심 있는 사람이라면 세라마이드(ceramide) 화장품에 대해서 구체적으로 알지는 못해도, 세라마이드가 피부 보습제이며 피부 노화를 방지하는 물질이라는 것 정도는 알 것이다. 실제로 세라마이드는 기능성 화장품 성분으로서 피부 건조를 막아 주고 손상된 각질층을 정상화시켜 준다.[9, 10]

피부는 중층 편평 상피인 표피(表皮, epidermis)와 촘촘한 결합 조직인 진피(眞皮, dermis), 느슨한 결합 조직인 피하 조직(皮下組織, subcutaneous tissue)으로 되어 있다. 표피는 피부의 가장 바깥쪽 층으로서 신체의 표면을 덮는 방수막과 보호막을 만들며, 5개의 다른 세포층이 있으며 가장 바깥에 층상의 비늘 상피 세포로 이뤄진 각질층과 가장 안쪽에 기저층이 있다. 표피에는 혈관이 없고 신경이 거의 존재하지 않는다. 진피와 접해 있는 기저층 심층부에는 케라틴 생성 세포(keratinocyte), 멜라닌 세포(melanocyte), 랑게르한스 세포(Langerhans cell), 메르켈 세포(Merkels cell)가 있으며 끊임없이 세포 분열을 한다. 신생 세포는 잇달아 위로 밀려 올라가며 점점 편평해짐과 동시에 각질화를 일으켜 표층으로 갈수록 핵을 잃고 결국에는 표면에서 떨어져 나간다. 이 물질에 땀이나 먼지가 섞인 것이 바로 때다. 표피의 기저층은 알칼리성(pH 7.0~7.4)인데, 각질층은 지선에서의 분비물 등으로 인해 산성(pH 4.0~5.0)이 되어 미생물의 번식을 저지한다.

피부의 노화란 각질 세포의 기능이 저하되면서 보습 기능이 줄어들어 탄력을 잃는 것을 말한다. 햇빛과 바람, 추운 기후 그리고 낮은 습도 등은 피부 노화의 주요한 원인들이다. 피부 노화 속도는 개인마다 다른데 피부의 두께와 지방, 피부의 수분 함량, 콜라겐과 탄성

섬유의 분포와 비율, 그리고 결합 조직에 있어서 세포 간 물질의 생화학적 변화 등에 달려 있다. 노화된 피부에서는 각질층이 떨어지는 데 많은 시간이 소요되면서 각질층이 두꺼워진다. 각질층은 각질 형성 세포가 증식해 만들어진 세포층으로 케라틴 60퍼센트, 필라그린 분해 물질인 천연 보습 물질 30퍼센트, 세포간(細胞間) 지질 10퍼센트로 구성되어 있으며 세포 간 지질은 세라마이드 50퍼센트, 지방산 30퍼센트, 콜레스테롤 15퍼센트, 콜레스테릴 에스터 5퍼센트로 구성되어 있다.

피부의 수분 함량이 10퍼센트 이하면 건조하다 느끼고 20퍼센트 이상이면 피부가 부드럽고 탱탱해진다. 세라마이드 화장품이란 세라마이드를 외부에서 공급함으로써 각질층의 보습 능력을 유지하기 위한 것이다. 세라마이드를 첨가하면 피부 장벽이 튼튼해지고 피부 속 수분이 증발하는 것을 억제하며 피부 속 수분을 유지해 준다. 또한 피부 장벽을 튼튼하게 만들어 외부로부터의 유해 물질이 피부에 침투하는 것을 막아 준다. 세라마이드는 분말과 수용성 형태로 나뉘는데 보통 화장품 총량의 0.05퍼센트에서 1퍼센트까지 사용을 권장한다.

세라마이드는 스핑고신(sphingosine) 뼈대에 지방산이 연결되어 있는 구조를 가진 스핑고 지질의 일종이다. 스핑고신은 탄소수가 16개인 지방산 팔미트산(palmitic acid)과 탄소수가 3개인 아미노산 세린(serine)이 결합하면서 지방산의 탄소를 하나 잃고 다이하이드로스핑고신(dihydrosphingosine, DHS) 혹은 스핑가닌(sphinganine)이 만들어진다. 수산화 효소(hydroxylase)에 의해 DHS의 지방산에 수산기(-OH)가 더해지면 파이토스핑고신(phytosphingosine, PHS)이 생기고, 불포화화 효소

(desaturase)에 의해 지방산에 이중 결합 하나가 형성되면 스핑고신이 된다. 탄소수는 모두 18개고 그중 3개의 탄소가 뼈대를 이룬다. 위아래로 긴 기역자(ㄱ) 모양이다. 스핑고신은 스핑크스에서 유래된 말로서 초기에 구조 결정을 할 때 그 구조가 불분명해서 붙여진 이름이다. 세라마이드는 스핑고신 탄소 뼈대의 2번 탄소에 연결된 아미노기(NH₂)에 16~26개의 탄소수를 가지는 포화 혹은 불포화 지방산이 아미드 결합을 하면서 만들어진다. 좌우로 긴 디귿자(ㄷ) 모양이다. 16~26개의 탄소수를 가지는 포화 혹은 불포화 지방산의 다양성만큼 세라마이드도 다양하다. 사람의 경우에는 거의 300가지에 이른다. 하지만 세라마이드를 분류할 때 모체인 스핑고신의 형태에 따라 분류한다. 사람의 경우에는 모두 여섯 종류가 존재한다.

살아 있는 세포에 필요 이상의 세라마이드가 존재할 경우 세포에는 별로 도움이 되지 않으며 오히려 해가 될 수 있다. 자외선을 쪼이거나 높은 온도로 세포에 자극을 주거나 세포에 영양 공급을 중지하면 세포 내 세라마이드의 합성이 증가하고 증가한 세라마이드는 세포의 성장을 억제하고 세포를 죽이거나 세포를 늙게 만든다. 즉 피부에서도 세라마이드의 양이 필요 이상 존재할 경우 피부를 늙게 만든다.

천연 세라마이드는 추출의 어려움 등으로 대량 생산이 어렵고 따라서 원료의 가격 또한 고가다. 이러한 이유로 대부분의 화장품 제조업체에서는 경제적이고 사용이 편한 화학적으로 합성한 유사 세라마이드를 사용하고 있다. 그러나 유사 세라마이드는 보습능에서 천연

아름다운 미생물 이야기

세라마이드보다 못하다.

천연 세라마이드는 주로 소의 뇌에서 분리한다. 그러나 광우병으로 인해 안전성 문제가 제기되어 사용을 꺼리는 경향이 있다. 동물성 천연 세라마이드의 대체품으로 효모의 일종인 피키아 시페리(*Pichia ciferrii*)에서 분비한 스핑고신을 사용한다. 피키아 시페리는 스핑고신에 관한 한 특이한 생물이다. 피키아 시페리는 PHS를 과량으로 발현하고 그중 일부분은 2번 탄소의 NH_2에 지방산을 결합해 파이토세라마이드를 만들고 나머지는 세포 밖으로 분비하는 특성이 있다. 분비된 PHS는 세포에 그대로 붙어 있어 정제하기도 쉽다. 이렇게 정제된 PHS에 화학적으로 지방산을 붙이면 파이토세라마이드(phytoceramide)가 되고 이것이 화장품에 첨가된다. 그러니까 피키아 시페리 유래 파이토세라마이드는 반(半)천연물인 셈이다.

최근에는 사카로마이세즈 세레비시아이를 이용해 세포 밖으로 분비된 스핑고신 생산을 시도했다. 사카로마이세즈 세레비시아이는 불포화 효소(desaturase)가 없어 스핑고신을 만들 수 없다. 또한 분비 효소가 없어 스핑고신을 만든다 하더라도 세포 밖으로 분비하지 못한다. 이에 사람 불포화화 효소를 발현시켜 앞의 문제를 해결하고 피키아 시페리의 분비 효소를 발현시켜 뒤의 문제를 해결해 세포 밖으로 분비된 스핑고신을 확인했다. 하지만 수율(收率)이 너무 낮아 상업적으로 생산하기에는 한참 모자란다. 한편 사카로마이세즈 세레비시아이, 즉 효모처럼 세라마이드가 들어 있는 세포를 물리적으로 파쇄해 세라마이드 정제 없이 파쇄액 자체를 바로 사용하는 방법도 고려되고 있다. 이는 사카로마이세즈 세레비시아이가 미국 FDA가 지정한 일반 안전 등급(generally recognized as safe, GRAS)에 속한 물질이기 때문에 가능하다. 따라서 GRAS에 속하지 않은 피키아 시페리를 대상으로는 시도할 수 없다.

보톡스[11]

보툴리넘 독소(Botulinum Toxin, BTX)는 세균 클로스트리디움 보툴리넘이 만드는 신경 독소 단백질이다. 알려진 독소 중 가장 강력한 물질로 1그램으로 약 100만 명을 죽일 수 있다. 인간의 반수 치사량은 정맥 주사나 근육 주사의 경우 1.3~2.1ng/kg, 흡입할 경우 10~13ng/kg이다. 보툴리넘 독소는 보툴리너스 중독을 일으킨다. 근육에 주사하면 근육을 움직이는 신경 전달 물질 전달을 방해해 근육 운동이 일어나지 않게 한다. 독소를 이용해 신경 장애, 근육 질환(목, 눈의 경련)의 치료제로 혹은 주름, 사각 턱, 종아리 근육의 축소 등의 미용제로 사용된다.

보툴리넘 독소는 보톡스(Botox, Botulinum Toxin의 약어)라는 상품명으로 널리 알려져 있다. 많은 사람들이 보톡스를 주름을 펴는 성분의 이름으로 알고 있지만, 실제로는 미국 제약 회사 앨러간(Allergan)사가 만든 보툴리넘 독소의 상품명이다. 우리나라에서 시판 중인 보툴리넘 독소는 보톡스, 보툴렉스(한국산), 메디톡신(한국산), 디스포트(Dysport, 유럽산), BTXA(중국산) 등 모두 5종이다. 각각의 보툴리넘 독소

아름다운 미생물 이야기

제품은 생리학적으로나 임상적으로 다르게 작용하며 고유의 구조와 형태, 효과와 안전성을 가지기 때문에 어떠한 보툴리눔 독소 제제도 동일할 수는 없다.

보톡스는 주름 제거, 다한증, 사각 턱 교정, 경련성 방광통과 두통 치료 등 다양한 분야에 사용되고 있다. 치료 원리는 정제된 소량의 보툴리넘 독소를 해당 부위에 주사로 주입하면 근육의 움직임을 조절하는 신경 자극을 막음으로써 해당 근육을 마비시키는 것이다. 보톡스는 주름살 눈가나 미간, 기타 여러 표정 주름살 제거에 효과를 발휘한다. 주름이 없어지는 효과는 주사 후 약 72시간 정도부터 나타나며 4~6개월간 효과가 지속된다. 약 6개월 정도가 지나면 보톡스 효능이 사라지므로 재차 주사를 맞아야 한다. 주사를 여러 번 맞으면 수축력이 점점 떨어지므로 주사 맞는 간격이 짧아질 수 있다. 다한증은 손바닥, 발바닥, 얼굴, 겨드랑이 등에서 땀이 많이 나는 증세다. 수술로 치료가 가능하지만 전신 마취를 해야 하고 수술 뒤 흉터가 남는 문제가 있다. 보툴리넘 독소는 겨드랑이 다한증 환자에게 효과가 가장 좋다. 치료 유효 기간은 6~8개월이다. 사각 턱의 원인은 두 가지다. 하나는 턱뼈 자체가 양옆으로 튀어나온 것이고, 다른 하나는 저작근(씹는 근육)이 지나치게 발달해서다. 이중 저작근 때문에 사각 턱이 된 사람이라면 보툴리넘 독소로 교정이 가능하다. 턱 주변 저작 근육에 보툴리넘 독소를 주사한다.

여느 의약품과 마찬가지로 보툴리넘 독소도 당연히 부작용이 있다. 일반적으로 국소 통증, 주사 부위 당김, 종창, 열감, 긴장 항진 등의 국소 반응이 발생할 수 있다. 드물지만 보툴리넘 독소가 주사 부위에서 다른 부위로 퍼져 급격한 근력 쇠약, 원기 상실, 목쉼, 언어 장애, 말더듬증, 방광 통제 상실, 호흡 곤란, 삼킴 장애, 복시, 눈꺼풀 처짐과 같은 증상이 발생할 수도 있다. 이런 면에서 분자량의 차이로 보톡스가 유럽제 디스포트보다 부작용이 덜하다고 알려져 있다.

또 다른 부작용으로는 아나필락시스(anaphylaxis, 일종의 쇼크 반응으로 항원-항체 면역 반응이 원인이 되어 발생하는 급격한 전신 반응을 말한다.), 혈청병, 두드러기, 연조직의 부종, 호흡 곤란 같은 과민 반응들이 있다. 특히 신경 근질환이 있는 환자의 경우 보툴리넘 독소의 통상적인 용량으로도 심한 삼킴 장애와 호흡 저하를 포함한 현저한 전신 반응이 발생할 위험이 크므로 의사와 상의해야 한다.

1970년대에 논문을 통해 제조법이 모두 공개됐기 때문에 제조 특허가 없다. 다만 그 맹독성으로 인해 생물 무기 협약 규제 대상 물질이기 때문에 진입 장벽이 두텁다. 2016년 현재, 우리나라 의약용 보툴리넘 독소 제품 시장 규모는 연간 약 3조 원으로 미국 앨러간 사의 보톡스가 85퍼센트를 과점하고 있다.

또 다른 생명 공학용 효모

우리와 제일 친숙한 미생물은 아마도 사카로마이세즈 세레비시아이일 것이다. 1,500종의 효모가 있지만, 효모 하면 으레 사카로마이세즈 세레비시아이를 지칭하는 것으로 안다. 그 이유는 빵과 술일 것이다. 물론 빵과 술이 없이도 살 수는 있다. 중동 유목민들은 빵을 만드는 대신 밀가루 반죽을 바로 구워 먹으며, 이슬람 교리 때문에 술도 마시지 않는다. 하지만 빵과 술 없이 살라고 하면, 실제로 그렇지는 않겠지만, 차라리 죽는 게 낫다고 할 사람이 수도 없을 것이다. 사람과 친숙한 덕분에 7장에 기술한 바와 같이 사카로마이세즈 세레비시아이의 분자 생물학과 유전학은 모르는 것이 없다고 여겨질 정도로 자세히 알려져 있으며 이 지식은 생명 공학에도 광범위하게 응용된다. 하지만 빵과 술을 만드는 데 쓰인다는 것을 빼면 사카로마이세즈 세레비시아이는 생명 공학에 이상적인 균주는 아니다. 목적에 따라 다르긴 하지만 사람과 덜 친숙하다는 이유로 그동안 대중으로부터 주목받지 못한 생명 공학용 효모 균주 중 하나가 있으니 그게 바로 클루이베로마이세즈 막시아너스(*Kluyveromyces marxianus*)다.[12]

클루이베로마이세즈 막시아너스는 최근의 재분류 결과 6종이 속해 있는 클루이베로마이세즈(*Kluyveromyces*) 속의 대표 종이다. 관련 연구 논문들에서 클루이베로마이세즈 막시아너스는 클루이베로마이세즈 프라길리스(*K. fragilis*)와 사카로마이세즈 케이프르(*Saccharomyces keyfr*)의 동의어로 쓰인다. 클루이베로마이세즈 속의 효모들은 곤충이나 과일 등 다양한 서식지에서 분리되지만, 유명한 것은 치즈나 커피어(kefir)* 같은 낙농 제품과 관련되어 있기 때문이고 실제로 낙농 제품

---

* 티베트의 승려들이 면역력 증진을 위해 만들어 먹던 발효유로 몽글몽글한 버섯 혹은 팝콘처럼 생겼다. 프로바이오틱 성분이 그리스 요구르트의 2배 정도로 콜레스테롤을 낮

에서 가장 흔하게 발견된다. 사카로마이세즈 세레비시아이와 클루이베로마이세즈 락티스(K. lactis)처럼 GRAS 등급에 속하므로 그냥 먹어도 안전하다. 따라서 식품으로 바로 사용되기도 한다.

클루이베로마이세즈 막시아너스는 여러 가지 고유한 특성 때문에 생명 공학 분야에서 아주 유용한 균주다.

첫째로 젖당(lactose) 분해 효소를 만들므로 젖당을 흡수 분해할 수 있다. 일반적인 효모는 젖당을 거의 분해하지 못하나 클루이베로마이세즈 막시아너스는 클루이베로마이세즈 락티스(K. lactis)와 더불어 젖당을 분해할 수 있는 몇 안 되는 효모 종이다. 또한 돼지감자에 많이 있는 과당 중합체 탄수화물 이눌린(inulin)을 분해하는 이눌린 가수 분해 효소(inulase)를 분비한다. 이눌린을 유일 탄소원으로 배지에서 제조하며 자라면 클루이베로마이세즈 막시아너스로 분류된다. 치즈 찌꺼기인 젖당과 이눌린에서 자랄 수 있는 능력 때문에 클루이베로마이세즈 막시아너스는 생명 공학적으로 중요하다.

둘째로 열내성이다. 모든 클루이베로마이세즈 막시아너스 균주는 섭씨 44도 이상에서 자랄 수 있으며 어떤 것은 섭씨 50도 이상에서도 자란다. 대부분의 발효 공정은 열을 발산하므로 고온 발효는 냉각비를 줄인다. 또한 섭씨 40도 이상의 발효는 세균, 특히 대장균 오염을 방지한다.

추고 위궤양 치료에 효능이 있고. 골밀도 향상에 도움을 주며 면역 기능을 향상시킬 뿐 아니라 우울증 예방에도 효과가 있는 것으로 알려져 있다.

　　　　　　　　　　　　　아름다운 미생물 이야기

셋째로 클루이베로마이세즈 막시아너스는 영양이 풍부한 배지에서 45분에 한 번 분열할 정도로 빨리 자란다. 이 속도는 대장균보다 2배 느리지만 사카로마이세즈 세레비시아이보다 2배 이상 빠르다. 발효 산업은 장치 산업이므로 발효 공정을 반으로 줄인다는 것은 생산율을 2배로 증가시킬 수 있음을 의미한다. 넷째로 클루이베로마이세즈 막시아너스는 호흡도 잘하면서 발효도 잘하는(영어로 respiro-fermentative라고 한다.) 효모 종이다. 즉 왕성하게 자라면서도 동시에 발효 부산물인 에탄올도 잘 만든다. (효모의 3분의 1에서 2분의 1 정도다.)

이러한 클루이베로마이세즈 막시아너스의 여러 특성을 종합적으로 잘 응용할 수 있는 분야가 바이오에탄올 산업이다. 녹말을 분해하는 아밀레이즈나 셀룰로즈를 분해하는 셀룰레이즈의 최적 온도는 섭씨 50도 이상이다. 한편 사카로마이세즈 세레비시아이를 사용하는 통상적인 발효 공정의 최적 온도는 섭씨 25~30도다. 또한 에탄올 정제 온도는 섭씨 60도 이상이다. 이 일련의 공정에서는 엄청난 크기의 발효조를 섭씨 50도에서 섭씨 30도로 냉각했다가 발효를 위해 섭씨 30도로 유지하고 다시 섭씨 30도에서 섭씨 60도로 가열해야 한다. 만약 발효를 섭씨 45~50도에서 수행한다면 냉각 비용과 가열 비용을 상당히 줄일 수 있다. 특히 기온이 높은 열대와 아열대 지방에서 그렇다.

클루이베로마이세즈 막시아너스는 여러 분야의 산업에 이용되어 왔다. 클루이베로마이세즈 속의 여러 종을 이용해 여러 방향족 화합물을 생산하는데, 그중에서도 상업적으로 가장 중요한 것이 장미향이 나는 2-페닐 에탄올(2-phenyl ethanol, 2-PE)이다. 천연물 2-PE는 고부가 가치 화합물(1킬로그램당 1,000달러의 가치가 있는 물질이다.)로서 세계 시장 규모는 놀랍게도 연간 약 7,000톤 70억 달러(80조 원)이다. 이 알코올 종류는 포도주, 증류주, 발효 식품에 첨가되어 그 품질을 향상시키는 데 쓰인다. 또한 생맥주, 아이스크림, 비알코올 음료, 젤라틴, 푸딩, 풍선껌 등의 식품에 첨가되기도 한다.

클루이베로마이세즈 막시아너스의 특징은 효소 분비다. 이 특성은 저가나 중간 가격 효소 생산에 바람직하다. 과일 주스를 만들 때 쓰이는 펙틴 분해 효소 펙티네이즈(pectinase)가 대표적이다. 젖당을 잘 분해하지 못하는 사람은 젖당이 포함된 식품을 먹을 경우 설사 등 소화 장애가 생긴다. 식품에서 젖당을 제거하기 위한 한 방편으로 젖당을 분해하는 효모를 사용할 수도 있다. 효모 전체 종의 2퍼센트 정도만이 젖당을 분해하며 클루이베로마이세즈 속의 효모들은 모두 해당한다. 특히 클루이베로마이세즈 막시아너스는 젖당이 많이 들어 있는 치즈 유장(cheese whey)으로부터 에탄올을 생산하는 데 이용된다.

클루이베로마이세즈 막시아너스는 이눌린 가수 분해 효소를 분비함으로써 이눌린으로부터 과당 시럽을 만드는 데 이용된다. 또 향신료용 올리고당, 생균제용 올리고당, 면역 활성 증진용 올리고당을 만드는 데 사용될 수도 있다. 이렇게 만들어진 올리고당은 낙농 제품에 첨가된다. 또한 환경 정화에도 쓰인다. 특히 당밀을 탄소원으로 배양할 경우 구리, 납 제거에 효과적이다. 이외에도 외래 단백질 생산과 우유를 기반으로 하는 낙농 제품 생산 시 생기는 유장이 들어 있는 폐수를 정화하는 데 사용된다.

아름다운 미생물 이야기

최근에서야 클루이베로마이세즈 막시아너스 유전체의 완전한 염기 서열이 해독되었다. 하지만 유전체 데이터베이스도 아직 구축되지 않았을 뿐만 아니라 그것을 이용한 여러 가지 분석 프로그램도 개발되지 않은 상태다. 앞으로 유전체 데이터베이스가 구축되고 다양한 분석 프로그램이 개발된다면 클루이베로마이세즈 막시아너스의 산업적 이용 가치는 더욱 커질 뿐만 아니라 사카로마이세즈 세레비시아이와 다른 유전적, 생화학적, 대사적, 생리적 현상에 대한 연구가 활발해질 것으로 보인다.

13장

장내 세균

동물이 섭취하는 음식물은 기계적으로 잘게 나뉘고, 화학적으로 분해되어 체내의 각 조직이나 세포로 공급된다. 이 음식물을 분해하는 일련의 생리 과정을 '소화'라 하는데, 동물은 소화 작용을 위한 여러 가지 소화 기관이 발달되어 있다. 소화 기관은 동물의 입장에서 보면 몸 '밖'이다. 미생물 특히 세균은 그것들에 대항하는 체계(예를 들어 면역 체계)가 갖추어져 있지 않은 어느 곳에서도 살 수 있다. 몸 밖이나 마찬가지인 소화 기관은 제한적인 면역 체계밖에 없고 따라서 미생물이 살 수 있는 환경이다. 극한 환경에서도 사는 미생물에게는 결코 극한 환경이 될 수 없는 동물의 소화 기관은 종에 따라서 어쩌면 번식하는 데 최적 환경이 될 수 있다. 먹이 경쟁 스트레스가 없고, 성장하기에 알맞은 온도와 포식자가 거의 없는 환경은 숙주가 죽지 않는 한 미생물에게는 천국일지도 모른다. 소화 기관에 사는 미생물, 즉 장내 세균과 숙주의 관계는 어떠한 관계일까?

예쁜꼬마선충의 장내 세균

장내 세균은 숙주에 유익한 균, 유해한 균, 그리고 보통 균으로 구성되어 있다. 어떤 종류의 세균이 있는지 확인조차 안 된 수조 마리의 장내 세균을 대상으로 유익균/유해균 비율을 조절해 그 효과를 알아보는 것은 아주 불가능하지는 않지만, 사람에 따라 결과가 달라질 수 있고 재현하는 데 어려움이 있다. 장내 세균의 중요성을 알아보는 데 가장 이상적인 동물은 한 가지 장내 세균만이 있고 다른 세균으로 치환 가능하고 그 장내 세균의 영향이 미치는 생리적 결과가 쉽게 분석되는 동물일 것이다. 과연 그런 실험 동물이 있을까? 있다. 예쁜꼬마선충이라는 귀여운 이름을 가진 동물이 그 주인공이다.

예쁜꼬마선충(*Caenorhabditis elegans*)은 선형동물(nematoda)의 일종이다. 흙에서 서식하며 투명한 몸을 가지고 있고 몸의 길이는 1밀리미터 정도다. 성체는 959개의 체세포를 가지고 있고 1,000~2,000개에 달하는 생식 세포를 가지고 있다. 실험실에서 예쁜꼬마선충의 정상적인 수명은 3주 정도로 짧으며 멸균된 고체 배지나 액체 배지에서 대장균을 자라게 한 후 접종하면 쉽게 배양이 가능하다.

예쁜꼬마선충에게 대장균은 단순한 먹이가 아니다. 콩 단백질과 효모 추출물이 들어 있는 무균 상태의 영양 배지에서 선충을 키우면, 발생 과정이 느려지고 생식 능력이 감소한다. 이때 살아 있는 대장균을 함께 넣어 주면 정상적인 성장과 생식 과정이 회복되는 반면 죽은 대장균은 넣어 줘도 아무 효과가 없다. 이는 '살아 있는' 대장균이 단순한 먹이가 아니라 선충이 정상적으로 성장하고 생활하기 위한 필수적인 공생자임을 보여 준다.[1] 이제 우리는 공생 관계 장내 세균이 단 하나인 실험실 모형 생물을 가지게 된 것이다. 예쁜꼬마선충의 몸이 투명하므로 세균의 형광 표지 단백질을 발현시키면 장내에 세균 군집을 형성하는 과정을 눈으로 관찰할 수 있다.

2003년 프레더릭 오수벨은 대장균을 먹은 예쁜꼬마선충보다 고초균을 먹는 예쁜꼬마선충이 더 오래 산다는 아주 간단한 실험 결과를 1개의 그림으로 《사이언스》에 발표했다.[2] 고초균은 청국장이나 낫토를 만드는 과정에서 발효를 담당하는 세균이다. 예쁜꼬마선충의 수명 연장에 고초균이 어떤 역할을 하는가에 대한 답이 2013년 미국 뉴욕 대학교 의과 대학의 에브게니 누들러에 의해 밝혀졌다.[3] 고초균이 생산하는 일산화질소(NO)*가 바로 장수의 비결인 것이다. 예쁜꼬마선충 장내에서 고초균이 합성한 일산화질소는 장세포로 확산해 세

---

* 일산화질소는 체내에서 국부적인 조절 인자 및 신경 전달 물질로 작용해 혈관을 확장하는 효과가 있다. 혈관이 확장된 결과 조직에 산소가 원활하게 공급될 수 있게 된다. 일산화질소는 작용한 지 몇 초 지나지 않아 분해된다. 미국인 과학자 로버트 퍼치고트, 루이스 이그나로, 페리드 뮤라드는 일산화질소의 2차 전달자(second messenger) 기능을 밝힌 공로로 1998년 노벨 생리·의학상을 수상한다. 발기 부전 치료제인 비아그라는 일산화질소의 분해를 지연시킴으로써 발기 부전을 치료한다.

포 내부에서 전사 인자인 DAF-16*이나 HSF-1**의 활성을 증가시키고 이런 전사 인자의 조절을 받는 하위 유전자들이 대량으로 발현되면서, 열 충격에 대한 저항성이 높아지고 또한 수명이 증가한다. 누들러의 실험은 숙주가 건강을 유지하는 데 공생 장내 세균이 중요함을 보여 주었다.

살아 있는 공생 장내 세균의 대사 작용이 꼭 필요하다는 또 다른 실험적 증거는 메트포민(metformin)에 대한 예쁜꼬마선충의 반응을 연구한 2013년 영국 런던 대학교 데이비드 젬스의 논문에서 소개되었다.[4] 메트포민은 경구용 당뇨병 치료제다. 근육과 지방 세포에서 인썰린 저항성을 개선해 혈당을 감소시킬 뿐만 아니라 지질 대사를 개선하고, 응고 인자나 혈소판에 좋은 영향을 미치면서, 내피 세포 기능을 개선해 혈관 이완 기능을 향상시킨다. 메트포민은 건강한 혈관을 유지시키고 대사 증후군을 억제해 암 발생의 위험을 낮추고 노화를 늦출 수 있어 불로장생약 후보 물질로 세계를 떠들썩하게 만들었다.

---

* Dauer formation의 약어인데, 독일어 Dauer는 영어로 duration이다. 누에나 일부 선충류에서 발생 과정 중 호르몬 변화로 인해 영속 유충이라는 것이 생기는데 유충이 번데기로 진전되지 못하고 계속 유충 상태로 머문다. 너무 오래 그 상태로 있으면 죽기도 한다. 이 과정에 관여하는 유전자 발현 조절 부위인 촉진자에 결합해 해당 유전자의 발현을 조절하는 전사 인자가 DAF이다. DAF-16은 그중 하나로, 유전자의 정상적인 기능은 수명 연장, 지방 합성, 스트레스 반응 등 여러 가지가 있다.

** Heat shock factor 1. 온도를 높였을 때 발현되는 유전자의 조절 부위에 결합해 해당 유전자의 발현을 조절하는 전사 인자.

아름다운 미생물 이야기

젬스는 예쁜꼬마선충을 이용해 메트포민의 작용 방식을 파악하는 연구에서 대장균 배지에 적당한 농도로 메트포민을 투여하면 예쁜꼬마선충의 수명이 증가한다는 현상을 관찰했다. 그런데 대장균 없이 무균 상태에서 혹은 자외선으로 죽인 대장균과 함께 메트포민을 처리하면 수명이 줄어드는 현상이 관찰되었다. 원래 무균 상태에서 기르면 수명이 증가하는데 실험 결과는 그 반대였다. 뒤이어 대장균에 메트포민을 처리해 배양한 뒤 약물이 전혀 없는 배지로 옮겨 준 다음 예쁜꼬마선충을 길렀더니 예쁜꼬마선충의 수명이 증가했다. 이상의 결과들은 메트포민이 예쁜꼬마선충의 수명을 증가시키는 현상에는 살아 있는 세균의 대사 작용(예를 들어, 메트포민의 독성 제거)이 꼭 필요하다는 것을 시사한다.

사육소가 주는 교훈

소는 초식 동물이다. 초식 동물이라 함은 풀을 먹는 동물이다. 풀은 초식 동물의 유기 물질 공급원 혹은 탄소원으로 복합당 셀룰로즈가 주성분이다. 셀룰로즈는 셀룰레이즈에 의해 분해되어 포도당으로 전환되어야 비로소 영양분이 된다. 그런데 소를 비롯한 초식 동물들 심지어 나무를 갉아 먹고사는 흰개미조차 셀룰레이즈를 만들지 못한다. 셀룰레이즈를 만들 수 있는 생물은 미생물이 대부분이다. 여기에는 버섯도 포함된다. 흰개미도 마찬가지지만 초식 동물들이 택한 방법은 셀룰레이즈를 만들 수 있는 미생물들과의 공생이다.[5] 미생물들이 장내에 살 수 있는 환경을 만들어 장에 들어온 풀(셀룰로즈)을 소화시키는 것이다. 풀은 소화가 잘 안 된다. 될 수 있으면 많은 영양분을 얻고자 소, 양, 사슴, 낙타, 기린 같은 반추동물(反芻動物)은 되새김을 하고 장 또한 길다. 그렇게 해도 풀의 소화율은 1퍼센트로 매우 낮다.[6]

반추동물은 반추위(rumen, 혹위), 벌집위, 겹주름위, 주름위의 4개의 위를 갖고 있는데, 이중 첫 번째 위인 반추위에 엄청난 수의 미생물이 산다.[5] 셀룰로즈 분해자인 셀룰레이즈 생산균(*Fibrobacter succinogens, Ruminococcus albus* 등)뿐만 아니라 녹말 분해자인 아밀레이즈 생산균(*Ruminobacter amylophilus, Succinomonas amylolytica* 등), 펙틴 분해자인 펙티네이즈 생산균(*Lachnospira multiparus* 등), 석신산 분해자, 젖산 분해자, 메싸노젠, 원생생물, 균류 등 매우 다양한 미생물들이 있다. 반추위라는 생태계의 우점종은 셀룰레이즈 생산균이다.

미국의 육우 사육업자들은 언젠가부터 소에게 소화가 잘 안 되는 풀 대신 소화가 잘 되는 옥수수를 먹이기 시작했다. 옥수수의 주성분은 셀룰로즈와는 다른 복합 다당류인 녹말이다. 옥수수를 먹이면 소가 훨씬 빨리 자랄 뿐만 아니라, 풀을 먹일 때에 비해 과량 섭취된 탄수화물이 지방으로 전환되어, 적어도 우리 입맛에 고기 맛도 좋아지고 육질도 훨씬 연해진다. 옥수수를 먹는 소에서는 녹말 분해 세균이 우점종이 될 것이다. 문제는 녹말 발효균 중 하나인 스트렙토코커스 보비스(*Streptococcus bovis*)라는 균은 녹말을 발효시켜 젖산을 생성한다. 이 균은 산에 내성을 가진 균으로서 이들이 우점종이 되면 반추위는 산성이 되고, 그러면 셀룰레이즈 생산균들을 비롯해서 산성 조건에 민감한 미생물들이 살 수 없게 된다. 장내 세균의 구성비가 변하는 것이다.

세월이 한참 지난 후에는 반추위가 필요 없어져 크기가 줄어들고 소화가 잘 되니 장이 짧아지고 급기야는 풀을 못 먹는 소가 나타날지도 모른다. 하지만 소를 식용 목적으로 사육하는 인간에게 전혀 문제가 되지 않는다. 상품성 있는 고기를 얻는 데 소의 장내 세균 구성비는 고려 대상이 아니다. 하지만 우리는 여기서 장내 세균의 균형 및 파괴가 주는 교훈을 볼 수 있다. 그리고 이것을 인간에게로 확장하면 이야기가 달라진다.

"Oh my Gut!"

영어 gut은 위장관(胃腸管) 또는 소화관을 뜻하는 gastrointestinal tract의 속어다. 우리가 음식물을 섭취하면 식도를 거쳐 위로 들어가 잘 섞이고 소장에서 소화된 후 영양분이 흡수되고 대장에서 수분이 흡수되고 찌꺼기는 항문으로 배설된다. 입부터 항문까지 전체를 소화관이라 하고 길이는 키의 6배 정도다. 키가 160센티미터인 사람의 경우 거의 10미터에 달한다. 위장관은 말 그대로 위와 장을 가리키는 것으로서 엄밀한 의미에서 소화관의 일부다. 하지만 소화의 중추 기관이기 때문에 기능적인 면에서 위장관이나 소화관이나 같은 의미라 할 수 있다. 소화의 목적은 영양분 흡수이므로 더 좁게 말하면 gut은 장

(腸) 그 자체라 해도 무방하다.

장은 몸 안에 있지만 한편으로 발생학적 측면에서 몸 밖이나 마찬가지다. 모든 포유동물처럼 사람도 무균 상태인 태아가 분만 과정에서 엄마의 질 내 미생물에 최초로 노출된다. 피부는 당연히 '오염'되고 입을 통해 미생물들이 소화관으로 들어온다. 따라서 자연 분만된 아이와 제왕 절개를 통해 나온 아이의 장내 미생물 종류가 다를 수 있다. 그 후 젖을 먹으면서 그리고 더 후에 음식물을 먹으면서 또 외부 물질과 접촉하면서 그 안에 들어 있던 혹은 묻어 있던 미생물들이 끊임없이 소화관으로 들어온다.

점액이 있는 모든 신체 기관이 미생물에 노출되기 쉽지만 여성의 질은 약산성 조건이고, 구강, 눈, 코에는 살균 효소인 라이소자임이 들어 있어(페니실린의 발견자 알렉산더 플레밍의 '콧물 세렌디피티'를 상기하기 바란다.) 세균의 증식 자체가 상대적으로 어렵다. 한편, 소화관은 그 표면적으로 보아, 그리고 접촉 미생물 수로 보아 인체에서 미생물 감염의 확률이 가장 높은 곳이다. 장 조직 내에 들어온 미생물에 대한 신속한 면역 반응은 살아남기 위한 필수적인 반응이다. 성인 몸의 전체 세포 수는 10조(10^{13}) 개다. 이중 3퍼센트는 면역 세포고 면역 세포의 80퍼센트가 소화 기관에 몰려 있음은 우연이 아니다. 장은 세균이 우리 몸의 면역 반응을 훈련시키는 주된 장소다.[7]

장이 '제2의 뇌'라는 이야기를 들어봤을지도 모르겠다. 그 근거는 여러 가지다. 인간의 뇌는 1,000억 개의 신경 세포(150억 개라고도 한다.)가 분포해 있는데 장에는 10억 개의 신경 세포가 분포한다.[8] 균형이 깨질 경우 우울증을 유발하는 호르몬인 세로토닌의 90퍼센트 이상이 장 분비 세포에서 분비되어 뇌에 영향을 미친다. 미주 신경(迷走神經, vagus nerve)*의 80퍼센트 이상이 장 신경 세포의 감각을 뇌신경계로 이어 준다.

장내 미생물이 뇌에 미치는 영향이 연구되기 시작한 것은 최근의 일이다. 2011년 스트레스 조건에서 장내 미생물을 없앤 무균 쥐와 장내 미생물을 지닌 보통 쥐의 행동을 비교한 결과, 무균 쥐가 스트레스에 적응을 잘하지 못한다는 결과는, 장과 뇌가 어떤 식으로든 연결되어 있다는 '장뇌(腸腦) 굴대(gut-brain axis)' 개념을 낳았다. 하지만 제1뇌(두뇌)와 제2뇌(위장)의 근본적인 차이는 제1뇌는 판단을 내리지만 제2뇌는 그렇지 못하다는 점이다.

사람의 소화 기관, 특히 장에는 엄청난 수의 세균이 살고 있다. 이 세균들을 장내 정상 세균 무리(microflora) 혹은 간단히 장내 세균이라 한다. 성인 사람의 장내 세균 수는 사람 세포 수보다 10배 많은 100조 마리 정도로 추산되어 왔으나 최근의 연구에서 사람 세포의 수는 30조, 세균의 수는 39조로 계산된 바 있다. 장내 미생물의 총 무게는 약 2킬로그램에 달한다.[7]

중요한 것은 100조든 39조든 세균 숫자가 아니라 숙주인 사람

---

* 심장, 인두, 성대, 내장 기관 등에 폭넓게 분포해 숨뇌(연수)와 연결되어 자율 신경계의 부교감 신경, 감각, 운동 신경 역할을 수행한다. vagus는 '길을 잃은'이란 뜻의 라틴 어에서 왔다. 미주(迷走)란 연결되는 곳이 많아서 모호하다(vague)는 뜻이다.

에게 유익한 세균과 유해한 세균의 비율이다. 유익균/유해균 비율은 식습관에 따라 유동적으로 바뀐다. 그 비율이 개인의 육체적인 건강은 물론 정신적인 건강까지 좌우할 뿐 아니라 종 전체의 진화와 밀접한 관계가 있다는 가설은 더 이상 가설이 아닌 상황이 되었다.

인간의 장에는 약 1,000종의 미생물이 서식하며 20종 정도가 장내 세균 수 75퍼센트를 점유한다.[9] 소화 기관의 각 부위별 우점종은 십이지장(샘창자)은 락토바실러스, 공장(빈창자)은 스트렙토코커스와 락토바실러스, 회장(돌창자)과 대장(큰창자)은 엔테로박테리움(Enterobacterium), 엔테로코커스(Enterococcus, 장내구균), 박테로이데즈(Bacteroides), 비피도박테리움(Bifidobacterium), 펩토코커스(Peptococcus), 펩토스트렙토코커스(Peptostreptococcus), 루미노코커스(Ruminococcus), 클로스트리디움(Clostridium), 락토바실러스다. 하지만 각 장기에 사는 세균의 수를 살펴보면 거의 100퍼센트 대장에 산다고 해도 무방할 정도로 $10^4 \sim 10^5$ 단위로 차이가 난다.

장내 미생물을 건강 기여도에 따라 좋은 균(유익균), 보통 균(무익무해균), 나쁜 균(유해균)으로 나누면, 60퍼센트는 보통 균, 25퍼센트는 좋은 균, 15퍼센트는 나쁜 균으로 분류된다. 대표적인 보통 균은 에셰리키아 콜라이(Escherichia coli, 약자 E. coli. 으레 대장균이라 하지만 사실 에셰리키아 콜라이는 수많은 대장균의 한 종류일 뿐이다.), 대표적인 좋은 균은 비피도박테리아와 락토바실러스이고, 대표적인 나쁜 균은 캄필로박터, 엔테로코커스 페칼리스(Enterococcus faecalis), 클로스트리디움 디피실리(Clostridium difficile)다. 보통 균과 좋은 균을 합한 85퍼센트는 나쁜 균을 숫자로 압도해 생장을 방해하고, 좋은 균은 바이타민 B12, 뷰티레이트(butyrate), 바이타민 K2를 생산하고 박테리오신(bacteriocin)* 같은 물질을 분비해 나쁜 균을 죽이고, 장 주위의 면역 세포를 자극해 IgA를 분비하게 한다.

사람은 분만되는 순간부터 장의 정상적 미생물 군집이 이루어지기 시작한다. 성인이 되면 미생물의 종류나 활성이 항상성을 유지한다. 장내 미생물 군집의 항상성은 지속적인 항생제 투약, 병원균 감염, 갑작스러운 식습관 변화 등 여러 가지 요인으로 인해 깨질 수 있다. 이 현상을 미생물 군집 불균형(dysbiosis)이라고 하는데 종종 비가역적인 변형과 숙주 대사의 변형을 가져와 병인의 전부는 아니지만 과민성 대장 증후군, 염증성 장 질환, 대장암, 비만, 제2형 당뇨 등 만성질환을 야기하기도 한다. 이 질환들을 유발하는 장내 미생물이 무엇인지는 알 수 있다면 일정 부분 질병의 예방이나 치료에 도움이 될 것이다. 하지만 대상자 개개인의 미생물 군집 항상성은 유전적 특성, 식습관, 생활 방식, 위생 상태 등 다양한 요인이 복합적으로 작용하기

* 미생물이 생산하는 천연의 항균성 단백질(antimicrobial polypeptide)로서 기존의 항생제가 2차 대사 산물인 데 반해 자신의 유전자로부터 직접 생합성(ribosomal translation)되는 것이 특징이다. 따라서 직접적인 유전자 조작 등을 통한 생명 공학적 응용이 용이하고, 그 결과 산업 현장에서 보다 다양한 반응에 사용할 수 있다. 뿐만 아니라 분자가 단백질로 이루어져 있는 덕분에 인체에 섭취되는 즉시 소화 기관의 단백질 가수 분해 효소에 의해 분해됨으로써 인체에 무독성이고 잔류성이 없다. 식품 등에 사용할 수 있는 새로운 생물학적 보존제(biopreservative) 내지는 발효 식품 등의 생물학적 제어제(bioregulator)로 그 효용이 크게 기대되고 있다.

때문이며, 장내 미생물의 기능과 질환의 원인과 결과에 관한 연구는
간단하지 않을 것이다.

인간 미생물 군집 유전체 프로젝트, HMP

면역 체계를 갖춘 다세포 생물에서 몸의 일부분이지만 몸 밖
이라고 여겨지는 모든 기관 혹은 부위에서 세균이 살 수 있다. 사람의
경우 입부터 항문까지의 소화 기관, 허파, 콩팥을 비롯한 비뇨기, 귓
속, 생식기, 피부 등이 해당되며 서식하는 미생물의 수는 인간의 전체
세포 수의 10배 이상이다.

미생물 군집(microbiota)은 우리 몸에 서식하는 세균, 고세균, 곰
팡이 등 미생물을 총칭하는 용어로서 서식 기관 혹은 장소에 따라 더
특정적인 의미로 사용할 수 있다.[10] 예를 들어 사람 몸에 서식하는 모
든 미생물 군집을 인간 미생물 군집이라 하고 소화 기관의 미생물 군
집을 장내 미생물 군집이라 한다. 미생물 군집의 집합적인 유전체를
미생물 군집 유전체(microbiome)라 하며 마찬가지로 서식 기관 혹은 장
소에 따라 더 특정적인 의미로 사용할 수 있다. 미생물 군집과 미생물
군집 유전체를 서로 섞어 쓰기도 하지만 이 둘의 의미는 같지 않다.
진핵 세포든 세균이든 한 무리의, 예를 들어 조그만 연못 같은 특정
장소에 사는 미생물들 모두의 유전체 전체를 하나의 개념으로 표현할
때 범유전체(metagenome)라 부른다. 이런 범유전체를 다루는 학문을 다
른 말로 환경 유전체학(environmental genomics)이라 한다.

아름다운 미생물 이야기

장내 미생물 군집의 수많은 미생물 종을 일일이 분리 배양하는 것은 불가능하며 따라서 분리 배양을 통한 미생물 종의 확인 또한 제한적이다. 하지만 차세대 염기 서열 분석(next generation sequencing, NGS) 기술은 그런 전통적인 방법을 완전히 뒤집어 놓았다. NGS는 미생물 배양을 필요로 하지 않으므로 어떤 미생물 군집의 다양성 및 특성을 연구하는 데 혁명적인 변화를 가져왔다. 무엇보다도 배양은 물론 클로닝과 같은 복잡한 단계를 거치지 않으며, 기존의 생어 염기 서열 분석 기술(Sanger sequencing)*에 비해 비용이 엄청 낮으며, 많은 수의 DNA 조각을 동시에 처리할 수 있는 특징이 있다.

　　NGS에 기반해 2007년 NIH(National Institutes of Health. 미국 국립 보건원. 우리나라의 국립 보건원에 해당하나 우리나라와는 달리 연구 중심 기관이다.)에서는 인간의 건강과 질병과 관련 있는 미생물, 즉 인간 미생물 군집을 확인하고 그 특성을 연구하기 위한 목적으로 인간 미생물 군집 유전체 프로젝트(Human Microbiome Project, HMP)를 발족시켰다.[11] 2008년부터 5개년 계획을 시작해 총 1억 1500만 달러를 투자했다. HMP를 인간 유전체 계획의 논리적이고, 개념적이고 실험적인 연장이라고들 한다. 2007년 "발견에 이르는 새로운 길"의 하나로서 NIH 의학 연구 로드맵 목록에 올랐다. HMP의 목표는 한 벌의 표준 미생

---

* 1975년 영국의 프레더릭 생어에 의해 개발된 효소학적 DNA 염기 서열 분석 방법. 1958년 단백질 아미노산 서열 분석으로 노벨 화학상을 수상한 생어는 이 공로로 1980년 그의 두번 째 노벨 화학상을 수상한다. 현재의 모든 효율적이고 정확한 DNA 염기 서열 분석 방법은 생어의 방법을 응용한 것이다.

물 유전체 염기 서열의 개발과 인간 미생물 군집의 예비적인 특성 연구, 인간 미생물 군집에서 질병과 변화 사이의 관계 조사, 컴퓨터 분석을 위한 새로운 기술과 도구 개발, 자원 보관소 설립, 인간 미생물 군집 연구의 윤리적, 법적 사회적 의미 연구이다.

사람 미생물 군집을 이루는 미생물의 상당수는 배양이 안 되고, 따라서 동정도 안 되고 특성 연구도 안 되어 있다. 그러나 미생물들의 대부분은 세균이고 고세균, 효모, 단세포 진핵생물, 장내 기생충, 기생균, 바이러스를 포함한다. 바이러스는 박테리오페이지를 비롯한 미생물 군집 생물들을 감염시키는 바이러스도 포함된다. HMP의 중요한 요소는 미생물 군집의 특성을 연구하는 데 있어서 배양을 하지 않는 방법인데 이는 개별적인 세균 종의 유전체 전체에 대한 전(全) 유전체 염기 서열 분석(whole genome sequencing, WGS)을 통해 유전학적 지식을 넓히는 동시에 단일 미생물 군집의 광범위한 범유전체 정보를 확보할 수 있다. WGS는 뒤이은 범유전체 분석을 비교할 표준 유전체 염기 서열로서 기능한다. 프로젝트 완료 후 현재 3,000종의 세균의 염기 서열 확보가 목표다. 구강, 피부, 질, 소화 기관, 그리고 코와 허파 등 다섯 군데에 서식하는 미생물에 초점을 맞추었다. 이 프로젝트는 또한 사람 세균의 16S RNA의 PCR를 통한 자세한 염기 분석도 지원했다.

HMP는 오늘날 가장 고무적이고, 골치 아프지만 기본적인 과학적 질문들을 짚어 볼 것이다. 또한 의학 미생물과 환경 미생물의 인공적인 장벽을 허물 잠재성도 기대된다. HMP가 잘 수행되면 건강과 질병의 소인을 결정할 새로운 방법들을 개발할 수 있을 뿐만 아니라 개개인의 생리적인 관점에서 인간 미생물 군집의 기능을 최적화하기 위해 의도적으로 그것들을 조작하기 위한 전략을 설계하고, 보완하고, 관찰하는 데 필요한 것이 무엇인지도 정할 것이다.

우선적으로는 신체 여러 부위에서 세균을 순수 분리해 표준 유전체 염기 서열의 목록을 작성했다.[11] 이를 대상으로 범유전체 결과들을 비교할 수 있다. 2012년 현재 742 유전체를 등록함으로써, 원래 목표인 600 유전체를 초과 달성했다. 현재의 목표는 3,000개다. HMP와 그리고 이와 유사한 NIH 연구비 수혜 과제들의 궁극적인 목표는 인간 미생물 군집 유전체의 변화가 인간의 건강과 질병에 어떻게 연관되어 있는지를 알아내는 것이었다. 그 연관성은 프로젝트가 끝난 지 6년이 지난 현재까지도 잘 모른다.

HMP가 궁극적인 목표에는 이르지 못했지만 기초 과학 분야의 성과는 매우 컸다. 예를 들어, 전사 인자가 붙는 자리를 확인하기 위한 새로운 예측 방법, 생물 정보학적 증거에 기초해 세포 내 널리 분포된 라이보좀 유래 전자 전달 전구 물질의 확인, 인간 미생물 유전체 움직임의 저속 촬영, 장내 편리 공생자로서 역할을 하는 데 있어서 분절 균사 세균(segmented filamentous bacteria, SFB)이 사용하는 독특한 적응 방식 확인(자가 면역 질병에서 결정적인 작용을 하는 것으로 생각되는 T 보조 세포를 자극하기 때문에 SFB는 의학적으로 중요하다.), 건강한 장과 병에 걸린 장의 미생물 군집을 구별하는 요인들의 확인, 지금까지 안 알려진 토양 세균 군집의 우미균(疣微菌, Verrucomicrobia)의 우점종 역할 확인, 세균성 질염에서 가르드네렐라 바지날리스(*Gardnerella vaginalis*) 균주의 독성 잠재력을 결정하는 요인 확인, 구강 미생물 군집과 동맥 경화의 연관성 확인, 뇌막염, 패혈증, 그리고 편리 공생 종과 교환되는 성 매개 질병 독성 인자에 관련된 나이세리아(*Neisseria*) 속의 병원성 종 확인 등이다.

HMP 표준 데이터베이스 확립

HMP의 중요한 성과 중 하나는 유전체 염기 서열 분석 기술을 사용해 건강한 사람의 정상적인 미생물 구성 지도를 작성함으로써 표준 데이터베이스를 구축하고, 인간에서 정상적인 미생물 변이의 범위를 만든 것이다. 《네이처》와 《PLoS》(《퍼블릭 라이브러리 오브 사이언스(*Public Library of Science*)》, 오픈 액세스(open access) 정신에 따라 창간된 학술지다.)에 논문이 게재되어 그 내용은 이미 공개되었지만, 2012년 7월 NIH의 원장인 프랜시스 콜린스가 직접 나서 발표했다. 내용인즉 이렇다. 242명의 건강한 미국인 지원자의 구강, 코, 피부, 대장(대변), 질 같은 신체 부위(남자의 경우 15개 부위, 여자의 경우 18개 부위)로부터 5,000개 이상의 시료를 수집했다. 인간과 미생물 모두의 DNA 염기 서열을 분석했다. 미생물 유전체 자료는 16S rRNA를 확인함으로써 추출되었다. 연구자들은 1만 개 이상의 미생물 종이 인간 생태계를 구성한다고 계산했고 81~99퍼센트의 속을 확인했다. 그 외에 HMP 프로젝트는 또한 몇 가지 놀라운 사실을 발견했는데, 대표적인 게 미생물이 인간 자신의 유전자보다도 더 인간의 생존과 관련해 중요한 역할을 한다는 것이었다. 특히 단백질에 지시를 내리는 미생물 유전자의 수가 인간 유전자의 수보다 360배나 더 많은 것으로 추정되었다. 이것 말고도 미생물의 대사 능력(예를 들어, 지방의 소화)은 항상 동일한 세균 종에 의해서 제공되지 않는다든지, 세균의 종류는 변할지라도 미생물 군집은 궁극적으로 평형 상태로 돌아온다는 것 같은 게 있었다.

이러한 과학적 사실들은 임상적 그리고 약리학적으로 응용되었다. 《PLoS》에 발표된 몇몇 논문들에서 보고되었듯이 HMP 연구 자료를 이용한 첫 번째 임상적 응용을 통해, 출산이 임박한 임부의 질 미생물 군집에서 미생물의 다양성이 줄어든다는 것을 발견했고, 또 설명할 수 없는 열에 시달리는 어린아이들의 코 미생물 군집에는 바이러스가 많이 있다는 것을 발견했다. HMP 연구 자료와 기술을 이용한 다른 연구들에서 소화관, 피부, 생식 기관의 질병과 소아과 질병에서 미생물 군집이 어떤 역할을 하는지가 조사되었다.

약리 미생물학자들은 비멸균 상태의 약품에 오염된 미생물이 있느냐 없느냐, 그리고 약품이 만들어지는 통제된 환경에서 미생물을 감시하는 데 있어서 HMP의 연구 자료가 가지는 중요성을 고려해 왔다. 이러한 미생물 감시는 배양액 선택과 살균제 효능 연구에 있어서도 중요하다.

14장

활성균

활성균(혹은 생균제)이라는 용어 'probiotics'는 '~을 위한'이란 뜻의 라틴 어 접두사 'pro-'와 '살아 있는'을 뜻하는 그리스 어 'biotics'의 합성어다. 어원적으로 antibiotics(항생 물질)의 반대말이다. 2001년에 WHO(World Health Organization. 세계 보건 기구)가 발표한 정의에 따르면 적당량을 섭취했을 때 사람이나 동물의 건강에 직접적인 이로움을 주는 것으로 믿어지는 미생물들을 일컫는다. 이 용어는 1980년 이후에 보다 흔하게 사용된다. 이 용어가 도입된 것은 100여 년 전, 일반적으로 노벨상 수상자 메치니코프 덕이라고 여겨진다. 그는 불가리아 농민들이 장수하는 이유가 요구르트를 먹기 때문이라고 가정했다. 그는 1907년 장내 미생물이 음식에 의존하고 있다는 점에서 우리 몸속의 장내 세균 무리를 바꾸고 해로운 미생물을 유용한 미생물로 대체할 수 있다고 주장했다. 이후 잠재되어 있던 활성균 시장이 상당히 확장되었다. 이것은 미생물이 제공하는 이점을 과학적으로 실증해야 한다는 요구로 이어졌다.

활성균의 역사[1]

활성균은 최근 제품 생산자, 연구자, 소비자의 새로운 관심을 불러일으키고 있다. 하지만 활성균의 역사는 치즈와 발효 제품을 고대 그리스 인과 로마 인들이 처음 개발하고 사용하던 때로 거슬러 올라간다. 낙농 식품 발효는 식품 보존을 위한 가장 오래된 기술 중 하나다. 활성균의 긍정적 역할은 노벨상 수상자인 러시아 과학자 메치니코프에 의해 소개되었는데 그는 1907년 장내 정상 세균 무리를 변형시켜 해로운 미생물을 유용한 미생물로 대체할 수 있다고 주장했다.[2] 당시 파리 파스퇴르 연구소의 교수급 연구원이던 메치니코프는 노화 과정이 대장에서 독성 물질을 생산하는 부패(단백질 분해) 미생물의 활성에 기인한다고 가정했다. 대장의 정상 세균 무리의 한 종류인 클로스트리디움 같은 부패 세균은 단백질을 소화시켜 페놀, 인돌, 암모니아 같은 독성 물질을 만든다. 메치니코프에 따르면, 이런 화합물들이 그가 이름 붙인 "장내 자가 중독(intestinal autointoxication)"의 주범이고, 장내 자가 중독이 노화를 야기할지도 모른다고 했다.

젖당이 발효되면 pH가 낮아지기 때문에 젖산 세균으로 발효시킨 우유가 부패 세균의 성장을 억제한다는 것은 당시 이미 알려져

아름다운 미생물 이야기

있었다. 메치니코프는 유산균으로 발효시킨 우유를 많이 마시는 유럽의 어떤 시골 마을 사람들, 예를 들어 불가리아 농부들과 카자흐스탄의 초원 지대 사람들은 유난히 오래 산다는 점에 주목했다. 이런 관찰에 근거해 메치니코프는 발효 우유를 마시는 것은 해가 없는 유산균을 장에 뿌려 주는 것과 같고 따라서 장의 pH를 낮추고 부패 세균의 성장을 억제할 것이라고 주장했다. 메치니코프 자신도 "불가리아 바실러스"라고 부른 세균으로 발효시킨 시큼한 우유를 식단에 포함했고 그의 건강이 나아진다고 믿었다. 파리에 있는 그의 친구들도 그를 따라했고 의사들도 그들의 환자들에게 시큼한 우유를 처방하기 시작했다.

비피도박테리아는 앙리 티시에에 의해 한 모유 수유 영아로부터 처음 분리되었다. 티시에 역시 파스퇴르 연구소 연구원이었다. 분리된 세균은 바실러스 비피더스 콤무니스(*Bacillus bifidus communis*)라고 명명되었고 나중에 비피도박테리움(*Bifidobacterium*) 속으로 다시 분류되었다. 티시에는 비피도박테리아가 빵을 먹인 영아의 장내 정상 세균 무리의 우점종인 것을 알았고, 설사병을 앓는 영아를 비피도박테리아로 치료하는 임상적 효과도 관찰했다. 이때 제기된 효과는 설사를 일으키는 부패 세균을 비피도박테리아로 대체한 데서 비롯된 것이었다.

1917년 이질이 창궐했을 때 독일의 알프레트 니슬레는 병에 안 걸린 군인의 대변에서 대장균 균주 하나를 분리했다. 당시는 항생제가 사용되기 전이었고, 니슬레는 급성 소화기 감염병인 살모넬라 식중독과 이질에 걸린 환자에게 대장균 니슬레 1917(Nissle 1917) 균주를 복용하게 했다. 그 효과는 기술된 바 없으나 미루어 짐작하건대 어느 정도 효과는 본 듯하다.

1920년, 리오 리트거와 해리 체플린은 나중에 락토바실러스 델브루에키 불가리커스라고 불리게 되는 메치니코프의 '불가리아 바실러스'는 사람의 장에서 살 수 없다고 보고했다. 그들은 쥐와 자원 봉사자를 대상으로 수행한 실험에서 락토바실러스 아시도필러스(*Lactobacillus acidophilus*)를 먹이고 대변의 미생물 조성을 관찰한 바, 장내 정상 세균 무리가 변한 것을 발견했다. 리트거는 한 발 더 나아가 락토바실러스 아시도필러스의 가능성을 조사했고 장 세균이 그 환경에서 바라던 효과를 만든 것 같다고 추론했다. 1935년, 어떤 락토바실러스 아시도필러스 균주가 사람 소화관에 이식되었을 때 매우 활동적임을 알았다. 이 균주를 이용해 시험했더니, 특히 만성 변비를 완화하는 고무적인 결과가 얻어졌다.

항생제와 대비해서 활성균은 다른 미생물들의 성장을 자극하는 미생물로 정의된다. 활성균이란 용어는 원래 다른 미생물들에 어떤 효과를 미치는 미생물을 가리킨다. 활성균의 또 다른 개념은 한 미생물에 의해 분비되는 물질들이 또 다른 미생물들의 성장을 촉진한다는 것이다. 이 용어는 미생물의 성장을 촉진하는 조직 추출물을 기술하는 것으로 다시 쓰였다. 활성균이란 용어는 미국의 식품 미생물학자 로버트 파커에 의해 사용되었는데, 그는 그 개념을 "장의 미생물 균형에 기여함으로써 숙주 동물에 이로운 효과를 주는 생물과 물질"로 정의했다.[3]

아름다운 미생물 이야기

나중에 그 정의는 로이 풀러에 의해 상당히 개선되었는데 오늘날 쓰이는 정의에 매우 가깝다. 1989년, 풀러는 제안하기를 "활성균이란 장내 미생물 균형을 증진시킴으로써 숙주 동물을 이롭게 하는 살아 있는 미생물 식품 첨가제"라 했다.[4] 풀러의 정의는 두 가지 점을 강조하는데, 하나는 활성균은 살아 있어야 한다는 것이고, 다른 하나는 숙주에 이로운 효과가 있어야 한다는 것이다. 이후 수십 년 동안 활성균이란 확실하진 않지만 건강상 이로운 성질들을 가진 장내 유산균 종들로 정의되었고 락토바실러스 람노서스(*Lactobacillus rhamnosus*), 락토바실러스 카세이(*Lactobacillus casei*), 그리고 락토바실러스 욘손니(*Lactobacillus johnsonii*)가 포함되었다.

활성균의 효과[5, 6, 7]

활성균은 복용 시 살아 있어야 한다. 활성균을 연구하는 과학자들의 관심은 방대한 관찰 결과의 재현성, 사용할 때와 보관할 때의 생존능과 안정성, 그리고 최종적으로 위산과 장의 생태계에서 살아남을 수 있는 능력이다. 활성균이 사람에 대해 건강상 이득을 준다는 결과들을 논문으로 발표하기 위해서는 그 실험 결과가 재현 가능해야 한다. 건강상 이점이 무엇인가에 대한 탄탄한 과학적 증거는 활성균의 효과를 적절하게 식별하고 평가하는 데 반드시 필요한 요소다. 그 이유는 활성균 활동 부위(구강, 음부, 장)의 다양성과 적용 방법 같은 몇몇 문제가 생기기 때문이다. 후보 활성균은 속, 종, 균주 등 분류학적으로 정의된 미생물 혹은 미생물 복합제여야 한다. 대부분의 활성균 효과는 아종 특이적이며 동일한 속 또는 종의 다른 아종으로 확장할 수 없다는 것이 일반적인 통념이다.

병원균 억제

연구에 따르면 활성균이 장내 병원균에 네 가지 다른 기작으로 대항한다. (1) 활성균은 동일한 필수 영양분을 두고 병원균과 경쟁함으로써 병원균이 사용할 영양분을 줄인다. (2) 활성균은 흡착 부위에 결합함으로써 병원균이 군락을 이룰 수 있는 표면을 감소시킨다. (3) 활성균은 면역 세포를 자극해 병원균을 파괴하는 싸이토카인(cytokine)을 분비하게 한다. 마지막으로 (4) 활성균은 박테리오신을 분비해 병원성 생물을 직접적으로 죽인다.

항생제 관련 설사 질환 완화

항생제는 어린아이에게는 흔한 치료제이고 항생제 치료를 받은 어린아이들의 20퍼센트에서 설사가 발생한다. 항생제 관련 설사는 항생제 치료에서 비롯된 대장 세균 무리의 불균형으로부터 생긴다. 세균 무리의 불균형 결과로 탄수화물 대사가 변하고 짧은 지방산 흡수가 감소하고 삼투성 설사가 발생한다. 3,400명 이상의 환자를 심사한 결과를 보여 주는 16개의 서로 다른 연구를 참조한 검토 보고서에서 결론짓기를 이런 조건에서 몇몇 생균제의 보호 효과를 시사하는 증거가 수집되었다고 했다. 성인에서 어떤 활성균은 항생제 관련 질

아름다운 미생물 이야기

병을 완화하는 역학을 한다.

활성균 치료는 서너 가지 범유전체 분석에서 볼 수 있는 바와 같이 항생제 관련 질병의 발병률과 발병 빈도를 낮출 수 있다. 예를 들어, 락토바실러스 람노서스를 포함한 활성균 조성물로 치료하면, 항생제 관련 질병의 위험성을 감소시킬 수 있고, 항생제 치료를 하는 동안 배변의 일관성이 향상되고, 예방 접종 후 면역 반응이 증진되기도 한다. 그러나 특수한 효과를 확증하고 현재까지 전례가 없는 규정상 승인을 획득하기 위해서는 무작위 이중 맹검 실험이나 속임약 (Placebo) 실험 같은 잘 조정된 실험을 거쳐야 한다.

활성균이 가진 항생제 관련 질병 예방에 대한 잠재적 효능은 사용하는 활성균 균주와 용량에 달려 있다. 16번의 무작위 임상 시험 (n=3432 참가자)을 분석한 코크런 협력 체계적 검토(Cochrane Collaboration Systematic Review)* 가운데 하나는 결론짓기를, 하루 5×10^9마리 이하로 복용하면 항생제 관련 질병을 의미 있게 감소시키지 못한다고 한다.[8] 그러나 하루 5×10^9마리 이상(락토바실러스 람노서스와 사카로마이세즈 보울라르디(*Saccharomyces boulardii*)가 포함되어 있다.) 복용한 환자들은 그렇게 하지 않은 환자에 비해 항생제 관련 질병에 걸릴 상대적 위험성이 60퍼센트 낮아졌다.

---

* 건강 증진 제품의 과대 혹은 허위 광고를 막기 위해 생산자로부터 제공된 실험적 증거를 바탕으로 엄격하게 심사해 생산자는 물론 소비자에게도 그 결과를 공개하는 제도다.

중추 신경계 관련 질병 치료

2016년 7월부터 무작위로 선택한 15명의 사람을 대상으로 한 임상 시험을 체계적으로 검토한 바, 어떤 상업적으로 구매 가능한 활성균 균주들(비피도박테리움 속과 락토바실러스 속의 비피도박테리움 롱굼(*B. longum*), 비피도박테리움 브레베(*B. breve*), 비피도박테리움 인판티스(*B. infantis*), 락토바실러스 헬베티커스(*L. helveticus*), 락토바실러스 람노서스, 락토바실러스 플란타룸(*L. plantarum*), 그리고 락토바실러스 카세이)을 매일 10^9~10^{10}마리 구강으로 1~2개월 동안 복용하면 효과가 있다.[7] 어떤 중추 신경계 질병들, 예를 들어 분노, 우울, 자폐증, 강박 장애 등을 덜어내는 행동 양식의 변화를 보였고[9] 기억력 향상에 어느 정도 효과가 있었다.

콜레스테롤 수치 저하 효과

사람과 동물을 대상으로 한 예비 실험 결과는 유산균의 어떤 균주들은 아마도 장의 담즙을 분해해 담즙의 재흡수를 방해함으로써 혈청 콜레스테롤 수치를 줄이는 데 효능이 있음을 입증했다.[10] 콜레스테롤은 장에서 혈액 속으로 들어간다. 생균이 들어 있는 요구르트가 혈청 콜레스테롤 수치에 미치는 단기적인(2-8주) 효과를 조사하는 5회의 이중 맹검 시험을 포함한 범유전체 분석 결과, 전체 콜레스테롤 농도는 4퍼센트 감소의 미미한 변화를, 혈청 LDL(low density lipoprotein) 농도는 5퍼센트 감소의 변화를 보였다. 6개월이라는 조금 긴 기간에 걸쳐 29명을 대상으로 생균이 들어 있는 요구르트의 효과를 평가하는 연구는 전체 혈청 콜레스테롤 혹은 LDL 수치에 유의미한 통계적

아름다운 미생물 이야기

인 차이점이 없음을 보여 주었다. 그러나 그 연구는 활성균 복용 후 혈청 HDL(high density lipoprotein) 농도가 50~62mg/dL로 상당히 증가했음에 주목했다. 이것은 LDL/HDL 비율의 개선 가능성을 시사하는 것이다.

설사 치료

어떤 활성균은 여러 가지 위염을 치료할 수 있는 수단으로 제안되었다. 급성 감염성 설사를 치료하기 위해 활성균을 사용하는 문제를 다룬 2010년 이후 출판 의학 논문(35개의 관련 연구, 4,500명 이상의 참가자)에 대한 종합적인 검토에 기초한 범유전체 분석에 따르면, 시험에 사용된 여러 가지 활성균 조성 중 그 어떤 것을 사용하더라도 설사의 지속 시간을 대조군 대비 평균 25시간 감소시키는 것으로 나타났다.[11] 하지만 연구들 간의 조건 차이는 고려되지 않았고, 조사되지 않은 환경 요인과 숙주 요인이 있을 수도 있다는 한계가 있다.

면역 기능 강화

어떤 유산균 균주는 병원균과 영양분을 두고 경쟁하는 경쟁적 방해(competitive inhibition)를 통해 병원균에 영향을 미칠 수 있다. 또한 항체 생산 혈장 세포의 수를 증가시키고, 대식 작용을 늘리거나 증진시키고, T 림프구와 자연 살해 세포의 비율을 늘림으로써 면역 기능을 향상시킨다는 증거도 제시되었다.[12] 하지만 그러한 목적으로 승인된 제품은 아직 없다.

염증 치료

몇몇 유산균 균주들은 염증성 반응과 과민성 반응을 조절할 수도 있다.[12] 이는 적어도 부분적으로 싸이토카인 기능의 조절에서 기인한다고 생각되는 관찰에 근거한다. 우유 알레르기에 영향을 미치는 것은 물론이고 성인에서 염증성 창자병 재발을 막는지에 대한 임상 연구가 진행 중이다. 어떻게 활성균이 면역 기능에 영향을 미치는지는 아직 불분명하다.

염증성 창자병 치료

활성균이 염증성 창자병에 영향을 주는 잠재력에 대한 연구가 진행 중이다. 궤양성 장염을 치료할 때 표준 투약과 같이 시용하면 효과가 있다는 증거도 있지만, 크론병(Crohn's disease)*을 치료하는 데 있어서 효능이 있다는 증거는 없다.[13] 동결 건조한 비피도박테리움 브레베, 비피도박테리움 롱굼, 비피도박테리움 인판티스, 락토바실러스 아시도필러스, 락토바실러스 플란타룸, 락토바실러스 파라카세이(L. paracasei), 락토바실러스 불가리커스, 그리고 스트렙토코커스 써모필러스로 조성된 복합 균주 생활성균 제제는 소규모 임상 시험에서 어느

---

* 유해한 세균에 지나치게 반응하는 면역 체계 때문에 유발되는 만성적인 장 질환이다. 자가 면역 질환의 일종으로 사람의 면역 체계는 외부 침입자로부터 자신을 보호하지만, 자기 몸의 세포, 조직, 기관 등을 이물질로 인식하게 되면 자기 몸도 공격해 질병을 유발한다. 염증성 장 질환의 하나로 궤양성 장염과 비슷하다. 학자에 따라서는 궤양성 장염과 같은 질환으로 보기도 한다.

정도 효과가 있음을 보여 주었으나, 그중 몇몇은 2015년 현재 무작위적 비교 시험과 이중 맹검 시험을 거치지 않았다. 안정성과 효능을 결정하기 위해서는 고도의 임상 시험이 필요하다.

젖당 내성 부여

어떤 활성균들을 먹으면 젖당 내성이 없는 사람들이 그렇지 않았으면 가졌을 젖당 내성보다 더 높은 농도의 젖당에 내성을 가지는 데 도움이 될 수 있다.[14]

신생아 괴사성 장염 치료 효과

서너 개의 임상 연구는 괴사성 장염의 위험성과 미숙아의 사망률을 낮추는 활성균의 잠재력에 대한 증거를 제공한다.[15] 한 범유전체 연구는 활성균이 이러한 위험성을 대조군과 비교해 50퍼센트 이상 감소시킨다는 것을 보여 준다.

활성균 식품

미국에 닥터 액스(Dr. Axe)라는 예명의 활성균 블로거가 있다.[16] 좋은 의미에서 활성균 전도사라 불릴 정도로 수십만 명의 팔로워가 있다. 굳이 '좋은 의미'라는 말을 사용한 이유는 그 자신이 온라인에서 캡슐형 활성균 제품과, 활성균의 활성을 유지시켜 준다는 보조제까지 판매하고 있기 때문에 진정성이 살짝 의심되는 탓이다. 그는 커피어를 두 번이나 언급할 정도로 주관적이긴 해도 세계적으로 가장 효능이 좋은 10가지 활성균 식품을 추천한다.

1. 커피어(티베트버섯)

2. 사우어크라우트(Sauerkraut, 독일식 양배추 절임)

3. 김치

4. 코코넛 커피어

5. 낫토

6. 요구르트

7. 크바스(Kvass, 호밀과 보리를 발효시켜 만든 러시아 전통술)

8. 미소(일본식 된장)

9. 홍차버섯*

10. 생 치즈

이 열 가지 식품의 공통점은 발효 식품이라는 것이다. 닥터 액스가 된 장을 알았더라면 미소를 대신했거나 최소한 언급은 했을 것이다. 대한민국은 세계에서 발효 식품이 가장 잘 발달한 나라 중 하나로서 활성균 식품에 관한 한 축복받은 나라다.

---

* 홍차나 녹차 물에 설탕을 녹인 후 콤부차(Kombucha) 종균을 넣고 봄, 가을에는 1주일, 여름에는 3일 정도 실온 배양하면 종균이 자라 녹차 물 위에 버섯 모양으로 퍼진다. 콤부차 종균은 여러 효모와 미생물로 구성된 공생체다. 발효액은 시큼하다.

아름다운 미생물 이야기

닥터 액스는 장내에서 활성균의 활성을 잘 유지하기 위해 멀리 해야 될 일곱 가지도 제시했다.

1. 항생제

2. 설탕

3. 수돗물

4. GMO(유전자 변형 식품)

5. 곡물

6. 스트레스

7. 화학품과 약

수돗물은 안에 들어 있는 소독제(염소) 때문이고 화학품은 식품 첨가제를 포함한다. 곡물을 열거한 것은 아마 밥과 빵 등의 탄수화물을 의미하는 것으로 추측되고 나머지는 딱히 과학적이 아니라도 이해할 만하다.

상업적 활성균 제품

최초의 유제품 활성균 상품은 1935년 시판된 락토바실러스 카세이 시로타(*L. casei Shirota*)를 첨가해 발효시킨 우유인 야쿠르트(Yakult)다. 이후로 많은 활성균 식품이 시장에 출시되었는데, 대부분은 유제품 형태다. 최근에 곡류와 바(bar) 같은 비유제품과 비발효 활성균이 제조되어 시판되고 있다. 다른 활성균 제품으로는 발효 우유, 요구르트, 콤부차, 김치, 독일식 양배추 절임, 그리고 여러 가지 발효 식품과 음료가 있다.

　　미국 전국 요구르트 협회는 제조 당시 냉장 요구르트 제품에는 1그램당 1억 마리, 냉동 요구르트 제품에는 1그램당 1000만 마리 생균이 들어 있게 밀봉해 공급한다. 2002년 미국 FDA와 WHO는 모든 활성균 균주마다 유통 기한이 끝났을 때 최소한의 살아 있는 활성균 수가 제품에 표시되도록 권고했다. 그러나 대부분의 회사들은 제조 당시의 활성균 수나 구매할 때 실제 수보다 많은 수의 활성균을 표시한다. 먹기 전 보관 조건과 시간이 다양하기 때문에 구매할 때 얼마나 많은 균이 살아 있는지 말하기 어렵다. 이러한 모호성 때문에 유럽에서는 건강 효과를 과학적으로 증명할 수 없을 때 제품 포장에 "활성균"이란 단어를 사용하지 못하게 했다. 왜냐하면 그러한 표기가 소비자로 하여금 활성균 제품이 건강에 이롭다고 오해할 수 있기 때문이다. 미국에서는 FDA가 활성균이 영양학적으로 이롭다거나 질병의 예방 또는 치료에 도움이 된다는 주장이 증명되지 않은 경우에 이를 제품에 표시하지 말도록 활성균 제품 제조업자들에게 경고해 왔다.

　　활성균 제품 판매는 2010년부터 2014년까지 계속 증가해 왔다. 전 세계적으로 231억 달러에서 313억 달러로 35퍼센트 증가했다. 어떤 지역에서는 평균 이상으로 소비가 늘었는데 여기에는 동구(67퍼센트), 아시아-태평양(67퍼센트), 그리고 라틴아메리카(47퍼센트)가 포함된다. 여기서 소비된 양이 2014년 전 세계적으로 판매된 활성균 제품의 거의 절반을 차지한다. 지리적 점유율은 2014년 현재 서구(83억 달리), 아시아-태평양(70억 달러), 일본(54억 달러), 라틴아메리카(48억 달러), 북아메리카(35억 달러), 그리고 동구(23억 달러) 순서였다.

활성균 제품의 안전성

활성균 제품은 목적에 따라 사용했을 때 안전해야 한다. 활성균의 안전성은 FAO(Food Agricultural Organization, 세계 식량 농업 기구)와 WHO에서 관장할 만큼 세계적인 관심사다. 2002년 FAO/WHO 지침에 따르면 세균은 GRAS 등급을 받아야 하고, 잠재적 활성균의 안전성은 최소한 다음의 시험을 거쳐야 한다.

- 항생제 저항성이 있는지, 있다면 어떤 기작인지를 결정한다.
- 물질 대사능, 예를 들어 젖산 생산, 쓸개즙 탈접합(쓸개즙이 흡수 안됨)을 조사한다.
- 사람을 대상으로 부작용을 조사한다.
- 시판 후 소비자의 역효과에 대한 역학 조사를 실시한다.
- 평가 중인 균주가 알려진 독소를 만드는 종류와 근친 관계이면 유럽 동물 영양 과학 위원회에서 추천한 독소 생산 실험 계획서대로 독소 생산에 대한 시험을 반드시 수행해야 한다.
- 평가 중인 균주가 알려진 용혈 잠재성이 있는 종류와 근친 관계이면 용혈능을 반드시 시험해야 한다.

유럽에서는 유럽 식품 안전청(European Food Safety Authority)이 위

험성 시험에 필요한 우선 순위를 정해 식품과 사료 생산에 쓰이는 미생물 종에 대한 안전성을 시장에 내다 팔기 전에 시험하기 위한 체계를 구축해 왔다. 이 검사는 '안전성 추정 인정' 등급이 매겨진 선택된 미생물 무리에 한해서 시험한다.

마지막으로, 활성균은 사람에서 적시된 효과를 일으키기에 알맞은 세균 수가 표시된 채로 공급되어야 한다. 적시된 효과는 균주 특이성, 균주 생산/포장 공정, 균주 포장 시 들어가는 구성 물질에 달려 있다. 복용 시 이점이 많은 것으로 알려진 전통적인 활성균의 경우 대부분, 1그램당 10^7~10^8마리 내외의 생균 농도를 가진 균주를 1일 100~200밀리그램 내외로 복용한 사람들을 관찰한 결과를 바탕으로 안정성이 검증된 것이다.

활성균은 과연 건강 도우미일까?[17]

앞에서 언급한 활성균의 긍정적 효과를 살펴보면 활성균을 복용하는 것만으로도, 열거한 질병의 고통으로부터 해방되거나 고통이 상당히 경감되었을 것 같은 생각이 들기도 하고, 활성균이 없었더라면 더 큰 고통으로 고생했을지도 모른다는 생각이 들 정도로 활성균은 만병통치약 대접을 받는다. 과연 그럴까? 메치니코프 이래 상업적 활성균 제품이 등장하기 전까지는 순수성이 보이는 반면, 그 후로 그렇지 않아 보이는 이유는 무엇일까?

장내 미생물 무리를 조작하는 것은 복잡하고 미처 예상하지

아름다운 미생물 이야기

못한 나쁜 방향의 세균-숙주 상호 작용을 유발할 수도 있다. 비록 활성균이 안전하다고 여겨질지라도 어떤 경우에는 안전성에 대한 우려가 여전히 존재한다. 면역 결핍 과민성 대장 증후군, 혈관 카테터, 심장 판막 질환을 가진 사람들과 미숙아에게는 부작용의 위험성이 있다. 중증의 장염 질환 환자에게도 역시 살아 있는 세균이 장에서 내장으로 흘러 들어갈 위험(세균 전위)이 있다. 이런 세균 혈증의 결과로 건강에 역효과를 불러일으킬 수 있다. 드물지만 면역 기능이 낮은 어린아이나 이미 병을 심하게 앓고 있는 환자들에게 활성균을 투여하면 혈관 속에 있는 세균이나 곰팡이가 세균 혈증 혹은 곰팡이 혈증을 야기할 수 있다. 이 증상들은 패혈증으로 이어질 수 있으며 치명적이 될 가능성이 높다. 확실한 증거는 아직 없지만 어떤 사람들은 락토바실러스가 비만의 원인이 된다는 주장을 하기도 한다.

활성균이 건강에 도움이 된다는 주장을 뒷받침하는 증거가 있는지를 알아보기 위해 지난 30년 동안 연구가 계속되어 왔다. 전체적으로 활성균의 효과를, 즉 건강한 미생물이 무엇인지, 미생물과 숙주 사이의 상호 작용이 어떤 것인지, 그리고 건강과 질병에 있어서 활성균이 어떤 효과를 보이는지를 과학적 증명에 근거해 정의할 필요가 있다. 최근의 대규모 DNA 염기 서열 분석 기술의 발달과 그로 인한 범유전체학의 진전은 미래의 활성균 연구가 어떤 방식으로 진행될지를 가늠할 수 있게 해 준다.

활성균 제품이 건강에 좋다는 대부분의 주장에 대해서는 오직 예비적인 증거만이 있을 뿐이다. 가장 많이 연구된 균주를 보더라도 기초든 임상이든 미국 FDA나 유럽 식품 안전청 같은 규제 기관으로부터 승인을 받을 만한 균주가 충분히 개발되지 않았다. 2010년 현재, 그 어떤 주장도 두 기관에 의해 승인되지 않았다. 일부 전문가들은 활성균 제품 균주들의 효능에 대해 회의적이고 활성균 제품이 모든 사람들에게 이롭다고 믿지 않는다.

2012년부터 활성균 효과에 대한 연구를 검토한 끝에 유럽 식품 안전청은 유럽에서 생산된 활성균 제품이 건강에 도움이 된다는 상업적 활성균 제조자들의 주장에 대한 모든 청원을 기각했다. 이유는 건강에 이롭다는 주장을 바탕으로 유럽 식품 안전청에 요청된 모든 사례에서 활성균 제품 복용과 건강상 이로움 사이의 인과 관계를 증명하기에는 과학적 증거가 불충분한 것으로 판단했다. 미국 FDA는 미국에서 판매되는 활성균의 효능을 알리는 문구에 대해 사전 승인을 요구한다. 임상적 증거 없이 활성균 제품이 건강상 이롭다는 주장만 하면 법적 조치를 당할 수 있다.

활성균은 약이 아니라 식품에 속한다. 따라서 활성균 완제품에 포함된 균주나 첨가제가 GRAS 목록에 들어 있으면 식품으로서 아무 문제가 없다. 유럽 식품 안전청과 FDA가 상업적 활성균 제품에 규제를 가하는 이유는 건강상 이로움을 빙자한 과대 광고 때문인 듯하다.

아름다운 미생물 이야기

15장

미생물과 감염

질병(疾病, disease)은 심신의 전체 또는 일부가 일차적 또는 계속적으로 장애를 일으켜서 정상적인 기능을 할 수 없는 상태를 의미한다. 넓은 의미에서는 극도의 고통을 비롯해 스트레스, 사회적인 문제, 신체 기관의 기능 장애와 죽음 등을 모두 포함한다. 대부분의 경우 질병(disease), 질환(illness)과 병(sickness)은 구별 없이 혼용되나 상황에 따라 특정 단어가 선호되기도 한다.

질병의 종류에는 약 3만 가지가 있다고 한다. 확인할 방법이 없지만 생각보다 엄청 많다. 질병은 감염성 질환과 비감염성 질환으로 나눌 수 있다. 감염성 질환은 바이러스, 세균, 곰팡이, 기생충과 같이 질병을 일으키는 병원체가 사람 몸에 침입해 질환을 일으키는 것이고 비감염성 질환은 암, 고혈압, 당뇨, 유전병과 같이 병원체 없이 일어날 수 있는 질환을 말한다. 대체로 감염성 질환의 발현 기간은 짧고 비감염성 질환의 발현 기간은 길다.

감염병은 바이러스, 세균, 스피로헤타, 리케차, 곰팡이, 기생충과 같은 병원체에 의해 감염되어 발병하는 질환이다. 병원체에 의한 감염은 물, 음식, 공기, 벌레 물림, 다른 사람과의 접촉 등 다양한 경로를 통해 발생한다. 전염병은 감염병과 동의어로 쓰이기도 하지만, 엄밀하게는 미묘하게 다르다. 전염력이 강해 사람들이 쉽게 감염되는 질병을 말한다. 질병에 관한 용어를 다음과 같이 정리해 봤다.

질병(Disease) 심신의 전체 또는 일부가 일차적 또는 계속적으로 장애를 일으켜서 정상적인 기능을 할 수 없는 상태를 말한다.

감염병(Infectious disease) 바이러스, 세균, 스피로헤타, 리케차, 곰팡이, 기생충과 같은 병원체에 의해 감염되는 질병을 가리킨다.

기회 감염병(Opportunistic infectious disease) 면역력이 낮을 때에 발생하는 감염병으로, 에이즈 환자 경우 병원균에 의한 합병증, 허피스(Herpes) 바이러스 감염증, 결핵, 캔디다증 등이 기회 감염병에 속한다.

전염병(Communicable disease) 병원체가 감염되어 발병하며 다른 숙주로 전파되면서 확산되는 감염병을 말한다. 예를 들어 감기, 성병, 장티푸스, 말라리아, 콜레라, 뇌염, 페스트 등이 여기에 해당한다.

유행병(Epidemic disease) 어떤 지역에서 예상 범위를 넘어 급격하게 확산되어 퍼지는 감염병을 말한다.

풍토병(Endemic disease) 특정 지역에서 기생충, 병균의 숙주 동물에 의해 유행을 반복하는 감염병이다.

　　　　　　　　　　　아름다운 미생물 이야기

범유행병(Pandemic disease) 전 지구적으로 유행하는 전염병이 범유행병이다. 감기, 계절 독감 같은 단순한 광범위적 감염병은 포함되지 않는다. 예를 들어 천연두, 결핵, 에이즈, 2009년 독감 등이 여기에 해당한다.

주목할 만한 인간의 감염병은 약 200가지다.[1] 대부분 바이러스 감염으로 인한 병이다. 그다음 세균, 곰팡이, 원생동물 순으로 내려간다. 감염병은 외부의 병원체에 감염되어 일어나는 질환이기 때문에 많은 경우 백신이 개발되었다. 백신 덕분에 상당수 감염병의 발병 사례가 현저하게 줄어들었다. WHO는 1979년 천연두의 박멸을 선언했다. 천연두는 2011년 박멸된 우역과 함께 현재까지 인류가 박멸한 유일한 인간 전염병이다.

이 장에서는 시사성 있는 전염병 다섯 가지만 선별해 소개하기로 한다. 에이즈, 사스, 에볼라, 메르스, 소두증으로서 모두가 바이러스에 관한 것이다. 아직 완전히 통제되지 않고 있는 결핵이나 슈퍼박테리아 같은 것도 있지만, 일반적으로 세균성 감염병은 유래와 병리 기작이 자세히 밝혀져 있으므로 앞으로 새로운 세균 전염병이 출현한다면 크게 놀랄 일이다. 하지만 바이러스의 경우 새로운 전염병이 출현한다 하더라도 놀랄 일이 아니다. 그 이유는 우리가 모르는 바이러스가 동물 세계에 많이 존재할 것이라 짐작되고 세균과 달리 일반적으로 돌연변이율이 높아 바이러스 유전체가 언제 어떻게 변해 인간 세계로 들어올지 모르기 때문이다.

2016년 현재, 129종의 바이러스가 인간에게서 발견되었다. 이중 12개를 제외한 117개의 바이러스가 질병을 일으킨다. 역사상 인류가 정복한 유일한 바이러스인 천연두 바이러스를 제외하면 116종의 병원성 인간 바이러스가 지구에 존재한다. 참고로 사람에서 병을 일으키는 세균은 57종이다. 숫자는 문제가 아니다. 독감 바이러스처럼 변이종이 계속 생길 수 있고 현재는 사람 이외의 동물을 감염시키지만 언제 사람을 감염시킬 수 있는 바이러스로 변할지 모른다. 2000년 대에 들어서만 사스, 메르스 바이러스가 새로 출현했다.[2]

현대판 흑사병 에이즈

20세기 흑사병 혹은 현대판 흑사병이라 불리는 에이즈(AIDS) 또는 후천성 면역 결핍 증후군(Acquired Immune Deficiency Syndrome)은 우리 몸속의 질병에 대한 면역 기능이 상실되는 병으로서, HIV(Human Immunodefiency Syndrome Virus)에 감염되어 발병하면 나타나는 전염병이다. HIV와 에이즈(AIDS)는 다른 말이다. HIV는 바이러스의 이름이며, 에이즈는 HIV에 감염된 환자가 발병하면 나타나는 증상들을 일컫는다. HIV에 감염된 사람은 보균자라 하며 에이즈 환자라고 부르지 않는다. 감염 후 아무런 치료를 받지 않아도 면역 결핍으로 사망에 이르기까지 10~12년 정도 걸린다. HIV가 T4 보조 세포를 죽임으로써 면역력을 약화시키고, 폐렴, 결핵, 카포시 육종(Kaposi's sarcoma) 등의 다른 질병과의 합병증으로 사망한다. 이 질병과 관련해서는, 미국과 프랑스 과학자들이 바이러스 사냥꾼 경주를 벌이고 여기에 두 나라 정부까지 개입해 혈투를 벌인 이야기가 있다.

1980년 4월 미국 샌프란시스코 종합 병원에 한 환자가 입원했다. 머리와 목 주위가 붉은색 또는 자주색 반점으로 덮여 있었고 크립토코커스(Cryptococcus) 증에 걸려 있었다. 병원의 어느 누구도 병명을 몰랐다. 입원한 지 얼마 지나지 않아 사망했다. 세계 최초로 보고된 후천성 면역 결핍 증후군, 즉 에이즈 환자였다.[3] 에이즈(AIDS)란 용어는 1982년 7월 동성애자 공동체 지도자들에 의해 처음 제안된 것으로서 1980년에는 병명도 없었다. 그해 말까지 미국에서 4명이 비슷한 증상으로 사망했다. 같은 해 말 자이르 출신 여성 한 명과 프랑스 여성 한 명이 파리의 클로드 베르나르 병원에서 사망했는데 부검 결과 아주 이상한 폐렴(pneumocystis carinii pneumonia, PCP)* 증상이 발견되었다.

1981년 미국 캘리포니아 대학교 로스앤젤레스 분교(UCLA) 종합 병원의 면역학자 마이클 고틀립 박사에게 시간을 달리해서 면역력이 현저히 떨어진 동성애자 환자 5명에 대한 검사 의뢰가 들어왔다. 혈액 검사를 해 본 결과 그들은 똑같이 면역력에 관계하는 T4 보조 세포의 수가 건강한 보통의 성인보다 훨씬 적었다. 죽기 바로 직전 생체 부검을 실시했는데 PCP 폐렴 증상이 심했다. 그들은 결국 모두 죽었다. 미국 질병 통제 센터(Center for Disease Control, CDC)에 보고된 것은

---

* 처음에는 원생동물인 줄 알았으나 지금은 곰팡이의 일종으로 여겨지는 뉴모싸이스티스 카리니(*Pneumocystis carinii*)의 감염으로 인한 폐렴임이 밝혀졌다. 에이즈 환자나 장기 이식 환자같이 면역력이 떨어진 사람에게 나타난다.

물론이다. 그들에게 면역력 저하 요인인 영양 실조, 불면증, 면역 억제제 사용 전력도 없었다. 면역력 저하는 후천성이며 전염병인 것 같지는 않았다. 7월 3일 《뉴욕 타임스》는 뉴욕과 샌프란시스코에서 41명의 동성애자에게서 희귀한 암인 카포시 육종이 발견되었다는 기사를 실었다. 그해 말까지 121명이 비슷한 증상으로 죽었다. 그때까지 공통되는 핵심어는 남성 동성애자, 대도시, 카포시 육종, 폐렴이었다.

1982년 미국 워싱턴에서 모인 동성애자 공동체 지도자들이 이러한 일련의 증상들을 가리켜 "에이즈(AIDS)"란 용어를 사용하자고 제안한다. 미국에서는 상반기에만 365건이 보고되었다. 급기야 미국 질병 통제 센터는 에이즈 핫라인을 설치하고 1982년 3월에 미국 공중 보건국은 에이즈 고위험군은 헌혈하지 말라는 지침을 내렸다. 미국에서만 1983년 상반기 환자 수가 1,215명까지 치솟자 고틀립 박사는 에이즈가 전염병일 가능성을 경고한다. 에이즈 환자들이 이탈리아, 브라질, 캐나다, 오스트레일리아에서도 보고되기 시작한다.

병의 원인은 무엇인가? 과학자들은 제일 후보로 바이러스를 꼽았다. 미국에서는 1950~1960년대 폴리오 바이러스 발견과 백신 개발로 많은 돈이 바이러스 연구실로 흘러 들어갔다. 연구 시설은 훌륭했고 결과도 좋았지만, 1980년대에 들어서면서 과학자들의 관심은 암 연구 쪽으로 옮겨 가고 있었다. 에이즈의 원인이 바이러스라면 그리고 먼저 발견한다면? 바이러스 사냥꾼들이 다시 움직였다. 당시 미국의 선두 주자는 NIH의 로버트 갤로 박사였다. 그는 HTLV-1(Human Leukemia T-cell Virus-1)과 HTLV-2를 발견하고 배양도 성공한 터였다. 그가 그 바이러스들을 발견하기 전까지 과학자들은 사람에서 암을 일으키는 레트로바이러스는 없다고 생각했다. HTLV-1, HTLV-2가 혈액암(leukemia)를 일으킨다는 발견은 학술적으로 가치는 있으나 그 바이러스들이 야기하는 암환자의 사례는 매우 적었기에 사람들은 별로 중요하게 생각하지 않았다. 에이즈를 유발하는 바이러스를 사냥하는 일은 갤로 박사에게는 절호의 기회였다.

1982년 말 파리의 한 병원에 내원한 프랑스 남성은 싸이토메 갈로바이러스(Cytomegalovirus, 거대 세포 바이러스) 감염 진단을 받았다. 동시에 몸이 쇠약하고, 피곤해하며, 림프절이 붓는 증상을 보였다. 에이즈의 초기 증상으로 의심되었다. 담당 의사는 림프 조직을 채취해 파스퇴르 연구소의 뤼크 몽타니에 박사에게 보냈다. 몽타니에 박사 연구진(프랑수아즈 바레시누시 박사도 포함되어 있었다.)은 그들은 자신들의 전공인 바이러스부터 조사했고 1983년 1월 23일 한 가지를 발견해 LAV(Lymphadenopathy associated virus)로 이름 지었다.[4] 바레시누시 박사는 그다음 달에도 동성애자와 혈우병 환자에서 같은 바이러스를 관찰한다. 몽타니에 팀은 이 사실을 5월 《사이언스》에 발표했다. "LAV가 에이즈를 유발하는 것으로 의심된다."라고 썼다. 확증은 못 한 것이다.

한편 갤로는 에이즈 환자들의 혈액을 모아 배양을 시도하고 있었다. 몽타니에 팀이 LAV를 발견했다는 소식은 그에게 감당하기 힘든 충격이었을 것이다. 갤로는 몽타니에에게 바이러스 샘플을 보내 달라고 요청했고 과학계의 관례대로 몽타니에는 1983년 7월 갤로에게 샘플을 보냈다. 갤로는 배양을 시도했으나 실패하자 시료를 재차 요청했고 12월 배양에 성공했다. 이와는 별도로 12월 갤로는 그의 HTLV-1, HTLV-2가 에이즈의 원인이라고 주장하는 논문을 제출한다. (이 논문은 나중에 철회되었다.) T 세포가 줄어드는 에이즈와 달리 HTLV-1와 HTLV-2는 세포 증식을 통해 T 세포암을 유발하는 바이러스라는 "사소한 불일치"가 있음에도 불구하고. 1983년 12월과 1984년 4월 사이에 갤로는 그의 세 번째 사람 레트로바이러스를 발견한다. T 세포암과 관계가 없는데도 그 바이러스의 이름을 HTLV-3라고 명명했다. 그리고 이 바이러스가 에이즈를 유발한다는 증거를 제시했다.

하지만 갤로는 전문 학술지에 보고하는 방식이 아닌 딴 방법을 쓴다. 1984년 4월 23일 미국 레이건 행정부의 보건부 장관 마거릿 헤클러는 워싱턴 DC에서 기자 회견을 열어 HTLV-3가 에이즈의 원인임을 밝힌 갤로를 소개한다. 그 자리에서 갤로는 HTLV-1, HTLV-2의 사진과 함께 HTLV-3의 사진을 공개한다. 그런데 HTLV-3 모양이 HTLV-1, HTLV-2의 그것들과 전혀 달랐으며, 오히려 몽타니에의 LAV와 비슷했다. 갤로와 몽타니에의 실험을 보면 코흐의 공리가 적용되지 않았음을 알 수 있다. 실험 동물이 아니고 사람을 대상으로 하기 때문에 불가능한 면도 있었다.

더욱 심각하게도 몽타니에의 LAV와 갤로의 HTLV-3의 염기 서열이 거의 같았다. 에이즈를 유발하는 바이러스는 레트로바이러스로서 돌연변이율이 아주 높은 것이 특징이다. 그런데 미국과 프랑스의 거리와 서로 다른 환자에서 다른 시기에 샘플을 채취한 점을 고려할 때 불가능한 일이 일어난 것이다. 두 바이러스는 같은 것이든지 아니면 원천이 공통되든지 둘 중 하나였다. 누가 먼저 발견했든지 상관없이 다행스러운 것은 더 많은 과학적 증거가 제시되어야 했지만 에이즈의 원인이 밝혀졌다는 것이다.

몽타니에는 즉시 갤로가 자신의 바이러스를 이용했다고 반박했다. 그 후 3년간의 들끓는 논란은 1987년 두 나라 정부 간의 최고위급 외교 협상으로 마무리되었다. 미국 대통령 로널드 레이건과 프랑스 대통령 프랑수아 미테랑이 만나 에이즈 원인체는 두 나라에서 공동으로 발견했다는 데 동의했다. 1986년 국제 회의에서 HTLV-3와 LAV를 공식적으로 HIV로 부르기로 결정했다.

HIV를 누가 먼저 발견했느냐의 문제는 노벨상이 누구한테로 가느냐의 문제로 몽타니에와 갤로의 문제지만 미국 정부와 프랑스 정부에 더 중요한 문제는 바로 돈이었다. 갤로가 HTLV-3를 발견하자마자 미국 애벗(Abbot) 사는 에이즈 진단 시약을 개발하고 발명자를 갤로로, 특허 출원자를 미국 정부(NIH)로 특허 출원해 버렸다. 이 진단 시약은 유통되는 모든 혈액은 물론, 시민들의 HIV 감염 여부를 결정할 때 사용되므로 에이즈 진단 시약 시장의 크기는 연 10억 달러에 달했다. 사실 갤로의 특허에는 심각한 문제가 있었다. 갤로는 특허 출원 시 안 죽는 T-세포 유래 암세포주에서 HIV를 대량 생산한다고 했다. T 세포를 죽이는 HIV를 T-세포 유래 암세포주에서 기른다는 모순이 제기되었다. 몽타니에도 1983년에 LAV를 이용한 혈액 진단을 특허 출원해 둔 터였지만 미국에서 승인되지 않았다.

으레 그렇듯이 돈 앞에서 그런 모순은 문제가 되지 않았다. HIV 소유권에 대한 논란이 가라앉지 않자 1987년 미국 대통령 레이건과 프랑스 대통령 미테랑이 만나 합의하기를, 발명자를 갤로-몽타니에로, 특허 출원자를 미국 정부(NIH)-프랑스 정부(파스퇴르 연구소)로, 그리고 HIV 진단 시약 판매 이익금을 50 대 50으로 나누기로 했다.

하지만 과학적 관점에서 두 바이러스의 관계는 여전히 해결되지 않은 채로 남았다. 1990년 미국 NIH의 과학 진실 위원회가 나섰다. 1993년 갤로와 몽타니에의 1983~1985년 샘플을 검증한 결과, 갤로의 HTLV-3는 몽타니에의 실험실에서 온 것이라 결론지었다. 또한 몽타니에의 LAV는 한 환자로부터 채취했지만 두 가지 바이러스가 섞여 있음을 알았다. 몽타니에는 그 사실을 모른 채 갤로에게 보냈고 이것이 의도적이든 아니든 갤로의 배양액을 오염시킨 것으로 드러났다.

이에 앞서 1991년 미국 NIH의 과학 진실 위원회가 갤로의 HTLV-3에 대해 "사소한 비행(非行, misconduct)", 그리고 연구 진실 위원회(1992년에 새로 만들어졌다.)가 몽타니에의 LAV에 대해 "부정 사용(misappreciation)"이라고 징계를 내린 바 있었다. 갤로의 명성은 땅에 떨어졌다. 1993년 조사는 갤로가 고의로 몽타니에의 LAV를 사용하지는 않았을 수도 있다고 결론 내림으로써 갤로의 혐의를 벗겨 주었다. 이해가 잘 안 되지만 말이다.

오늘날에는 몽타니에가 처음으로 HIV를 발견했지만 갤로도 HIV가 에이즈의 원인균임을 증명하는 데 많은 공헌을 했다고 대체로 동의한다. 2008년 노벨 생리·의학상은 다른 분야의 연구자 한 사람과 함께 몽타니에와 바레시누시에게 돌아갔다.

HIV는 어디에서 왔을까? HIV는 면역계를 공격하는 렌티 바이러스(Lentivirus)의 한 종류다. 마찬가지로 SIV 바이러스(Simian Immunodeficiency Virus)는 원숭이류의 면역계를 공격한다. HIV는 SIV와 관계있고 둘 사이에 유사성이 많다는 것이 밝혀졌다. HIV-1는 침팬지의 SIV와 밀접한 관계가 있고, HIV-2는 아프리카 삼림에 서식하는 검댕망가베이원숭이(sooty mangabey monkey)의 SIV와 밀접한 관계가 있다.[5]

1999년 사람의 HIV와 거의 같은 한 SIV 아종(SIVcpz)이 발견되었다. 연구자들은 침팬지가 HIV-1의 출처이며 어느 땐가 침팬지에서 사람으로 건너왔다고 결론지었다. 같은 과학자들은 침팬지에서 어떻게 SIV가 생겼는지 계속 연구한 결과 침팬지가 빨간모자망가베이원숭이와 좀 큰 점박이코원숭이 2마리를 잡아먹은 후 서로 다른 두 종류의 SIV에 감염되었음을 알았다. 두 종류의 SIV가 합쳐져 다른 침팬지를 감염시킬 수 있는 세 번째 바이러스 SIVcpz가 만들어진다. 이 아종은 사람도 감염시킨다.

가장 널리 통용되는 가설은 '사냥꾼' 가설이다. 이것에 따르면 침팬지를 잡아먹었거나, 아니면 베인 상처로 침팬지 피가 들어가서 SIVcpz가 사람으로 옮겨 갔다고 하는 것이다. 정상적으로는 사냥꾼의 몸속에서 SIV가 제거되었겠지만, 드물게 살아남아 HIV-1이 된 것이다. HIV는 4개의 주요 아종(M, N, O, P)이 있는데 각각은 유전자 조합이 약간씩 다르다. 이것은 사냥꾼 가설을 뒷받침하는데 그 이유는

SIV가 침팬지에서 사람으로 옮겨 갈 때마다 사람 몸속에서 약간 다른 식으로 발달해서 약간 다른 아종이 되었을 것이기 때문이다. 이는 1개 이상의 HIV-1 아종이 있음을 설명해 준다.

HIV-2는 침팬지보다는 검댕망가베이원숭이의 SIVsmm로부터 유래했다. 사람으로 건너오게 된 경위는 침팬지 경우와 비슷할 것으로 믿어진다. HIV-2는 HIV-1보다 훨씬 드물게, 그리고 약하게 감염되며, 말리, 모리타니, 나이지리아, 시에라리온 같은 서부 아프리카의 몇몇 나라에서 주로 발견된다.

과학자들은 가장 오래된 HIV 샘플 몇몇을 분석해 사람에 언제 처음 나타났고 어떻게 진화되었는지에 대한 단서를 얻었다. 가장 많이 연구된 HIV 아종은 HIV-1 M형으로서 전 세계에 퍼져 있으며, 오늘날 HIV 감염 대부분을 일으켰다. 최초의 HIV 샘플을 사용해 과학자들은 어디서 HIV가 시작되었는지를 알 수 있게 해 주는 HIV 전파의 계통수를 그릴 수 있었다. 그 결론에 따르면 1920년 콩고 민주 공화국 킨샤사 근처에서 처음으로 SIV가 사람에게 감염된다. 그 지역은 다른 곳보다 HIV 아종들의 유전적 다양성이 가장 심한 곳으로 SIV가 사람에 감염된 횟수도 반영한다. 최초의 에이즈 사례 중 많은 건수가 보고된 곳이기도 한다. 킨샤사 근처는 도로, 철도, 하천이 촘촘히 연결된 지역이다. 또한 1920년경에는 성매매가 성행했다. 많은 이동 인구와 성매매로 인해 HIV가 교통로를 따라 1937년쯤 처음으로 콩고 공화국의 수도 브라자빌로 퍼졌다고 추측한다. 콩고의 북부와 동부는 교통이 잘 발달하지 않아 당시에는 감염 보고가 거의 없다. 1980년 콩

아름다운 미생물 이야기

고의 전체 감염 수 중 절반은 킨샤사 지역 밖에서 일어난 것으로 보아 전염력이 증가했음을 알 수 있다.

1960년대에 HIV-1 B형(M형의 아형)이 아이티로 건너간다. 그 경위는 이렇다. 1960년, 콩고가 독립하면서 유엔이 세계 각국으로부터 전문 인력을 모집해 파견한다. 1962년에는 약 4,500명의 아이티 출신 전문 직업인들이 콩고에 있었다. 그들 중 한 명이 아이티로 돌아가면서 HIV-1 B형(M형의 아형)을 고향에 옮긴다. 그는 HIV를 전염시킨 것에 대해 비난받았으며 심한 인종 차별을 받았다. HIV-1 B형이 전 세계적으로 가장 널리 퍼졌으며 현재 750만 명이 감염되어 있다.

현재 에이즈는 처음 생각했던 것보다 위험한 질병은 아니다. 통제가 가능한 병이다. HIV의 증식을 억제하는 약물들이 시간이 지남에 따라 기능이 개선되면서 에이즈의 발병을 늦추고 잘 관리하면 평생 HIV 보균자로 남게 할 수 있다. 혹시 매직 존슨을 기억하는가? 1980년대 프로 농구 LA 레이커스의 가드로서 보스턴 셀틱스와 챔피언십을 주고받을 때 최고의 인기를 누렸던 미국 프로 농구의 전설이다. 그는 1991년 32세 때 은퇴를 선언한다. 이유는 HIV 감염이었다. 그 전에도 에이즈로 죽은 유명 인사가 많았지만 매직 존슨의 HIV 감염 소식은 온 미국을 충격에 빠뜨렸다. 당시 HIV 보균자는 에이즈 환자와 다름없이 여겨지는 상황이었고 에이즈는 걸리면 언젠가는 죽는 공포의 병이었다. 에이즈는 상처에서 흐르는 피가 서로 접촉해도 옮을 수 있기 때문에 같이 경기를 하던 동료들로부터 많은 비난을 받았다. 그러나 2018년 현재 매직 존슨은 아직 에이즈 발병 없이 건강하게 정상적으로 살고 있다. HIV 보균자로서 그의 삶은 일반인들과 에이즈 환자들의 인식을 변화시키는 데 큰 도움이 되었다. 아직 완치제는 없지만 에이즈는 이제 HIV 억제제를 꾸준히 복용하면서 잘 관리하면 발병 없이 건강하게 살 수 있는 당뇨병 같은 만성병으로 인식되고 있다.

중국으로부터 온 공포, 사스

사스(SARS, Severe Acute Respiratory Syndrome. 중증 급성 호흡기 증후군)는 대기를 통해서 병원균이 감염된다. 증상은 독감과 비슷한 근육통, 기침 등이 있지만, 항상 섭씨 38도 이상의 고열이 발생하는 특징이 있고, 또한 중증 환자에서는 폐렴 증상과 호흡 곤란이 일어날 수 있다. 2002년 첫 발병 이래 2004년 1월 이후에는 감염이 더 이상 발생하지 않았다. 총 발병자 수는 8,273명, 사망자 수 775명, 치사율 9.6퍼센트였다. 90퍼센트의 감염자가 중국과 홍콩에서 발생했다. 젊은이들의 사망률은 상대적으로 낮았던 데 비해 노인 환자들의 치사율이 높아 노인 환자 중 50퍼센트가 사망했다.

사스는 첫 사례가 비공식적으로 보고된 2002년 11월 27일 광둥 성에서 시작된 것으로 보인다.[6] 광둥 성 포산(佛山) 시 농부였던 첫 환자는 포산 시의 제일 인민 병원에서 치료를 받았다. 그는 곧 죽었고 명확한 사인은 불명이었다. 몇몇 조치를 취했지만 중국 정부는 2003년 2월까지도 병의 발생에 대해 WHO에 보고하지 않았다. 하지만 WHO의 범세계 발병 경계와 대응망의 전자 경고 체계인 캐나다 공중 보건

아름다운 미생물 이야기

정보망(Global Public Health Intelligence Network, GPHIN)은 인터넷 매체 감시와 분석을 통해 중국의 '독감 발병' 보고를 알게 되었고 그 내용을 WHO에 보고했다. 지금은 GPHIN의 정보가 아랍 어, 중국어, 영어, 프랑스 어, 러시아 어, 스페인 어로 번역되어 제공될 정도이지만, 당시에는 영어와 프랑스 어로만 정보가 제공되었다. 그래서 범상치 않은 발병에 대한 제일 처음 보고서는 중국어로 씌어졌고, 2003년 1월 21일이 되서야 영어 보고서가 나왔다.

2003년 2월 홍콩 거주 한 미국인 사업가가 싱가포르로 가는 비행기 안에서 폐렴과 유사한 호흡 장애 증세를 보였다. 그 비행기는 베트남 하노이에 기착하고 환자는 하노이의 한 병원으로 후송되었으나 얼마 안 가 죽었다. 기본적인 의료 조치에도 불구하고 그를 치료한 몇몇 의료진이 바로 그 환자와 똑같은 증세를 보였다. 이에 이탈리아 의사 카를로 우르바니가 유행병일지 모른다는 위험성을 감지하고 WHO와 베트남 정부에 알렸다. 사스가 공식적으로 처음 세계에 알려졌다. 나중에 그도 병에 걸렸고 3월 29일 태국의 한 병원에서 죽었다.

세계 각국의 보건 당국자들은 증세의 심각성과 의료진의 감염을 경계했고 또 다른 폐렴성 유행병이 될 가능성을 우려했다. 2003년 3월 12일 WHO는 전 세계에 경계 경보를 발령했고, 뒤이어 미국 CDC도 유사한 조치를 취했다. 사스는 광둥, 지린, 허베이, 후베이, 산시(陝西), 장쑤, 산시(山西), 네이멍구 등 중국뿐만 아니라 토론토, 오타와, 샌프란시스코, 울란바토르, 마닐라, 싱가포르, 타이완, 하노이, 홍콩으로 퍼져 나간다. 단 몇 주 만에 37개국으로 빠르게 확산되었다.

4월 초 베이징 인민 해방군 종합 병원 내과의 장옌용 박사가 그가 근무하는 병원에서 발병 건수를 축소했음을 폭로하며 중국 정부를 비난했다. 그러자 중국 정부는 정책의 변화를 보였고 관영 언론 매체들이 사스를 대서특필하기 시작했다. 국제 사회로부터 압력이 거세지자 중국 정부는 국제 기구로 하여금 그 병원의 실태를 조사하도록 허락했다. 그 결과 비(非)중앙화, 엄격한 통제, 소통 부재 등 중국 본토 의료 체계의 낙후성이 드러났다. 이러한 폐쇄성이 병의 유행을 통제하려는 노력을 지연시켰고 이로 인해 중국은 국제 사회로부터 많은 비난을 받았다. 중국은 초기 대응의 미숙함에 대해 공식적으로 사과했다. 유행병 발병 국가에서는 많은 보건 종사자들이 감염 예방법을 알기도 전에 환자들을 치료하고 감염을 방지하느라 위험에 노출되고 목숨을 잃기도 한다.

2003년 4월 30일 WHO는 한국에서도 사스 환자가 발생해 스물아홉 번째 사스 감염 국가가 됐다고 공식 발표했다. 한국에서는 총 4명의 감염자가 나왔다. 사망자는 없었다. 중국과 교류가 많음에도 불구하고 감염자 발생이 매우 적었던 것은 무려 90만 명 이상을 검역해 조기에 의심 환자나 추정 환자를 찾아냄으로써 국내 2차 전파를 차단한 정부의 강력한 방역 조치가 있었기 때문이다. 그 결과 우리나라는 2003년 WHO로부터 '사스 예방 모범국'으로 선정됐다. 그러나 그 명성은 10여 년 후 메르스로 인해 바닥으로 내려갔다.

2003년 4월 미국 CDC와 캐나다의 국립 미생물 연구소는 사스 병원균의 유전체를 확인한다.[7, 8] 네덜란드 로테르담 에라스무스 대

　　　　　　　　　　아름다운 미생물 이야기

학교의 과학자들은 사스코로나바이러스(SARS-CoV)가 코흐 공리에 꼭 맞고 그러므로 사스의 원인체라고 발표했다. 그 실험에서 마카크원숭이를 감염시켰는데 사람과 똑같은 증세를 보였다. 2003년 5월 중국 광둥 성의 한 시장에서 식용으로 팔리던 야생 동물 시료를 사용해 연구를 해본 결과 SARS-CoV는 사향고양이로부터 분리되었다. 사향고양이 고기는 중국 사람들이 즐기는 고급 식재료였다. 사향고양이들은 바이러스의 임상적 증세를 보이지 않았다. 최종 결론은 아니지만 SARS-CoV가 서로 다른 종 사이의 장벽을 넘어 사향고양이에서 사람으로 감염되었다고 결론지었다. SARS-CoV는 나중에 너구리, 족제비, 집고양이에서도 발견되었다. 2005년 두 연구 결과 사스와 유사한 여러 가지 코로나바이러스를 중국박쥐에서 확인했다. 이 바이러스들의 계통수를 분석해 보니 SARS-CoV는 박쥐에서 유래되어 직접적으로 혹은 중국 시장에서 팔리던 동물들을 통해 간접적으로 사람에게 전파되었을 가능성이 아주 높았다. 박쥐는 사스의 어떤 증세도 보이지 않았지만 사스 유사 코로나바이러스의 자연 보유 숙주인 듯싶었다. 2006년 말, 홍콩 대학교의 중국 질병 관리 당국과 광저우 질병 관리 당국의 과학자들은 사향고양이와 사람에서 나타나는 SARS-CoV 사이의 유전적 연관성을 제시하면서 사스의 이종 감염 주장을 지지했다.

아웃브레이크 에볼라

1967년, 아프리카 자이르의 밀림 속 모타바 계곡에 있는 용병

야영지에서 치명적인 출혈열을 유발하는 바이러스가 발견되었다. 구원 요청을 받은 미국 육군은 바이러스가 더 이상 퍼지지 않도록 감염된 용병들이 있는 야영지에 폭탄을 투하해 완전히 없앤다. 그로부터 거의 30년이 지난 1995년, 그 바이러스가 다시 출현하자 미국 육군은 조사관들을 파견한다. 조사를 마친 조사관들은 미국으로 돌아와 바이러스의 위험성에 대해 경계 경보 발령을 요청하나 상관은 묵살한다. 한편 그 바이러스에 감염된 원숭이 한 마리가 미국으로 밀수되었다가 원숭이 암거래상에 의해 캘리포니아 시더 크릭이란 작은 마을에 방사된다. 원숭이와 접촉했던 사람들이 고열로 입원한다. 병원 기사가 실수로 감염되는데 그를 치료하는 과정에서 독감과 유사하게 공기를 통해 퍼지는 돌연변이 바이러스에 감염되었음이 밝혀진다. 그 후 급속도로 많은 사람이 감염되자 미국 육군은 계엄령을 선포하고 마을을 봉쇄한다. 자이르에 파견되었던 조사관 중 한 명이 시더 크릭에 다시 파견된다. 그는 군부가 30년 전 추출한 모타바 바이러스를 생물학적 무기로 개발함과 동시에 치료제도 개발해 보유하고 있음에도 불구하고 생물학 무기의 보안을 위해 사용치 않고 숨겨 온 것을 알고 분노한다. 더구나 이번엔 변형 모타바 바이러스가 출현해 자신들의 치료제가 무력화되는 것을 염려한 조사관의 상관은 대통령의 동의를 얻어 예전에 그랬던 것처럼 시더 크릭 마을 사람들과 바이러스를 함께 증발시키려 한다.

1995년, 제작된 재난 영화 「아웃브레이크」의 줄거리다. '아웃브레이크(outbreak)'는 세균의 대유행, 즉 말 그대로 여러 나라의 재앙

아름다운 미생물 이야기

이 될 만한 수준의 세균의 대유행을 뜻하는 말이다. 가공의 모타바 바이러스는 출혈열을 일으키는 에볼라(Ebola)와 유사한 바이러스다. 에볼라 바이러스는 1976년 수단과 자이르(현재의 콩고 민주 공화국)에서 처음 발견되었다.[9] '에볼라'라는 이름은 이 바이러스가 처음 발견된 지역 주변의 강 이름에서 유래한 것이다. 에볼라는 이것이 일으키는 에볼라 출혈열(Ebola Hemorrhagic Fever, EHF)를 의미하기도 한다. 일반적으로 사하라 이남 아프리카의 열대 지역에서 주로 발병한다. 에볼라는 전염력이 매우 강한 질병이며 치사율은 바이러스의 다섯 가지 아형에 따라 50~90퍼센트로 매우 높다.

에볼라는 동물 바이러스인 것으로 추측되고 있는데, WHO의 상당한 노력에도 아직 숙주는 발견되지 않았다. 지금까지 등장한 가설과 연구 결과에 따르면 가장 유력한 숙주는 과일박쥐라고도 불리는 큰박쥐류(Megabats) 박쥐다. 에볼라 바이러스에 감염되면, 8~10일간의 잠복기 후, 갑작스러운 심한 두통, 발열, 근육통, 매스꺼움, 구토가 나타난다. 발열이 지속되면서 심한 설사가 발생하고, 대개는 기침을 동반한 가슴 통증도 발생한다. 전신에 기운이 없어지고, 혈압과 의식이 떨어지게 된다. 발병 5~7일째에 대개 작은 진주 모양의 둥근 돌기 같은 피부 발진이 나타나고, 이후에 피부가 벗겨진다. 이 시기쯤부터 피부와 점막에서 출혈을 보인다. 이외에 얼굴과 목, 고환이 붓고, 간이 비대해지고, 눈이 충혈되고, 목에 통증이 나타날 수 있다. 발병 10~12일 후부터 열이 내리고 증상이 호전을 보일 수 있으나, 해열되었다가도 다시 발열이 재발하는 경우가 있다.

에볼라 바이러스는 환자 또는 환자의 정액 등 체액으로부터 접촉을 통해 전파되며, 바이러스가 안개같이 튀어 오르거나 날아 흩어지는 물방울에 묻어 가까운 거리에 장시간 밀접한 접촉을 통해 전파될 수 있으나 공기로 매개되지는 않는 것으로 알려져 있다. 하지만 공기 전염의 가능성이 있다는 전문가들의 의견도 있다. 감염자로부터 1미터 이상 떨어지면 상대적으로 안전한 것으로 알려져 있다. 아직까지 자연 숙주 및 감염 경로에 대해 잘 모르므로 초기 감염을 예방하는 것은 어렵다. 현실적으로 에볼라 발병 이후 추가적인 전염을 예방하는 것이 가장 중요하다. 이를 위한 가장 확실한 방법은 환자의 격리를 통해 환자의 혈액 및 분비물이 타인에게 접촉되는 것을 막는 것이다. 에볼라 출혈열을 확진할 수 있는 검사 체계와 환자 발생 시에 환자를 격리할 수 있는 시설을 갖추어야 하며, 의료진의 감염 예방 또한 신경 써야 한다.

에볼라 바이러스 감염 여부는 보통 6시간이 걸리는 혈액 검사를 통해 진단한다. 최근 하버드 대학교 위스 연구소(Wyss Institute)에서 에볼라 바이러스를 1시간 내에 진단할 수 있는 휴대용 진단 키트를 개발했다. 현재까지 에볼라 바이러스에 대한 예방 백신은 존재하지 않는다. 다만 2016년 러시아에서 만든 두 가지 후보 백신은 동물 시험을 끝내고 곧 인체 대상 임상 시험에 들어갈 예정이다.

에볼라 바이러스의 첫 발견 이래 지금까지 공식화된 여러 차례의 유행 기록이 있다. 최근 가장 큰 유행은 기니, 라이베리아, 시에라리온, 나이지리아에 퍼진 2014년 서아프리카 에볼라 유행이다. 2015년 5월

3일 기준으로 감염자는 2만 6628명, 사망자는 1만 1020명으로 집계되었다.[10] 사망자 중 1만 1005명이 기니, 라이베리아, 시에라리온 등 서아프리카 3개국에서 숨졌고, 15명은 나이지리아, 세네갈, 말리, 스페인, 미국 등에서 사망했다. 치료 과정에서 전 세계 의료인 184명이 감염됐고, 에볼라 환자 치료 경험이 가장 많은 시에라리온의 의사 셰이크 우마르 칸 박사를 비롯해, 그중 절반이 사망했다.

모래사막에서 불어온 메르스

2015년 봄의 메르스 사태를 경험해 본 우리나라는 메르스(MERS, Middle East Respiratory Syndrome, 중동 호흡기 증후군)라는 말에 무척 민감할 것이다. 영어로 '머스'라 하지만 이제는 너무 익숙한 터라 여기서는 메르스라 한다.

2012년 9월 이집트 바이러스 학자 알리 자키 박사는 폐렴과 급성 신부전을 앓는 60세의 사우디아라비아 남성의 허파에서 기존에 알려지지 않은 코로나바이러스를 분리했다.[11] 병원체를 확인할 수 없었던 자키는 네덜란드 에라스무스 대학교 바이러스 학자 론 파우히어 박사에게 표본을 보내 확인을 요청했다. 파우히어는 역전사 중합 효소 연쇄 반응(RT-PCR)의 방법을 사용해 바이러스의 RNA 의존 RNA 중합 효소(RNA-dependent RNA polymerase, RDRP) 유전자의 염기 서열을 분석했다. 그 염기 서열을 사람에 전염되는 것으로 알려진 모든 코로나바이러스의 RDRP와 비교하니 기존의 코로나바이러스들과는 일치

하지 않는 새로운 코로나바이러스임이 확인되었다.[12]

2012년 9월 비행기를 타고 영국으로 온 49세의 카타르 남성이 매우 심각한 급성 호흡기 질환으로 런던의 병원에 입원한다. 영국의 보건 당국은 새로운 유형의 코로나바이러스와 연관된 중증 호흡기 질병으로 진단했다. 두 번째 메르스 환자였다. 그 환자는 곧 사망했다. 2012년 9월, 영국 보건 당국은 이 바이러스를 "London1 novel CoV/2012"로 명명하고 카타르 남성에서 채취한 RNA에 근거, 바이러스의 계통수를 작성했다. 역추적을 해 보니 2012년 4월 요르단에서 처음 발병한 것을 확인했다. 2013년 5월, 국제 바이러스 분류 위원회(International Committee on Taxonomy of Viruses)는 신종 바이러스의 공식 명칭으로 '중동 호흡기 증후군 코로나바이러스(Middle East Respiratory Syndrome Coronavirus, MERS-CoV)'를 채택했다.

지금까지 모든 메르스 발병 사례는 아라비아 반도 안 혹은 근처에 있는 나라로 여행한 사람이나 그 지역 거주자와 연관되어 있었다. 아라비아 반도 밖에서 가장 크게 번진 경우는 2015년 우리나라다. 이 경우도 아라비아 반도를 여행했던 사람으로부터 시작되었다. 2015년 5월 20일, 여러 날에 걸쳐 중동 지역을 방문한 남성으로부터 대한민국의 첫 발병 사례가 확인되었다. 첫 번째 환자가 입원한 병실을 방문했던 남성이 5월 26일 중국으로 출장을 갔고, 중국에서 확진 판정을 받았다. 중국에서는 추가로 환자가 발생하지 않았다. 2015년 7월 15일 기준으로 한국의 공식 감염자 숫자는 186명으로 세계 2위(1위는 사우디아라비아 1,010명)이며, 심지어 중동 국가인 요르단, 카타르,

아름다운 미생물 이야기

오만에서 보고된 감염자 수를 크게 웃돌았다. 비중동 국가 중에서는 단연 1위다. 한국에서의 치사율은 20퍼센트 정도였다.

메르스는 MERS-CoV라 불리는 코로나바이러스에 의해 유발되는 질병이다. 대부분의 메르스 환자는 열, 기침, 가쁜 호흡을 동반한 심각한 급성 호흡기 질환을 보인다. 감염 루트는 감염된 환자를 돌보거나 동거한 사람같이 가까운 접촉이라고 알려져 있다. 10명 중 서너 명은 죽는다. 메르스 발병에 남녀노소 구분이 없다. 메르스 환자의 나이는 1세부터 99세까지 걸쳐 있다. 21세기 초, 전 세계를 강타했던, 같은 코로나바이러스를 원인으로 한 전염병인 사스와 비교된다.

MERS-CoV는 박쥐에서 유래한 베타코로나바이러스다.[13] 낙타나 박쥐 따위의 동물이 바이러스의 주요 매개체로 추정되고 있다. 낙타들의 혈청에 MERS-CoV의 항체 역가(抗體力價, 혈액 중 포함되어 있는 항체의 양을 측정한 값)가 높은 것으로 나타났고 낙타의 코에서 바이러스가 확인되었다. 그 바이러스의 염기 서열은 사람에서 분리한 균주의 그것과 같은 것으로 판명되었다. 또한 일부 낙타들에서는 하나 이상의 유전 변이가 관찰되었다. 하지만 낙타가 정확히 언제 어디에서 무엇으로부터 감염되었는지는 확인되지 않았다. 2012년 런던의 첫 환자로부터 발견된 MERS-CoV의 한 균주는 이집트무덤박쥐(*Taphozous perforatus*)에서 나온 것과 100퍼센트 일치하는 것으로 밝혀졌다.

WHO는 낙타와의 접촉을 피하고, 낙타 고기는 완전히 익혀 먹고, 낙타 우유는 저온 살균해 마시고, 낙타 오줌도 마시지 말 것을 권고한다. 과학적 근거가 있는지 모르겠지만 중동 지방에서 낙타 오줌은 풍토병 예방에 효과가 있다고 믿는다. 2015년 우리나라 경우에서 볼 수 있듯이 대부분의 메르스 감염은 환자 가정이나 병원과 같이 병세가 심한 환자와의 긴밀한 접촉이 있는 환경에서 일어나며, 무증상의 경우에서 전염된 증거는 없다. 일부에서는 개와 고양이 등의 반려동물들에게 전이되는 것을 우려하지만 그 가능성은 희박한 것으로 추정되고 있다.

메르스 백신은 아직 안 만들어진 상태다. 미국 월터 리드 육군 연구소가 2016년 6월 국제 학술지《백신(*Vaccine*)》에 발표한 논문에 따르면 전 세계에서 개발하는 메르스 백신이 총 13개에 이른다고 했다.[14] 한국에서 개발 중인 메르스 DNA 백신을 비롯해 사람 세포에 달라붙는 MERS-CoV의 돌기 단백질 유전자를 천연두 바이러스에 집어넣어 만든 독일 루트비히 막시밀리안 대학교의 백신과 미국 국립 알레르기 전염병 연구소(National Institute of Allergy and Infectious Diseases, NIAID)의 백신 후보가 있다. NIAID의 백신 후보는 2016년 원숭이를 대상으로 한 동물 시험에 성공했으며 지금쯤 인체 대상 임상 시험을 하고 있을 것이다.

소두증을 유발하는 지카 바이러스

지카 바이러스(Zika virus, ZIKV)는 플라비 바이러스과 플라비 바이러스 속에 속하는 바이러스로, 이집트숲모기나 아프리카흰줄숲모기에 물리면 전염된다. 1947년 우간다 지카 숲의 한 원숭이에게서 처

아름다운 미생물 이야기

음 발견된 지카 바이러스는 1950년대 이후로 아프리카에서 아시아에 이르는 좁은 적도 지역 안에서 발생하는 것으로 알려졌다. 1954년 나이지리아에서 처음으로 발병 보고가 있었다.[15]

사람에서는 지카열로 알려진 가벼운 증상의 병을 일으키는 이병은 2014년에는 남태평양 프랑스령 폴리네시아와 칠레령 이스터섬, 2015년에는 중앙아메리카, 카리브 해, 남아메리카에서 범유행(汎流行, pandemic. 전염병이나 감염병이 범 지구적으로 유행하는 것)의 수준에 이르렀다.[16] 특히 2015년 들어 브라질을 중심으로 중남미 국가들에 소두증(小頭症, Microcephaly)*이 대규모로 발생했다. 2016년 1월 현재 브라질에서는 400만 명 이상이 지카 바이러스에 감염됐으며, 소두증 의심 사례도 3,530건이나 보고됐다. 이웃 국가인 콜롬비아에서도 1만 3500명이 지카 바이러스에 감염된 것으로 확인되었다.

현재로서는 지카 열병이 바이러스에 감염된 산모에게서 난 신생아의 소두증과 관련되었을 수 있다고 여겨진다. 자료에 따르면, 임신 첫 3개월 동안 지카 바이러스에 감염된 임산부에게서 출산된 갓난아기는 소두증의 위험이 몇 배로 증가한다. 2015년 12월 이후로 태아

---

* 작은머리증이라고도 하며, 신경계의 발달 이상으로 인해 머리가 정상인에 비해 지나치게 작은 경우를 이른다. 선천성과 후천성으로 나뉘며, 후천성은 출생 이후 다른 신체에 비해 머리의 성장이 저조한 것을 말한다. 특히나 뇌 발달 저하가 두드러지게 나타나며, 뇌가 정상적으로 자라지 못했기 때문에 지적 장애를 동반하는 것은 물론, 심하면 오래 살지 못하고 사망할 수도 있다. 일반적으로 머리둘레가 32센티미터 이하인 신생아와 성인 기준으로 대략 머리둘레 48센티미터 이하면 소두증으로 본다.

의 태반 경유 감염이 소두증과 두뇌 손상을 초래할 수 있음이 의심되었다. 브라질 보건 당국은 지카 바이러스와 소두증의 관련성을 확인한 바 있다.

지카 바이러스에 감염되면 감염자의 대다수가 심각한 증상 없이 혹은 가벼운 열병으로 지나가고, 에볼라나 메르스와 달리 정액을 제외하곤 사람 간 전염 가능성도 희박하다. 앞에서 언급한 바와 같이 임신부의 감염이 문제다. 열병이 발생한 나라에 거주하든 여행하든 임신 중이거나 가까운 시일 내에 임신 계획을 가진 여성은 모기에 안 물리도록 각별하게 주의하는 수밖에 없다. 또한 정액을 통한 전염이 보고된 바 있어 감염된 남성도 증상을 느끼면 성생활을 당분간 멈추어야 한다.

현재 백신이나 치료 방법은 없다. 지카 바이러스 백신은 2년 후에나 실험이 가능하고, 대중적 이용까지 최소 10년이 걸릴 것이라고 한다. 미국 텍사스 대학교 의과 대학에서 지카 바이러스 백신을 개발하고 있는 스콧 위버 교수는 "사람들이 지카 바이러스를 두려워해야 한다."라며 "만약 소두증 신생아가 태어난다면 그 결과를 바꿀 방법은 없다."라고 강조했다.

아름다운 미생물 이야기

16장

생물 무기

생물전(生物戰, biological warfare)은 세균, 바이러스, 곰팡이 등의 병원체 독소를 사용해 사람 또는 동식물을 살상하는 전쟁 방식으로, 세균이 발견되기 전까지 모르면서 사용한 역사가 오래되었다.[1, 2] 이때 사용되는 병원체나 독소를 생물 무기(bioweapon)라 한다. 오늘날까지 1,200종 이상의 생물 무기 또는 잠재적 생물 무기가 생산 또는 연구되고 있다. 그러나 이 생물 무기는 전쟁과는 아무런 상관없는 민간인을 대량 살상하는 단점을 가지고 있다. 생물 무기, 화학 무기 등은 매우 싼 값의 개발비와 대량 생산비로 대량 학살을 할 수 있어서 '빈자(貧者)의 핵무기'라고 불린다.

일반적으로 1킬로그램의 탄저균이 10만여 명을 살상할 수 있다고 하지만, 1993년 WHO는 50만 명 도시에 50킬로그램을 살포하면 인구의 20퍼센트인 10만 명 정도의 사망자가 발생한다고 추정했다. 이 숫자가 이론적 숫자보다 낮다고 생각할지 모르지만 다른 생물 무기보다는 월등히 높은 숫자며, 더 심각한 문제는 살포량, 즉 비축량이다. 이론적으로 70톤이면 전 세계 인구를 살상할 수 있고 수천 톤을 비축할 수 있으니 그 위험성을 간과해서는 안 된다.

생물 무기는 대량 살육에 사용될 가능성이 높아 개발, 생산, 저장을 국제법으로 금지하고 있다. 세균 무기(생물 무기) 및 독소 무기의 개발, 생산 및 비축의 금지와 그 폐기에 관한 협약(약칭 생물 무기 금지 협약)은 1972년 영국이 초안을 제출하고, 가입국들의 서명을 받기 시작해서 22개국이 비준해 1975년 3월 25일에 발효된 다자간 조약이다.[3] 이 조약 가입국들은 생물학 무기를 전쟁에 사용하지 않을 것을 약속했다. 그러나 많은 국가에서 방어법의 연구를 명목으로 연구, 개발을 진행하고 있다. 대표적인 무기로는 탄저병, 독감 등이 있다. 우리나라는 1987년 6월에 가입했고 2011년 현재 가맹국은 177개국에 이르고 있다. 북한도 1987년 3월에 가입했다.

탄저균

1942년 영국은 스코틀랜드 서북쪽 연안의 그뤼나드 섬에 양 떼를 풀어놓고 탄저균을 무기로 사용하기 위한 실험을 한 적이 있는데, 이 섬은 실험 후 48년 동안 출입 금지 상태에 있다가 정화 작업을 거쳐 1990년에 출입 금지 조치가 해제되었다.[1, 2, 4] 그 후 현재까지 탄

아름다운 미생물 이야기

저병의 징후는 발견되고 있지 않으나 일부 학자들은 중세 시대 유물에서 아직 살아 있는 탄저균의 포자가 발견되는 경우가 있다고 주장하면서 위험이 완전히 가신 것은 아니라고 지적한다. 실제로 중세까지는 아니더라도 2016년 8월 러시아 시베리아의 영구 동토층이 녹으면서 얼어 있던 탄저균 포자가 75년 만에 활성화되면서 집단 감염이 일어난 적이 있다.[1, 2, 5] 1979년 러시아의 중서부 예카테린부르크(옛 지명, 스베르들로프스크)에서 탄저병이 발생해 79명 감염 환자 중 68명이 사망하는 일이 발생했다.[1, 2, 6] 사망자가 2,000명이라는 설도 있다. 또한 반지름 50킬로미터 지역의 가축에서도 탄저병이 발생해 탄저균 포자가 50킬로미터까지 이동할 수 있음을 보여 주었다. 당시 소련 정부(브레즈네프가 당시 공산당 서기장이었다.)는 탄저균에 감염된 고기가 원인이라고 발표했으나 많은 이들은 부근에 있던 소련군의 미생물 관련 시설에서 탄저균 포자가 누출되면서 주민들을 감염시킨 것으로 추정하고 있다. 소련이 해체된 후, 1992년 러시아의 옐친 대통령은 이 사고가 미생물 시설과 관련이 있음을 시인했다. 1995년, 일본의 사이비 종교 단체인 옴진리교는 일본의 지하철에서 보툴리너스 독소와 함께 탄저균을 살포한 적이 있다. 다행히도 탄저균의 경우 독소가 제거된 예방 접종용 균이 사용되어 탄저균에 의한 피해는 발생하지 않았다.

백색 가루의 공포

2001년 10월 플로리다 주 아메리칸 미디어 사(AMI)의 타블로이드판 신문인 《더 선》의 사진 편집인인 63세의 로버트 스티븐슨은 그 앞으로 배달된 우편물 봉투를 열어 봤다. 그 후 독감과 비슷한 증상을 보이며 2일 병원에 입원했고 4일 탄저병으로 진단받았고 입원한 지 사흘 만인 5일 사망했다. 미국에서 보고된 탄저병 환자는 1978년 이래 처음이었기에 탄저병은 당시 미국 사람들에게 다소 생소했다. 8일 스티븐슨이 재직했던 AMI 사의 우편물 정리실 직원 2명이 추가로 탄저균에 양성 반응을 보였고 이중 1명은 스티븐슨에게 우편물을 전해 준 이였다. 이른바 '미국 탄저균 사건(American anthrax)' 혹은 줄여서 '아메리쓰랙스(Amerithrax)'의 서막이다.[7]

미국 국무부는 10일 해외 주재 공관에 생화학 테러에 대비해 3일치의 항생제를 비축해 놓을 것을 권고했으며 유엔도 탄저균 등을 이용한 테러가 유엔 본부를 표적으로 저질러질 가능성에 대비, 소속 직원들을 대상으로 경계령을 발동했다. FBI와 보건 당국은 11일 사안의 심각성을 고려, 탄저균 테러 가능성에 대한 수사에 착수했으며, 아울러 수일 내 미국이나 해외에서 추가 테러 공격이 발생할지 모른다는 정보를 입수했다면서 전국에 최고 수준의 경계령을 내렸다.

경계령 속에서 12일 뉴욕에서는 NBC 방송 뉴스 진행자인 톰 브로코의 여비서가 탄저균에 감염, 병원에 입원했으며 《뉴욕 타임스》의 본사에도 탄저균으로 의심되는 '백색 가루'가 전달돼 뉴스 편집실이 수 시간 동안 소개(疏開)되는 소동이 벌어졌다. 이어 네바다 주 리노의 마이크로소프트 사에 배달된 편지 속에서 발견된 흰색 가루에서 탄저균 양성 반응이 나타나자 백색 가루 공포는 현실로 다가왔다. 뉴욕에서 탄저균 감염 사례가 확인되고 네바다 주에서도 탄저균 양성

아름다운 미생물 이야기

반응이 나타남에 따라 본격적인 탄저균 공포가 미국 전역으로 확산되었다.

AMI 사에서는 13일 추가로 탄저균 양성 반응자가 5명 발생하고 또 15일에는 미국 상원 민주당 원내 대표 톰 대슐 의원에게 발송된 서한에서 탄저균이 발견되고 탄저균에 노출된 사람이 12명으로 늘어나 미국이 '생물 테러' 공포에 휩싸였다. 그러나 네바다 주 마이크로소프트 사에 배달된 탄저균의 감염 의심자 6명 가운데 4명이 14일 음성 반응을 보이고 병원에 입원 중인 NBC 방송 여직원 또한 회복세를 보이는 등 실질적인 피해는 많지 않은 것으로 드러났다. 최종적으로 22명이 감염되고 5명이 사망했다.

세계 여러 나라에서도 생화학 테러와 관련한 협박과 신고가 잇따름에 따라 탄저균 공포는 전 세계적으로 퍼졌다. 이탈리아 제노바에서는 13일 생화학 테러 물질이 들어 있는 것으로 보이는 우편물을 취급한 5명이 입원했다. 영국 캔터베리 대성당에서는 14일, 아랍계로 보이는 사람이 지하실에 소량의 백색 가루를 뿌린 뒤 달아나 수백 명이 대피하고 성당 건물이 폐쇄됐다. 14일 슈뢰더 독일 총리실로 탄저균이 있는 것으로 추정되는 서한이 발송되었다. 이와 유사한 사건이 2001년 이후에도 계속 일어났다. 2001년 12월과 2002년 5월 미국 중앙 은행인 연방 준비 제도 이사회 건물의 우편 처리 시설에서 정기 우편물 예비 검사를 실시하는 과정에서 20여 통의 우편물에서 탄저균 포자가 발견됐다. 2002년 10월 베트남 주재 미국 대사관에 탄저균으로 추정되는 가루가 봉투에 담겨 우송되었다. 2003년 5월 아라파트 팔레스타인 지도자에게 동남아 지역에서 보낸 것으로 보이는 탄저균이 든 소포가 배달돼 그를 살해하려는 기도가 있었다.

그로부터 6년 후, 2008년 7월 4일 FBI가 탄저균 테러의 유력한 용의자로 62세의 미국 육군 연구소의 미생물학자 브루스 아이빈스를 꼽았다고 AP 통신이 보도했다.[8] 아이빈스는 탄저균 테러 사건 발생 6개월 후 전염병 연구소 구역 내 감염 지역이 아닌 외부에서 상부의 허가를 받지 않은 실험을 한 사실이 밝혀져 수사 당국의 의심을 받았다. 아이빈스가 같은 달 29일 자살하는 바람에 FBI는 2년 뒤 명확한 결론을 내리지 못한 채 수사를 공식 종료했다.

아이빈스는 35년간 미국 메릴랜드 주 포트 디트릭의 육군 생물학 무기 연구소에서 근무했다. 아이빈스는 10년 이상 탄저균 백신 개발에 매달려 왔다. 특히 기존 백신을 무력화시키는 변종 탄저균을 처리할 수 있는 백신 개발이 주 임무였다. FBI는 아이빈스가 자신이 개발한 백신의 효능을 시험할 기회를 얻기 위해 탄저균을 유출한 것으로 보고 수사했다. 결정적 단서를 얻기 위해 FBI는 야생종과 변종 탄저균의 유전체를 비교 분석해 변이 부분을 확인하고, 그 변이 부분이 아이빈스가 유출한 균주에도 있음을 확인했다. 그것이 2007년이었다. 즉 아이빈스의 연구실에 있던 변종 탄저균과 테러에 쓰인 탄저균이 동일함을 확인한 것이다. 이 과정에 약 1000만 달러(약 100억 원)의 경비가 소요돼 "FBI 역사상 가장 비싼 수사"라는 조롱도 들었다. 잠시 뒤에 언급하겠지만 실제로는 1580만 달러가 소요되었다.

아이빈스가 근무했던 포트 디트릭의 연구소와 이곳에서 근무했던 과학자들은 탄저균 배포의 핵심 용의자 목록에 올랐다. 특히 아이빈스의 동료였던 스티븐 햇필 박사도 용의자로 지목되어 일찍부터 일반에 알려졌다. 심지어 인권 침해 사례로 주목받기까지 했다. 그는 2002년 3월 미국 육군 생의학 연구소에서 해고됐으며 이후 루이지애나 주립 대학교에서 일자리를 얻었으나 수사가 진행되면서 같은 해 8월 이 대학에서도 직무가 정지됐다. 2002년 8월 그는 자신의 결백을 주장하면서 수사 당국이 혐의 사실을 언론에 알리는 등 사생활 보호법을 위반했다며 FBI를 감독하는 애시크로프트 법무 장관과 관련자를 법무부 윤리 규정 위반으로 제소했다. 2008년 그는 미국 정부로부터 580만 달러의 합의금을 받는 조건으로 소송을 취하했다.

이상적인 세균전 무기 탄저균

탄저병(炭疽病, anthrax)은 증세가 나타난 부위가 검게 썩어 들어가는 전염병을 통칭하는 말로,[9] 영어 anthrax는 그리스 어로 석탄을 뜻하는 anthracis에서 유래한 것이고 우리말 탄저는 석탄의 '탄(炭)'과 썩는다는 뜻의 '저(疽)'에서 유래한 것이다. 이것은 피부를 통해 침입한 탄저균으로 인해 피부에 부스럼이 생기면서 석탄과 같이 까맣게 변해 가는 것을 나타낸 것이다. 탄저병은 크게 동물 탄저와 식물 탄저로 나뉘지만, 동물 탄저는 세균성으로, 진균류 감염인 식물 탄저와는 근본적으로 다르다. 탄저라 하면 보통 동물 탄저를 일컫는다.

감염 경로에 따라 피부(의 상처)를 통해 감염되는 피부형, 음식을 통해 감염되는 소화기형, 공기 중의 균이 호흡기를 통해 들어가는 호흡기형이 있다. 사람에게 감염되는 탄저의 95퍼센트가 피부 탄저로 탄저균에 감염된 가축으로 만들어진 울, 가죽, 털 제품 등을 다루다가 피부의 상처를 통해 침입하면서 발생한다. 보통 지름 1~3센티미터의 염증으로 발전하고 치료를 받지 못하면 20퍼센트 정도가 사망한다. 소화기 탄저는 탄저균에 감염된 고기를 섭취하면 장내 염증으로 이어진다. 심하면 복통과 구토에 피가 섞인 설사를 하게 된다. 소화기 감염자의 25~60퍼센트 정도가 죽을 수 있다. 호흡기 탄저는 감염 후 보통 감기와 비슷한 증상을 보이다가 심각한 호흡 곤란과 쇼크로 이어진다. 사후 관리가 잘 안 될 경우 사망률이 95퍼센트에 이를 정도로 치명적이다.

앞에서 언급한 탄저균 사용에 관한 세균전 실험 또는 사고는 의도적으로 모은 것은 아니다. 그럼, 왜 탄저균일까? 탄저균은 생물 무기의 정형이기 때문이다. 생산자 입장에서 생물 무기의 가장 큰 단점은 병원체의 안정성이다. 생물 무기를 냉동 상태에서 보관할지라도 시간이 지나면 일반적으로 감염력이 떨어진다. 이런 생물 무기의 일반성에 어긋나는 탄저균은 안정성에 관한 한 생물 무기의 표본이다. 탄저균은 자연 상태에서도 포자를 만든다. 탄저균의 포자의 색깔이 흰색이므로 일반적으로 '백색 가루'라고 불린다. 이 포자는 엄청난 생존율을 보여서 공기 중에서는 24시간, 흙 속에서는 100년까지도 버틸 수 있다. 가열, 일광, 소독제에도 강한 내성을 보여 오염된 것을 소각하지 않으면 안심할 수 없다. 게다가 탄저병은 땅에서 매복하는 균으로, 만약 생물이 탄저병으로 죽으면 그 지역이 오염된다. 그리고 그

아름다운 미생물 이야기

지역에 있던 생물이 다른 지역으로 이동해 죽으면 역시나 그 지역도 오염된다. 영국 그뤼나드 섬의 사례처럼 한 번 오염되면 정화하는 데 오랜 시간과 많은 비용이 소요되며 자연적인 정화는 바람에 날리거나 빗물에 씻겨야 하므로 언제인지를 기약할 수 없다.

탄저의 무서운 점은 강한 전염성과 높은 사망률인데, 약한 편에 속하는 피부 탄저의 경우에는 의학 기술의 발달로 사망률이 20퍼센트로 줄었지만 그보다 더 위험한 소화기 탄저는 60퍼센트, 호흡기 탄저는 사후 관리가 잘 안 될 경우 사망률이 95퍼센트에 이르는 매우 위험한 전염병이다. 2001년 미국에서 발생한 탄저 테러는 대부분 호흡기 탄저로, 감염된 22명 가운데 5명만이 사망했는데, 사후 관리가 잘 되었기 때문이라 추측된다. 만약 전쟁 시였다면 사망률이 크게 올라갔을 것이다.

세균전을 실행한 일본 731 부대

인간이 얼마나 잔인할 수 있는지를, 그리고 어느 정도까지 미칠 수 있는지를 보여 주는, 따라서 인간이라는 사실에 환멸을 느낄 만한 역사적 사건 목록의 맨 위에 자리함이 마땅한 것이 일본의 731 부대다.[10, 11] 731 부대는 만주 사변 직후 일왕 히로히토의 지시로 설립된 유일한 부대로서 우리에게는 '마루타' 부대로 잘 알려진 그 부대다. 731 부대는 실험 동물을 대상으로 했다 하더라도 윤리적 죄책감을 느낄 정도의 실험들을 살아 있는 사람을 대상으로 자행했다.

일본 교토 제국 대학교 의학부를 졸업하고 육군 군의로 복무하던 이시이 시로는 1928년 독일로 가 2년 동안 유학하는 동안 제1차 세계 대전 때의 화학 무기와 세균 무기를 연구했다. 1932년 세균전 부대의 창설을 제안해 관련 연구소를 설립했고, 다음 해 만주로 넘어가 하얼빈 교외에 화학적, 세균전 연구소 설립을 추진하기 시작했다. 기밀 유지를 위해 '도고 부대(東鄉部隊)'라는 암호명을 사용했다. 이시이 시로의 변장용 이름인 도고 하지메를 딴 도고 부대는 화학, 생물학 작전을 수행하기 위한 비밀 연구 그룹으로, 731 부대를 본격적으로 조직하기 전 가능성을 타진하는 예비 부대였다. 이시이는 5년에 걸친 준비 기간 끝에 중국에서 인체 실험을 위한 실험 대상을 확보할 수 있다고 판단했다.

이시이는 육군 군의 학교에서 세균학을 교육했고, 1936년에 일왕의 인가를 얻어 하얼빈 시에서 남쪽으로 24킬로미터 떨어진 핑팡(平房)에 관동군 방역 급수부 본부를 건설하기 시작했다. 1940년 이 본부 시설이 완성되자 본격적인 인체 실험 연구가 시작되었다. 이 관동군 방역 급수부의 본부 부대를 통칭 '만주 731 부대'라고 불렀다. 부대 사령관 이시이의 이름을 따라, '이시이 부대'라고도 불린다. 1938년과 1942년 사이에 베이징, 난징, 광저우, 싱가포르에 731 부대의 자매 부대들이 만들어졌다. 이 부대들의 인원은 각각 500명에서 1,500명 규모였고, 이시이의 부하가 부대장이 되어 하얼빈 핑팡의 본부와 서로 연계해 활동했다. 예를 들어 1940년부터 1942년까지 중국 중부 지역에 가해진 생물 병기 공격은 731 부대와 난징 부대의 공동

아름다운 미생물 이야기

작전이었다. 이 다섯 부대를 통괄해 지휘한 인물이 이시이였고, 일본 육군 내에서는 1940년경부터 그가 주관하는 육군 군의 학교 방역 연구실까지 합쳐 '이시이 기관'이라고 불렀다. 이시이 기관의 인원은 전부 합쳐 1만 명을 넘었고, 생체 실험도 731 부대뿐 아니라 난징에 있는 부대에서도 일상적으로 실행됐다는 것이 확인되었다.

731 부대의 활동은 암호명 '마루타(丸太)'라고 한 생체 실험, 무기 시험, 세균전 실험이었다.[12] 마루타란 '껍질만 벗긴 통나무'란 뜻의 일본어로서, 바로 생체 실험 대상자들을 가리키는 은어였다. 세균전 실험에서는 전염력이 강한 페스트, 콜레라, 장티푸스, 결핵, 탄저병에 대해 인간을 재료로 연구했다. 이를 위해 수용 시설 하나가 300~400명을 수용할 수 있게 건설되었다. 수용자에게 질병을 일으키는 세균을 접종해 그 효과를 연구했다. 치료받지 않은 성병의 효과를 연구하기 위해, 남녀 수용자에게 일부러 매독, 임질을 강간에 의해 감염시키고 연구했다. 질병 전파 벼룩을 대량으로 얻기 위해 수용자에게 벼룩을 감염시키고 페스트균의 유용성을 연구했다. 피부, 음식물, 호흡 기관 등 각각 다른 감염 경로로 나눠 인체에 침투시킨 뒤 세균의 농도 및 감염 경로에 따라 인체가 변화하면서 죽어 가는 과정을 상세히 관찰하기도 했다. 일부 수용자에게는 전염병이 퍼지는 속도를 측정하기 위해 병원균을 집어넣은 만두를 먹였다. 동시에 731 부대는 세균을 대량 생산했는데 장티푸스, 파라티푸스, 페스트, 천연두, 콜레라, 파상풍, 폐렴, 성병, 폐결핵, 탄저병 등 감염력이 강한 질병을 망라했다.

731 부대는 이런 과정을 거쳐 개발한 세균 무기를 군인과 민간

인을 대상으로 실제로 사용했다. 러시아의 주장이기는 하지만 731 부대가 세균 무기를 실전에 처음 사용한 것은 1939년 몽골 노몬한에서 벌어진 일본 관동군과 소련-몽골 연합군 간의 전투에서였다.[10] 그 전투에서 패배한 뒤 후퇴하던 일본군은 전투 부대도 아닌 731 부대에 지원을 요청했다. 세균전을 요청한 것이었다. 이에 731 부대는 일본군이 퇴각한 할힌골 강에 세균 무기를 살포했다. 세균 살포로 인한 사망자 수는 알려진 바 없다.

보다 심각한 것은 중국 창춘과 난징, 닝보 등의 도시에서 행해진 민간인에 대한 세균전이다.[10] 창춘에서는 콜레라균을 주민 모르게 접종시켰고, 닝보에서는 콜레라와 페스트균을 하늘에서 살포했다. 또 우물이나 저수지, 강, 호수 등에 세균을 무차별 살포하기도 했다. 굶주린 중국군 포로에게 세균이 든 음식을 먹게 한 후 곧바로 석방해 전염병을 퍼뜨리는 수법을 사용하기도 했다. 심지어 어린이를 대상으로 해 티푸스균에 감염된 과자를 살포하는 짓도 서슴지 않았다. 이와 같은 세균전으로 약 40만 명의 중국 민간인이 숨진 것으로 추정된다.

이 같은 세균전으로 인해 페스트균의 집중 공격을 받은 닝보 시의 중심지는 1960년대까지 사람이 거주할 수 없는 죽음의 땅이 되기도 했다. 역사상 한번도 페스트를 경험한 적이 없던 중국 저장 성 취저우에서는 일본군의 세균 공격으로 5만 명이 사망했으며, 60년의 세월이 흐른 후에도 건강한 사람 중에서 발진티푸스 환자가 나올 정도였다고 한다. 세균 무기를 살포할 때는 벼룩을 이용한 것으로 알려졌는데, 그 벼룩들은 저장 성에서 볼 수 없는 종으로 밝혀져 세균전의

아름다운 미생물 이야기

증거가 되었다.

731 부대의 잔인한 행위는 현재 전쟁 범죄로 공표되어 있는 상태다. 태평양 전쟁이 끝나고 731 부대는 모든 흔적을 완벽하게 지우고 이시이를 비롯한 간부 절반은 서류와 실험 자료를 일본으로 운반했다. 731 부대 주요 간부 중 절반인 25명은 전쟁 종료 후 일본으로 귀국했고 12명은 소련군의 포로가 되었다. 전후 미군 주도의 도쿄 전범 재판에서 731 부대 전범자들이 사면을 받았는데, 그 이면에는 생체 실험에서 얻은 자료들을 미국에 제공하는 대가로 책임을 면한다는 미국과의 추악한 거래가 있었다. 2005년 일본의 한 대학 교수가 미국 국립 문서 보관소에서 발견한 2건의 기밀 해제 문서에 따르면, 당시 미군은 731 부대원에게 생체 실험 자료를 넘겨받는 대신 전범 재판 기소를 면제해 주고 총 15만~20만 엔을 제공한 것으로 드러났다.[13] 같은 해, 일본에서 발견된 이시이의 미공개 노트에도 이시이와 연합군 사령부 간부들이 회식을 한 사실이 적혀 있었다. 또한 일본의 NHK 방송국은 미국 유타 주에 위치한 더그웨이 육군 생화학 실험 기지의 문서 보관소에서 731 부대가 작성한 생체 실험 자료를 찾아내 공개하기도 했다.[14] 약 8,000장에 이르는 현미경 사진 및 인체 해부도, 각종 도표 등과 함께 약 2,000쪽에 이르는 방대한 분량의 이 자료에는 생체 실험 과정이 구체적으로 기술되었다. 참고로, 더그웨이 육군 생화학 실험 기지는 2015년 5월 28일 오산 주한 미군 주둔지에 살아 있는 탄저균을 페덱스 일반 화물로 배달해 문제가 된 그 부대다.

미국의 이러한 행위는 그리 놀라운 것이 아니다. 제2차 세계 대전 후 상당수의 독일 과학자 전범들도 이와 유사하게 사면 내지 미국 시민권 부여를 통해 미국으로 유입되었다. 대표적으로 영국을 공포로 몰아넣었던 로켓을 개발한 폰 브라운은 미국의 아폴로 프로젝트를 추진하는 데 결정적인 역할을 한 것으로 유명하다. 한편, 731 부대에는 일본의 최고 학부를 졸업한 엘리트 의사나 과학자가 다수 있었고, 상당수는 전쟁 후에 전범 기소를 받지 않은 채 대학으로 돌아가 일본 의학계의 중진으로 활동했다.

이시이는 만주에서 탈출하기 전에 본국으로 가져가지 못하는 모든 자료를 파기함은 물론 남아 있던 200여 명의 생체 실험 대상자를 몰살하면서 전 부대원과 그 가족을 모아놓고 "부대에서 보고 들은 사실은 무덤까지 가지고 가라."라는 함구령을 내린다. 1945년 8월 16일 만주를 떠나 일본으로 귀국한 이시이는 도쿄 신주쿠에서 매춘 여관업을 하다가 1959년 암으로 사망했다. 그러나 여관업 또한 위장일 수 있다. 실제로 그는 죽은 후인 1960년까지도 다수의 의과 대학 박사 학위 논문의 심사 위원으로 이름을 올렸다. 이시이는 1955년 교토 대학교 때의 지도 교수였던 기요노 겐지의 장례식에서 이시이 기관이 설립되기까지의 경위와 규모, 목적 등에 대해 술회하면서 반성의 언급은 전혀 없었고 패전으로 연구나 실험이 중단된 것에 대한 안타까움만 드러낸 바 있다.

한편, 이시이의 최측근으로서 일부 수용자에게 동물 혈액을 주입해 그 효과를 관찰하기도 했던 나이토 료이치는 이시이의 후임 731 부대 사령관인 기타노 마사지, 결핵 연구 책임자였던 후타키 히데오

아름다운 미생물 이야기

와 함께 1950년 일본 혈액 은행을 설립해 한국 전쟁 때 일본에서 싼 값에 수집한 혈액을 미군에 팔아 막대한 부를 축적했다. 1959년 이시이가 죽었을 때 장례 위원장은 기타노였다. 기타노와 나이토는 1964년 미도리줏지(綠十字)로 사명을 변경해 나이토가 사장으로, 기타노는 고문으로 취임한다. 일본 미도리줏지는 적십자와 아무 상관도 없는 영리 목적의 회사로 일본인들의 교묘한 위장술을 다시 한번 보여 준다. (일본의 미도리줏지는 1998년 요시토미 제약 회사에 합병되어 소멸했다.)

731 부대의 만행에 대한 수많은 증거와 증언에도 불구하고 일본 정부는 부정으로 일관하고, 상상하기 어렵지만 일부에서는 오히려 의학 발전의 업적을 치켜세우기도 한다. 2015년, 태평양 전쟁 종전 70주년을 맞아 전쟁 의학 범죄를 돌아보자며 일본 의학계가 마련한 특별 전시회에서 일본의 양식 있는 의사들이 제2차 세계 대전 당시 일본군 731 부대가 1935년부터 1945년까지 자행했던 생체 실험을 사례별로 자세히 소개하며 일본 정부에 관련 자료 공개를 요구했다. 아베 정권이 관련 문서가 없다며 자료 공개를 거부하자 특별 전시회 관계자들은 역사를 감추고 왜곡하려는 아베 정권을 비판하고 나섰다. 미국 거주 논픽션 작가 아오키 후키코는 이 전시회에서 "731 부대가 한 일을 확실하게 인식하는 것부터 시작해야 한다."라고 말했다. 그녀는 2005년 이시이 측근의 집에서 이시이의 일기를 발굴해 그 일기를 토대로 2008년 『731 부대: 이시이 시로와 세균전 부대의 어둠을 폭로한다(731—石井四郎と細菌戦部隊の闇を暴く)』라는 책을 펴낸다. 2013년, 일본 총리 아베 신조가 자위대 소속 공군 부대를 방문해 기념으로 '731'이라고 적힌 전

투기에 앉은 사진을 찍으면서 우연히 그렇게 되었다고 변명했는데 과연 우연일까?

일본은 힘이 남으면 남을 찌르는 창을 만든다. 일본의 풍토병이라 할 수 있는 호전성은 저절로 없어지지 않는다. 힘이 남지 않게 주위에서 억제하는 수밖에 없다. 선택의 여지가 없으면 몰라도 그리고 다른 나라라면 몰라도 일본의 식민지 경험을 한 우리나라에서조차 일제 자동차가 거리를 누비고 일제 소비재가 넘치는 상황이라면, 그리하여 일본 사람들이 우리를 찌를 창을 만드는 것을 우리가 도와주는 상황이라면, 좁게는 우리나라 사람들의 정신과 문화를, 넓게는 인간의 존엄성을 말살한 역사가 되풀이되지 말란 법은 없다. 일제 자동차를 안 사고 일제 소비재를 안 쓴다고 상황이 달라지겠냐고 반문할지 모르겠다. 우리가 어렸을 적에 어른들은 치약을 마지막까지 쭉쭉 짜서 사용했고 우리에게도 그렇게 가르쳤다. 이는 치약을 아끼기 위함이 아니다. 아껴 봐야 얼마나 아끼겠는가? 하지만 그럼으로써 근검과 절약의 정신을 배우는 것이다. 물론 하나하나 따지는 것이 불편한 사람들도 있을 것이다. 그러나 무엇이든 질서를 세우는 것은 부자연스럽고 사회적 엔트로피를 감소시키는 것이기에 노력과 고통이 따른다. 역사에서 무엇을 배우느냐는 남은 자들의 몫이다.

아름다운 미생물 이야기

4부

미생물과 진화

수많은 미생물 가운데 사람과 직접 접촉하면서 살아가는 미생물도 상당히 많다. 4부에서는 감염성 미생물에 대처하는 사람의 면역 체계의 진화, 장내 세균과 사람의 공진화, 미생물의 시험관 안의 진화, 그리고 인공 미생물의 등장과 이에 따른 생명의 이해를 기술한다.

17장

미생물과 면역 체계의 진화

질병을 일으키는 원인체를 병원체라 한다. 병원체가 숙주에 침입하는 것을 감염이라 하고 감염으로 인한 질병을 감염병이라 한다. 따라서 숙주의 입장에서 감염병을 막기 위해서 병원체를 반드시 제거해야 된다. 숙주가 감염병으로부터 자신을 지키는 방어 기전을 면역(免疫, immunity)이라 한다. immunity의 어원은 라틴 어 immunitas로 '역병을 면한다.'는 뜻이다.

면역 체계는 생명체의 진화와 그 궤를 같이하며, 어떻게 보면 진화의 산증인이라고까지 할 수 있다. 세균에는 제한 효소가 있어 바이러스 같은 외래 DNA를 잘라 쓸모없게 만든다. 세균은 이미 '자기(self)'와 '비자기(non-self)'를 구분하는 방법을 알고 있어 자기 자신의 DNA는 자르지 않으며 이 특성은 다음 세대로 전달된다. 2000년대

들어 특정한 서열의 DNA를 자르는 크리스퍼카스9(CRISPR-Cas9)라는 기작이 밝혀졌다. 한 번 들어온 DNA를 기억하고 있다가 즉각적으로 대응한다. 이를테면 제한 효소는 '선천 면역'이라 할 수 있고 크리스퍼카스9는 '적응 면역'이라 할 수 있다. (8장 참조)

단순한 동물에서 복잡한 동물로 옮겨 갈수록 다양한 방식의 면역 체계가 발달한다. 초파리는 우리처럼 선천 면역 체계를 가지고 있다. 그중 하나가 Toll이라는 유전자이고, 이런 것들을 통해 곤충을 감염시키는 세균에 대한 면역을 갖는다.[1] 2011년 쥘 호프만은 Toll을 발견한 공로로 노벨 생리·의학상을 수상한다. 척추동물쯤 되면 선천/적응 면역 체계를 모두 갖게 되며, 사지동물에는 다양한 종류의 백혈구들이 존재한다. 포유류에서 이와 비슷한 TLR(Toll-like receptor)가 발견된다.[2] 세균이나 바이러스 등의 분자 패턴/유전 정보 등을 감지하는 센서다. TLR를 발견한 브루스 보이틀러는 2011년 노벨 생리·의학상을 수상한다.

고등 생물의 경우 면역 과정은 체계적으로 이루어지며 이 체계를 면역계(免疫系, immune system)라고 한다. 면역계는 숙주 내의 바이러스나 세균 같은 병원체를 탐지한 다음 죽임으로써 질병으로부터 숙주를 보호하는 기능을 한다. 이러한 기능이 올바르게 작동하기 위해서는 숙주 자신의 온전한 세포 또는 조직을 병원체로부터 구별해 낼 필요가 있다. 병원체들이 숙주의 면역계를 회피하기 위해 빠른 속도로 진화하고 적응하면 숙주의 면역계 또한 진화해 병원체를 인식하는 기능을 발전시켜 왔다. 항생제의 경우처럼 '붉은 여왕 효과'가 적용된다. 상대방을 죽여야 자기가 사는 병원체와 숙주의 숨바꼭질이 언제 시작되었는지 모르지만 둘 중 하나는 멸종될 때까지 계속될 것이다. 역사상 인류가 정복한 유일한 병원체인 천연두 바이러스가 그 사례다. 거대한 종의 진화 사다리에서는 벗어났지만 병원체와 숙주의 숨바꼭질은 매우 정교한 국소적 진화의 정수를 보여 준다. 미생물은 숙주의 면역 체계를 고도로 변화시켜 종분화를 촉진했는지도 모른다.

우리 몸의 면역 작용[3]

바이러스나 세균이 우리 몸에 침입하면 우리 몸은 가지고 있는 모든 수단을 써서 침입자를 퇴치하고자 한다. 이른바 면역 작용이다. 만약 병원체가 없었다면 굳이 있을 필요가 없었을 인간의 면역 작용은 분자 생물학적 수준에서 매우 잘 규명된 기작이다.

인간을 비롯한 포유동물의 면역 작용은 완벽하지는 않지만 매우 복잡하면서도 정교하다. 면역 작용에 관계하는 모든 세포는 개별적으로 각자의 역할을 수행하지만 다른 세포와의 끊임없는 소통으로 침입 세균이나 바이러스를 최대한 빠른 시간에 제압한다. 혹시 전자 제품 안의 회로판을 봤다면 딱 그 모양이다. 많은 칩, 그리고 칩과 칩 사이를 여러 방향으로 연결하는 구리선의 회로로 이뤄진 회로판 말이다. 칩은 면역 세포고 회로는 면역 세포 사이의 소통 경로다. 소통 경로가 망가지면 그 경로와 연결된 기능은 작동할 수 없지만 면역 세포 자체의 기능은 그대로 작동하고 혹시 우회 경로가 있다면 망가진 경로의 기능을 보완한다. 텔레비전에서 영상이 안 나오더라도 소리는 들리는 경우와 같다.

사람의 몸 안은 기본적으로 무균 상태다. 여기서 몸 안이라 하면 이론적으로 공기가 직접 닿을 수 없는 부위이고 몸 밖은 그 반대다. 피부는 당연히 몸 밖이고 귀, 눈, 코, 입, 심지어 땀샘 등 모든 구멍과 그것들과 관(管)으로 연결된 소화계, 호흡계, 생식계, 배설계는 몸밖이다. 병원체가 몸 안으로 들어가려면 몸 밖과 먼저 접촉해야 된다.

면역 작용이 복잡한 만큼 관련 용어도 간단하지 않다. 혼동하지 않으려면 약간의 주의가 필요하다. 우리 몸에 침입한 병원체에 대한 면역 작용은 크게 두 단계로 나뉜다. 첫 번째 면역 작용을 선천 혹은 자연 혹은 내재 면역(innate immunity)이라 하고, 두 번째 면역 작용을 적응 면역(adaptive inmmunity) 혹은 획득 면역(acquired immunity)이라 한다. 이 면역 반응에 보체와 항체 같은 단백질을 포함한 화학 물질이 관여하면 체액성 면역(humoral immunity)이라 하고, 대식 세포(macrophage)나 T 세포 같은 세포가 직접 관여하면 세포성 면역(cellular immunity)이라 한다. 내재 면역과 적응 면역에 관계하는 세포들은 전자 회로판과 같이 서로 얽혀 통신하면서 각자 기능을 수행한다.

선천 면역

선천 면역은 말 그대로 태어날 때부터 가진다. 병원체의 존재 유무와 상관없이 항상 준비되어 있고 즉각적이고 비특이적이다. 선천적 면역의 첫 번째 구성 요소는 물리학적, 화학적, 생물학적 장벽이다. 이 장벽은 병원체가 인체에 접촉하는 방법만큼 다양하다. 몸 표면의 피부는 구조적으로 그 자체가 장벽이다. 피부를 통해 병원체에 노출되는 경우는 곤충에 쏘이거나 짐승에 물리거나, 외상(外傷)으로 인해 상처를 입는 등 여러 가지가 있다. 병원체가 코를 통해 들어가면 코털, 기도의 섬모와 점액 등이 방해를 하고, 눈으로 들어가면 눈물을 포함한 점액이 방해해 상피 세포에 닿지 못한다. 병원체는 입을 통해 가장 빈번하게 우리 몸과 접촉한다. 물과 음식물을 비롯해 입에 닿는 모든 것에는 병원체가 있을 수 있다. 위에 들어온 병원체의 상당수는 위의 낮은 산성 환경을 견디지 못한다. 장으로 들어간 병원체는 장내 환경에서 살아남아야 하고 정상 세균 무리와 경쟁해서 상피 세포에 안착해야 한다.

선천 면역의 두 번째 구성 요소는 보체(補體, complement)다. 보체는 척추동물의 혈액과 림프액 속에 함유된 단백질의 일종으로서 에를리히가 보체라고 명명하기 전에는 알렉신(alexin)이라고도 했다. 사람의 경우는 20여 가지 성분으로 구성된다. 보체는 병원체를 제거하기 위해 면역 작용 및 세균 파괴 기능을 보충하는 물질을 가리킨다. 대부분 간세포(hepatocyte)에 의해 만들어지고, 대부분 활성이 없는 전구체 상태로 혈액에 존재한다. 보체는 항원 혹은 항체와 단독으로 결합하지 않고, 항원-항체 복합체와 결합한다. 항원-항체 복합체와 보체 단백질이 결합하면 보체 활성화 반응을 촉진해 미생물 병원체를 제거하는 경로를 강화하고, 병원체의 세포막에 구멍을 뚫어 병원체 자체를 직접 공격한다.

선천 면역의 세 번째 구성 요소는 세포로서 비만 세포(mast cell)*, 수상 돌기 세포(dendritic cell), 호중구(好中球, neutrophil), 자연 살상 세포(natural killer cell), 대식 세포(macrophage)가 있다. 비만 세포와 수상 돌기 세포는 상피 조직 내에 있으며 나머지는 혈관을 따라 순환한다. 병원체가 상피 조직에 침투하면 비만 세포에서 히스타민, 헤파린, 싸이토카인이 분비된다. 히스타민은 혈관을 부풀리고 헤파린은 항혈액 응고제로서 혈관을 따라 순환하는 호중구, 자연 살상 세포, 대식 세포가 혈관으로부터 감염 부위로 잘 빠져나오게 한다. 싸이토카인은 이 세포들을 감염 부위로 모이게 한다.

적응 면역

적응 면역은 병원체가 조직에 침입한 며칠 뒤에 선천 면역계에 의해 활성화되며 선천 면역과 달리 특이적이다. 적응 면역에 가담하는 세포는 총 6종으로 B 세포계 2종, T 세포계 4종이다. B 세포계로는 항체를 생산하는 혈장 세포(plasma cell)와 기억 B 세포, T 세포계로는 보조 T 세포, 세포 독성 T 세포, 억제 T 세포, 기억 T 세포가 있다. 적응 면역은 혈장 세포에서 분비되는 항체를 매개로 한 체액성 면역(antibody-mediated immunity)과 살상 T 세포를 매개로 한 세포성 면역

* 자체가 크고 뚱뚱하지만 주변 세포를 그렇게 만들 것이라 추정해 파울 에를리히가 붙인 이름이다. 우리 몸을 뚱뚱하게 만드는 것과는 아무 상관이 없는 면역 세포다. 분비가 주된 임무이므로 분비 소포가 엄청 많다. 우리 몸을 비만하게 만드는 세포는 지방 세포(adipocyte)다.

아름다운 미생물 이야기

(cell-mediated immunity)으로 이뤄진다. 혈장 세포와 살상 T 세포는 항원에 대해 개별적으로 반응하는 수용체를 세포 표면에 가지고 있어 특정 항원에만 특이적으로 반응한다.

적응 면역은 선천 면역 반응을 담당하는 항원 제시 수상 돌기 세포와 대식 세포에 의해 활성화된다. 적응 면역이 활성화되는 장소는 림프절이다. 림프절은 엄청나게 다양한 항원을 개별적으로 인식하고 결합할 수 있는 엄청나게 다양한 항원 수용체(B 세포 항체와 T 세포 수용체)를 지닌 성숙한 B 세포나 T 세포가 모여 있는 장소다. 모든 개체는 태어난 지 얼마 지나지 않아 수용체 유전자의 재조합을 통해 $10^7 \sim 10^8$개의 다양한 수용체가 개별적으로 발현된 B 및 T 세포들이 존재한다.

감염병과 면역 유전자의 분자적 진화

인류 역사에서 가장 많은 사람을 죽인 감염병은 무엇일까?[4] 추정이기는 하지만 지난 200년간 10억 명을 죽인 결핵이다. 천연두는 3억~5억 명, 유행성 독감은 6000만 명, 흑사병은 5000만 명, 에이즈는 4000만 명 정도다. 말라리아로 인한 상당수의 사망자가 있을 것이지만 누적 통계는 없다. 이 가운데 아직도 심각하게 진행 중인 감염병은 결핵, 독감, 에이즈, 말라리아다. 매년 결핵으로 180만 명, 에이즈로 160만 명, 말라리아로 100만 명 이상의 사람이 죽는다. 독감의 경우 유행 시 100만 명 이상, 비유행 시 일반 독감으로 매년 25만 명의 목숨을 앗아 간다. 우리나라에서도 매년 5,000명 이상이 결핵으로 사망하는데 이는 2015년 온 나라를 공황 상태로 만들었던 메르스 사망자의 60여 배에 달한다.

기본적으로 우리 몸 안은 무균 상태이므로 몸 안에 들어온 모든 미생물(바이러스 포함)은 궁극적으로 항원이 될 수 있다. 사람에서 감염병을 일으키는 주요 병원체는 300종 미만이다. 감염병의 대부분은 백신이나, 항생제 등을 이용한 감염 후 치료로 통제가 가능하다. 물론, 알게 모르게 감염병에 노출된 적이 있으면 이미 면역력이 생겨 자가 치유될 수 있다. 병원체가 우리 몸 안에 침입했을 때 일어나는 항체 생산과 세포 독성 T 세포의 특이적 반응은 각각 면역 글로불린과 T 세포 수용체와 항원과의 비공유 결합에서 시작한다. 두세 개의 어미 유전자로부터 $10^7 \sim 10^8$개의 면역 글로불린 발현 유전자와 T 세포 수용체 발현 유전자가 만들어지는 과정은 특정 유전자의 분자적 진화의 정수를 보여 준다.

병원체 역시 숙주의 면역 반응에 일방적으로 당하지만은 않는다. 병원체가 면역 반응을 성공적으로 피해 가거나 극복하는 방법이 있다면 어떤 병원성 세균은 아마도 그것을 이미 발견했을 것이다. 세균은 그들의 숙주에 비해서 매우 빠르게 진화한다. 그러므로 대부분의 가용한 항숙주 전략을 시험해 봤고 실제로 사용하는 것으로 보인다. 따라서 병원성 세균은 숙주의 면역 반응을 피하거나 극복하는 수많은 방법들을 개발해 왔는데 이 방법들은 미생물의 독성과 질병의 병리적 원인 제공자이기도 한다.

분자 진화의 정수: 항체 유전자 재조합

하나의 항원에 대응하는 항체를 생산하는 B 림프구가 단 한 가지라면 수많은 항원에 대응하기 위해서 수많은 항체가 필요하고 그것들을 만드는 B 림프구 역시 수많이 존재해야 한다. 그렇다면 항체를 만드는 항체 유전자도 항체의 개수만큼 많다고 생각할 것이다. '과연 그러할까?'라는 질문은 면역학자들에게 매혹적이지만 풀기 어려운 것이었다.

미국 MIT의 도네가와 스스무는 1976년에 시작된 일련의 획기적인 실험에서 항체 유전자들은 쓸모 있는 항체들의 광대한 배열을 형성하기 위해 스스로 자신을 재배열할 수 있다는 것을 보여 주었다.[5] 도네가와는 태아와 어른 쥐의 B 림프구의 DNA를 비교해 본 결과 그는 어른 쥐의 성숙한 B 세포의 유전자들이 항체들의 다양성이 나타나는 항체의 변이 지역을 형성하기 위해 재결합하고 삭제되었다는 것을 알게 되었다. 이른바 'V(D)J 재조합'이다.

비유하자면 이렇다. 세 칸의 벽돌칸 있는데 첫째 칸(V칸)에는 색깔이 약간씩 다른 30개의 진흙 벽돌이 일렬로, 둘째 칸(D칸)에는 또 색깔이 약간씩 다른 10개의 시멘트 벽돌이 일렬로, 셋째 칸(J칸)에는 또 색깔이 약간씩 다른 20개의 세라믹 벽돌이 일렬로 정렬되어 있다. B 세포에서 만들어지는 항체는 무조건 세 종류의 벽돌을 써야 되고 T 포에서 만들어지는 T 세포 수용체*(항체에 견줄 수 있다.)는 무조건 진

---

* 특정 항원을 인식한 (즉 활성화된) 특정 B 세포와 T 세포는 분화를 거쳐 엄청나게 증식

흙 벽돌과 세라믹 벽돌의 두 종류의 벽돌을 써야 된다. 항체는 각 벽돌 칸에서 무작위로 하나씩 꺼내 순서대로 이어 만들고 T세포 수용체는 V칸과 J칸에서 역시 무작위로 하나씩 꺼내 순서대로 이어 만든다. T 세포 수용체는 D칸 벽돌을 안 쓰기 때문에 괄호로 표시해 V(D)J가 되는 것이다.

V(D)J 재조합은 B 세포와 T 세포가 성숙의 이른 단계에서 분화하는 림프구에서만 일어나는 독특한 유전적 재조합이다. 그것은 체세포 재조합으로서 그 결과 매우 다양한 B 세포의 항체와 T 세포의 T세포 수용체가 만들어진다. 이 과정은 적응 면역을 정의할 수 있는 특징이며 진화적으로 턱이 있는 척추동물 이상에서 나타난다. V(D)J 재조합은 1차 림프 기관(B 세포의 경우 골수, T 세포의 경우 가슴샘)에서 일어난다. 해당 유전자의 변이 부분(variable, V), 결합 부위(joining, J), 그리고 어떤 경우에는 다양성 부위(diversity, D)가 거의 무작위로 재조합된다. 그 결과 궁극적으로 항체와 T 세포 수용체의 항원 결합 부위의 아미노산 서열이 무작위로 바뀌게 되고 따라서 암세포와 같은 자신의 변형된 단백질뿐만 아니라 병원체로부터 유래되는 거의 모든 항원을 인식한다. 1987년 도네가와는 적응 면역 체계에서 항체 유전자의 발현과 그것이 어떻게 항체의 다양성을 담보하는지 분자 수준에서 설명한

한다. 이때까지 항체는 B 세포에 T 세포 수용체는 T 세포에 달랑달랑 매달린 채로 있다. 이 후 B 세포만 혈장 세포로 한 번 더 분화한 후 매달린 항체를 털어내면서 항체가 피 속으로 유리된다.

아름다운 미생물 이야기

공로로 노벨 생리·의학상을 수상한다.

골수에서 만들어지는 서로 다른 항체 유전자를 가진 B 세포의 수는 이론적으로 약 3×10^{10}가지다. T 세포는 D 부위의 조각 수가 훨씬 적기 때문에 조합수가 줄어 10^9가지다. 하지만 이들 중 99퍼센트는 자기 단백질을 인식하는 것으로 분화 과정에서 교육받아 제거된다. 자기 단백질을 인식하는 세포가 제거되지 않으면 자가 면역 질환의 원인이 된다. T 세포는 가슴샘에서 교육받지만 B 세포가 교육받는 장소는 정확히 모른다. 닭의 경우 점액낭에서 이뤄진다. 사람의 경우 최종적으로 B 세포는 10^8가지, T 세포는 $<10^7$가지가 있다.

미생물의 반격: 면역 회피

숙주 세포의 절묘한 방어 기작에 대해 미생물도 살아남으려면 이를 피해야 한다. 병원체에 대한 숙주의 면역 체계와 그 작동 기작은 복잡하지만 병원체의 입장에서 보면 들키지만 않으면 된다. 혹은 궁극적으로 들키더라도 최대한 시간을 벌어 증식할 수만 있다면 소기의 목적은 달성하는 셈이다. 일반적으로 병원체의 아주 작은 부분(예를 들면 단백질의 일부)이 숙주의 면역 체계에 들키기 때문에 그 아주 작은 부분만 가릴 수 있다면 숙주의 면역 체계 감시망에서 벗어날 수 있다. 이 현상을 면역 회피라 한다. 그 작은 부분만 가리는 방법은 여러 가지지만 숙주의 복잡한 면역 체계에 비하면 간단하다고 할 수 있다. 수비적인 숙주의 면역 체계로부터 도망칠 수 있는 방법만 알고 있다면 상당 기간 동안 승자는 항상 병원체다. 그 방법은 병원체에 따라, 그리고 병원체가 번식하는 장소에 따라 독특하다. 병원체들이 제일 많이 쓰는 방법은 항원 변이이므로 이것의 일반적인 특성을 먼저 기술하고 세포 외 병원균, 세포 내 병원균, 바이러스 순으로 면역 회피 방법을 기술한다.

항원 변이

항원 변이란 감염체가 숙주의 면역 체계를 회피하기 위해 표면 단백질을 변화시키는 것을 뜻한다. 면역 회피는 수명이 긴 숙주를 목표로 하거나, 단일 숙주를 반복적으로 감염시키거나 쉽게 전파되는 미생물들에게 특히 중요하다. 항원 변이는 면역 체계에 의해 더 이상 인지되지 않기 때문에 미생물의 재감염을 가능하게 한다. 미생물이 특수한 항원, 즉 표면에 있는 단백질이 노출되면 면역 반응이 자극되어 특이 항원을 목표로 하는 항체를 만든다. 그 후 면역 체계는 특수한 항원을 '기억'하며 그 항원을 후천성 혹은 획득 면역 체계의 한 부분이 되게 하는 것이다. 동일한 병원체가 동일한 숙주에 재감염하면 병원체를 목표로 하는 항체가 빠르게 만들어져 그 병원체를 파괴한다. 그러나 병원체가 표면 항원을 변화시킬 경우 이 방어 기작이 작동하지 않으므로 숙주의 획득 면역 체계를 피할 수 있다. 기존의 면역 체계를 피한 병원체는 숙주를 재감염시켜 숙주가 새롭게 인지된 항원에 대해 새로운 항체를 만드는 시간을 벌게 된다. 항원 변이는 단백질이나 당을 포함한 다양한 표면 분자를 바꿈으로써 생길 수 있다. 항원 변이를 일으키는 분자적 기작은 여러 가지다. 너무 전문적이지만 예를 들어, 유전자 전환, 자리 특이적 DNA 역전, 초돌연변이, 염기 서열 카세트의 재조합 등이 있다. 이 모든 경우 특정한 개체들만 특정 표현형을 갖는, 즉 이형(異形) 표현형의 출현을 초래한다.

항원 변이는 원생동물, 세균, 바이러스에서 일어나지만, 바이러스에서 독보적으로 일어난다. 원생동물의 경우 트리파노조마 브루세이(*Trypanosoma brucei*, 수면병인 트리파노조마증을 일으키는 원생동물로서 체체파리에 의해 매개된다.)와 악성 말라리아 원충(*Plasmodium falciparum*)이 대표적이다. 세균도 몇몇 종에서만 일어난다. 원생동물과 세균의 항원 변이는 이 장에서는 다루지 않는다.

세포 외 병원균

대부분의 세균과 곰팡이 유래 병원균은 숙주 세포 밖 혹은 발생학적 의미의 몸밖에 서식한다. 항원 변이는 임질균(*Neisseria* sp.)과 대장균에서 흔히 나타난다. 폐렴균(*Streptococcus pneumoniae*)은 복합당으로 만들어진 캡슐로 둘러싸여 대식 작용으로부터 벗어난다. 많은 세균이 보체를 활성화시킨다. 임질균과 화농성연쇄상구균(*Streptococcus pyogenes*)은 항체 분해 효소를 분비한다. 황색포도상구균(*Staphylococcus aureus*)는 싸이토카인의 접근을 방해한다.

세포 내 병원균

많은 수는 아니지만 몇몇 세균과 곰팡이 균은 감염 후 세포 안으로 침투해 번식한다. 대식 작용으로 세포 안으로 들어올 수 있는데 이때의 특수한 구조물을 대식체(phagosome)라 한다. 대식체는 일반적으로 라이소좀(lysosome)과 융합해 안에 든 세균을 분해한다. 결핵균은 이 융합 반응을 방해함으로써 살아남는다. 리스테리아 모노싸이토게네스(*Listeria monocytogenes*) 같은 균은 아예 대식체 막을 없앤다. 대식체를 만드는 세포는 대체로 산성이고 활성 산소의 농도가 높아 독성이 강하다. 매독균은 활성 산소의 농도를 낮춤으로써 살아남는다. 질염을 유발하는 캔디다종은 산성에 강하고 역시 활성 산소의 농도를 낮추는 능력이 있다.

항원 변이의 대표 바이러스

바이러스는 예외 없이 세포 안으로 침투한다. 항원 변이의 대표 바이러스는 독감 바이러스와 에이즈 바이러스다. 독감 바이러스의 항원 변이는 대단히 중요하므로 아래에 따로 기술한다. 많은 바이러스는 항원 제시 작용를 방해하거나 면역 반응을 방해한다. 에이즈 바이러스는 면역 세포를 죽여 면역 세포의 수를 감소시키거나 발병 기간을 최대한 늦춘다. 바이러스에 감염된 세포는 면역 작용에 의해 죽게 되는데 허피스 바이러스나 폭스(Pox) 바이러스는 이 과정을 방해해 숙주 안에 오래 머무를 수 있다.

독감 바이러스의 항원 변이

사람과 병원체 사이에서 대표적인 숨바꼭질이 독감 바이러스를 두고 벌어진다. 독감은 인플루엔자 바이러스 때문에 발생하는 급

아름다운 미생물 이야기

성 호흡기 질환이다. 독감의 말뜻은 '독한 감기'지만 감기와는 전혀 다른 질병이다. 영어명으로 '인플루엔자(influenza)'이며 간단히 '플루(flu)'라고 한다. 인플루엔자라는 이름은 라틴 어로 '영향을 끼치다.'라는 뜻의 influenza에서 유래됐다. 초기에 감기와 비슷한 증상을 보이다가 고열, 두통, 근육통, 전신 피로 등의 증상이 나타나고 심하면 폐렴으로 발전해 사망한다.

독감 바이러스는 분류학적으로 오소믹소바이러스(Orthomyxoviridae) 과에 속하며 A형(고병원성), B형(약병원성), C형(비병원성)으로 나뉜다. 따라서 문제가 되는 독감 바이러스는 A형이다.[6] 포유류와 조류가 숙주로 알려진 인플루엔자 바이러스 A형은 외피(envelope)가 있고, 유전체가 8개의 분절로 이뤄진 외가닥사슬의 RNA 바이러스다. 모두 합쳐 11개의 유전자를 지령한다. 외피에는 항원인 당단백질 헴아글루티닌(hemagglutinin, HA 혹은 더 간단히 H)과 뉴라미니데이즈(neuraminidase, NA 혹은 더 간단히 N)가 있다.* 이들은 구조가 다양하며 이에 대한 항체의 종류에 따라 혈청학적으로 서로 다른 17종류의 H 아형과 10종류의

---

* 바이러스 외피 막에 있는 당단백질의 효소. 뉴라민 분해 효소라고도 한다. 바이러스가 숙주의 세포로 침입하거나 빠져나올 때 필요하다. 아홉 가지 아형(N1~N9)이 있다. 사람에서 N1, N2 두 가지가 보인다. 바이러스에서 변이가 나타나는 것은 이 뉴라민 분해 효소에 조금씩 변이가 발생하기 때문이다. 바이러스가 숙주 세포로부터 빠져나오는 데 필요한 이 효소의 기능을 억제함으로써, 결과적으로 바이러스가 다른 세포로 감염되지 못하게 하는 약으로는 타미플루(Tamiflu)가 있다.

N 아형이 있다.* 사람에서는 9종류 중 3종류의 헴아글루티닌(H1, H₂, H₃)과 3종류 중 2종류의 뉴라미니데이즈(N1, N2)의 아형이 대표적이며, 따라서 조합적으로 27개 중 6개 혈청형(serotype)이 대표적이다. 하지만 조류의 대표적 아형인 H5가 사람을 감염시킬 수 있는 것으로 보아 모든 H와 N이 섞인다면 170종류의 혈청형이 생길 수 있다. 또한 한 가지 혈청형에서도 변이종이 생길 수 있어 그 수는 이론적으로 엄청나게 늘어난다. 물론 독성의 문제는 별개다. 지금까지 사람에서 발견된 혈청형은 21개다.

20세기에 가장 크게 유행한 것은 스페인 독감이다. 혈청학적으로 H1N1형이다. 1918년 미국 시카고에서 발병한 스페인 독감은 미국과 유럽, 아시아, 아프리카, 심지어 북극과 태평양 섬들까지 퍼져 5000만 명 이상의 사망자를 냈다. 이 사망자 수는 25년 동안 에이즈로 인한 사망자 수의 2배다. 이상하게 들리겠지만 스페인 독감은 스페인과 아무 관계가 없다. 유행 당시 유럽은 제1차 세계 대전에 휘말려 있었는데 당연히 군영에서 대유행했다. 참전국들은 전시 보도 검열을 통해 이 사실을 숨겼으나 스페인까지 번지자 비참전국인 스페인의 언론들이 이 사태를 깊이 있게 다루어 비로소 세계에 알려지게

---

* 단백질로서 숙주 세포 표면의 시알산(sialic acid)에 달라붙어 바이러스가 세포 안으로 침투하는 과정을 시작하게 한다. 인플루엔자 바이러스에는 A, B, C형이 있는데, A, B형 인플루엔자 바이러스 표면에 돋아나 있는 항원성 돌기 중 하나다. 포유동물의 세포에 부착하는 데 관여한다. 특히 A형 인플루엔자 바이러스의 경우, 항원형에 따라 사람에서 H1, H₂, H₃의 3가지의 아형으로 분류된다.

아름다운 미생물 이야기

되었기 때문에 붙여진 이름이다. 스페인 독감이 유행한 4년간 전쟁터에서 사망한 사람의 수(800만 명)보다 6개월 유행한 독감으로 인한 사망자 수가 3배나 많았다. 2년 동안 전 세계 인구의 3~6퍼센트인 5000만~1억 명이 사망했다. 우리나라에서도 1918년에 일명 '무오년 독감'이 퍼져 인구의 38퍼센트인 758만 명이 독감에 걸렸고, 그중 30만 명 정도가 사망했다.이후 1957년에 아시아 독감(H2N2형)으로 100만 명, 1968년 홍콩 독감(H3N2형)으로 80만 명이 사망했으며 1977년 러시아 독감(H1N1형)도 100만 명의 사망자가 발생하는 등 맹위를 떨쳤다.

앞으로 문제가 될 가능성이 높은 바이러스는 조류 독감 바이러스(avian influenza virus)다. 우리는 조류 독감을 AI라 하지만 미국에서는 조류 독감이 별로 중요하지 않아서인지는 몰라도 AI는 인공 지능(artificial intelligence)을 가리키는 말이다. 조류 독감이 인공 지능까지 갖추게 되면 그야말로 큰일일 것이다. 조류 독감 바이러스는 사람에게 직접 감염되지 않는 것으로 알려져 왔으나, 1918년에 유행한 스페인 독감(H1N1형)도 조류에서 기인했다는 보고가 있다. 그러나 공식적으로는 1997년 홍콩에서 조류 독감 바이러스인 H5N1이 인체 감염을 일으켜 6명이 사망하면서 독감 바이러스의 첫 이종 간 감염의 사례로 기록되었다. 그 후 H7N7, H9N2형 등이 인간에게 감염되는 조류 독감 바이러스로 분리되었다.

18장

미생물과 공진화

공생(共生, symbiosis)은 생물학 관점에서 각기 다른 둘 혹은 그 이상의 종이 서로 영향을 주고받는 관계를 일컫는다. 공생의 종류로는 크게 상리 공생(相利共生, Mutualism), 편리 공생(片利共生, Commensalism), 편해 공생(片害共生, Amensalism), 기생(寄生, Parasitism)이 있다. 상리 공생은 쌍방의 생물 종이 서로 이익을 얻는 경우, 편리 공생은 한쪽만이 이익을 얻는 경우, 편해 공생은 한쪽만이 피해를 입고 다른 한쪽은 아무 영향 없는 경우, 기생은 한쪽에만 이익이 되고 상대방이 피해를 입는 경우다. 공생 개념은 미생물과 그 미생물이 서식하고 있는 숙주 생물의 관계를 새롭게 보게 만들어 주었다. 먼저 전생물체 개념부터 살펴보자.

전생물체

　흰개미나 반추동물처럼 셀룰로즈가 거의 유일한 탄소원인 동물들은 장에 셀룰로즈를 분해하는 미생물이 없으면 살 수 없다. 이러한 장내 세균은 숙주가 없어도 살 수 있겠지만 장내에 살면 훨씬 잘 살 수 있다. 이런 관계는 상리 공생 관계이지만 숙주인 동물의 입장에서 보면 절대 상리 공생이고, 미생물 입장에서 보면 상대 상리 공생이다. 공생 관계, 특히 절대 공생 관계에 있는 숙주를 미생물과 더불어 하나의 생물 단위로 보자는, 그리고 미생물이 진화의 원동력이라는 이론이 근래에 대두되었다. 이른바 전생물체(holobiont) 이론이다.[1, 2]

　전생물체는 생태계 단위를 이루는 서로 다른 종들의 집합이다. 린 마굴리스는 모든 생물들 생애의 상당한 부분 동안 서로 다른 종들 사이에서 맺어지는 모든 물리적 연관은 공생이라고 주장했다. 마굴리스가 1991년 그녀의 책 『공생은 진화적 혁신의 원천(Symbiosis as a Source of Evolutionary Innovation)』에서 공생 관계 참여자들은 생리적 개체고, 그 결과물인 집합체를 전생물체라 이름 지었다.[3] holo는 전체 whole을 뜻하는 고대 그리스 어에서 유래했다. 마굴리스는 더 나아가 "진화의 원동력은 공생이다."라고 주장했다. 이는 경쟁을 진화의 원동력으로 보는 신(新)다윈주의와 상충한다.

　이어서 1992년 데이비드 민델은 《바이오시스템스(BioSystems)》에 발표한 논문에서 일반적인 숙주-미생물 공생에 대해 전생물체란 단어를 사용했다.[4] 이 단어는 라스뮈스 요건선이 발표한 또 다른 《바이오시스템스》 논문에서 사용되었다.[5] 1994년 9월 리처드 제 퍼슨은 콜드 스프링 하버 연구소(Cold Spring Harbor Laboratory)에서 개 최된 "PCR 10년"이란 심포지엄에서 공식 석상 처음으로 전유전체 (hologenome)란 용어를 도입했다.[6] 당시까지 PCR로 증폭된 16S RNA의 염기 서열 분석을 통해 수많은 미생물이 확인된 것에 과학자들은 흥 분했지만, 다른 한편에서는 그것이 오염에 의한 것이라는 주장도 만 만치 않았다. 그 후 잠잠하다가 2002년 여러 학자들에 의해 다양한 미 생물과 산호 사이의 복잡한 관계를 기술하면서 다시 인용되었다. 이 관계에서 황록공생조류(Zooxanthella)는 산호 전생물체가 필요로 하는 빛의 세기를 결정하고 세균, 고세균, 곰팡이가 얽힌 복잡한 관계망은 질소를 순환시킨다.

전생물체란 단어는 2005년에 다시 한번 사용된 뒤로는 사용 빈도가 증가하기 시작하다가 2007년에 이스라엘 텔아비브 대학교 유 진 로젠버그와 일라나 로젠버그 교수 부부에 의해 학문적인 개념으로 도입되었다.[7] 이 개념에 따르면 오늘날 모든 동물과 식물은 숙주와 전 체 미생물 군집으로 이뤄진 전유전체로 간주되며 이러한 관계는 일시 적일 수도 있고 안정적일 수도 있다.

전생물체는 여러 분야로 나뉜 환경학적 독립체이고 전유전체 는 전생물체의 표현형을 지령하는 여러 분야로 나뉜 유전학적 독립체 이다. 여기서 전유전체란 단어는 염색체와 유전체 같은 단어와 개념 적으로 연결되어 있다. 따라서 이러한 용어들은 숙주-미생물 집합과 그들의 유전체와 관계된 구조적 정의다.

전유전체 진화 이론 혹은 전유전체 진화 개념은 동물과 식물 혹은 다른 다세포 생물 각각의 개체를 숙주와 그리고 공생 관계에 있는 모든 미생물을 하나의 집단 혹은 전생물체로 보는 것이다. 따라서 전생물체 구성원의 DNA와 RNA를 모두 합쳐 전유전체라 한다. 우리나라에서는 '초(超)유전체'라 번역되었으나 이는 초유기체(superorganism)*의 유전체와 혼동될 수 있다. 전유전체가 다음 세대로 합리적이고 충실하게 전달된다면 전유전체의 변이는 전생물체의 표현형을 지령할 수 있고 유전적 선택과 부동(浮動, drift. 무작위가 특징이다.)에 의해 야기되는 진화적 변화의 주체일 수 있다. 개체를 진화의 힘 아래 놓인 전생물체로 재조명한 중요한 소득 중 하나는, 숙주 유전체의 변화와 또한 새로운 미생물의 유입, 수평적 유전자 전달, 숙주 안의 미생물 수의 변화 등 미생물 유전체의 변화에 따라서 숙주의 유전적 변이가 생길 수 있다는 점이다. 전유전체 개념은 많은 다세포 숙주에 고유하고도 방대한 공생의 복잡성을 포함한다는 점에서 숙주-미생물의 이원적 공생과 다르다. 즉 전생물체는 구성원 모두가 함께 진화하는 운명 공동체다.

앞에서 복잡하게 설명했지만 전유전체 이론은 "여러 가지 생명체로 이뤄진 전생물체는 마치 하나의 생명체 혹은 하나의 종처럼

---

* 초유기체는 여러 개체로 이뤄진 생물이다. 1928년 윌리엄 휠러가 진(眞)사회성 곤충을 분석하면서 처음 제안한 개념이다. 개미 집단은 초유기체다. 전생물체는 여러 서로 다른 종들의 집합체다. 개미 한 마리 한 마리는 개미 자신, 곰팡이, 세균 등으로 이뤄진 전유전체다.

유전하고 진화한다."라는 한 문장으로 정리할 수 있다. 이 이론은 비브리오 실로이(*Vibrio shiloi*)에 의해 매개되는 산호의 백화 현상을 관찰한 것에 기초한다. 처음 도입된 이후 이 이론은 라마르크주의와 다윈주의의 혼합형으로 발전하고 산호뿐만 아니라 모든 생물로 확대되었다. 2013년 로버트 브루커와 세스 보덴스타인은 처음으로 매우 가까운 말벌 종의 장내 미생물 유전체가 다르며 이 차이점이 두 종 사이의 잡종을 죽게 한다는 사실을 보여 준다.[8] 이 논문은 전생물체학 역사에서 아주 중요한 것으로서 숙주와 미생물 사이의 상호 작용을 동일한 유전체 안에 있는 유전자들 사이의 상호 작용과 동일시함으로써 적어도 부분적으로는 개념상 연속성을 가지게 한다.

산호 활성균 가설

다세포생물들의 생활이란 물리적으로 시간적으로 뚜렷한, 특히 무엇보다도 호르몬을 통한 과정들의 협조에 의해 가능하다. 호르몬은 척추동물에서 중요한 개체 발생, 체세포와 생식 세포의 생리, 분화, 활동을 매개한다.

스테로이드와 갑상선 호르몬을 포함한 많은 호르몬들은 전형적으로 글루쿠로니드(glucuronide)나 황산기(sulfate)가 결합된 불활성 호르몬 상태로 내분비와 땀샘 분비계를 통해 미생물 군집이 널리 퍼져 있는 장, 요도관, 폐와 피부 등으로 분비된다. 거기서 불활성 호르몬은 글루쿠로니드나 황산기가 떨어져 나감으로써 활성화되고 활성화된 호르몬은 재흡수되어 기능을 수행한다. 불활성 호르몬의 활성화, 즉 글루쿠로니드나 황산기의 분리는 각각 글루쿠로니드 가수 분해 효소 (glucuronidase)와 황산 분해 효소(sulfatase)라는 효소의 효소학적 반응의 결과인데 이 효소들은 적당한 시기에 적당한 장소에 서식하는 미생물들이 만든다.[9]

이런 방식으로 많은 호르몬들의 농도와 생물학적 효능이 매우 복잡하고 다양한 미생물에 의해 결정된다. 미생물들의 집단적 활동을 통해 척추동물 호르몬의 시간과 양의 관계를 효과적으로 조절함으로써 우리가 정의하는 숙주의 고유한 특징과 행동, 그리고 환경에 대한 반응이 나타나는 것이다. 겉으로 보이는 것은 숙주의 정체성이지만 사실은 전생물체의 정체성이다. 숙주의 변화가 있다면 이는 곧 공생하는 미생물의 변화일 수 있다.

1994년 제퍼슨이 전유전체 이론을 정의한 지 13년 후 로젠버그 부부는 산호와 산호 활성균 가설에 기초해 그 이론을 다시 설명했다.[7] 산호초는 생물이 만드는 가장 큰 구조물이며 풍부하고 매우 복잡한 미생물 군집이다. 머리 부분은 유전적으로 동일한 폴립의 군집으로서 기저에서 외골격 구성 물질을 분비한다. 종에 따라서 탄산칼슘 성분 외골격은 딱딱하고 단백질 성분 외골격은 부드러울 수 있다. 많은 세대에 걸쳐 산호 군집은 종의 특성에 따라 거대한 골격을 만든다. 광합성을 하는 심비오디니움(Symbiodinium)과 질소 고정을 하거나 키틴을 분해하는 세균 등 산호에게 중요한 영양을 공급하는 다양한 형태의 생명이 산호 군집에 산다. 산호와 미생물 군집 사이의 연관은 종에 따라 다르고 산호의 동일한 부분이라도 점액, 골격, 조직에 따라 미생물의 종류도 다르다.

　지난 수십 년 동안 산호 군락은 감소해 왔다. 기후 변화, 수질 오염, 과도한 채취가 그러한 감소의 3대 요인이다. 스무 가지가 넘는 산호의 병이 알려져 있으나 그 병의 원인이 되는 원인체 가운데 순수 분리되어 그 특성이 연구된 것은 손에 꼽을 만큼밖에 안 된다. 산호 백화(白化) 현상은 지중해에서 가장 심각한 산호의 질병으로서 1994년, 처음으로 비브리오 실로이의 감염 때문이라는 것이 밝혀졌다. 비브리오 실로이는 코흐 공리에 딱 들어맞았다.

　1994년부터 2002년까지 세균에 의한 산호 오쿨리나 파타고니카(*Oculina patagonica*)의 백화는 동지중해에서 매년 여름 반복되었다. 그러나 놀랍게도 2003년 이후, 동지중해의 오쿨리나 파타고니카는 비브리오 실로이 감염에 저항성을 보여 왔다. 물론 다른 질병에 의한 백화 현상은 계속되었지만 말이다. 산호가 수십 년 동안 후천성 면역 체계도 없이 살아가는 것을 고려하면 상당히 놀라운 일이다. 산호의 선천적 면역 체계는 항체를 만들지 못하며, 진화적 적응을 제외하면 새로운 도전에 반응하는 것은 불가능해 보인다. 그러나 다수의 연구자들은 경험 매개 내성(experience-mediated tolerance)이라고밖에 할 수 있는 백화 저항성을 관찰했다.

　이 수수께끼에 기초해 로젠버그 부부는 산호 활성균 가설을 제안한다.[10] 이 가설은 산호와 그리고 산호와 공생 관계에 있는 미생물 군집 사이에는 역동적인 관계가 존재한다고 제안한다. 이로움을 주는 돌연변이들이 생길 수 있으며 이것은 산호에서보다 공생 미생물 사이에서 더 빠르게 퍼질 수 있다. 미생물의 조성을 변화시킴으로써 전생물체는 숙주 혼자 유전적 돌연변이와 선택을 통해 진화하는 것보다 훨씬 더 빨리 변화하는 환경적 조건에 적응할 수 있다.

전유전체 이론

산호 활성균 가설을 고등 식물이나 고등 동물 등 다른 생명체로 확장하면서 로젠버그는 진화의 전유전체 이론을 주장하게 된다. 2007년 로젠버그 등의 논문에서 요약한 전유전체 진화 이론은 다음과 같다.[7] 모든 동물과 식물은 미생물과 공생 관계를 이룬다. 서로 다른 숙주 종은 서로 다른 공생자들을 지니며 동일한 종의 개체 역시 다른 공생자들을 지닌다. 숙주와 미생물 집단 사이의 관련성은 숙주와 미생물 군집 모두에 영향을 준다. 미생물의 지령을 받는 유전 정보는 환경의 요구 아래 숙주 생물에 의해 지령받는 유전 정보보다 보다 빠르게 변화할 수 있다. 숙주의 유전체는 전유전체를 만들기 위해 관련된 공생 미생물의 유전체와 연합을 이루어 작용한다. 이 전유전체는 숙주 유전체 혼자보다 보다 빠르게 변화할 수 있고 그럼으로써 합동적 전생물체 진화에 적응적 잠재력을 부여한다.

이러한 관점들 각각은 진화에 있어서 자연 선택의 단위로서 고려되어야 한다는 로젠버그 등의 제안에 이르게 한다. 전생물체와 전유전체의 열 가지 원리들이 학술지 《PLoS 바이올로지(*PLoS Biology*)》

아름다운 미생물 이야기

에 소개되었다.[2]

1. 전생물체와 전유전체는 생물학적 유기적 구조의 단위다.

2. 전생물체와 전유전체는 기관도, 초유기체도. 범유전체도 아니다.

3. 전유전체는 종합적인 유전자 체계다.

4. 전유전체 개념은 라마르크 진화의 요소들을 재가동한다.

5. 전유전체의 변이는 모든 돌연변이 기작을 통합한다.

6. 전유전체의 진화는 핵 유전체의 한 유전자와 미생물 유전체의 한 유 전자와 동일시함으로써 가장 쉽게 이해될 수 있다.

7. 전유전체 개념은 유전학에 꼭 들어맞고 다단계 선택 이론을 수용한다.

8. 전유전체는 선택과 중립성에 의해 형성된다.

9. 전유전체적 종분화는 유전학과 공생을 섞는다.

10. 전생물체와 그것의 전유전체는 진화 생물학의 법칙을 바꾸지 않는다.

수평적으로 혹은 수직적으로 전달되는 공생자들

많은 사례 연구들은 한 생물과 그 생물의 생존에 연관된 미생물 군집의 중요성을 분명하게 보여 준다. 그러나 내부 공생자들의 수평적 대 수직적 전달은 구별되어야 한다. 두드러지게 수직적으로 전달되는 내부 공생자들은 숙주 종에 존재하는 유전적 변이에 기여하는 것일 수 있다. 산호같이 집단적으로 생활하는 생물의 경우에 집단 생물과 관련된 미생물들은 집단 구성원 각 개체가 무성 생식해서 살다가 죽어도 존속할 것이다. 산호 역시 유성 생식으로 번식해서 플랑크톤성 유충이 될 수 있지만 이 성장 단계에도 관련된 미생물들이 존속하는지는 불분명하다. 또한 산호 집단의 미생물 군집은 계절에 따라 변할 수 있다. 많은 곤충들은 세균과 필수 공생 관계를 맺는데 이 관계는 유전된다. 예를 들어, 아소바라 타비다(*Asobara tabida*)의 말벌 암컷의 정상적인 발생은 월바키아(*Wolbachia*) 속 공생 세균의 감염에 의존한다. 이 균을 없애면 말벌의 난소는 퇴화한다.[11] 감염의 수직 전달은 알의 세포질을 통해 이뤄진다.

한편, 수평적으로 전달되는 필수적 공생 관계에 관한 사례는 많다. 잘 된 연구의 한 가지 예는 야행성 오징어 유프림나 스콜로페스(*Euprymna scolopes*)로서 공생 세균 비브리오 피스케리(*Vibrio fischeri*)의 도움으로 아래쪽에서 빛을 냄으로써 달빛을 받은 바다 표면으로부터 자신의 윤곽을 지운다.[12] 로젠버그 부부는 이 예를 진화의 전유전체 이론의 관점에서 인용한다. 오징어와 세균은 고도로 같이 진화한 관계를 유지한다. 방금 알에서 깬 오징어는 바닷물로부터 세균을 모으며 숙주 사이에 일어나는 공생자의 수평적 전이는 숙주 종 안에서 일어나는 이로운 돌연변이의 전이를 숙주 유전체 안에서 일어나는 돌연변이보다 빠르게 한다.

1차 공생자와 2차 공생자

내부 공생자들이 존재하면 그것들이 1차 공생자인지 2차 공

아름다운 미생물 이야기

생자인지를 구분하게 된다. 1차 공생자들은 숙주의 좀 크고 기관처럼 특화된 구조 안에서 살 수 있다. 숙주와 1차 내부 공생자 사이의 연관은 보통 수천만 년 전으로 추정되는 시기까지 거슬러 올라간다. 내부 공생설에 따르면 1차 내부 공생자의 극단적인 사례는 마이토콘드리아와 엽록체이고 진핵생물의 다른 소기관도 가능성이 있다. 1차 내부 공생자들은 대개 절대적으로 수직 전달되고 그 관계는 항상 상호 공생적이며 두 당사자 간에 서로 필수적이다. 1차 내부 공생은 놀랍게도 흔하다. 예를 들어, 곤충의 약 15퍼센트는 이런 형태의 내부 공생자를 지닌다.[13]

반면에 2차 내부 공생은 적어도 숙주의 입장에서 종종 있어도 되고 없어도 되며 그 연관성은 그리 오래되지 않았다. 2차 내부 공생자들은 특별한 숙주의 조직에서 살지 않지만 지방, 근육, 신경 조직에 퍼져 살 수도 있고 장 안에서 자랄 수도 있다. 다음 세대로의 전달은 수직적, 수평적, 그리고 둘 다일 수 있다. 숙주와 2차 내부 공생자들의 관계는 반드시 숙주에게 이로워야 할 필요도 없다. 실제로 그 관계는 기생 관계일 수도 있다.

수직적, 수평적 전달, 1차, 2차 내부 공생의 차이점은 절대적이지 않지만, 연속성을 따르며 환경의 영향을 받는다. 예를 들어, 노린재(*Nezara viridula*) 암컷은 알을 위맹낭(胃盲囊, gastric caeca)으로 문지르는데, 공생자들의 수직적 전달률은 섭씨 20도에서 100퍼센트이지만 섭씨 30도에서는 8퍼센트로 감소한다.[14] 마찬가지로 편리 공생, 상호 공생, 그리고 기생 관계에서 차이점 역시 절대적이지 않다. 콩과 식물과 뿌리혹박테리아 사이의 관계가 그 한 예다. 즉 세균을 통한 질소 흡수는 고정된 질소를 토양으로부터 흡수하는 것보다 에너지가 많이 필요한 과정이다. 그래서 제한적이지만 않다면 토양의 질소가 우선적이다. 뿌리혹 형성의 초기 단계에 콩과 식물과 뿌리혹박테리아 사이의 관계는 상호 공생 관계라기보다는 실제로 병원균 감염과 닮았다.

다윈주의 안의 신라마르크주의

라마르크주의는 생물은 자기가 살아가는 동안 획득한 특성을 자식에게 전달할 수 있다는 것으로서 획득 형질의 유전 혹은 경유전 (soft inheritance)으로도 알려져 있다. 이것은 당시 2개의 공통된 생각을 통합했다. 하나는 개체가 사용하지 않는 특성은 잃어버리고 유용한 특성만 발전시킨다는 용불용설(用不用說, use and disuse theory)이고, 다른 하나는 개체가 그 조상들로부터 형질을 물려받는다는 획득 형질의 유전이다.

라마르크 이론은 진화는 자연 선택 하에 놓인 무작위 변위를 통해 일어난다는 신다윈주의에 의해 배척을 받았을지라도, 전유전체 이론은 라마르크주의의 개념을 되돌아보게 한다. 전통적으로 인정받는 변이 형태(유성 재조합, 염색체 재배열, 돌연변이) 이외에 전생물체 개념은 전유전체 이론에만 들어맞는 변이의 두 가지 부가적인 기작을 제공한다. 하나는 기존의 미생물들의 상대적인 개체수의 변화, 즉 증폭과 감소이고 다른 하나는 주위 환경으로부터 자식 세대로 전달되는

새로운 균주의 획득이다.[15]

　　기존 미생물들의 상대적인 개체수 변화는 라마르크의 용불용설에 해당하는 반면, 새로운 균주가 주위 환경으로부터 획득한 능력이 자식 세대로 전달된다면 라마르크의 획득 형질 유전이다. 그러므로 전유전체 이론은 "라마르크의 견해는 다윈주의 틀 안으로 통합된다."라는 관점을 옹호한다고 할 수 있다.[15]

다른 사례들

　　완두콩 진딧물(*Acyrthosiphon pisum*)은 세균 부크네라 아피디콜라(*Buchnera aphidicola*)와 필수적 공생 관계인데 이 세균은 난소관 안에서 발생하는 배아에게 모계를 통해 전달된다. 완두콩 진딧물은 수액을 먹고산다. 수액은 당이 풍부하지만 아미노산은 없다. 진딧물은 필수 아미노산을 만드는 내부 공생 세균에 의존하는 대신 세균이 자라고 번식할 수 있는 세포 내 서식처를 제공한다.[16] 이 관계는 서로 영양분을 주고받는 관계보다 실제로 더 복잡하다.

　　어떤 부크네라 균주는 숙주의 열내성을 증가시키는 반면 다른 어떤 종은 그렇지 않다. 야생에서는 두 종이 같이 존재하는 것으로 보아 어떤 조건에서는 열내성이 증가하는 것이 이롭고 다른 조건에서는 열내성이 감소하고 냉내성이 증가하는 것이 이로울 수 있다.[17]

　　짝 선호도, 즉 배우자 선택의 발달은 종분화에서 일찍이 일어난 사건으로 여겨진다. 1989년 다이앤 도드는 초파리에게 짝 선호도가 있으며 먹이에 의해 유도된다고 보고했다.[18] 최근 논문에 따르면 먹이를 당밀에서 녹말로 바꾸었을 때 그렇지 않았다면 똑같았을 초파리 개체수가 변한다. 당밀초파리는 다른 당밀초파리와 교미하기를 좋아하고 녹말초파리는 다른 녹말초파리와 교미하기를 좋아한다. 이 짝 선호도는 놀랍게도 오직 한 세대 만에 나타나고 적어도 37세대 동안 지속된다. 이런 차이점은 초파리의 특별한 세균 공생자 락토바실러스 플란타룸의 개체수 변화에 기인한다. 항생제 처리를 하면 세균이 죽으므로 유도된 짝 선호도가 사라진다. 이는 세균 공생자가 초파리 피부의 성 호르몬 양을 변화시킨 것으로 보인다.[19]

　　로젠버그 부부는 2008년 모든 진핵생물의 마이토콘드리아와 식물의 엽록체를 시작으로 공생자들이 전달되는 방법과 전생물체의 건강에 공헌하는 정도를 요약했고, 나아가서 각 체계마다 여러 가지 연관성을 기술했다.[20] 미생물이 전생물체의 건강에 공헌하는 정도는 다음 사항을 포함한다. 독특한 아미노산의 공급, 고온에서의 성장, 셀룰로즈로부터 영양 공급, 질소 대사, 인식 신호, 보다 효과적인 먹이 이용, 대사 작용으로부터 알과 배아의 보호, 포식자로부터 눈가림, 광합성, 복합 중합체의 분해, 면역 체계의 자극, 혈관 형성, 바이타민 합성, 셀룰로즈 분해, 지방 저장, 토양으로부터 광물질 공급, 유기물 공급, 광물화 촉진, 탄소 순환, 그리고 염분 내성 등 다양하다.

　　공생 관계에 있는 생물들은 서로를 받아들이도록 진화하며 공생 관계는 참여 종들의 전체적인 건강을 증진시킨다. 전유전체 이론은 아직도 논쟁 중일지라도 그것은 전통적인 다윈주의 틀 안에서는

아름다운 미생물 이야기

일어나기 어려운 신속한 적응 변화를 설명하는 수단으로서 과학계 안에서는 상당한 정도의 인기를 얻고 있다.

19장

시험관 안의 대장균 진화

진화는 세대에서 세대로 유전 형질이 전달되는 도중에 일어나는 유전자의 변화가 누적된 결과다. 진화는 소진화(小進化, microevolution)와 대진화(大進化, macroevolution)로 나눌 수 있다. 아주 간단히 말하면 소진화는 유전자 변이, 대진화는 종분화(種分化, speciation)라 할 수 있다. 어떤 학자들은 대진화를 과(科)와 목(目)의 변화까지 확대하나 그 기본은 종의 변화다. 소진화의 1차적인 요인은 돌연변이와 유성 생식을 통한 유전자 재조합 등이 야기하는 유전자 다양성의 변화이다. 대진화는 소진화가 축적되어 궁극적으로 새로운 종이 분화되는 것이다.

종분화

종은 생물 분류 단계 중 가장 낮은 단계이며 바로 위 단계가 속
(屬, genus)이다. 종의 개념에는 여러 가지가 있으나, 1954년에 미국 동
물학자 에른스트 마이어가 제안한 생물학적 개념에 따르면, 유성 생
식 생물의 경우 생식 장벽이 생겨 기존 생물과는 교배에 의해 번식할
수 없으면 새로운 종으로 분류된다. 예를 들어, 말과 당나귀가 교배해
낳은 노새는 새끼를 낳지 못한다. 사자와 호랑이가 교배해 낳은 라이
거는 새끼를 낳지 못한다. 따라서 말과 당나귀는 다른 종이며, 마찬가
지로 사자와 호랑이도 다른 종이다. 그런 일이 있었는지 모르지만 아
프리카코끼리와 아시아코끼리가 교배해 생긴 새끼 코끼리가 성장해
자기네끼리 혹은 아프리카코끼리와 혹은 아시아코끼리와 교배해 새
끼를 낳는다면 아프리카코끼리와 아시아코끼리는 같은 종이다.

유성 생식에 의한 종의 정의도 언제나 명확한 것만은 아니다.
예를 들어, 미국 뉴멕시코 대학교 윌리엄 라이스(지금은 캘리포니아 주립
대학교 샌타바버라 분교에 재직하고 있다.)와 캘리포니아 주립 대학교 데이
비스 분교의 조지 솔트는 초파리들을 그들이 좋아하는 환경에 따라
35세대 동안 분리해 배양한 결과, 35세대 이후의 초파리들은 살아온
환경이 다른 초파리들과 번식하지 않는다는 것을 발견했다.[1] 환경에
의한 교배 장벽이 생긴다 하더라도 서로 다른 종으로 분류하기는 어
렵다.

종분화에 있어서 문제는 시간이다.[2] 다윈부터 시작해 최근 영

　　　　　　　　　　　　　아름다운 미생물 이야기

국의 리처드 도킨스에 이르기까지 많은 진화 생물학자들은 종분화가 언제나 일정하게 이루어지고 있다고, 즉 (계통) 점진설을 주장해 왔다. 일반적으로 돌연변이에 이은 자연 선택은 느리게 진행된다고 생각한다. 한편, 닐스 엘드리지나 스티븐 굴드 같은 학자들은 생물 종들이 상당 기간 안정적인 평형 상태에 머무르고 있다가 특정한 시간대에 종분화가 급격히 일어났다는 단속 평형설(斷續平衡說, punctuated equilibria)을 1972년에 제기했다. 단속 평형설의 근거로 5억 4200만 년 전에 다양한 종류의 동물 화석이 갑작스럽게 출현한 캄브리아기 대폭발을 든다. 극단적 환경 조건 내에서 빠른 자연 선택의 영향으로 종분화의 속도가 빨라지는 현상을 고속 진화(rapid evolution)라고 부른다. 빨라진다고는 하지만 진화 시계상에서 그렇다는 것이지 '낳아 보니 다른 종'이라는 말은 아니다. 진화 시계에서는 100만 년도 긴 시간이 아니다. 흥미롭게도 점진설과 단속 평형설은 무려 6억 년 전의 사건을 두고 논쟁 중이다.

고속 진화[3]

진화학자들의 주장에 따르면 모든 형태의 생물 종은 진화의 결과이다. 뿐만 아니라 종분화는 여전히 진행 중이며 그 결과 생물 다양성이 증가하게 된다. 우리가 한평생 살면서 종분화가 일어나는 것을 관찰할 수 있을까?

아프리카 중부에 우간다, 탄자니아, 케냐 3국이 국경을 맞대는 거대한 호수가 있는데 빅토리아 호다. 세계에서 세 번째로 큰 호수로서 그 크기가 한반도의 3분의 1 정도, 남한의 약 70퍼센트나 되는 아주 거대한 호수다. 평균 수심이 40미터, 최고 수심도 83미터 정도로 이 정도 넓이의 호수치고는 다소 얕은 편이다. 빅토리아 호로 흘러들어오는 강물에는 꽃가루, 먼지 같은 것들이 섞여 있고 이들은 오랜 기간에 걸쳐 호수 바닥에 침전된다.

1995년 지질학자들은 호수 생성 이후 호수 주변의 숲이나 초원이 어떻게 변해 왔는지를 알 수 있으리라는 생각에 빅토리아 호 바닥을 파 보기로 했다. 수십만 년 정도를 기대했으나, 9미터 지층 그러니까 약 1만 4500년 전에 형성된 지층까지 내려가니 갑자기 호수의 모든 흔적이 사라져 버렸다. 천공 샘플을 분석한 결과 1만 4500년 전 이전에는 빅토리아 호 바닥이 풀로 덮여 있었음을 알게 되었다. 빅토리아 호는 약 1만 5000년 전에 생성된 것이다. 그 전에는 아마도 주위의 많은 작은 호수들이 기후에 따라 말랐다가 채워지기를 반복했을 것이다. 그렇게 수백 년 만에 빅토리아 호는 오늘날의 모습이 된 것으로 보인다.

빅토리아 호에는 현재 진화론자와 창조론자의 많은 관심을 동시에 받는 물고기가 살고 있다. '동시'라는 말을 사용했지만 진화론자의 관심은 곧 창조론자의 관심이다. 다윈 이후 늘 그래 왔듯이 창조론자의 입장에서 보면 진화론자는 공격자들이고 창조론자는 방어자들이었다. 축구 경기에 비유하면 창조론자 쪽에서만 공이 왔다 갔다 하는 경기다. 진화론자 쪽으로 공이 넘어가는 경우는 거의 없다. 그들은 다윈 이후 160여 년째 안 해도 되는 시합을 아직도 하고 있으며 언제까지인지는 몰라도 점수에 상관없이 계속할 것이다. 양쪽 골대는 있으나 마나다. 심지어 진화론자들은 시합을 하는지조차 모른다.

돌아가서, 그 물고기의 이름은 시클리드(Cichlid)다. 시클리드는 농어목 시클리드 과에 속하고 성어 크기가 5~10센티미터며 아프리카, 중앙아메리카 및 남아메리카에 대부분이 서식하고 있다. 다양한 아름다운 색깔 때문에 열대 관상어로 많이 이용된다. 빅토리아 호의 시클리드가 주목받는 이유는 아름다운 색깔 때문이 아니라 바로 종분화 때문이다. 빅토리아 호에는 현재 약 500종의 시클리드가 산다. 특정 유전자들의 염기 서열을 분석한 결과 1만 5000년 전 단 하나의 종에서 500종이 분화되었음을 알았다. 호수가 생성될 때 작은 호수에 살던 시클리드 한 종이 빅토리아 호로 흘러 들어와 분화를 거듭해 오늘에 이른 것이다.

빅토리아 호의 시클리드는 지구에서 가장 빨리, 그리고 폭발적으로 종분화가 일어난 생물일 것이다. 시클리드가 지난 수십 년에 걸쳐 여러 새로운 종들로 진화되었다는 이유로 진화론자들은 이 현상을 지금도 작동되고 있는 진화의 부정할 수 없는 증거라고 주장한다. 짐작건대, '수십 년 사이 종분화'라는 주장의 근거는 500종÷2=250회 종분화 그리고 15,000년÷250회 종분화(≒60년/종분화)로 계산한 결과일 것이다.

이 계산에는 심각한 오류가 있다. 즉 기하 급수를 산술 급수로 잘못 계산한 오류다. 분화 중 어떤 종도 멸종되지 않았다는 가정 아래 제대로 계산하면 500종이 될 때까지 약 9회 가지가 갈라져 나갔다. (2^9=500종) 1만 5000년 동안 9회 가지를 쳤으니, 즉 종분화를 했으니, 종분화가 한 번 일어나는 기간은 약 1,700년이다. (15,000년÷9≒1,700년) 물론 분화 과정에서 일부 종의 멸종이 일어났다면 종분화 속도는 1,700년보다 짧아진다. 1,700년이 길다고 생각할지 모르지만 시클리드가 척추동물임을 감안하면 진화의 시계로는 아주 짧은 시간이다.

창조론자들은 이 현상을 돌연변이 혹은 자연 선택으로부터 초래된 종분화가 아닌 형태적 유연성(phenotypic plasticity, 표현형의 유연성)의 결과라고 주장한다.[4] 즉 바깥 외부 환경에 의존해 물고기 형태에 따라 특정 유전자의 '온-오프(on-off)' 스위치가 작동되거나 비작동되도록 유전자 암호 속에 사전에 입력된(pre-programmed) 특성들로부터 기인한 것이라고 한다.

이 논란의 종결은 두 가지 방법 중 하나에 의해 이루어질 수 있다. 한 가지는 500종의 시클리드가 말과 당나귀의 관계와 마찬가지인 것을 증명하는 것인데, 정말로 완벽하게 증명하려면 해야 될 실험 수는 $_{500}C_2$가지에 이른다. 이는 도저히 불가능하다. 그래서 과학이 필요하다. 또 다른 하나는 단순히 주장에 그칠 것이 아니라 환경에 따른 유전자 스위치 작동을 실험적으로 증명하는 것이다. 과학은 과학으로만 반박되어야 한다.

아름다운 미생물 이야기

세균의 종분화와 분류

우리는 5장에서 약 40억 년 전의 지구에서 가장 오래된 미생물의 화석과 36억 년 전의 남세균 화석, 즉 스트로마톨라이트를 소개했다. 그 남세균의 후예를 오스트레일리아 샤크 만에서 볼 수 있다. 현생 남세균은 브라질, 멕시코 사막, 바하마 등의 짠물뿐만 아니라 멕시코의 민물에서도 볼 수 있다. 남세균은 아주 특이한 경우로, 계통수를 따라 거슬러 올라가다 보면 36억 년 전까지 도달할 수 있다. 남세균이 광합성을 하기 때문에 식물의 조상이라고 생각할지 모르나 분명히 세균이다. 약 19억 년 전의 지층에서 나온 남세균 화석은 현존하는 흔들말류와 아주 비슷하다.

남세균의 후예인 남조류는 바닷물이나 민물에 살며, 또 땅속이나 나무줄기 위 등에서도 산다. 일반적으로 물이 있는 곳이면 어디에서든지 살 수 있어서, 눈 속에서 사는 것도 있고, 또 섭씨 80도 이상의 뜨거운 온천 속에서 사는 것도 있다. 또한 같은 종류가 한대나 온대, 그리고 열대에 모두 분포되어 있는 경우도 있다. 현재 알려져 있는 남조류는 약 150속 2,000종이다. 이들 모두의 조상이 36억 년 전의 그 남세균이라고 가정하면 그리고 남조류 종의 수를 확인된 것의 10배로 늘려 잡아 2만 종으로 가정하면 16회 혹은 17회의 종분화(2^{16} ≈16,000, 2^{17}≈32,000)*를 했을 것이며 한 번 가지 치는 데 약 2억 1000만

---

* 몇 년 전, 어떤 진화학자는 학술지 《네이처 마이크로바이올로지 리뷰스(*Nature*

~2억 3000만 년이 걸린 셈이다. (3,600,000,000년÷16회 종분화≈230,000,000

년/종분화 혹은 3,600,000,000년÷17회 종분화≈210,000,000년/종분화)

2억 년이 얼마나 긴 세월인가? 2억 년 전이면 지구에 태생 포

유류가 처음 나타났고 공룡은 아직 나타나지도 않았고 지구의 모든

대륙은 하나로 붙어 있던 시기다. 남세균의 종을 확인된 것의 1,000배

로 늘려 잡아 200만 종으로 가정해도 종분화는 1억 5000만 년에 한

번꼴로 일어난다. 고등 동물도 아닌 세균에 불과한 남세균의 느린 진

화 속도는 창조론자들에게는 좋은 시빗거리다.

세균의 종분화에 대한 숫자놀음을 좀 더 해 보자. 지구에 세균

이 나타난 때를 40억 년 전, 그리고 1억 년에 한 번씩 종분화가 일어

났다고 가정하면 현재 1조 종이 있게 된다. (2^{40}≈1,000,000,000,000=10^{12})

1000만 년에 한 번이면 10^{15}종, 100만 년에 한 번이면 10^{18}종이 된다.

과연, 세균의 종분화는 얼마나 걸릴까? 2008년, 스페인에서 열린 한

미생물학회에서 24명에게 지구에 세균의 종은 얼마나 될까에 대해

Microbiology Reviews》에 기고한 한 논문에서 지구의 나이를 46억(4.6×10^9) 년, 종의 수를 현

재 확인된 종의 5배 정도인 10^7종으로 가정해 460년마다 종이 분화되었다고 계산했으나[5]

이는 잘못된 것이다. 가지치기(분화)가 일정한 속도로 일어난다고 가정하면 종의 수는 2의

배수로 늘어난다. 기하 급수를 산술 급수로 잘못 계산함으로써 일어난 오류다. 기하 급수

로 계산하면 10^7은 2^{23}과 2^{24} 사이다. 23회 분화로 계산하면 4.6×10^9년÷23회 종분화=2

×10^8년/종분화, 즉 2억 년에 한 번씩 종분화가 일어난 것으로 계산된다. 10억(10^9) 종으

로 가정해서 계산해도 10^9=2^{30}, 4.6×10^9년÷30회 종분화≈1.5×10^8년/종분화, 즉 1억

5000만 년에 한 번씩 종분화가 일어난 것으로 계산된다. 1조(10^{12}) 종이면 1억 년에 한 번

이다.

아름다운 미생물 이야기

물었다. 두 사람은 1만~10만 종이라 하고 다섯 사람은 10만~100만 종이라 하고 아홉 사람은 최대 1000만 종이라 하고 여덟 사람은 그 이상이라고 대답했다. 현재까지 확인된 세균 종의 수는 정확하게는 2014년 현재 1만 3537종이므로 더 이상 분류되는 종이 아주 많지 않다면 처음 두 사람의 답이 정답이고 나머지 사람들의 추정치에 따르면 분류가 거의 안 된 셈이다. 지구에 서식하는 세균 종의 수는 누구도 짐작할 수 없다. 어떤 과학자는 2014년 숫자에 근거해 다음과 같은 답을 내놓았다. 지구의 곤충 수는 10^{18}마리로 추정된다. 현재까지 확인된 곤충 종의 수는 10^6종으로 추정치는 그 10배인 10^7종이다. 지구상의 세균 수는 10^{30}개이므로 곤충의 예를 확장해 적용하면 10^{19}종이 된다. 엄청난 숫자다. 앞의 숫자놀음에 대입하면 약 120만 년에 한 번씩 종분화가 일어나야 한다.

이런 추정이 맞는지는 아무도 모른다. 얼추 맞는다고 가정하면 세균의 분화 속도에 비해 1,700년에 한 번씩이라는 시클리드 종분화 속도는 거의 600배나 빠르니 놀라울 따름이다. 참고로 화석 기록으로만 본 공룡을 살펴보자. 공룡은 트라이아스기 후기(1억 8000만 년 전까지)에 출현해 백악기 후기(6600만 년 전까지)까지 크게 번성했던 파충류로 백악기 말에 운석 충돌로 추정되는 사건인 백악기-제3기 대멸종으로 익룡, 어룡, 수장룡과 함께 새를 제외한 모든 종이 멸종되었다. 매우 다양한 종류의 그리고 다양한 크기의(대부분은 작았다.) 공룡이 존재했으며 2008년까지 확인된 공룡의 종은 익룡 계통을 제외하고도 1,047종이다.[6]

종 분류가 정확하다는 가정하에 1억 5000만 년 동안 약 10번 ($2^{10}≈1,000$)의 종분화가 일어났으니 1500만 년에 한 번씩 종분화가 일어났다고 계산할 수 있다. (150,000,000년÷10회 종분화≈15,000,000년/종분화) 화석으로만 분류한 종에 의거해 계산한 종분화 속도이니 실제로는 더 줄어든다고 추정하는 것이 타당하다. 종의 수를 10배 정도 늘려 1만 종으로 계산하면 1100만 년 정도 된다. 1000만 년이라면 짧은 세월인가, 긴 세월인가?

생물학적 종의 개념을 적용할 수 없는 무성 생식 생물에서 종의 개념은 다소 모호하다. 특히 세균에서는 더욱 그러하다. 전통적인 세균의 종 분류는 형태, 생리, 생태, 생화학적 특징들에 기초하므로 세균 배양이 필수적인데 이것이 어려운 일이다. 최근에는 DNA 염기 서열 분석을 통한 분자적 유사성에 기초해 분류한다.[7] 전체 DNA를 서로 교잡(hybridization)해서 비슷한 정도를 측정하거나 DNA 염기 서열 분석을 통한 돌연변이 비율로 종을 분류한다.* 염기 서열 분석을 위해 사용되는 DNA 가운데 16S 라이보좀 RNA 유전자가 제일 많이 쓰인

* DNA-DNA 교잡 기술은 염기 서열이 알려지지 않은 두 종류의 DNA 사이의 염기 서열 유사성을 측정하는 기술이다. 예를 들어 A, B 두 생물의 핵에서 추출한 이중 나선 DNA(AA, BB로 표시하자.) 중 하나만 형광으로 표지한 후(A*A*) 다른 하나의 DNA BB와 섞고 이중 나선을 풀기 위해 열을 가한다. 열을 서서히 내리면 A*A*, A*B, BB 형태의 이중 가닥이 다시 형성되는데 A*A*, BB가 당연히 많이 형성되고 염기 서열 유사성이 클수록 A*B도 많이 형성된다. A*A* 형성 속도가 A*B의 형성 속도보다 훨씬 빠르므로 형광 측정으로 두 형태의 구분이 가능하다. 염기 서열을 모르는 생물 사이의 분류와 계통을 정하는 데 특히 많이 쓰인다.

다. 같은 종으로 분류하는 분자적 유사성의 기준은 70퍼센트 이상의 DNA-DNA 교잡율, 그리고 16S DNA 서열의 97퍼센트 이상의 동일성이다. 여기서 유념해야 할 점은 유성 생식 동물에 이 기준을 적용하면 원숭이와 사람을 비롯한 모든 영장목은 한 종에 속하게 된다. 세균 종 분류에 가장 널리 인정되는 방법은 형태와 분자적 유사성을 고려하는 다상적(多相的, polyphasic) 정의다.

세균의 종마다 형태적으로 다르다면 분류하는 데 얼마나 편할까마는 실제로는 어림없는 일이다. 모형 미생물인 대장균의 예를 들어보자. 왜 대장균이냐 하면 다음에 기술할 내용이 대장균의 종분화이기 때문이다. 대장균은 감마프로테오박테리아(Gammaproteobacteria) 강 장내세균과(Enterobacteriaceae) 장내세균속(Escherichia)의 한 종이다. 장내세균속에는 대장균 외에 네 종이 더 있다.

대장균에는 여러 아종이 있다. 대표적인 것이 실험실 균주인 E. coli K-12와 장출혈성 설사를 유발하는 병원성 E. coli O157:H7이다. 연구에 따르면 두 아종은 200만 년 전에 갈라졌다.[8] 같은 종으로 분류되지만 K-12와 O157:H7는 서로 많이 다르다. 비병원성과 병원성의 차이 외에 두 아종이 한 종에 속하는 것이 이상할 정도로 유전체의 크기도 25퍼센트 이상 차이 난다. K-12는 4.4메가베이스, 그리고 O157:H7는 5.6메가베이스다. 당연히 유전자 수도 다르다. 사실 대장균의 아종들의 유전자 수를 다 합치면(이를 범유전체라 부른다.) 1만 7838개로서 아종 1개당 평균 4,721개이고 모든 아종에 공통적으로 있는 유전자를 핵심 유전자(core gene)라고 하는데 1,976개밖에 안 된다. 그러니까 한 아종당 2,000개 이상의 유전자가 다른 셈이다.

현재의 분류 체계에 따르면 핵심 유전자가 아닌 비핵심 유전자 몇십 개를 획득 또는 손실한다 해도 종분화가 일어났다 단언하기 어려울 것이다. 이런 아종들을 어떻게 한 종으로 분류하는지 이해가 안 되지만 대장균이 경우가 유독 심해서 그렇지 거의 모든 세균 종이 정도의 차이를 보일 뿐 상황은 비슷하다. 여기서 말하고자 하는 요점은 그만큼 세균의 종 분류가, 나아가서 종분화가 모호하다는 것이다.

대장균의 아종들이 분자 생물학적 수준에서 서로 너무 다르므로 근래에 대장균을 다시 분류해야 하다고 주장하는 과학자들도 있다. K-12와 O157:H7가 갈라진 시점(200만 년 전)은 침팬지와 원시 인류가 갈라진 지 얼마 안 된 때이다. 그동안 사람속(*Homo*)은 적어도 두 번의 종 분화가 일어났는데 사람보다 50만 배 빠른 번식 속도를 가진 대장균이 종분화 없이 겨우 아종이나 만들었다는 것이 이해되는가? 흔히들 하등 생물일수록 그리고 분열(번식) 속도가 빠를수록 진화 속도가 빠르다고 생각한다. 하지만 대장균 계통의 세균들은 종분화가 매우 느린 듯하다. 대장균이 속한 장내세균과에는 대장균의 친척인 이질균과 살모넬라균도 속해 있다. 장염을 유발하는 이질균속에는 4종이 있다. 장티푸스균이 속한 살모넬라 속에는 2종이 있다. 대장균과 살모넬라균은 운동성이 있으나 이질균은 운동성이 없다. 유전자 염기 서열 분석에 따르면 대장균과 살모넬라균은 7000만 년 전에 갈라졌고 대장균과 이질균은 2500만 년 전에 갈라졌다.[9] 이 둘은 너무 비슷해 이질균을 운동성 없는 대장균이라 부른다.

아름다운 미생물 이야기

앞서 제시한 숫자놀음에 대입하면 대장균과 이질균이 갈라진 후 대장균은 1000만 년에 한 번씩 종분화, 쉬겔라는 1250만 년에 한 번씩 종분화를 한 것으로 계산된다. 살모넬라 속은 더 심하게 7000만 년 동안 단 한 번의 종분화가 이루어졌을 뿐이다. 종의 수를 1,000배로 확장해도 대장균속은 200만 년, 이질균속은 250만 년, 살모넬라 속은 600만 년에 한 번씩 종이 분화한 것으로 나타난다. 아무리 종 분류가 명확하지 않다 하더라도 분명한 것은 장내세균속, 이질균속, 살모넬라 속의 종분화는 느리다는 것이다. 남세균의 예에서도 볼 수 있듯이 생물 종에 따라서 종분화의 속도는 번식 속도와 일치하지는 않는 듯하다.

대장균에 대한 장기간 진화 실험

생명체의 진화는 그 과정을 직접 관찰하는 게 불가능하다. 왜냐하면 진화는 장기간에 걸쳐 주위 환경에 따라 점진적으로 일어나기 때문이다. 그러나 실험실에서 빠른 속도로 증식하는 미생물인 대장균을 사용하면 여러 세대에 거쳐 일어나는 진화 과정의 실시간 추적이 가능할 뿐만 아니라 동결 보존해 둔 조상 균주와 후손 균주의 직접적인 경쟁을 통해 동일한 환경에 대한 적응도를 정량적으로 비교할 수 있다. 대장균에 대한 장기간 진화 실험(*E. coli* long-term evolution experiment, LTEE)은 1988년 2월 24일부터 미국 미시간 주립 대학교의 리처드 렌스키 박사가 진행하고 있는 실험적 진화 연구로 최초 12개의 동일한 대장균의 유전적 변화의 관찰을 위한 실험으로서 씨트르산 염을 이용할 수 있는 능력이 생기는 과정을 살펴보았다.[10] 2010년 2월에 5만 세대, 2014년 4월에는 6만 세대, 그리고 2016년 6월 6만 5000세대를 넘어섰다. 지금까지 29년에 이르렀으니 그 인내에 감탄할 뿐이고 또 그런 과제를 지원하는 연구 풍토가 부럽기만 하다.

이 장기 진화 실험의 목적은 진화 생물학의 핵심적인 문제인 시간에 따라 진화의 정도가 어떻게 변하는가, 진화된 정도가 동일 환경에서 재현 가능한 정도는 어느 정도인가, 그리고 진화에서 표현형과 유전체는 어떤 관계에 있는가 하는 문제들에 실험적 증거를 제공하는 것이었다.

대장균을 실험 생물로 사용한 이유는 상대적으로 짧은 시간에 많은 자손을 만들고, 실험 절차가 간단하기 때문이다. 또한, 세균은 언제든지 냉동 보존할 수 있고, 언제든지 다시 살릴 수 있고, 그리고 시료가 오염되었거나 실험에 방해가 되는 경우 최근 개체로 다시 시작할 수 있다. 렌스키 박사는 접합 없이 무성 생식만을 하는 대장균을 이용했는데, 이는 연구를 돌연변이 이외의 진화에 영향을 주는 다른 요소로부터 분리함으로써, 유전자 표지를 이용해 공통 조상으로부터 진화해 왔음을 보여 줄 수 있기 때문이다.

아래 단락은 렌스키의 실험 과정과 결과들을 요약한 내용이다. 그 내용이 재미없을 것 같다고 생각하거나 읽을 시간이 없는 독자들을 위해 결론부터 이야기하겠다. 대장균에서는 10억분의 1 확률로 자연 돌연변이가 일어난다. 즉 외부 요인이 없다면 DNA 복제 효소에 의해 염기 10억 개가 복제되는 동안 1개의 염기가 잘못 끼어 들어 간다. 렌스키는 두 가지 질문에 대한 답을 얻고자 했다. 하나는 "환경에 적응한 생물들은 정해진 진화 방향을 따라 동일한 진화 궤적을 따르며 이것은 우연히 그렇게 된 것이 아니라 자연 선택의 결과인가?"이고 다른 하나는 "그렇다면 그러한 표현형 혹은 환경 적응에 필요한 돌연변이는 점진적으로 아니면 돌발적으로 발생하는가?"다. 이에 대해 렌스키가 얻은 답은 간단히 말해서 환경 적응은 "우연이 아닌 자연 선택의 결과"이고 "점진적"이다.

한 개체군에서 씨트르산염 이용의 진화가 갑자기 생긴 것이 아니라 돌연변이의 축적에 의존한다는 점을 보여 주는 이러한 결과에 대해 렌스키는 그 과정을 잠재적 단계, 현실화 단계, 미세 조정 단계의 3단계로 나누어 설명했다. 렌스키의 결과는 굴드의 "역사적인 우발적 사고에 의한 진화"와는 달리 점진적인 진화를 보여 준다. 렌스키의 실험에서 나타나는 진화 현상은 유전자의 변이로 인한 잠재성(Potentiation)에 의해 가속됨과 다른 유전자의 침묵(Silencing)도 밝혀지게 됨으로써 진화에 영향을 주는 요인들을 연구할 수 있는 기반이 되었다. 기존의 유전자의 침묵과 같은 방식도 그중 하나에 속하며, 이런 방향도 다양성 증가라는 진화의 한 방식이므로, 이는 직접 관찰되는 진화의 사례라고 말할 수 있다.

렌스키의 실험 결과에 대해 진화학자 리처드 도킨스는 진행형 진화를 아름답게 보여 준 사례라고 했고, 또 다른 진화학자 제리 코인은 진화를 완전하게 증명한다고 주장했다. 씨트르산을 에너지원으로 하는 새로운 균주에 대해 렌스키는 '적응'이 아니라 "종분화"라는 단어를 사용했다. 적응은 소진화이고 종분화는 대진화다. 과연 대진화가 일어난 것일까? 조상 균주와 렌스키 균주의 유일한 대사적 차이점은 특정 조건에서 취하는 에너지원의 차이다. 씨트르산 흡수를 위한 유전자 염기 서열의 재배열을 제외하면 분자 수준에서 변한 것은 아무것도 없다. 만약 렌스키 균주가 포도당에서 못 자란다면 분자 수준에서 변화가 없더라도 단 한 가지 대사 변화(다른 에너지원 사용)에도 불구하고 종분화라 할 수도 있겠지만 이에 대해 별도의 언급이 없는 것으로 보아 렌스키 균주의 포도당 대사 경로는 그대로 살아 있는 듯하다. 또한 별도의 유전자 획득이나 손실은 없었다. 이런 사실들에 근거해 렌스키 균주가 씨트르산에서 자라는(혹은 적응한) 대장균 변이 종에 가깝다고 할 수 있다. 결론적으로 렌스키 균주는 소진화의 결과라고 판단된다.

2016년, 미국의 스콧 미니치는 렌스키 균주의 씨트르산 흡수를 위한 유전자 염기 서열의 재배열과 똑같게 배열된 균주를 유전자 조작을 통해 얻었는데 이 균주의 대사 작용은 렌스키의 균주와 거의 같았다.[11] 미니치는 "씨트르산 흡수를 위한 유전자 염기 서열의 재배열은 종분화라고 할 수 없다."라고 결론지었다. 사실, 종분화는 하나의 창조가 아니겠는가?

렌스키가 강조하고자 했던 것은 인위적이 아닌 '자연적' 돌연변이였던 듯하다. 산소가 있는 환경에서 씨트르산 적응이 '점진적 돌연변이의 자연 선택'에 의해 일어났다고 내린 결론도 이미 예견된 것이다. 렌스키의 말대로 10억분의 1 확률로 일어나는 자연적 돌연변이는 점진적일 수밖에 없다. 자연 선택이란 생물이 특수한 환경에 적응한 표현형이다. 렌스키의 실험에서 오직 한 가지 자연 선택압(natural selection pressure)밖에 없고 자연적 돌연변이의 결과로 선택압에 적응한 균주에 대해서 자연 선택이란 말밖에 할 수 없다. 렌스키의 실험 조건에 적응한 균주는 또 다른 자연 선택압이 없다면 50만 세대를 더 키워도 그대로일 것 같다. 대장균의 입장에서 변해야 될 필요성은 전혀 없다. 이러한 상황을 살펴보건대 렌스키의 실험 목적은 종분화에 있는 것이 아니라 적응에 있었던 것이 아닌가 짐작된다. 따라서 진화가 무척 민감한 주제임을 잘 아는 도킨스나 코인의 논평은 좀 과장된 면이 있다.

소진화든 대진화든 진화적인 관점에서 렌스키의 시험관 실험 조건은 자연 상태보다 열악하다. 열악하다는 뜻은 영양이나 배양 조건이 나쁘다는 것을 의미하지 않는다. 렌스키의 시험관 실험 조건은 세균과 단세포 진핵생물의 종분화에 결정적 요인 중 하나인 수평적 유전자 이동(lateral gene transfer, LGT)이 결여되어 있다. LGT란 생식에 의하지 않고 개체에서 개체로 유전 형질이 이동되는 현상을 가리키는 유전학 개념이다.[12] LGT는 주로 단세포 생물에서 관찰되며 종간의 차이를 뛰어넘어 이동할 수 있다. 예를 들어, 한 종의 항생제 내성이 다른 종으로 전달될 수 있다. 1985년, 미국의 마이클 시배넨은 수평적 유전자 이동이 지구 상의 생물 진화를 설명하는 데 매우 중요한 의미를 지니게 될 것이라 예측했지만[13] 실험적 증거들은 1990년대에 많이 제시되었으므로 렌스키가 1988년 그의 시험관 진화 실험을 시작할 때 LGT 개념을 고려하지 않았을 수도 있다. 만약 상세히 알고 있었다면, 그리고 그의 실험 목적이 시험관에서의 종분화에 있었다면 실험의 복잡성으로 인해 실험을 시작하지 않았을지도 모른다. 무엇보다도 앞에서 언급한 바와 같이 대장균의 종분화 속도가 느릴 가능성이 있다는 점을 고려하면 애초부터 대장균의 종분화를 기대하는 것이 무리였을 수도 있다.

진화란 말은 어떤 면에서 뜻이 모호하다. 말뜻은 앞으로 나아가는 것이다. 흔히들 진화 하면 그 전보다 유전자 수가 많아지고 따라서 유전체와 대사 작용이 복잡해진다고 생각한다. 이런 관점에서 보면 유전자 수가 증가하지 않은 렌스키의 대장균 변이 종은 절대로 진화의 결과물이 아니다. 고등 생물의 유전자 수는 하등 생물의 그것보다 많다고 생각하기 쉽지만 우리가 상식적으로 생각하는 진화의 정도와 유전자 수는 일치하지 않는다. 분자 생물학에서 모형 식물로 이용되는 애기장대(*Arabidopsis thaliana*)의 유전자 수는 사람과 거의 같고 식물의 종에 따라서는 사람보다 오히려 유전자 수가 더 많은 경우도 흔하다. 또한 유전체의 크기 역시 진화 정도를 결정하지 않는다. 양파 유전체의 경우 사람보다 무려 12배가 크다. 유전자 수나 유전체의 크기는 진화 정도와 아무 상관이 없어 보이며 생물을 고등한 것과 하등한 것으로 나누는 것 또한 별 의미가 없어 보인다.

어떤 경우에는 더 간단해지는 것조차 진화의 결과다. 예를 들어, 실험 동물 친칠라의 장내 세균 모노세르코모노이데즈는 영양분이 풍부

아름다운 미생물 이야기

하고 산소가 희박한 환경에서 별 소용이 없어 보이는 마이토콘드리아를 소실한 채 살아간다.[14] 역설적으로 들리겠지만 퇴화도 진화다. 굴드는 일찍이 진화가 반드시 복잡한 방향으로만 나아가는 것은 아니라는 소견을 피력한 바 있다.

굴드는 단속 평형설을 제기하면서 진화 이론에서 자연 선택만을 강조하는 것이나, 이를 인간에게 적용하는 사회 생물학이나 진화 심리학 등에 대해 반대했다. 그는 진화의 방향에서 '우연'을 강조했으며 정해진 진화 방향은 없다고 했다. 그에 따르면 인간의 출현도 우연의 결과다. 하지만 우연한 돌연변이도 자연 선택의 압력을 극복해야만 표현된다. 렌스키의 실험 조건, 즉 자연 선택의 압력 방향은 처음부터 정해져 있었다. 그 방향에서 벗어난 돌연변이는 표현될 방법이 없으니 특이한 점이 없다. 그런 돌연변이는 산소가 있는 환경에서 씨트르산을 이용할 수 없으므로 정해진 방향의 돌연변이에 압도당하고 사라질 수도 있다.

자연은 진화의 방향이 정해졌다고 할 수도 있고 그렇지 않다고 할 수도 있다. 굴드는 1996년 《뉴욕 타임스》 기고에서 지구의 생명 출현에 대해 적당한 조건만 주어지면 세균 수준의 생명이 진화하는 것은 어려운 일이 아니라며 화학적 필연이라고 주장했다. 시계를 거꾸로 돌려 50억 년 전 태양계의 생성부터 다시 시작해 그때 그랬던 것과 '정말로 똑같은' 과정을 되풀이한다면 40억 년 전쯤 세균 정도의 생명은 반드시 태어났을 것이다. 물론 그로부터 40억 년 후에 사람이 생길지는 장담할 수 없지만 말이다. 굴드의 "생명 출현은 화학적 필연"이라는 말은 수많은 화학적 우연 중에서 생명만이 생명 출현 당시의 환경, 즉 자연 선택의 압력을 극복했다는 것으로 이해된다.

굴드는 다른 우연에 무관용한 자연 선택을 병목으로 표현했다. 일단 병목을 통과한 우연에게 펼쳐지는 세계는 다양한 자연 선택이 있는 세계다. 굴드는 이 병목 때문에 종분화가 폭발적으로 일어난다고 주장했는데 실은 그 반대일지도 모른다. 폭발적인 종분화, 즉 종의 다양성 증가는은 병목이 없어진 후 다양한 자연 선택에 의해 일어난다고 생각하는 것이 더 타당하다. 마치 분무기처럼 말이다. 다만 지구 환경의 역사에서 환원 대기 조성이나 산소의 출현 같은 병목 현상을 제외하고는 진화의 방향을 결정하는 환경에 대해서 실제로는 존재하지만 누구도 짐작할 수 없다. 따라서 우리가 본, 그리고 보고 있는 것은 그 결과일 뿐이며 앞으로 병목이 있지 않은 한 환경이 어떻게 변할지 모르기 때문에 무엇을 볼지는 아무도 모른다.

공룡이 번성할 때 포유류는 낮에 숨어 있거나 밤에 돌아다녀야 했을 것이다. 포유류에게 공룡은 병목이었고 자연 선택의 폭은 매우 좁았을 것이다. 진화의 시계상에서 어느 순간 갑자기 공룡이 사라지자 포유류의 활동 공간이 넓어지고 활동 시간도 제약을 받지 않게 된 것이다. 자연스럽게 포유류의 개체수도 증가하고 종분화도 다양한 환경으로 인해 폭발적으로 일어났을 것이다. 필요하면 급작스럽든 점진적이든 종분화는 일어나는 법이다.

아름다운 미생물 이야기

20장

인공 미생물

생명 현상은 효소에 의해 촉매되는 생화학 반응들에 의해 일어난다. 국제 생화학·분자 생물학 연맹(IUBMB)에 등록된 효소의 수는 5,000여 개다. 실제로 그렇지 않겠지만 등록된 효소의 수가 사람의 생화학 반응의 수를 모두 대표한다고 가정해도 사람의 생화학 반응의 수가 5,000여 개밖에 안 되어서 놀라운가? 아니면 5,000여 개씩이나 되니 놀라운가?

대장균은 4,288개의 유전자를 가지고 있다. 이것 또한 실제로 그렇지 않겠지만 모든 유전자가 단백질을 지령한다면 4,288종류의 단백질이 존재하게 된다. 대장균의 생화학 반응은 1,000여 가지다. 유전자가 지령하는 단백질의 4분의 1이 생화학 반응에 관여하니 대장균은 밀도로 보아 엄청난 생화학 공장이다. 그런데 대장균만 하더라도 알 수는 없지만 자칫하면 멸종당할 수도 있었을 그 장구한 세월을 거쳐 현재까지 살아남은 생명이다. 우리 인간과 마찬가지로 현재에 살기 적당한 생명 현상들을 고치고 다듬고 발전시켜 왔을 것이다. 예를 들어 종보존에 가장 중요한 생명 현상 DNA 복제만 보더라도 포유류에서 이루어지는 것과 다름이 없다. 28억 년 전 진핵생물이 출현하기 전에 DNA 복제 기작은 현재와 같게 거의 완벽하게 확립되었을 것이다. 굳이 대장균을 끄집어낸 이유는 대장균이 결코 원시적이지 않다는 점을 강조하기 위해서다.

합성 생물학의 탄생

2000년 샌프란시스코에서 열렸던 미국 화학회에서 에릭 쿨 박사 등에 의해 '합성 생물학(synthetic biology)'이라는 용어가 처음 사용되었다. 그들은 합성을 통해서 만들어 낸 비자연적, 인공적인 유기 물질이 생체 내에서 제대로 기능을 수행할 수 있도록 하는 연구를 하면서 이것을 합성 생물학 분야라고 정의했다.[1] 합성 생물학 혹은 합성 생명학은 생물학적 이해의 바탕에 공학적 관점을 도입한 학문으로 자연 세계에 존재하지 않는 생물 구성 요소와 시스템을 설계하고 제작하거나 자연 세계에 존재하는 생물 시스템을 재설계하고 제작하는 두 가지 분야를 포괄한다.

즉 합성의 의미는 (1) 합성 세포 또는 새로운 생물 시스템을 제작하기 위한 유전자 합성과 (2) 세포로부터 고성능의 생물학적 물질

아름다운 미생물 이야기

을 고효율로 합성하는 것을 모두 포함한다. 이를 위해 부품화, 표준화, 모듈화라는 공학적 개념을 생물학에 도입한 것이 합성 생물학이다. 이에 따라 생물학적 지식뿐 아니라 전자 공학 및 컴퓨터 공학적 사고가 요구된다. 합성 생물학은 생명 정보를 저장하는 암호인 DNA를 읽는 기술과 DNA를 인공적으로 합성하는 유전자 재조합 기술에서 시작되었고, 21세기를 맞아 유전 공학의 급속한 발전으로 그 영역은 더욱더 확장되고 있다.

합성 생물학의 연구 방식은 크게 톱다운(top-down) 방식과 보텀업(bottom-up) 방식의 두 가지로 나눌 수 있다.[2] 톱다운 방식은 자연계에 존재하는 생명체의 유전자를 변형시키는 방식으로서 미생물, 식물, 동물의 유전자 일부를 바꾸는 것이다. 1970년대부터 행해지던 유전자 재조합, 유전자 삽입부터 형질 전환 쥐(transgenic mouse), 유전자 결손(gene targeting 혹은 gene disrutpion), 그리고 근래의 유전자 가위 등이 해당한다. 전기, 배관, 설비 등 거의 모든 생물학 공정이 갖추어진 세포라는 공장에서 기존에 안 만들던 전혀 새로운 제품을 만드는 것에 비유할 수 있다. 소위 유전 공학의 다른 표현으로 그리 새로운 개념은 아니다.

이에 반해 보텀업 방식은 화학 물질에서 시작해 생명체의 구성 요소를 하나하나 만들어 내는 방식이다. 설계도 그리고 전기도 새로 끌어 들이고 배관도, 설비도 새로 설치한다. 다만 엄밀한 의미에서 설계도 자체는 새롭지는 않다. 왜냐하면 설계도는 이미 자연이 만들어 놓았기 때문이다. 아무튼 생물학적 공장을 완전히 새로 만드는 것이다. 그래서 합성 생물학 관련 저술에는 종종 '무에서 유를 창조한다.'는 의미에서 'Starting from scratch.'라는 관용 어구가 등장한다.[1] 처음부터 시작한다는 뜻이다. 아래에 기술하는 바와 같이 미생물의 유전자 염기 서열 하나하나를 합성한 후 이들을 연결해 인공 유전체를 합성한 미국의 크레이그 벤터 박사의 접근 방법이 대표적이다.

지금부터의 이야기는 보텀업 방식에 의한 합성 생물학에 국한한다. 왜냐하면 벤터의 인공 유전체 합성은 최근 인공 생명체 합성으로 귀결되었기 때문이다. 여러분도 짐작하겠지만 인공 생명체 합성은 합성으로 끝나는 것이 아니라, 무한한 긍정적인 잠재성에도 불구하고, 생명에 대한 윤리적, 철학적 논란을 불러일으켰다. 이 논란은 인공 생명체 합성 기술의 발전 속도에 따라 더 진화될 것이다.

마이코플라즈마

보텀업 방식에 의한 합성 생물학은 처음부터 시작한다. 그렇다면 대장균 같은 세균보다 더 '간단한' 생명체는 없을까? 간단하다고 해서 생명 현상이 덜 복잡한 것이 아님에 주의해야 한다. 아무튼 현재까지 독립적으로 성장하고 번식하는 생명체 중 제일 간단하다고 '공인된' 생물은 마이코플라즈마 제니탈리움(*Mycoplasma genitalium*)이다. '공인된'이란 말을 쓰는 이유는 한 종의 작은 생물이 보고된 적이 있기 때문이다. 1996년 오스트레일리아 퀸즐랜드 대학교 연구팀은 오스트레일리아 서부의 해저를 약 5킬로미터까지 파고 내려간 석유 시추

공에서 채취된 고대의 사암에서 나노브(Nanobe)를 발견했다고 주장했다.[3] 나노브는 가는 실이 보풀처럼 엉켜 있는 모양을 하고 있으며 번식 속도가 매우 빠르다. 크기가 세균의 10분의 1이다. 하지만 이와 관련된 더 이상의 보고는 아직까지 없다.

마이코플라즈마는 1889년 미생물학자 알베르트 프랑크에 의해 식물 세포 여과액에서 곰팡이 모습으로 처음 기술되었다. 후에 율리안 노바크는 현미경으로는 보이는데 세균을 거르는 여과지를 통과한다고 해서 세포인 것 같기도 하고 아닌 것 같기도 하다고 기술했다.[4] 여느 세균과 달리 세포벽이 없다. 따라서 세포벽을 만들지 못하게 함으로써 세균의 증식을 방해하는 페니실린 같은 베타락탐 계통 항생제의 영향을 받지 않는다. 동물 세포를 감염시켜 암을 비롯한 여러 가지 질병을 일으킨다. 산소 없이도 잘 자라며 제니탈리움을 비롯해 마이코플라즈마 속의 많은 종들은 기생체다. 모양도 다양해 제니탈리움(Genitalium) 종은 호리병 모양인 반면(약 300×600나노미터), 뉴모니아(Pneumoniae) 종은 길쭉하다. (약 100×1,000나노미터) 일반적으로 유전체 크기는 일반 세균의 4분의 1도 안 될 정도로 작다.

역사상 최초의 합성 생명체[5]

벤터는 마이코플라즈마 제니탈리움에 주목하고 1995년 유전체를 완전 해독한다.[6] 약 58만 염기의 유전체를 가진 제니탈리움은 단백질 유전자가 480개에 불과하다. 이어서 1999년 제니탈리움의 유전

자를 하나씩 고장낸 뒤 생존 여부를 확인한 결과 100여 개의 유전자
가 없어도 생존에 지장이 없다는 결과와 함께 375개의 필수 유전자
목록을 작성하는 데 성공했다. 그러나 이 유전자들을 동시에 여러 개
고장 낼 경우 제니탈리움이 산다는 보장이 없고 이를 확인하는 실험
의 경우의 수가 너무 많아 추가 연구가 보류되었다.

2006년 벤터는 J. 크레이그 벤터 연구소(J. Craig Venter Institute,
JCVI)를 세우고 인공 생명체 연구에 매진한다. 2007년, 연구자들은 마
이코플라즈마 마이코이데즈(Mycoplasma mycoides)의 유전체를 분리해 가
까운 친척인 마이코플라즈마 카프리콜룸(Mycoplasma capricolum) 세포에
이식하는 실험에 성공한다.[7] 세포 분열로 마이코이데즈의 유전체를
갖게 된 세포는 추가로 분열하면서 점점 마이코이데즈를 닮아 갔다.
이식 세균의 전체 단백질 패턴을 분석한 결과 마이코이데즈와 일치함
을 발견했다. 한편 제니탈리움 유전체를 카프리콜룸 세포에 이식하는
실험은 실패한다.

2008년 벤터 연구팀은 최초로 58만 개 염기로 이뤄진 제니탈
리움의 유전체 합성에 성공한다. 이렇게 만들어진 제니탈리움의 합
성 유전체를 카프리콜룸 세포에 넣었으나 합성 세포를 얻는 데 실패
한다. 한편, 천연 제니탈리움 세포는 증식 속도가 너무 느려, 연구진은
보다 증식력이 강한 마이코이데즈로 바꾸기로 했다. 분열 시간은 마
이코이데즈는 1시간, 제니탈리움은 18시간이었다. 수많은 실패와 노
력 끝에 2010년 108만 개 염기로 이뤄진 마이코이데즈의 유전체를
합성하는 데 성공하고 이 합성 유전체를 카프리콜룸 세포에 넣어 마

침내 합성 세포를 최초의 합성 세포 'JCVI-syn1.0'(혹은 간단히 Syn1)을 창조하는 데 성공한다.[8] 이 합성 생명체의 별명은 여자 이름 '신시아 (Synthia)'다. 벤터는 새로이 창조된 합성 생명체 Syn1 세포를 마이코플라즈마 라보로토리움(*Mycoplasma laborotorium*)이라 명명했다. 이로써 벤터는 "생명을 창조했다."라고 선언한다. 이에 오바마 미국 대통령은 생명 윤리 심사 제도를 도입했고, 바티칸에서는 Syn1의 유전체는 기존의 염색체를 복사함으로써 만들어진 것이지 설계된 것이 아니라고 반박했다.

벤터 연구팀은 계속해서 새로운 생명체 설계를 목표로 삼고 연구를 계속해 나갔다. 100만 개 이상 염기의 마이코이데즈 유전체에서 471개의 필수 유전자를 확인했다. 놀랍게도 당시에는 필수 유전자 471개 중 149개의 기능을 확인하지 못했다. 149개의 유전자 중 상당수는 인간을 포함한 다른 생명체에서도 발견된다. 아무튼 벤터의 연구팀은 471개의 필수 유전자에 상응하는 48만 3000개 염기의 염색체를 설계하고 합성한 후 카프리콜룸 세포에 이식했는데, 결과는 실패였다. 그들은 오랜 시간을 들여 필수 유전자 확인에 오류가 있었고 단백질을 지령하지는 않지만 유전자 발현을 조절하는 DNA 조각이 필요함을 알아냈다. 그들은 53만 1000개의 염기와 473개의 유전자로 구성된 설계도를 완성해 카프리콜룸 세포에 이식했는데, 결과는 성공이었다. 2016년 Syn3 세포의 탄생이다.[9] 자연에 존재하는 제일 작은 미생물 마이코플라즈마 제니탈리움의 480개 유전자보다 7개 적은 473개 유전자의 Syn3는 세계에서 제일 작은 (미)생물이 되었다. 벤터 연구팀은 Syn3 세포를 '최소 세포(minimal cell)'라 부르는 데 주저하지 않았다. Syn3 세포는 세포 주기가 3시간이다. 참고로, 525개의 유전자로 시작한 'Syn2'는 Syn3의 모체였다.

최소 세포의 유전자는 어떤 것일까? 유전자의 기능에 따라 분류하니 195개 유전자는 전사와 번역에 관계하는 부류로서 유전 정보를 단백질로 전환하는 데 필요하다. 34개는 DNA 복제에 필요한 유전자들이다. 이 두 부류를 합치면 Syn3 유전자의 거의 반에 이른다. Syn3 유전자의 18퍼센트인 85개는 세포막 단백질 유전자다. 사실 Syn3는 영양분이 풍부한 배지에서 키우기 때문에 필요한 영양분을 합성하기 위한 유전자는 필요하지 않다. 대신 영양분을 외부로부터 흡수하기 위한 단백질이 필요하다. 85개 세포막 단백질이 이를 담당한다. 또 다른 79개 유전자(17퍼센트)의 기능은 불분명하다. 이중 몇 개는 세포막 단백질로 보이나 영양분 수송에 관계하는지, 그리고 관계한다면 무엇을 수송하는지는 모른다. 이 부류 유전자의 대부분(65개)은 기능이 무엇이든 아직 확인되지 않은 것들이다. Syn3는 이 유전자들의 기능이 무엇인지 아는 데 중요한 모형 생물이 될 것이다.

합성 미생물은 창조인가?

"아비 없는 자식은 없다."라는 말은 현재 우리의 생물학적 생명관이다. 이 말은 17세기 혈액 순환설을 주장한 윌리엄 하비의 "모든 생명체는 알에서 나온다."는 말과 같다. 여담이지만 하비는 뇌의 혈액 순환 장애로 죽었다. 하비의 선언이 모든 생명체가 이미 존재하는 생명체에서 나온다는 뜻임을 다 알지만, 당시에는 의학의 코페르니쿠스적 전환이었다. 이 원리는 지구에서 단백질이든, RNA든 DNA든 혹은 더 간단한 물질이든 복제란 반응이 시작된 이후 지금까지 유효하다.

Syn1이 등장했을 때, Syn1을 합성된 생명체로 볼 것인가 아니면 좀 복잡하기는 하지만 편집된 생명체로 볼 것인가에 대한 논란이 있었다. 즉 Syn1이 아비 없는 자식인가 아닌가에 대한 논란이다. 먼저 '신시아'의 상황을 요약해 보자. 2010년, 108만 개 염기로 이뤄진 마이코이데즈의 유전체를 합성하는 데 성공하고 이 합성 유전체를 카프리콜룸 세포에 넣어 최초의 합성 미생물 Syn1을 창조한다. 이어서 마이코플라즈마 마이코이데즈 유전체(108만 염기쌍)로부터 전체의 반에 해당하는 쓸데없는 유전자를 제거한 53만 염기쌍의 합성 유전체를 합성해서 카프리콜룸 세포에 넣어 2016년, Syn3를 합성한다. 따라서 Syn3의 기본 설계도는 마이코이데즈 유전체다.

이번에는 1997년에 탄생한 아기 양 '돌리'로 대표되는 핵치환(nuclear substitution) 혹은 동물 복제에 대해서 알아보자. 핵치환은 어떤 세포로부터 핵만 분리해 이미 핵을 제거한 다른 세포에 옮기는 기술로서 원래 아이디어는 개구리 알의 발생과 분화 과정에서 핵과 세포질과의 관계를 조사하는 것이었다. 두 가지 핵치환이 있는데 하나는 생식 세포 핵치환이고 다른 하나는 체세포 핵치환이다. '옮겨지는 핵(donor nucleus)'이 생식 세포의 핵이냐 체세포의 핵이냐에 차이가 있다. 1950년대 개구리 알에서의 생식 세포 핵치환으로부터 시작해 1987년쯤에는 쥐, 양, 소를 대상으로 성공한 터였다. 체세포 핵치환은 1962년에 개구리에서 성공한 후 1997년에 양에서 성공한 것이다. 돌리가 유명한 것은 포유동물을 대상으로 성공한 최초의 체세포 핵치환이기 때문이다. 요즈음 같으면 '돌리'를 만든 영국의 이언 윌머트 박사는 성희롱 내지 성차별 범죄자가 되었을 것이다. 왜냐하면 윌머트는 '돌리'의 체세포 핵으로 양의 유방 세포를 사용했는데 당시 가슴 크기로 유명한 미국의 가수(다재다능해서 직업이 많지만 가수라 해 두자.) 돌리 파튼(Dolly Parton)을 빗대어 복제양의 이름을 지었기 때문이다. 양 돌리는 죽었지만 사람 돌리는 아직 살아 있다.

이쯤 되면 체세포 핵치환이 Syn1나 Syn3의 경우와 비슷해 보이지 않는가? 미생물이므로 핵이라 할 수 없지만 마이코이데즈의 핵과 카프리콜룸의 세포질. 벤터의 업적은 기술적으로 만들기 어려운 '옮겨지는 핵'에 해당하는 미생물 유전체를 시험관에서 합성한 것이다. 또 한 가지 주목해야 할 점은 동종 복제의 동물 복제와는 달리 Syn1나 Syn3의 경우는 마이코이데즈와 카프리콜룸이 서로 다른 종이라는 점이다. 세균의 종 분류는 포유동물의 그것보다 덜 엄격하지만 핵을 없앤 사자의 난자에 호랑이 핵을 집어넣어 호랑이 새끼가 나온 것과 같다.

Syn1나 Syn3의 경우와 핵치환보다 덜 비슷하지만 그래도 비슷한 또 다른 예가 바이러스다. DNA나 RNA로 이뤄진 바이러스 유전체가 감염을 통해 숙주 세포 안으로 들어간 뒤 숙주 세포의 핵과 세

아름다운 미생물 이야기

포질에 존재하는 생리적 물질들을 이용해 자신의 유전체를 복제하고, 자기 자신과 같은 바이러스들을 생산한다. 핵치환은 없지만 더 효과적으로 자신을 복제한다. 실제로 벤터는 2003년에 기존 바이러스의 설계도를 본떠서 인공 바이러스를 만든 적이 있다. 하지만 그때 벤터는 생명을 창조했다고 천명하지 않았다. 다만 "생명을 창조할 날이 멀지 않았다."라고 했다.

캘리포니아 주립 대학교 샌타크루즈 분교 생물 분자 공학자 데이비드 디머는 벤터의 성과에 관해 "세포질은 합성하지 않고 기존의 세포질을 사용했기에 완전한 인공이 아니다."라고 지적하는 한편 자신의 말이 언제까지 유효할지 모르겠다고 덧붙였다. 마이코이데즈 같은 미생물 유전체가 아닌 합성 RNA 혹은 DNA든 단백질이든, 혹은 더 간단한 물질이 카프리콜룸의 세포질이 아닌 인공 세포막 (기술적으로 쉽지 않겠지만) 안에서 자신을 복제하는 날이 온다면 우리는 정말로 실험실에서 창조된 생명체를 보게 될 것이다. 디머는 "그 생명체는 아마도 40억 년 전에 지구에서 탄생한 최초의 생명체를 닮아 있을 것이다."라고 언급했다.

합성 생명체는 축복인가, 재앙인가?

'축복인가, 재앙인가?'를 주제어로 인터넷에서 검색하면 앞의 주어에 많은 단어가 들어간다. 그만큼 어떤 새로운 기술이 개발되면 그 기술이 가져다줄 혜택은 자연스럽게 받아들이지만 예상되는 부작용으로 인해 찬반 논란이 거세다. 특히 DNA 혹은 생명이라는 단어가 들어가면 더욱 그렇다. 다른 자연 과학 분야에 비해 생물학 분야는 적은 비용으로 쉽게 접근할 수 있어 악용의 소지가 크고 거기에 생명에 대한 종교적, 철학적인 문제까지 더해져 논란의 범위가 엄청 넓어지기 때문이다. 이런 맥락에서 생명 공학 역사에서 커다란 사회적 논란을 불러일으킨 기술은 네 가지가 있다. 1972년 유전자 재조합 기술, 1997년 동물 복제 기술, 2010년 인공 생명체 합성 기술, 2012년 유전자 가위 기술이 그것이다. 인공 생명체 합성 기술의 경우 용어 자체가 또한 논란의 대상이다. 미생물 유전체 합성 기술이란 용어가 더 적당한 듯하다. 인공 생명체 합성 기술이 발표되었을 때 사람들의 논평을 요약하면 다음과 같다.

Syn3를 만드는 데 이용된 분자 생물학 기술들과 정보는 기초 과학 분야에 큰 기여를 할 것으로 기대된다. 예를 들어 현재의 최소 생명체에서도 기능이 알려지지 않은 필수 유전자 79개 유전자의 기능을 알아내는 것이 무엇보다 중요하다. 왜냐하면 그 유전자들의 후예는 사람 세포에도 있기 때문이다. 세포 기능을 지시하는 회로 규명에도 이용될 수 있다. 세포 형질 전환 기작 규명에 큰 도움이 될 것이며 합성 생명체의 크기를 늘리면서 합성 생물학 자체의 발전에 기여할 수 있다. 하지만 합성 생명체에 다 큰 기대를 가지게 하는 분야는 산업적 응용 분야다. 합성 생명체를 이용해 산업 효소 개발과 그것들을 이용한 수많은 고부가 가치 대사 산물 생산, 생물 컴퓨터와 생물 센서 개발, 단백질 공학 등 다양한 연구 분야에서 유용하게 쓰일 것이

아름다운 미생물 이야기

다. 특히 지구 온난화와 관련해 석유를 재생 가능한 생물 연료로 대체하는 바이오 에너지 생산 및 바이오 정제를 위한 한 방법으로 합성 생물학을 이용하려는 시도에 미국 정부도 큰 관심을 보이고 있다.

합성 생명체의 밝은 전망에도 불구하고 우려의 목소리 또한 크다. 이것은 순전히 인간의 신뢰에 대한 문제다. 이미 그러한 조짐이 보이지만 잘못 사용된 인공 생명체가 가져올 재앙은 상상하기 쉽지 않다. DNA 합성으로 효모의 염색체 3분의 1 정도 만들 수 있는 현재의 기술력으로 보아 세균을 만드는 것은 단지 시간 문제일 것이다. 컴퓨터 바이러스나 생화학 무기의 예에서 볼 수 있듯이 미친 인간은 언제든 어디서든 있어 왔고, 장담하건대 또 있을 것이다. 최선을 바랄 수 없으면 차선을 구해야 한다. 유전자 재조합과 동물 복제 경우처럼 합성 생명체의 악용 가능성에 대한 최악의 상황을 상정해 사회적 합의하에 적당한 규제를 통해 해결하는 수밖에 없다.

자, 여러분은 어떻게 생각하는가? 우선, 합성 생물학이 가져다줄 축복에 대해 살펴보자. 여러 분야가 있지만 대표적으로 다음 몇 가지 분야를 꼽았다.[1]

생물 정제

석유 정제는 1,000가지 이상의 화합물들이 혼재되어 있는 석유에서 순수한 원료들을 추출하고 이런 과정에서 휘발유, 등유, 디젤 등의 연료를 생산하는 공정이다. 이 공정을 모방해서 생물 자원(biomass)으로부터 연료, 전력, 열, 여러 가지 고부가 가치 화학 물질을 생산한다는 개념이 생물 정제(biorefinery)이다. 조금 더 확장하면 식품, 사료, 재료까지 포함할 수 있다.

광의의 개념에서 볼 때 지금 현재 생물 정제라 할 수 있는 시설들이 있기는 하지만 합성 생명체를 이용한 생물 정제의 궁극적인 목적은 전통적으로 석유로부터 얻는 화합물과 재료를 대체하는 것이다. 예를 들어 듀퐁의 소로나 섬유는 생명 공학적 방법으로 변형한 세균과 효모가 옥수수 녹말의 발효 시 생산되는 중합체로 만든다. 이 섬유는 때를 잘 타지 않고, 나일론보다 내구성이 강하다. 이 섬유는 제조 과정에서 탄소 배출량이 적고, 에너지도 덜 투입된다. 한편, 식물로 만든 폴리우레탄으로 나이키는 신발을, 포드는 자동차 부품을 제조하고 있다. 여러 식품 회사들은 식물로 만든 생분해성 플라스틱 포장재를 사용하고 있다.

바이오 에너지

많은 회사들이 화석 연료를 친환경 연료로 대체할 목적으로 바이오에탄올과 바이오디젤을 개발해 왔다. 1세대 바이오에탄올의 경우와 같이 온실 기체 배출, 식품가 인상, 토양 생산력 감소, 산림 파괴, 수질 오염, 수자원 고갈 등과 같은 문제를 안고 있다. 현재 2세대, 3세대 바이오에탄올은 다른 부작용은 제쳐두고라도 우선 생산 단가가 석유를 기반으로 한 제품보다 비싸다. 이런 상황에서 바이오 에너지를 생산하는 합성 미생물을 개발하는 연구가 주목을 받고 있다. 한편 미국 캘리포니아 대학교 버클리 분교의 제이 키슬링 그룹을 비롯

아름다운 미생물 이야기

한 몇몇 그룹들이 수소 기체를 대량으로 생산해 낼 수 있는 미생물을 합성하는 장기 프로젝트를 수행 중이다.

합성 백신

백신에는 생백신(약독 백신), 항원만을 분리 정제해 만든 재조합 백신, 바이러스 운반체를 사용하는 바이러스 백신, 그리고 DNA 백신이 있다. DNA 백신은 쉽게 설계하기 쉽고 항체 생성률이 우수하며 보존하기 쉽고 안전하고 생산 비용이 낮아 다양하게 활용되고 있다. 또한 DNA 백신은 다른 백신과 마찬가지로 체액 면역이나 세포 내 면역을 유도할 수 있다. 독감 백신의 경우 바이러스 균주와 그 유전자 코드를 밝혀낸 후에 컴퓨터를 이용한 DNA 염기 서열 분석과 PCR를 통해 많은 양의 DNA 백신을 얻을 수 있다. 이러한 방법으로 몇 개월 걸리던 백신 생산 시간을 불과 며칠로 단축해 독감의 대유행에 효과적으로 대처할 수 있다. 이 방법을 사용해 제약 회사인 노바티스(Novartis) 사와 신테틱 제노믹스 백신스(Synthetic Genomics Vaccines, SGV.) 사(벤터가 백신 개발을 위해 따로 만든 회사다.)는 유행하는 독감 바이러스 균주를 식별한 직후 곧바로 백신 생산에 돌입할 수 있는 합성 종자 바이러스를 공동으로 개발할 계획이다. 합성 생물학을 활용함으로써 백신 생산 시간을 최대 2개월 단축할 수 있다.

2개월 단축의 의미는 다음 예에서 볼 수 있다. 독감 백신을 만든 전통적인 방법은 달걀에 독감 바이러스를 넣어 배양하는 것이었다. 이 바이러스가 인체에 들어가면 항체의 생성을 자극하게 된다. 독감 시즌이 시작되기 전에 사람들이 백신을 구입할 수 있어야 한다. 일명 '돼지 독감'으로 불린 지난 2009년의 H1N1 조류 독감의 경우 백신이 공급된 시점은 대유행이 한참 진행된 후였고 이때 백신을 주사 맞아 항체가 만들어질 때쯤이면 독감의 유행이 다 지나갔을지도 모른다.

생물 치료제

생물 치료 약물(live therapeutic agent)은 살아 있는 치료제를 말한다. 합성 생물학의 좋은 성공 사례는 말라리아 치료제인 아테미시닌(artemisinin)의 대량 생산이다. 아테미시닌은 중국 식물 개똥쑥에서 추출되는 화학 물질로서 이를 발견한 중국의 투유유에게 2015년 노벨 생리·의학상이 수여되었다. 개똥쑥에서 추출하는 아테미시닌의 양은 치료제로 쓰기에 턱없이 부족하지만 캘리포니아 주립 대학교 버클리 분교의 키슬링 연구팀은 초기 합성 생물학 기술을 이용해 대장균, 개똥쑥, 효모 등 서로 다른 유기체의 10개 유전자의 조합을 통해 아테미시닌 전구체의 대량 생산을 실현한다. 이 연구 결과는 프랑스 제약 회사 사노피 아벤티스 사를 통해 (비영리) 상용화가 추진되고 있다.[2]

2005년, 벤터는 동료들과 함께 '신테틱 제노믹 사(Synthetic Genomics Inc., SGI)'라는 회사를 세운다. 그는 대단한 쇼맨십을 보이지만 어느 정도 성과도 낸다. 그는 사업 수완, 특히 입으로(일부 비판자들의 말에 따르면 "혹세무민"해서) 돈을 모으는 데 일가견이 있다. SGI는 유수의 제약 회사와 식품 회사 들로부터 모두 1억 달러의 투자를 받는다. 2009년, 합성 생명체와는 큰 상관 없지만, 미국 거대 석유 회사 엑손 모빌과 상업성 있는 바이오디젤을 짤 수 있는 조류(algae)를 선별하는 과제를 수행하기로 하고 당장 3억 달러를 받고, 실험이 잘 진행된다면 투자를 6억 달러까지 늘릴 수 있다는 계약을 한다. 이에 놀라지 않은 사람이 없었다.

어떤 과학자들은 그가 입을 잘 놀려 큰 투자를 받는다고 생각하기도 한다. 질시일 수도 있지만 합성 생명체의 미래를 호도할 수도 있다고 생각하기 때문이다. 2010년, Syn1이 발표되면서 합성 생명체의 위험성 또한 더 크게 부각되자 규제에 관한 논의가 시작될 때, 합성 생물학 선구자 중의 한 명인 키슬링 박사는 "규제해야 할 것은 벤터의 입이다."라고 했다.

혹시 바이오디젤을 짜내는 조류의 결과가 궁금한 독자들이 있을지 몰라 그 결과를 말하자면, 2013년 현재 균주 선별은 실패했고 엑손 모빌은 1억 달러를 허공으로 날려 보냈다. 벤터는 앞으로 합성 생물학을 이용할 것이라 했지만 그 뒤가 어떻게 되었는지는 알려진 바 없다. 어떤 사람들은 이렇게 중얼거렸을지도 모른다. "처음부터 알아봤어. 균주 선별 전문가가 아닌 벤터에게 그런 제안을 하는 엑손 모빌도 이상하고 그렇다고 덥석 물은 벤터도 문제가 있어."라고 말이다. 솔직히 안 물을 과학자가 몇이나 있을까? 하여튼 벤터는 생명 공학계의 돈키호테이자 스티브 잡스다.

다음 소개하는 이슈들은 합성 생명체가 재앙이 될 수도 있다는 우려를 갖게 하는 분야다.

생물 안전성

유전자 재조합 기술을 이용한 생물이 비의도적으로 풀려났을 때, 그리고 1990년대 외래 유전자 삽입을 이용한 GMO 산물을 경작하기 시작했을 때 인간과 생태계에 미치는 영향, 즉 생물 안전성과 관련해 큰 논란이 있었다. 미생물의 경우 유전자가 세균이나 바이러스로 종의 경계를 넘어 이동할 수 있기 때문에 그러나 합성 생명체는 질적으로 다른 위해성을 야기할 수도 있다.

생물 무기

합성 생물학의 기술로 이미 박멸된 바이러스조차 염기 서열만 알면(실제로 알고 있다.) 얼마든지 실험실에서 이를 다시 복원해 낼 수 있다. 천연두에 대한 면역력이 모두 사라진 시점에 천연두 바이러스를 생산했다가 이를 유출하면 큰 문제가 될 수도 있다. 뿐만 아니라 독성이 더 강한, 약물에 대한 내성이 큰, 전염성이 강한 바이러스나 세균을 만들 수 있을 것이다. 이런 새로운 생물들은 생물학 무기 제조나 생물 테러에 악용될 가능성이 크다. 실제로 오스트레일리아의 이언 램쇼 박사는 합성 유전자를 이용해 생쥐에 감염되는 맹독성 마우스 팍스(mouse pox) 바이러스를 만든 적이 있다.[10]

현재 합성 미생물을 만드는 데 시간과 비용이 너무 많이 소요되어 개인이나 조그만 회사 수준에서 혹시 위험한 미생물을 합성하는 것은 쉽지 않아 보인다. 벤터가 Syn3를 만드는 데 들인 시간과 비용은 10년 동안 4000만 달러라고 알려져 있다. 미생물 합성은 지금 아무나

아름다운 미생물 이야기

할 수 없지만 시간이 지남에 따라 기술이 발전하면 시간과 비용은 엄청 줄어들 것이고 따라서 쉽게 미생물을 만들 수 있을 것이다.

안전 지침과 규제

2003년, 벤터가 인공 바이러스를 합성하면서 합성 생물학에 대한 안전 지침과 규제의 필요성이 대두되었다. 이에 2004년부터 2008년까지 네 차례에 걸쳐 합성 생물학이 나아갈 방향과 문제 해결책을 토론하는 국제 학술 회의가 합성 생물학 전문가, 환경 전문가, NGO 등 민간 단체에 의해 개최되었다. 합성 생물의 안전, 건강, 환경, 인간의 권리에 대해 의견을 교환했다. 국가 차원에서도 유전자 재조합 기술의 위험성에 대비해 준비한 안전 지침과 규제에 대한 매뉴얼을 작성한 경험을 바탕으로 대책을 마련했다. 대표적으로 2009년 11월, 벤터의 실험 결과를 사전에 보고받은 미국 정부는 독성이나 병원균 유전자를 지닌 인공 생명체가 탄생할 수도 있다는 우려에 DNA 합성 회사들이 200개 염기쌍 이상의 유전자 합성을 주문하는 고객의 신원을 확인하고, 위험한 유전자 정보를 모은 데이터베이스와 연동해 주문 내용의 안전성을 확인해야 하는 지침을 마련했다.

과학자들도 근본적이지는 않지만 자체적으로 대책을 세웠다. 예를 들어, 벤터 연구팀은 유출 방지에는 전혀 도움이 안 되지만 실험실에서 실수로 합성 세균이 유출되는 경우 즉각 확인이 가능하도록 합성 유전체에 특정한 염기 서열로 이뤄진 부표(watermark)를 집어넣었다.

아무리 훌륭한 안전 지침과 규제 방안을 마련해도 인류의 역사에서나 근래의 컴퓨터 악성코드에서 볼 수 있듯이 인간의 이성은 믿을 것이 못 된다. 지금쯤 세계 어느 구석에서 합성 생물을 이용한 생물 무기를 만들지도 모르는 일이며 그렇다면 그것은 아마도 천연두 바이러스일 것이다.

아름다운 미생물 이야기

맺음말

이 책은 생명 탄생에서부터 지금까지 약 40억 년 동안 혹은 그 이상의 기간 동안 지구라는 특별한 행성에 존재해 온 미생물의 한 부분을 담았다. 고생물학자 스티븐 굴드의 표현에 따르면 원시 지구와 같은 환경에서 "생명의 탄생은 화학적 필연"이라고 했다. 50억 년 전부터 40억 년 전까지 태양계에서 일어났던 사건들이 다시 한번 똑같이 반복된다면 지구에서 생명이 출현할 수밖에 없다고 했다. 제럴드 조이스는 더 노골적으로 "생명은 다원식 진화를 하는 화학"이라고 했다. 화학에서 시작한 생명이 그로부터 40억 년이 지난 지금, 하찮게 생각할지도 모르는 세균의 생명 현상조차 감탄을 금할 수 없다. 예를 들어, 8장에서 기술한 DNA 복제만 보더라도 종 보존에 가장 중요한 생명 현상이라서 그런지 포유류 동물에서 이루어지는 것과 다름이 없다. 종의 안정적 보존을 위해 돌연변이를 막기 위한 여러 수단들을 들여다보면 미생물이 맞나 할 정도로 정교하다. 또한 변화하는 환경에 적응하기 위해 적당한 돌연변이는 '허용'한다. 생명 현상에서 자연의 아름다움을 느낀다고 말하면 이상하게 들릴지 몰라도 정말 그렇다. 자연은 그렇게 위대하다.

이 책을 쓰면서 감탄한 것이 또 있다. 바로 인간의 지능이다. 우리가 여전히 모르는 것이 많지만 그나마 알고 있는 것, 예를 들어 '우주의 나이, 태양과 지구의 나이, 최초 생명체의 나이 등은 어떻게 알았을까?'에 대한 답을 찾다 보면 '도대체 인간 지능의 한계는 어디까지일까?'라는 궁금증이 생긴다. 예쁜꼬마선충은 전체 체세포 수 959개, 그중 신경 세포 수는 302개, DNA 염기 수는 약 1억 개, 유전자 수는 약 1만 9000개다. 사람은 전체 체세포 수 약 40조 개, 그중 신경 세포 수는 약 1000억 개, DNA 염기 수는 약 30억 개, 유전자 수는 약 3만 개다. 예쁜꼬마선충의 염기 수와 특히 유전자 수가 생각보다 많지만 302개밖에 안 되는 신경 세포가 교신망을 구축해 적어도 그들에게는 불편해 보이지 않을 정도로 자극에 반응한다. 예쁜꼬마선충 신경망을 시뮬레이션한 302개 전구(실제 전구가 아니라 컴퓨터 프로그램으로 재현한 전구다.)는 벌레가 움직일 때, 장애물을 만날 때 등 여러 조건에서 수도 없이 깜빡거린다. (이 동영상은 유튜브에서 볼 수 있다.) 신경 세포 302개를 1000억 개로 확장해 시뮬레이션한다면 아마 컴퓨터에서 번개가 칠 것이다.

사람이 신의 창조물이든 진화의 산물이든 아무튼 경이롭다. 사람끼리 부딪치는 실생활로 돌아오면 그 경이로움이 상당 부분 없어지지만 말이다. 자연을 통한 생명에의 경외와 인간에 대한 경이로움이 사람으로 인해 줄어들지 않았으면 좋겠다.

이 책의 많은 부분은 노벨 생리·의학상의 주제와 연관이 있다. 그만큼 미생물은 생명 현상을 이해하는 데 좋은 모형이 되어 왔다. 장래 노벨상 후보 1순위인 유전자 가위도 역시 미생물의 면역 기작을 연구하던 중에 밝혀졌다. 매년 연말 과학 분야 노벨상 수상자가 발표될 때마다 우리나라는 언제 받아 보나 하는 탄식조의 신문 기사는 매년 똑같은 해결책으로 끝을 맺는다. 틀린 말은 없다. 답은 아는데 문제는 안 푼다. 일본과 비교하니 더 초조한 듯하나 사실, 일본과 우리나라는 자연 과학의 역사나 연구 풍토 면에서 비교 불가능이다. 사견이지만 정상적인 상황이라면 1901년 첫 번째 노벨 생리·의학상 수상자에 일본인 기타자토 시바사부로도 포함되어야 했다. 태평양 전쟁 시 731 부대의 예에서 볼 수 있듯이 일본인의 자연 과학 내지 의학에 대한 관심이 인간의 존엄성을 말살하는 그릇된 방향으로 나아갔지만 일본의 자연 과학 역사는 그만큼 길다. 우리와는 시작부터 70~80년 차이가 나는 듯싶다. 1970년 이후 열심히 따라잡아 그 차이를 상당히 줄였다 싶지만 실상은 어떨지.

연구에서 창의적이 되기 위해서는 정부의 역할, 특히 연구비의 적절한 집행이 매우 중요하다. 연구는 톱다운(상향식) 과제와 보텀업(하향식) 과제로 나눌 수 있다. 하향식 과제는 국가적으로 관리해야 할 필요가 있는 과제에, 상향식 과제는 개인 또는 소규모 그룹이 제안한 과제 중 그럴듯한 것들을 선정해 연구비를 지급하는 것이다. 많은 돈이 들어가는 사업(생물학의 경우 인간 유전체 사업이 이런 예에 해당한다.)에 한해서 국가 지정 과제로 하는 게 좋을 것 같다. 그러나 국가가 지정한다고 해서 그 연구가 반드시 창의적일 수는 없다. 창의성은 콘소시엄이니 연구단이니 하는 것을 꾸려서 떼로 한다고 해서 나오는 것이 아니다. 오히려 자유로운 사고를 할 줄 아는 개인에게서 나올 확률이 훨씬 높다. 미국의 경우 톱다운과 보텀업의 비율이 50 대 50이다. 우리나라는 그 비율이 얼마나 될까? 만약 보텀업 비율이 엄청 낮다면, 연구비 집행자가 '갑'이 되고 과학자들은 '을'이 되는 이상한 먹이 사슬이 형성된다. 과학자들이 연구보다는 연구비 집행자와 좋은 관계를 맺기 위해 '정치'를 해야 한다. 창의성은 고려 사항도 아니다. 연구비 집행자가 연구에 대해 책임지는 것을 본 적이 있는가?

과학자는 물론 일반인들도 노벨상에 그리 연연할 필요는 없다. 노벨상이 지상 최대의 목표라면 노벨상을 탈 수 있는 주제에 대해 국가적으로 집중하면 가능할 수도 있다. 예를 들어, 세포 복합당(糖) 합성 기작같이 이미 알고 있는 노벨상 주제도 있다. 노벨상이야 연구를 하다 보면 언젠가는 나올 것이다. 단, '최대한', '제대로' 한다면 말이다. '최대한'은 연구비 집행자들의 연구비 집행과 과학자들의 연구비 사용에 있어서 발생할 수 있는 윤리 문제를 말함인데 위험성은 다소 있겠지만 각자의 양심을 최대한 믿어야 한다는 말이다. '제대로'는 연구단보다는 개인 위주로 상상에 가깝다고 할 정도라도 창의적인 과제라면 과감하게 선정해 성실 실패도 인정하는 연구 풍토를 포함한다.

아름다운 미생물 이야기

    2016년 노벨 생리·의학상은 일본의 오스미 요시노리 도쿄 공업 대학 명예 교수에게 돌아갔다. 오스미 교수는 효모를 이용해 오토페이지(autophagy) 혹은 자가 포식(自家捕食)이라 불리는 분야를 개척했다. 오토페이지란 원래 세포 내에서 불필요해진 소기관을 처리하는 과정으로 단순하게 생각되었지만, 고등 생물에서는 면역, 노화 등 여러 생명 현상에서 광범위하게 관계한다. 오스미 교수는 한때 중요한 유전학, 분자 생물학 실험 재료였지만 1990년대부터 소위 한물간 단세포 진핵생물 효모를 거의 40년 동안 연구했다. 그는 "과학이 도움이 된다는 것이 몇 년 지나 기업화할 수 있다는 말과 동의어가 된 것이 문제"라면서 '실용화'만 중시하는 세태를 비판했다. 그러면서 그의 노벨 생리·의학상은 효모에게 주어져야 한다고 수상 소감을 말했다. 기초 과학을 중시한다고 알려진 일본에서조차 비(非)인기 분야의 무관심과 그동안의 서러움을 에둘러 표현한 것이리라. 그의 말은 우리에게도 똑같이 적용된다.

    우리는 생명을 창조할 수도 있는 시대를 눈앞에 두고 있다. 1970년대, 유전자 재조합 기술이 발표되었을 때 한바탕 소란이 일었던 것을 기억한다. 이제는 유전자 조작 정도가 아니라 생명 창조다. 너무 이르다고 할지 몰라도 생명은 화학에 불과하단 말이 실증되는 단계까지 왔다. 생명 창조가 미생물을 넘어 어디까지 갈지 그리고 그 결과가 어떠할지 알 수 없지만, 한 가지 두려운 점은 그러한 기술이 생명 경시로 이어질지 모른다는 것이다. 그런 이론적 뒷받침이 없을 때조차, 인간이 미치면 어디까지 미치는지 우리는 최근 일본과 독일에서 봤다. 하지만 인간은 자연에서 생명의 아름다움도 느낄 수 있는 능력이 있다. 인간만이 특별한 생명이 아니라 주위의 모든 생명이 특별하다는 겸손을 위대한 자연으로부터 배울 수 있는 능력이 있다. 미생물도 모든 생명의 근원으로서 생명의 아름다움을 느끼기에 조금도 부족함이 없다. 작아서 더 아름답다.

아름다운 미생물 이야기

후주

1장 생명 물질

1. Bryson B. 2003. *A Short History for Nearly Everything*. Broadway Books. (『거의 모든 것들의 역사』. 이덕환 옮김. 2003. 까치)

2. Hazon RT. 2012. *The Story of Earth: The First 4.5 Billion Years, from Stardust to Living Planet*. Penguin. (『지구 이야기: 광물과 생물의 공진화로 푸는 지구의 역사』. 김미선 옮김. 2014. 뿌리와 이파리)

3. Stager C. 2014. *Your Atomic Self: The Invisible Elements That Connect You to Everything Else in the Universe*. St. Martin's Press.

4. Urry LA, Cain ML, Wasserman SA, Minorsky PV, Reece JB. 2016. *Campbell Biology* 11th Ed. Pearson.

5. 최덕근. 2014. 『지구의 이해』. 서울대학교출판문화원.

6. Dalrymple GB. 2001. "The age of the Earth in the twentieth century: a problem (mostly) solved". Special Publications, Geological Society of London. 190: 205 – 21.

7. https://ko.wikipedia.org/wiki/지구의_역사.

8. https://ko.wikipedia.org/wiki/섭동.

9. 최정원. 2015. 『중생대 한반도로 떠나는 여행』. 초록인.

10. Kobayashi K, Kaneko T, Saito T, Oshima T. 1998. "Amino acid formation in gas mixtures by

particle irradiation". *Orig Life Evol Biosph.* 28: 155-165.

11. Ferus M, Nesvorný D, Šponer J, Kubelík P, Michalčíková R, Shestivská V, Šponer JE, Civiš S. 2015. "High-energy chemistry of formamide: A unified mechanism of nucleobase formation". *Proc Natl Acad Sci USA.* 112: 657-662.

12. Furukawa Y, Nakazawa H, Sekine T, Kobayashi T, Kakegawa T. 2015. "Nucleobase and amino acid formation through impacts of meteorites on the early ocean". *Earth Planet Sci Lett.* 429: 216-22.

13. Cronin JR, Pizzarello S. 1997. "Enantiomericexcesses in meteoriticamino acids". *Science.* 275: 951-5.

14. Schmitt-Kopplin P, Gabelica Z, Gougeon RD, Fekete A, Kanawati B, Harir M, et al. 2010. "High molecular diversity of extraterrestrial organic matter in Murchison meteorite revealed 40 years after its fall". *Proc Natl Acad Sci USA* 107: 2763-8.

15. Nakamura-Messenger K, Messenger S, Keller LP, Clemett SJ, Zolensky ME. 2006. "Organic globules in the Tagish Lake meteorite: remnants of the protosolar disk". *Science.* 314: 1439-42.

2장 생명으로 가는 길

1.   https://ko.wikipedia.org/wiki/역전사_효소.

2.   Baltimore D. 1970. "RNA-dependent DNA polymerase in virions of RNA tumour viruses". *Nature.* 226: 1209-1211.

3.   Temin HM, Mizutani S. 1970. "Viral RNA-dependent DNA polymerase: RNA-dependent DNA polymerase in virions of Rous Sarcoma Virus". *Nature.* 226: 1211-1231.

4.   Kruger K, Grabowski PJ, Zaug AJ, Sands J, Gottschling DE, Cech TR. 1982. "Self-splicing RNA: autoexcision and autocyclization of the ribosomal RNA intervening sequence of Tetrahymena". *Cell.* 31: 147-57.

5.   Yarus M. 2010. *Life from an RNA World: The Ancestor Within.* Harvard University Press.

6.   https://en.wikipedia.org/wiki/RNA_world.

7.   Lincoln TA, Joyce GF. 2009. "Self-sustained replication of an RNA enzyme". *Science* 323: 1229-1232.

8.   https://en.wikipedia.org/wiki/Hydrothermal_vent.

9.   Atkins JF, Gesteland RF, Cech T. 2006. *The RNA World: the Nature of Modern RNA Suggests a Prebiotic RNA World.* Cold Spring Harbor Laboratory Press.

10. Woese CR. 1967. *The Genetic Code: The Molecular Basis for Genetic Expression.* Harper & Row.

11. Crick FH. 1968. "The origin of the genetic code". *J Mol Biol.* 38: 367-79.

12. Orgel LE. 1968. "Evolution of the genetic apparatus". *J Mol Biol.* 38: 381-93.

13. White HB 3rd. 1976. "Coenzymes as fossils of an earlier metabolic state". *J Mol Evol* 7: 101-4.

14. Gilbert W. 1986. "The RNA World". *Nature*. 319: 618.

15. Johnston WK, Unrau PJ, Lawrence MS, Glasner ME, Bartel DP. 2001. "RNA-catalyzed RNA polymerization: accurate and general RNA-templated primer extension". *Science*. 292: 1319-25.

16. Horning DP, Joyce GF. 2016. "Amplification of RNA by an RNA polymerase ribozyme". *Proc Natl Acad Sci USA* 113: 9786-91.

17. Gysbers R, Tram K, Gu J, Li Y. 2015. "Evolution of an Enzyme from a Noncatalytic Nucleic Acid Sequence". *Sci Rep*. 5: 11405.

18. Erives A. 2011. "A model of proto-anti-codon RNA enzymes requiring L-amino acid homochirality". *J Mol Evol*. 73: 10-22.

19. Noller HF, Hoffarth V, Zimniak L. 1992. "Unusual resistance of peptidyl transferase to protein extraction procedures". *Science* 256 : 1416-9.

20. Szathmáry E. 1999. "The origin of the genetic code: amino acids as cofactors in an RNA world". *Trends Genet* 15: 223-9.

21. https://en.wikipedia.org/wiki/Bacteriophage_Qß.

22. Bell G. 1997. *The Basics of Selection*. Springer.

23. Powner MW, Gerland B, Sutherland JD. 2009. "Synthesis of activated pyrimidine ribonucleotides in prebiotically plausible conditions". *Nature* 459: 239-242.

24. Callahan MP, Smith KE, Cleaves HJ, Ruzicka J, Stern JC, Glavin DP, et al. 2011. "Carbonaceous meteorites contain a wide range of extraterrestrial nucleobases". *Proc Natl Acad Sci USA*. 108: 13995-8.

25. http://www.eso.org/public/archives/releases/sciencepapers/eso1234/eso1234a.pdf.

26. Joyce GF, Orgel LE. 1993. "Prospects for understanding the origin of the RNA world". *The RNA World* (eds. Gesteland R.F, Atkins J.F). pp. 1 -25 Cold Spring Harbor Laboratory Press.

27. Villarreal LP, Witzany G. 2013. "The DNA habitat and its RNA inhabitants: at the dawn of RNA". *Sociology*. 6: 1-12.

28. Diemer GS, Stedman KM. 2012. "A novel virus genome discovered in an extreme environment suggests recombination between unrelated groups of RNA and DNA viruses". *Biol Direct* 7: 13.

29. Marlaire R. 2015. "NASA Ames reproduces the building blocks of life in laboratory". NASA.

30. Diener TO. 1989. "Circular RNAs: Relics of precellular evolution?" *Proc Natl Acad Sci USA* 86: 9370-4.

31. Forterre P. 2006. "Three RNA cells for ribosomal lineages and three DNA viruses to replicate their genomes: a hypothesis for the origin of cellular domain". *Proc Natl Acad Sci USA* 103: 3669-74.

32. Egholm M, Buchardt O, Christensen L, Behrens C, Freier SM, Driver DA, Berg RH, Kim SK,

Norden B, Nielsen PE. 1993. "PNA hybridizes to complementary oligonucleotides obeying the Watson-Crick hydrogen-bonding rules". *Nature* 365: 566-8.

33. Cami J, Bernard-Salas J, Peeters E, Malek SE. 2010. "Detection of C60 and C70 in a young planetary nebula". *Science* 329: 1180.

34. Wächtershäuser G. 1992. "Groundworks for an evolutionary biochemistry: The iron-sulphur world". *Prog Biophys Mol Biol* 58: 85-201.

35. Keller MA, Turchyn AV, Ralser M. 2014. "Non-enzymatic glycolysis and pentose phosphate pathway-like reactions in a plausible Archean ocean". *Mol Syst Biol.* 10: 725.

36. Kunin V. 2000. "A system of two polymerases-a model for the origin of life". *Orig Life Evol Biosph.* 30: 459-66.

3장 최초의 생명체

1. Russell MJ, Hall AJ. 1997. "The emergence of life from iron monosulphide bubbles at a submarine hydrothermal redox and pH front". *J Geol Soc Lond.* 154: 377-402.

2. Powner M. Gerland B. Sutherland J. 2009. "Synthesis of activated pyrimidine nucleotides in prebiotically plausible conditions". *Nature* 459: 239-42.

3. Woese CR, Fox GE. 1977. "Phylogenetic structure of the prokaryotic domain: the primary kingdoms". *Proceedings of the National Academy of Sciences of the United States of America.*, 74 (11): 5088-90.

4. Weiss MC, Sousa FL, Mrnjavac N, Neukirchen S, Roettger M, Nelson-Sathi S, Martin WF. 2016. "The physiology and habitat of the last universal common ancestor". *Nat Microbiol.* 1: 16116.

5. Wade N. 2016. "Meet Luca, the ancestor of all living things". *New York Times.* Jul 25, 2016. (https://www.nytimes.com/2016/07/26/science/last-universal-ancestor.html)

6. Allwood AC, Walter MR, Kamber BS, Marshall CP, Burch IW. 2006. "Stromatolite reef from the early archaean era of Australia". *Nature.* 441: 714-718.

7. Nutman AP, Bennett VC, Friend CR, Van Kranendonk MJ, Chivas AR. 2016. "Rapid emergence of life shown by discovery of 3,700-million-year-old microbial structures". *Nature.* 537: 535-538.

8. Dodd MS, Papineau D, Grenne T, Slack JF, Rittner M, Pirajno F, et al. 2017. "Evidence for early life in Earth's oldest hydrothermal vent precipitates". *Nature.* 543: 60-64.

4장 물질 대사

1. Keller MA, Turchyn AV, Ralser M. 2014. "Non-enzymatic glycolysis and pentose phosphate pathway-like reactions in a plausible Archean ocean". *Mol Syst Biol.* 10:725.

2. Urry LA, Cain ML, Wasserman SA, Minorsky PV, Reece JB. 2016. *Campbell Biology.* 11th Ed.

Pearson.

3.   Keller MA, Zylstra A, Castro C, Turchyn AV, Griffin JL, Ralser M. 2016. "Conditional iron and pH-dependent activity of a non-enzymatic glycolysis and pentose phosphate pathway". *Sci Adv* 2: e1501235.

4.   Lewis R, Parker B, Gaffin D, Hoefnagels M. 2007. *LIFE*. 6th Ed. McGraw Hill.

5.   Romero P, Wagg J, Green ML, Kaiser D, Krummenacker M, Karp PD. 2005. "Computational prediction of human metabolic pathways from the complete human genome". *Genome Biol*. 6: R2.

6.   https://biocyc.org/.

5장 미생물의 진화

1.   Woese CR, Kandler O, Wheelis ML. 1990. "Towards a natural system of organisms: proposal for the domains archaea, bacteria, and eucarya". *Proc Natl Acad Sci USA*. 87: 4576-4579.

2.   Lewis R, Parker B, Gaffin D, Hoefnagels M. 2007. *LIFE*. 6th Ed. McGraw Hill.

3.   http://bionumbers.hms.harvard.edu/bionumber.aspx?id=109322.

4.   Dodd MS, Papineau D, Grenne T, Slack JF, Rittner M, Pirajno F, et al. 2017. "Evidence for early life in Earth's oldest hydrothermal vent precipitates". *Nature*. 543: 60-64.

5.   Nutman AP, Bennett VC, Friend CR, Van Kranendonk MJ, Chivas AR. 2016. "Rapid emergence of life shown by discovery of 3,700-million-year-old microbial structures". *Nature*. 537: 535-538.

6.   Bryson B. 2003. *A Short History for Nearly Everything*. Broadway Books. (『거의 모든 것들의 역사』. 이덕환 옮김. 2003. 까치)

7.   Urry LA, Cain ML, Wasserman SA, Minorsky PV, Reece JB. 2016. *Campbell Biology*. 11th Ed. Pearson.

8.   Margulis L. 1970. *Origin of Eukaryotic Cells*. Yale University Press.

9.   Brocks JJ, Logan GA, Buick R, Summons RE. 1999. "Archean molecular fossils and the early rise of eukaryotes". *Science*. 285: 1033-6.

10.   Han TM, Runnegar B. 1992. "Megascopic eukaryotic algae from the 2.1-billion-year-old negaunee iron-formation", *Science*. 257: 232-5.

11.   El Albani A, Bengtson S, Canfield DE, Bekker A, Macchiarelli R, Mazurier A, et al. 2010. "Large colonial organisms with coordinated growth in oxygenated environments 2.1 Gyr ago". *Nature*. 466: 100-4.

12.   Goldring ES, Grossman LI, Krupnick D, Cryer DR, Marmur J. 1970. "The petite mutation in yeast. Loss of mitochondrial deoxyribonucleic acid during induction of petites with ethidium bromide". *J Mol Biol*. 52: 323-335.

13.   Karnkowska A, Vacek V, Zubácová Z, Treitli SC, Petrželková R, Eme L, et al. 2016. "A Eukaryote

without a mitochondrial organelle". *Curr Biol.* 26: 1274-1284.

14. Spang A, Saw JH, Jørgensen SL, Zaremba-Niedzwiedzka K, Martijn J, Lind AE, et al. 2015. "Complex archaea that bridge the gap between prokaryotes and eukaryotes". *Nature.* 521: 173-179.

15. Holland HD. 2002. "Volcanic gases, black smokers, and the Great Oxidation Event". *Geochim Cosmochim Acta.* 66: 3811–26.

16. Peter W. 2006. *Out of Thin Air: Dinosaurs, Birds, and Earth's Ancient Atmosphere.* Joseph Henry Press. (『진화의 키, 산소 농도: 공룡, 새, 그리고 지구의 고대 대기』. 김미선 옮김. 2012. 뿌리와 이파리)

17. Retallack GJ. 2013. "Ediacaran life on land". *Nature.* 493: 89-92.

6장 미생물이란?

1. 이 장은 2부 이후 내용의 총론에 해당한다. 기본적으로 다음 문헌들을 바탕으로 했다. 오상진. 2012. 『일반 미생물학』. 전남대학교 출판부; Anderson D, Salm S, Allen D. 2015. *Nester's Microbiology.* 8th Ed. McGraw-Hill Education; Madigan MT, Martinko JM, Bender KS, Stahl DA, Buckley DH. 2014. *Brock Biology of Microorganisms.* 14th Ed. Benjamin-Cummings Publishing Company. (『Brock의 미생물학』. 오계헌 옮김. 2016. 바이오사이언스); https://en.wikipedia.org/wiki/Microorganism; Woese CR, Kandler O, Wheelis ML. 1990. "Towards a natural system of organisms: proposal for the domains archaea, bacteria, and eucarya". *Proc Natl Acad Sci USA.* 87: 4576-4579; Whitman WB, Coleman DC, Wiebe WJ. 1998. "Prokaryotes: the unseen majority". *Proc Natl Acad Sci USA.* 95: 6578-83. 혹시 미생물에 관한 숫자가 궁금하면 다음 문헌을 참조하면 좋다. Editorials. 2011. "Microbiology by numbers". *Nat Rev Microbiol* 9: 628.

7장 미생물학의 태동

1. 오진곤. 2006. 『과학자 360: 인물로 엮은 과학의 역사』. 전파과학사.

2. https://en.wikipedia.org/wiki/Antonie_van_Leeuwenhoek.

3. Feinstein S. 2008. *Louis Pasteur: The Father of Microbiology.* Enslow Publishers, Inc.

4. https://en.wikipedia.org/wiki/Louis_Pasteur.

5. David C. Knight DC. 2011. *Robert Koch: Father of Bacteriology.* Literary Licensing, LLC.

6. https://en.wikipedia.org/wiki/Robert_Koch.

8장 현대 미생물학

1. Hausmann R. 2013. *To Grasp the Essence of Life: A History of Molecular Biology.* Springer Science & Business Media.

2. Blattner FR, Plunkett G 3rd, Bloch CA, Perna NT, Burland V, Riley M, et al. 1997. "The complete

아름다운 미생물 이야기

genome sequence of Escherichia coli K-12". *Science*. 277: 1453-62.

3. Watson JD. 2014. *Molecular Biology of the Gene*. 7th Ed. Pearson.

4. Goffeau A, Barrell BG, Bussey H, Davis RW, Dujon B, Feldmann H, et al. 1996. "Life with 6000 genes". *Science*. 274: 563-7.

5. 이두갑. 2013. 「아서 콘버그(Arthur Kornberg)의 DNA 연구제도화와 공동체적 구조의 건설」. 《한국과학사학회지》. 35: 131-148.

6. Jackson DA, Symons RH, Berg P. 1972. "Biochemical method for inserting new genetic information into DNA of Simian Virus 40: circular SV40 DNA molecules containing lambda phage genes and the galactose operon of Escherichia coli". *Proc Natl Acad Sci USA*. 69: 2904-9.

7. Cohen SN, Chang AC, Boyer HW, Helling RB. 1973. "Construction of biologically functional bacterial plasmids in vitro". *Proc Natl Acad Sci USA*. 70: 3240-4.

8. Jaenisch R, Mintz B. 1974. "Simian virus 40 DNA sequences in DNA of healthy adult mice derived from preimplantation blastocysts injected with viral DNA". *Proc Natl Acad Sci USA* 71: 1250-4.

9. Stehelin D, Varmus HE, Bishop JM, Vogt PK. 1976. "DNA related to the transforming gene(s) of avian sarcoma viruses is present in normal avian DNA". *Nature* 260: 170-173.

10. Oppermann H, Levinson AD, Varmus HE, Levintow L, Bishop JM. 1979. "Uninfected vertebrate cells contain a protein that is closely related to the product of the avian sarcoma virus transforming gene (src)". *Proc Natl Acad Sci USA* 76: 1804-8.

11. Brock TD, Freeze H. 1969. "Thermus aquaticus gen. n. and sp. n., a nonsporulating extreme thermophile". *J Bacteriol* 98: 289-97.

12. Saiki RK, Scharf S, Faloona F, Mullis KB, Horn GT, Erlich HA, Arnheim N. 1985. "Enzymatic amplification of beta-globin genomic sequences and restriction site analysis for diagnosis of sickle cell anemia". *Science* 230: 1350-1354.

13. Saiki RK, Gelfand DH, Stoffel S, Scharf SJ, Higuchi R, Horn GT, et al. 1988. "Primer-directed enzymatic amplification of DNA with a thermostable DNA polymerase". *Science* 239: 487-491.

14. Blackburn EH, Gall JG. 1978. "A tandemly repeated sequence at the termini of the extrachromosomal ribosomal RNA genes in Tetrahymena". *J Mol Biol* 120: 33-53.

15. 김응빈, 김종우, 방연상, 송기원, 이삼열. 2017. 『생명과학, 신에게 도전하다: 5개의 시선으로 읽는 유전자 가위와 합성 생물학』. 동아시아.

16. https://en.wikipedia.org/wiki/CRISPR.

17. Ishino Y, Shinagawa H, Makino K, Amemura M, Nakata A. 1987. "Nucleotide sequence of the iap gene, responsible for alkaline phosphatase isozyme conversion in Escherichia coli, and identification of the gene product". *J Bacteriol* 169: 5429-33.

18. Lander ES. 2016. "The Heroes of CRISPR". *Cell* 164: 18-28.

9장 자연과 미생물

1.	Urry LA, Cain ML, Wasserman SA, Minorsky PV, Reece JB. 2016. *Campbell Biology*. 11th Ed. Pearson.
2.	미생물학회. 2017. 『미생물학』. 범문에듀케이션.
3.	Bryson B. 2003. *A Short History for Nearly Everything*. Broadway Books. (『거의 모든 것들의 역사』. 이덕환 옮김. 2003. 까치)
4.	https://en.wikipedia.org/wiki/Nitrogen_fixation.
5.	https://en.wikipedia.org/wiki/Fritz_Haber.
6.	Rampelotto PH. 2013. "Extremophiles and Extreme Environments". *Life* 3: 482-485.
7.	McIntyre A (Ed.) 2011. *Life in the World's Oceans: Diversity, Distribution and Abundance*. John Wiley and Sons.
8.	오철우. 2010. 「'숨은 다수' 바닷속 미생물 종들의 놀라운 다양성」. 《사이언스온》 온라인 기사. http://scienceon.hani.co.kr/28284.

10장 항생제

1.	https://en.wikipedia.org/wiki/Antibiotic.
2.	오진곤. 2006. 『과학자 360: 인물로 엮은 과학의 역사』. 전파과학사.
3.	Anderson D, Salm S, Allen D. 2015. *Nester's Microbiology*. 8th Ed. McGraw-Hill Education.
4.	Walker SR (Ed.) 2012. *Trends and Changes in Drug Research and Development*. Springer Science & Business Media.
5.	https://ko.wikipedia.org/wiki/붉은_여왕_가설.

11장 밥상 위의 미생물

1.	하덕모. 2014. 『식품미생물학』. 신광출판사.
2.	미생물학회. 2017. 『미생물학』. 범문에듀케이션.
3.	윤진아. 2006. 『음식이야기』. 살림출판사.
4.	http://blog.naver.com/chinkh323/221118093940.
5.	김언종. 2001. 『한자의 뿌리』. 문학동네.
6.	https://ko.wikipedia.org/wiki/요구르트.
7.	https://en.wikipedia.org/wiki/Aspergillus_oryzae.
8.	https://en.wikipedia.org/wiki/Bacillus_subtilis.
9.	김동한. 1998. 『위생과 식중독』. 광문각.
10.	https://ko.wikipedia.org/wiki/식중독.

12장 미생물 공장

1. 미생물학회. 2017.『미생물학』. 범문에듀케이션.

2. Buchholz K, Collins J. 2013. "The roots-a short history of industrial microbiology and biotechnology". *Appl Microbiol Biotechnol* 97: 3747-62.

3. https://www.credenceresearch.com/report/industrial-microbiology-market.

4. Tim Ball. 2016. *Human Caused Global Warming*. Timothy Ball.

5. 미생물학회. 2017.『미생물학』. 범문에듀케이션.

6. Salles-Filho S, Cortez L, da Silveira J, Trindade S, Fonseca M (Ed.) 2016. *Global Bioethanol: Evolution, Risks, and Uncertainties*. Academic Press.

7. https://en.wikipedia.org/wiki/Ethanol_fuel.

8. 김정환, 김연희, 김성구, 김병우, 남수완. 2011.「해양 미생물 유래 해조 다당류 분해 효소의 특성 및 산업적 응용」. *Kor J Microbiol Biotechnol* 39: 189-199.

9. 권민수, 최태부, 김기연. 2005.「세라마이드가 피부 장벽 기능에 미치는 효과」.《대한피부미용학회지》 3: 131-137.

10. Feingold KR. 2011. "The role of epidermal lipids in cutaneous permeability barrier homeostasis". *J Lipid Res* 48: 2531-2546.

11. 서구일. 2012.『보톡스 시크릿』. 웅진리빙하우스.

12. Fonseca GG, Heinzle E, Wittman C, Gombert AK. 2008. "The yeast *Kluyveromyces marxianus* and its biotechnological potential". *Appl Microbiol Biotechnol* 79: 339-354.

13장 장내 세균

1. Shtonda BB, Avery L. 2006. "Dietary choice behavior in *Caenorhabditis elegans*". *J Exp Biol* 209: 89-102.

2. Garsin DA, Villanueva JM, Begun J, Kim DH, Sifri CD, Calderwood SB, et al. 2003. "Long-lived C. elegans daf-2 mutants are resistant to bacterial pathogens". *Science* 300: 1921.

3. Gusarov I, Gautier L, Smolentseva O, Shamovsky I, Eremina S, Mironov A, Nudler E. 2013. "Bacterial nitric oxide extends the lifespan of C. elegans". *Cell* 152: 818-30.

4. Cabreiro F, Au C, Leung KY, Vergara-Irigaray N, Cochemé HM, Noori T, et al. 2013. "Metformin retards aging in C. elegans by altering microbial folate and methionine metabolism". *Cell* 153: 228-39.

5. https://sci.waikato.ac.nz/farm/content/microbiology.html.

6. http://blog.naver.com/ling1134/70167374239.

7. Enders G. 2015. *Gut: the Inside Story of Our Body's Most Underrated Organ*. Scribe Publications. (『매력적인 장 여행』. 배명자 옮김. 2014. 와이즈베리)

8. Gershon M. 1999. *The Second Brain: A Groundbreaking New Understanding of Nervous Disorders of the Stomach and Intestine*. Harper Collins. (『제2의 뇌』. 김홍표 옮김. 2013. 지식을 만드는 지식)

9. 유현주, 이성희, 고광표. 2015. 「인간 장내 마이크로비옴 연구: 개념과 전략」.《한국보건학회지》52: 11-19.

10. 성상현. 2013. 「'나 아닌 나' 장내미생물의 공생 어떻게?」.《사이언스온》온라인 웹진. (http://scienceon.hani.co.kr/126565)

11. https://en.wikipedia.org/wiki/Human_Microbiome_Project.

14장 활성균

1. https://en.wikipedia.org/wiki/Probiotic.

2. https://en.wikipedia.org/wiki/Élie_Metchnikoff.

3. Parker RB. 1974. "Probiotics, the other half of the antibiotic story". *Anim Nutr Health* 29: 4-8.

4. Fuller R. 1989. "Probiotics in man and animals". *J Appl Bacteriol* 66: 365-78.

5. Knight R, Buhler B. 2015. *Follow Your Gut: The Enormous Impact of Tiny Microbes*. Simon and Schuster. (『내 몸속의 우주: 질병부터 성격까지 좌우하는 미생물의 힘』. 강병철 옮김. 2016. 문학동네)

6. Mayer E. 2016. *The Mind-Gut Connection: How the Hidden Conversation Within Our Bodies Impacts Our Mood, Our Choices, and Our Overall Health*. Harper Collins. (『더 커넥션』. 김보은 옮김. 2017. Kyobobook MCP)

7. 김용규. 2016. 「장내 미생물과 그와 관련된 질환의 연구 동향」. BRIC View T05.

8. Goldenberg JZ, Lytvyn L, Steurich J, Parkin P, Mahant S, Johnston BC. 2015. "Probiotics for the prevention of pediatric antibiotic-associated diarrhea". *The Cochrane Database of Systematic Reviews* 12: CD004827.

9. Neufeld KM, Kang N, Bienenstock J, Foster JA. 2011. "Reduced anxiety-like behavior and central neurochemical change in germ-free mice". *Neurogastroenterol Motil* 23: 255-264.

10. Kumar M, Nagpal R, Kumar R, Hemalatha R, Verma V, Kumar A, et al. 2012. "Cholesterol-lowering probiotics as potential biotherapeutics for metabolic diseases". *Exp Diabetes Res* 2012: 902917.

11. King CK, Glass R, Bresee JS, Duggan C. 2003. "Managing acute gastroenteritis among children: oral rehydration, maintenance, and nutritional therapy". *MMWR Recomm Rep* 52 (RR-16): 1-16.

12. Reid G, Jass J, Sebulsky MT, McCormick JK. 2003. "Potential uses of probiotics in clinical practice". *Clin Microbiol Rev* 16: 658-72.

13. Ghouri YA, Richards DM, Rahimi EF, Krill JT, Jelinek KA, DuPont AW. 2014. "Systematic review of randomized controlled trials of probiotics, prebiotics, and synbiotics in inflammatory bowel

disease". *Clin Exp Gastroenterol* 7: 473-87.

14. Sanders ME. 2000. "Considerations for use of probiotic bacteria to modulate human health". *J Nutr* 130 (2S Suppl): 384S-390S.

15. AlFaleh K, Anabrees J. 2014. "Probiotics for prevention of necrotizing enterocolitis in preterm infants". *Cochrane Database of Systematic Reviews* Issue 4, Art. No.: CD005496.

16. http://probiotics.org/amazing-facts/.

17. Rijkers GT, de Vos WM, Brummer RJ, Morelli L, Corthier G, Marteau P. 2011. "Health benefits and health claims of probiotics: Bridging science and marketing". *Br J Nutri* 106: 1291-1296.

15장 미생물과 감염

1. https://www.cdc.gov/diseasesconditions/index.html.

2. 최강석. 2016. 『바이러스 쇼크』. 매일경제신문사.

3. Engel J. 2006. *The Epidemic*. HarperCollins.

4. Barré-Sinoussi F, Chermann JC, Rey F, Nugeyre MT, Chamaret S, Gruest J, et al. 1983. "Isolation of a T-lymphotropic retrovirus from a patient at risk for acquired immune deficiency syndrome (AIDS)". *Science* 220: 868-871.

5. Sharp PM, Hahn BH. 2011. "Origins of HIV and the AIDS pandemic". *Cold Spring Harb Perspect Med* 1: a006841.

6. https://en.wikipedia.org/wiki/Severe_acute_respiratory_syndrome.

7. Drosten C, Günther S, Preiser W, van der Werf S, Brodt HR, Becker S, et al. 2003. "Identification of a novel coronavirus in patients with severe acute respiratory syndrome". *N Engl J Med* 348: 1967-76.

8. Ksiazek TG, Erdman D, Goldsmith CS, Zaki SR, Peret T, Emery S, et al. 2003. "A novel coronavirus associated with severe acute respiratory syndrome". *N Engl J Med* 348: 1953-66.

9. Pourrut X, Kumulungui B, Wittmann T, Moussavou G, Délicat A, Yaba P, et al. 2005. "The natural history of Ebola virus in Africa". *Microbes Infect* 7: 1005-1014.

10. https://en.wikipedia.org/wiki/Ebola_virus_disease.

11. Al-Osail AM, Al-Wazzah MJ. 2017. "The history and epidemiology of Middle East respiratory syndrome corona virus". *Multidiscip Respir Med eCollection 2017*.

12. Corman VM, Eckerle I, Bleicker T, Zaki A, Landt O, Eschbach-Bludau M, et al. 2012. "Detection of a novel human coronavirus by real-time reverse-transcription polymerase chain reaction". Euro Surveill. 2012 Sep 27;17(39). pii: 20285. Erratum in: Euro Surveill. 2012;17(40): pii/20288.

13. Memish ZA, Mishra N, Olival KJ, Fagbo SF, Kapoor V, Epstein JH, et al. 2013. "Middle East respiratory syndrome coronavirus in bats, Saudi Arabia". *Emerg Infect Dis* 19: 1819-23.

14. Modjarrad K. 2016. "MERS-CoV vaccine candidates in development: The current landscape". *Vaccine* 34: 2982-2987.

15. Wikan N, Smith DR. 2016. "Zikavirus: history of a newly emerging arbovirus". *Lancet Infect Dis* 16: e119-e126.

16. https://en.wikipedia.org/wiki/Zika_virus.

16장 생물 무기

1. Frischknecht F. 2003. "The history of biological warfare". *EMBO rep* 4: S47-S52.

2. Riedel S. 2004. "Biological warfare and bioterrorism: a historical review". *BUMC Proc* 17: 400-406.

3. http://www.archives.go.kr/next/search/listSubjectDescription.do?id=010250.

4. 「英 탄저병 극비 실험장은 인간 살 수 없는 '불모의 땅'으로」.《동아일보》2001년 10월 15일.

5. http://www.yonhapnews.co.kr/bulletin/2016/08/02/.

6. http://a8401199.tistory.com/333.

7. Graysmith R. 2008. *Amerithrax*. Penguin.

8. 「'탄저균 테러' 범인은 미(美) 육군 미생물학자?」.《조선일보》2008년 8월 5일.

9. 김남중, 우준희. 2002.「탄저병」.《대한내과학회지》62:4-10.

10. https://en.wikipedia.org/wiki/Unit_731.

11. Gold H. 2011. *Unit 731: Testimony*. Tuttle Publishing.

12. 이평열. 2009.『日本 관동군 731 부대: 생체 실험 증거 자료집』. 한민족 문화 교류 협의회.

13. 「미, 생체 실험 자료 얻으려 731부대원들에 거액 제공」.《한겨레》2005년 8월 15일.

14. 「NHK 스페셜 731 부대의 진실: 엘리트 의학자와 인체 실험(NHKスペシャル 731部隊の真実: エリ ート医学者と人体実験)」. NHK. 2013년 8월 13일 방송.

17장 미생물과 면역 체계의 진화

1. Lemaitre B, Nicolas E, Michaut L, Reichhart JM, Hoffmann JA. 1996. "The dorsoventral regulatory gene cassette spätzle/Toll/cactus controls the potent antifungal response in Drosophila adults". *Cell* 86: 973-83.

2. Poltorak A, He X, Smirnova I, Liu MY, Van Huffel C, Du X, et al. 1998. "Defective LPS signaling in C3H/HeJ and C57BL/10ScCr mice: mutations in Tlr4 gene". *Science* 282: 2085-8.

3. Richard Coico, Geoffrey Sunshine. 2015. *Immunology: A Short Course*. 7th Ed. Wiley Blackwell. (『면역학』. 정용석 옮김. 2017. 월드사이언스)

4. 「인류를 휩쓸었던 '역대 전염병' 6선」.《위키트리》. 2015년 6월 9일. (http://www.wikitree.co.kr/main/news_view.php?id=221980)

아름다운 미생물 이야기

5.	Brack C, Hirama M, Lenhard-Schuller R, Tonegawa S. 1978. "A complete immunoglobulin gene is created by somatic recombination". *Cell* 15: 1-14.

6.	https://en.wikipedia.org/wiki/Influenza.

18장 미생물과 공진화

1.	Rosenberg E, Zilber-Rosenberg I. 2016. "Microbes drive evolution of animals and plants: the hologenome concept". *MBio* 7: e01395.

2.	Bordenstein SR, Theis KR. 2015. "Host biology in light of the microbiome: ten principles of holobionts and hologenomes". *PLoS Biol* 13: e1002226.

3.	Margulis L, Fester R. 1991. *Symbiosis as a Source of Evolutionary Innovation: Speciation and Morphogenesis.* MIT Press.

4.	Mindell DP. 1992. "Phylogenetic consequences of symbioses: Eukarya and Eubacteria are not monophyletic taxa". *Biosystems* 27: 53-62.

5.	Jorgensen R. 1993. "The origin of land plants: a union of alga and fungus advanced by flavonoids?". *Biosystems* 31: 193-207.

6.	Jefferson RA. 1994. "The Hologenome in 'A decade of PCR: celebrating 10 years of amplification'". Proceedings of a Symposium Video released by Cold Spring Harbor Laboratory Press.

7.	Rosenberg E, Koren O, Reshef L, Efrony R, Zilber-Rosenberg I. 2007. "The role of microorganisms in coral health, disease and evolution". *Nat Rev Microbiol* 5: 355-362.

8.	Brucker RM, Bordenstein SR.T 2013. "The hologenomic basis of speciation: gut bacteria cause hybrid lethality in the genus Nasonia". *Science* 341: 667-9.

9.	Wenzl P, Wong L, Kwang-won K, Jefferson RA. 2005. "A functional screen identifies lateral transfer of beta-glucuronidase (gus) from bacteria to fungi". *Mol Biol Evol* 22: 308-16.

10.	Reshef L, Koren O, Loya Y, Zilber-Rosenberg I, Rosenberg E. 2006. "The Coral Probiotic Hypothesis". *Environ Microbiol* 8: 2068-73.

11.	Pannebakker BA, Loppin B, Elemans CP, Humblot L, Vavre F. 2007. "Parasitic inhibition of cell death facilitates symbiosis". *Proc Natl Acad Sci USA* 104: 213-5.

12.	Visick KL, Ruby EG. 2006. "*Vibrio fischeri* and its host: it takes two to tango". *Curr Opin Microbiol* 9: 632-8.

13.	Baumann P. 2005. "Bacteriology of bacteriocyte-associated endosymbionts of plant sap-sucking insects". *Ann Rev Microbiol* 59: 155-189.

14.	Prado SS, Golden M, Follett PA, Daugherty MP, Almeida RP. 2009. "Demography of Gut Symbiotic and Aposymbiotic Nezara viridula L. (Hemiptera: Pentatomidae)". *Environ Entomol* 38: 103-109.

15. Rosenberg E, Zilber-Rosenberg I. 2011. "Symbiosis and development: The hologenome concept". *Birth Defects Res C: Embryo Today* 93: 56-66.

16. Gómez-Valero L, Soriano-Navarro M, Pérez-Brocal V, Heddi A, Moya A, García-Verdugo JM, Latorre A. 2004. "Coexistence of Wolbachia with *Buchnera aphidicola* and a Secondary Symbiont in the *Aphid Cinara cedri*". *J Bacteriol* 186: 6626-33.

17. Dunbar HE, Wilson AC, Ferguson NR, Moran NA. 2007. "Aphid Thermal Tolerance Is Governed by a Point Mutation in Bacterial Symbionts". *PLoS Biol* 5: e96.

18. Dodd DMB. 1989. "Reproductive Isolation as a Consequence of Adaptive Divergence in Drosophila pseudoobscura". *Evolution* 43: 1308-11.

19. Sharon G, Segal D, Ringo JM, Hefetz A, Zilber-Rosenberg I, Rosenberg E. 2010. "Commensal bacteria play a role in mating preference of Drosophila melanogaster". *Proc Natl Acad Sci USA* 107: 20051-6.

20. Zilber-Rosenberg I, Rosenberg E. 2008. "Role of microorganisms in the evolution of animals and plants: the hologenome theory of evolution". *FEMS Microbiol Rev* 32: 723-735.

19장 시험관 안의 대장균 진화

1. Rice WR, Salt GW. 1988. "Speciation via disruptive selection on habitat preference: experimental evidence". *Am Natural* 131:911-917.

2. Chamary JV. 2015. *50 Biology Ideas You Really Need to Know*. Hachette UK. (『일상적이지만 절대적인 생물학지식 50: 진화에서 유전자 가위까지 생명에 관한 모든 것』. 김성훈 옮김. 2016. 반니)

3. Zimmer C. 2003. *Evolution: The Triumph of an Idea*. Arrow Books. (『진화』. 이창희 옮김. 2004. 세종서적)

4. Caesar S. "Cichlids and Evolution". *Revolution against Evolution* 2003. 3. 11. (IT 사역 위원회 옮김. 「시클리드 물고기와 진화」. 한국창조과학회 홈페이지 자료실. (http://www.creation.or.kr/library/itemview.asp?no=3732)

5. Achtman M, Wagner M. 2008. "Microbial diversity and the genetic nature of microbial species". *Nat Rev Microbiol* 6: 431-440.

6. https://en.wikipedia.org/wiki/Dinosaur_classification.

7. Kim YS, Jang S. 2012. "Basic Concepts of Bacterial Taxonomy". *Korean J Clin Microbiol* 15: 79-87.

8. Hendrickson H. 2009. "Order and disorder during *Escherichia coli* divergence". *PLoS Genet* 5: e1000335.

9. Gordienko EN, Kazanov MD, Gelfand MS. 2013. "Evolution of pan-genomes of *Escherichia coli*, *Shigella* spp. and *Salmonella enterica*". *J Bacteriol* 195: 2786-2792.

10. Blount ZD, Borland CZ, Lenski RE. 2008. "Historical contingency and the evolution of a key

아름다운 미생물 이야기

innovation in an experimental population of *Escherichia coli*". *Proc Natl Acad Sci USA* 105: 7899-7906.

11. Van Hofwegen DJ, Hovde CJ, Minnich SA. 2016. "Rapid evolution of citrate utilization by *Escherichia coli* by direct selection requires *citT* and *dctA*". *J Bacteriol* 198: 1022-1034.

12. https://www.britannica.com/science/horizontal-gene-transfer.

13. Syvanen M. 1985. "Cross-species gene transfer: implications for a new theory of evolution". *J Theor Biol* 112: 333-43.

14. Karnkowska A, Vacek V, Zubáčová Z, Treitli SC, Petrželková R, Eme L, et al. 2016. "Eukaryote without a mitochondrial organelle". *Curr Biol* 26: 1274-84.

20장 인공 미생물

1. https://ko.wikipedia.org/wiki/합성생물학.

2. 김웅빈, 김종우, 방연상, 송기원, 이삼열. 2017.『생명과학, 신에게 도전하다: 5개의 시선으로 읽는 유전자 가위와 합성 생물학』. 동아시아.

3. 「[뉴욕타임스]가장 작은 생명체 '나노브' 국제적 논쟁」.《동아일보》2000년 1월 21일.

4. Browning GF, Citti C (ed) 2014. *Mollicutes Molecular Biology and Pathogenesis*. 1st ed. Caister Academic Press. pp. 1-14.

5. 강석기. 「합성세포 탄생의 여정: M. 제니탈리움의 게놈 해독으로부터 콜로니까지」.《과학동아》2010년 7월호.

6. Fraser CM, Gocayne JD, White O, Adams MD, Clayton RA, Fleischmann RD, et al. 1995. "The minimal gene complement of Mycoplasma genitalium". *Science* 270: 397-403.

7. Lartigue C, Glass JI, Alperovich N, Pieper R, Parmar PP, Hutchison CA 3rd, et al. 2007. "Genome transplantation in bacteria: changing one species to another". *Science* 317: 632-8.

8. Gibson DG, Glass JI, Lartigue C, Noskov VN, Chuang RY, Algire MA, et al. 2010. "Creation of a bacterial cell controlled by a chemically synthesized genome". *Science* 329: 52-56.

9. Hutchison CA 3rd, Chuang RY, Noskov VN, Assad-Garcia N, Deerinck TJ, Ellisman MH, et al. 2016. "Design and synthesis of a minimal bacterial genome". *Science* 351: aad6253.

10. Jackson RJ, Ramsay AJ, Christensen CD, Beaton S, Hall DF, Ramshaw IA. 2001. "Expression of mouse interleukin-4 by a recombinant ectromelia virus suppresses cytolytic lymphocyte responses and overcomes genetic resistance to mousepox". *J Virol* 75: 1205-10.

찾아보기

아름다운 미생물 이야기

아름다운 미생물 이야기

아름다운 미생물 이야기

아름다운 미생물 이야기

아름다운 미생물 이야기

아름다운 미생물 이야기

아름다운 미생물 이야기

1판 1쇄 찍음 2019년 4월 30일
1판 1쇄 펴냄 2019년 5월 15일

지은이 김완기, 최원자
펴낸이 박상준
펴낸곳 (주)사이언스북스

출판등록 1997. 3. 24. (제16-1444호)
(06027) 서울시 강남구 도산대로1길 62
대표전화 515-2000, 팩시밀리 515-2007
편집부 517-4263, 팩시밀리 514-2329
www.sciencebooks.co.kr

ISBN 979-11-89198-61-9 03470